水体污染控制与治理科技重大专项"十一五"成果系列丛书

⊙ 水污染控制战略与政策示范研究主题

农村水污染控制机制与政策研究

高尚宾　周其文　王夏晖　罗良国　主编

中国环境出版社·北京

图书在版编目(CIP)数据

农村水污染控制机制与政策研究/高尚宾等主编. —北京：
中国环境出版社，2015.2
ISBN 978-7-5111-2207-0

Ⅰ. ①农… Ⅱ. ①高… Ⅲ. ①农村—水污染防治—
研究—中国 Ⅳ. ①X52

中国版本图书馆 CIP 数据核字（2015）第 010621 号

审图号：GS（2015）2183 号

出 版 人 王新程
责任编辑 丁莞歆
责任校对 尹 芳

出版发行 中国环境出版社
（100062 北京市东城区广渠门内大街 16 号）
网 址：http://www.cesp.com.cn
电子邮箱：bjgl@cesp.com.cn
联系电话：010-67112765（编辑管理部）
010-67175507（科技标准图书出版中心）
发行热线：010-67125803，010-67113405（传真）
印 刷 北京中科印刷有限公司
经 销 各地新华书店
版 次 2015 年 10 月第 1 版
印 次 2015 年 10 月第 1 次印刷
开 本 787×1092 1/16
印 张 22.25
字 数 450 千字
定 价 68.00 元

水专项"十一五"成果系列丛书

指导委员会成员名单

主　任：周生贤

副主任：仇保兴　吴晓青

成　员：（按姓氏笔画排序）

王伟中　王衍亮　王善成　田保国　旭日干　刘　昆

刘志全　阮宝君　阴和俊　苏荣辉　杜占元　吴宏伟

张　悦　张桃林　陈宜明　赵英民　胡四一　柯　凤

雷朝滋　解振华

环境保护部水专项"十一五"成果系列丛书

编著委员会成员名单

主　编: 周生贤

副主编: 吴晓青

成　员: (按姓氏笔画排序)

马　中	王子健	王业耀	王明良	王凯军	王金南
王　桥	王　毅	孔海南	孔繁翔	毕　军	朱昌雄
朱　琳	任　勇	刘永定	刘志全	许振成	苏　明
李安定	杨汝均	张世秋	张永春	金相灿	周怀东
周　维	郑　正	孟　伟	赵英民	胡洪营	柯　兵
柏仇勇	俞汉青	姜　琦	徐　成	梅旭荣	彭文启

环境保护部水专项"十一五"成果系列丛书

《战略与政策主题》编著委员会成员名单

主　编：王金南

副主编：毕　军　苏　明　马　中　王　毅　张世秋　任　勇

编　委：（按姓氏笔画排序）

于　雷	于秀波	于鲁冀	万　军	马国霞	王　东
王　敏	王亚华	王如琪	王金南	王学军	王夏娇
王夏晖	文一惠	牛坤玉	方莹萍	孔志峰	石英华
田仁生	任　勇	刘　建	刘伟江	刘军民	刘芳蕊
刘桂环	刘梦昱	安树民	许开鹏	杜　红	李　冰
李　继	李　霞	李云生	李成威	李佳喜	杨小兰
杨姝影	吴　钢	吴　健	吴悦颖	吴舜泽	余向勇
宋国君	张　炳	张铁亮	张惠远	陈劲锋	林国峰
昌敦虎	罗　宏	罗良国	周　军	周其文	周国梅
於　方	郑　一	赵　越	赵玉杰	赵学涛	郜志云
姜鲁光	贾杰林	徐　敏	徐　毅	高尚宾	高树婷
曹　东	梁云凤	逯元堂	彭　菲	彭晓春	葛俊杰
葛察忠	董战峰	程东升	傅志华	曾维华	臧宏宽
管鹤卿	潘明麒				

总　序

　　我国作为一个发展中的人口大国，资源环境问题是长期制约经济社会可持续发展的重大问题。在经济快速增长、资源能源消耗大幅度增加的情况下，我国污染排放强度大、负荷高，主要污染物排放量超过受纳水体的环境容量。同时，我国人均拥有水资源量远低于国际平均水平，水资源短缺导致水污染加重，水污染又进一步加剧水资源供需矛盾。长期严重的水污染问题影响着水资源利用和水生态系统的完整性，影响着人民群众身体健康，已经成为制约我国经济社会可持续发展的重大瓶颈。

　　"水体污染控制与治理"科技重大专项（以下简称"水专项"）是《国家中长期科学和技术发展规划纲要（2006—2020年）》确定的16个重大专项之一，旨在集中攻克一批节能减排迫切需要解决的水污染防治关键技术、构建我国流域水污染治理技术体系和水环境管理技术体系，为重点流域污染物减排、水质改善和饮用水安全保障提供强有力的科技支撑，是新中国成立以来投资最大的水污染治理科技项目。

　　"十一五"期间，在国务院的统一领导下，在科技部、国家发展改革委和财政部的精心指导下，在领导小组各成员单位、各有关地方政府的积极支持和有力配合下，水专项领导小组围绕主题主线新要求，动员和组织全国数百家科研单位、上万名科技工作者，启动了34个项目、241个课题，按照"一河一策"、"一湖一策"的战略部署，在重点流域开展大攻关、大示范，突破1 000余项关键技术，完成229项技术标准规范，申请1 733项专利，初步构建了水污染治理和管理技术体系，基本实现了"控源减排"阶段目标，取得了阶段性成果。

　　一是突破了化工、轻工、冶金、纺织印染、制药等重点行业"控源减排"关键技术200余项，有力地支撑了主要污染物减排任务的完成；突破了城市污水处理厂提标改造和深度脱氮除磷关键技术，为城市水环境质量改善提供了支撑；研发了受污染原水净化处理、管网安全输配等 40 多项饮用水安全保障关键技术，为城市实现从源头到龙头的供水安全保障奠定科技基础。

二是紧密结合重点流域污染防治规划的实施，选择太湖、辽河、松花江等重点流域开展大兵团联合攻关，综合集成示范多项流域水质改善和生态修复关键技术，为重点流域水质改善提供了技术支持，环境监测结果显示，辽河、淮河干流化学需氧量消除劣Ⅴ类；松花江流域水生态逐步恢复，重现大马哈鱼；太湖富营养状态由中度变为轻度，劣Ⅴ类入湖河流由 8 条减少为 1 条；洱海水质连续稳定并保持良好状态，2012 年有 7 个月维持在Ⅱ类水质。

三是针对水污染治理设备及装备国产化率低等问题，研发了 60 余类关键设备和成套装备，扶持一批环保企业成功上市，建立一批号召力和公信力强的水专项产业技术创新战略联盟，培育环保产业产值近百亿元，带动节能环保战略性新兴产业加快发展，其中杭州聚光研发的重金属在线监测产品被评为 2012 年度国家战略产品。

四是逐步形成了国家重点实验室、工程中心—流域地方重点实验室和工程中心—流域野外观测台站—企业试验基地平台等为一体的水专项创新平台与基地系统，逐步构建了以科研为龙头，以野外观测为手段，以综合管理为最终目标的公共共享平台。目前，通过水专项的技术支持，我国第一个大型河流保护机构——辽河保护区管理局已正式成立。

五是加强队伍建设，培养了一大批科技攻关团队和领军人才，采用地方推荐、部门筛选、公开择优等多种方式遴选出近 300 个水专项科技攻关团队，引进多名海外高层次人才，培养上百名学科带头人、中青年科技骨干和 5 000 多名博士、硕士，建立人才凝聚、使用、培养的良性机制，形成大联合、大攻关、大创新的良好格局。

在 2011 年"十一五"国家重大科技成就展、"十一五"环保成就展、全国科技成果巡回展等一系列展览中以及 2012 年全国科技工作会议和 2013 年初的国务院重大专项实施推进会上，党和国家领导人对水专项取得的积极进展都给予了充分肯定。这些成果为重点流域水质改善、地方治污规划、水环境管理等提供了技术和决策支持。

在看到成绩的同时，我们也清醒地看到存在的突出问题和矛盾。水专项离国务院的要求和广大人民群众的期待还有较大差距，仍存在一些不足和薄弱环节。2011 年专项审计中指出水专项"十一五"在课题立项、成果转化和资金使用等方面不够规范。"十二五"我们需要进一步完善立项机制，提高立项质量；进一步提高项目管理水平，确保专项实施进度；进一步严格成果和经费管理，发挥专项最大效益；在调结构、转方式、惠民生、促发展中发挥更大的科技支撑和引领作用。

我们也要科学认识解决我国水环境问题的复杂性、艰巨性和长期性，水专项亦是如此。刘延东副总理指出，水专项因素特别复杂、实施难度很大、周期很长、反复也比较多，要探索符合中国特色的水污染治理成套技术和科学管理模式。水专项不是包打天下，解决所有的水环境问题，不可能一天出现一个一鸣惊人的大成果。与其他重大专项相比，水专项也不会通过单一关键技术的重大突破，实现整体的技术水平提升。在水专项实施过程中，妥善处理好当前与长远、手段与目标、中央与地方等各个方面的关系，既要通过技术研发实现核心关键技术的突破，探索出符合国情、成本低、效果好、易推广的整装成套技术，又要综合运用法律、经济、技术和必要的行政手段来实现水环境质量的改善，积极探索符合代价小、效益好、排放低、可持续的中国水污染治理新路。

党的十八大报告强调，要实施国家科技重大专项，大力推进生态文明建设，努力建设美丽中国，实现中华民族永续发展。水专项作为一项重大的科技工程和民生工程，具有很强的社会公益性，将水专项的研究成果及时推广并为社会经济发展服务是贯彻创新驱动发展战略的具体表现，是推进生态文明建设的有力措施。为广泛共享水专项"十一五"取得的研究成果，水专项管理办公室组织出版水专项"十一五"成果系列丛书。该丛书汇集了一批专项研究的代表性成果，具有较强的学术性和实用性，可以说是水环境领域不可多得的资料文献。丛书的组织出版，有利于坚定水专项科技工作者专项攻关的信心和决心；有利于增强社会各界对水专项的了解和认同；有利于促进环保公众参与，树立水专项的良好社会形象；有利于促进专项成果的转化与应用，为探索中国水污染治理新路提供有力的科技支撑。

最后，我坚信在国务院的正确领导和有关部门的大力支持下，水专项一定能够百尺竿头，更进一步。我们一定要以党的十八大精神为指导，高擎生态文明建设的大旗，团结协作、协同创新、强化管理，扎实推进水专项，务求取得更大的成效，把建设美丽中国的伟大事业持续推向前进，努力走向社会主义生态文明新时代！

周生贤

2013 年 7 月 25 日

序 言

《水体污染控制战略与政策示范研究》是国家科技重大专项"水体污染控制与治理"第六主题（以下简称"主题六"），主题六"十一五"阶段总体目标为：以提高水环境管理效能和示范区域水质改善目标为导向，围绕构建水环境战略决策技术平台、理顺水环境管理体制、提高水环境政策效果等三大支撑，明确国家中长期水污染控制路线图，提出水环境管理体制创新、制度创新、政策创新主要方向，改进和完善水污染控制管理机制，增强市场经济手段在水污染控制中的作用和效果，为实现国家水污染防治目标和水环境质量改善提供长效机制。

为此，主题六"十一五"阶段设立了"水污染控制战略与决策支持平台研究"、"水环境管理体制机制创新与示范研究"和"水污染控制政策创新与示范研究"3个项目，包含11个课题，总经费4366万元。经过50余家科研单位近700位科研人员6年的共同努力，目前所有项目和课题均已经完成了验收，实现了主题六的"十一五"预期研究目标，突破了30余项关键技术，产出了近30项技术导则、标准及规范，向有关部门提交人大建议、政协提案、重要信息专报等70余份，取得了丰硕的科研成果，为国家水污染防治战略和政策制定提供了科学依据和技术支持。

主题六在"十一五"阶段取得的主要成果表现在三个方面：一是在国家战略与决策层面，提出了国家中长期水环境保护战略框架和"十二五"水环境保护指标体系，建立了水污染控制技术经济决策支持系统；二是在水环境管理体制机制创新层面，提出了国家水环境保护体制改革路线图，提出了农村水环境与饮用水安全监管机制；三是在水污染控制政策创新层面，建立了基于跨界断面水质的流域生态补偿与污染赔偿技术体系、不同用途差别水价和阶梯水价制度，构建了水环境保护投资预测和投融资框架、水污染物排放许可证管理技术体系，以及水环境信息公开和公众参与制度，集成了流域水环境绩效与政策评估技术体系。

上述研究成果得到了国家有关部委的高度评价和重视，而且许多建议和政策方案已经被相关政府部门采纳和应用。为了进一步总结和推广应用上述研究成果，推动我国水污染控制战略与政策研究，让更多的政府机构、环境决策者、环境管理人员、环境科技工作者分享这些研究成果，主题六将以课题为基本单位，出版《水体污染控制战略与政策示范研究主题》成果系列丛书，并分批次陆续出版。同时，也热忱欢迎大家积极参与"十二五"和"十三五"阶段的水污染防治战略和政策主题研究，共同推动中国水环境保护事业的发展。

主题六专家组组长

2014 年 1 月 25 日

前　言

　　良好的水环境是实现农村可持续发展的先决条件和重要保障。然而，农村生活方式的改变和依赖高投入高产出的农业生产方式给农村环境保护带来了挑战，造成我国农业农村面源污染日益加剧，农村水环境质量恶化。切实改变农村脏乱差局面，减少农业生产源和农村生活源造成的水体污染，不仅要靠技术，更要靠管理，因此迫切需要加快农村水污染控制体制机制与政策的创新研究。

　　农村水污染控制机制与政策是水污染控制的顶层设计，是根据农村水污染形势及治理需求而构建的水污染控制架构、运行系统及配套措施。当前我国农村水污染控制机制与政策主要存在责权利不统一、控制管理模式单一、资金投入不足、激励政策缺乏、公众参与力度不够等一系列突出问题。如何针对这些问题，建立健全行之有效的农村水污染管制体制机制与政策是我国农业环境保护面临的重要课题。

　　为此，水专项设立了"农村水污染控制机制与政策示范研究"课题（课题编号：2009ZX07632-002），由农业部环境保护科研监测所牵头，联合国内多家优势科研机构，采用理论研究与示范相结合的思路，按照顶层设计与地方试点协同推进的原则，针对我国农村水污染控制管理体制机制和政策相关问题，从农村水污染控制管理体制机制、区域化管理方略、技术政策评估、农业清洁生产激励机制与农村生活水污染控制管理政策五大方面对农村水污染控制的体制机制及相关政策进行了系统研究，并在典型区域开展了试点示范，积累了经验和做法。

　　本书是对"农村水污染控制机制与政策示范研究"成果的进一步总结与凝练提升，全书围绕农村水污染控制机制与政策而展开，重点剖析了我国农村水污染的现状与成因，探讨了发达国家农村水污染管控的经验与做法，创新提出我国农村水污染控制体制机制改革设想、分区分类管理方略、清洁生产激励政策、绩效评估管理模式等农村水污染管理体制机制与政策创新思路。同时，本书还给出了洱海流域农村水污染综合防治体制机制创新、苕溪流域农村水环境分区分类管理政策、宁夏黄河段农业清洁生产和测土配方施肥激励政策三个农村水污染管控案例。

本书由高尚宾、周其文组织策划，由相关课题参与人员撰写。各章具体分工如下：第一章由周其文、赵玉杰、吕文魁共同撰写，第二章由王夏晖、吕文魁、王伟、李志涛、赵玉杰共同撰写，第三章由张铁亮、周其文共同撰写，第四章由王夏晖、吕文魁、李志涛共同撰写，第五章由罗良国、黄宏坤、顾峰雪、赵玉杰共同撰写，第六章由高尚宾、师荣光、王伟共同撰写，第七章由张铁亮、赵玉杰、高尚宾、周其文共同撰写，第八章由王夏晖、吕文魁、李志涛共同撰写，第九章由罗良国、黄宏坤、顾峰雪、刘合光、王伟共同撰写。

本书在编写过程中得到了水专项办、战略与政策主题组及水环境管理体制机制创新与示范项目组的大力支持，在此表示由衷的感谢。同时感谢课题示范协助单位大理州农业环境保护监测站倪喜文、罗兴华，浙江省环境保护科学设计研究院王浙明、叶红玉等同志对本书编写提供的资料支持。感谢课题其他参与人员——中国环境科学研究院夏训锋、李晓光，中国科学院地理科学与资源研究所王金霞等对本课题工作的付出。

由于作者水平有限，书中不足和疏漏在所难免，欢迎批评指正。

编　者

2015 年 3 月

目　录

第一章

绪 论

第一节 我国农村水污染的现状与成因

一、我国农村水污染形势较为严峻

近些年来，随着农村经济社会的发展与人民生活水平的提高，向来清洁的农村水体环境逐渐发生了变化，水体污染日益加重，局部出现恶化趋势。突出表现为水体富营养化，个别地区表现为面源与工业点源叠加污染的情况。2007 年第一次全国污染源普查结果表明，农业源化学需氧量（COD）、总氮（TN）和总磷（TP）的排放量分别为 1 324.09 万 t、270.46 万 t 和 28.47 万 t，分别占全国总排放量的 43.71%、57.19%和 67.27%。农村种植业、养殖业、生活源等产生的污染物对农村水环境的污染有相当大的分量。

（一）种植业污染

种植业污染主要来自农业生产过程中农药、化肥的不当使用，其表现主要是水体富营养化。近年来，在耕地面积不断减少的情况下，化肥的使用量一直处于上升态势。根据采集的统计数据，2007 年全国共施用氮肥和磷肥合计为 5 841.3 万 t（按照肥料的有效成分计算），其中施用氮肥 3 859.5 万 t、磷肥 1 981.8 万 t。从化肥施用的地区分布来看，其化肥的施用量与我国主产耕地的分布情况一致，东部地区多，西部地区少。2007 年，全国农业源种植业 TN 流失总量为 159.78 万 t，TP 流失量为 10.9 万 t，分别占总流失量的 33.72%和 25.75%，占农业源流失量的 58.97%和 38.28%。

（二）畜禽养殖污染

畜禽养殖废弃物中所含的氮、磷等成分是造成水体富营养化的主要成因之一，是农村水污染主要来源，畜禽养殖废弃物中的养分进入水体还会引起藻类的大量繁殖，使得水体中的氧耗竭，成为死水地带。特别是在畜禽养殖高度密集的地区，畜禽废弃物已成为主要的环境污染源。根据统计数据，2007 年全国畜禽养殖业 COD 排放量为 1 268.26 万 t、TN

排放量为 102.48 万 t、TP 排放量为 16.04 万 t，分别占总流失量的 41.87%、21.67% 和 37.90%，占农业源流失量的 95.78%、37.89% 和 56.34%。

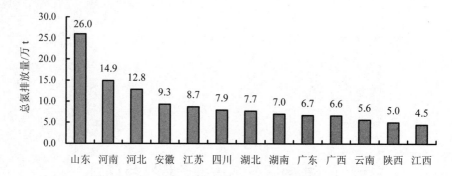

图 1-1　2007 年种植业污染源总氮流失量超过 4 万 t 的省份

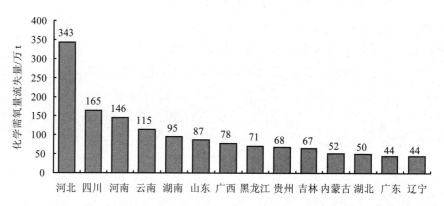

图 1-2　2007 年畜禽养殖业化学需氧量流失量超过 40 万 t 的省份

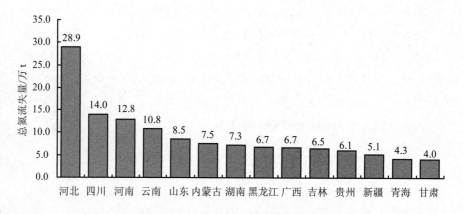

图 1-3　2007 年畜禽养殖业总氮流失量超过 4 万 t 的省份

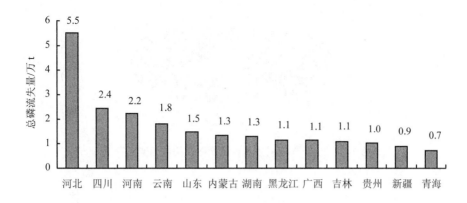

图 1-4　2007 年全国畜禽养殖业总磷流失量超过 5 000 t 的省份

（三）水产养殖污染

在水产养殖过程中，由于养殖技术水平低，科学化程度落后，使得养殖户只考虑经济性，很少关心环境效益，因此在某些地区水产养殖引起的水体富营养化突出。根据计算结果，2007 年全国淡水养殖业 COD 流失量为 53.9 万 t、TN 排放量为 7.3 万 t，TP 排放量为7.96 万 t，分别占总流失量的 1.77%、1.54% 和 18.80%，占农业源流失量的 4.07%、2.69%和 27.95%。

（四）农村生活污染

生活污水和生活垃圾等是农村生活污染的主要来源。生活污水是指人们在饮食、洗涤、烹饪、清洁卫生等过程中产生的污水。污水不经处理直接排到地面经土壤下渗或汇入地表水体，对地表水及地下水造成直接危害。农村生活垃圾指在农村居民日常生活过程中产生的固体废弃物，分为有机垃圾、可回收垃圾、有害垃圾和其他垃圾。农村生活垃圾产生源分散，交通落后，不便集中收运处理；随着生活水平的提高，物质消耗的丰富，垃圾的组成成分将更为复杂。中国农村环境保护基础设施相对落后，农村生活垃圾、污水处理设施很少，大部分污染物未经处理就直接排入河道，对水体造成严重污染。

2007 年，全国农村生活污染源中化学需氧量（COD）、总氮（TN）、总磷（TP）流失量共计 418.4 万 t，其中化学需氧量流失量为 192.7 万 t，总氮流失量为 169.4 万 t，总磷流失量为 56.3 万 t。从农村生活污染源各污染物的污染负荷情况来看，化学需氧量占 46%，TN 占 41%，TP 占 13%。农村生活污染化学需氧量排放量超过 5 万 t 的省份共有 10 个，见图 1-5。

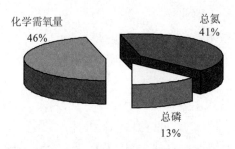

图 1-5　2007 年农村生活污染源各污染物污染负荷比

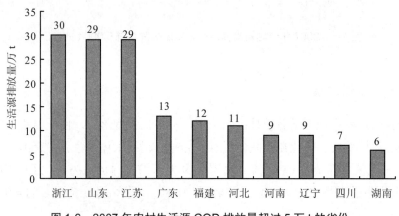

图 1-6　2007 年农村生活源 COD 排放量超过 5 万 t 的省份

（五）工业"三废"等外源污染

外源污染对农村水环境影响的突出表现，一是城市污染向农村转移趋势明显，二是农村原有点源污染源没有得到有效治理。近年来，一方面是发达地区关停污染企业，另一方面则是欠发达地区的招商引资团蜂拥而至，经济相对落后的农村及中西部地区在招商引资的旗号下，不断承接原城市区域的污染项目，局部地区的生态恶化趋势越来越严重。城镇垃圾向农村转移，加剧环境恶化。由于目前农村大多没有垃圾处理场，乡镇垃圾收集房等环卫设施也不齐备，生活垃圾、工业建筑垃圾、医疗废弃物等被转送到乡下，造成环境污染，尤其是水体污染。受乡村自然经济的深刻影响，农村工业化实际上是一种以低技术含量的粗放经营为特征、以牺牲环境为代价的反积聚效应的工业化，村村点火、户户冒烟，造成污染治理困难，导致污染危害加重。据统计，目前我国乡镇企业废水 COD 和固体废物等主要污染物排放量已占工业污染物排放总量的 50% 以上，严重影响了农村水环境。

二、现有技术不能适应农村水污染控制的需要

随着农村水污染的产生与加重，农村水污染控制技术也有所发展。综观现有技术，可

分为种植业排污治理技术、养殖业污水治理技术及农村生活污水处理三类；按污水治理规模可分为集中式污水处理技术及分散式污水处理技术两类。

（一）种植业污染控制技术与问题

种植业面源污染控制技术主要包括：测土配方施肥技术、深施肥技术、随水施肥技术、滴灌施肥技术、覆膜滴灌、控/缓释氮肥、少免耕技术、秸秆覆盖技术等高耕作技术及梯田技术、植物篱技术、生态护坡技术、生态沟渠技术、河岸阶梯形滤床、河网缓冲带、前置库技术等。

我国在种植业污染防治方面做了大量工作，如在 20 世纪 80 年代就提出了建设生态农业的思想，总结了发展生态农业的十大技术并在全国推广。随后我国对循环农业、低碳农业、农业清洁生产等现代农业发展模式也进行了研究和推广，进一步促进了种植业污染防治工作。生态农业、循环农业等农业发展模式，保护性耕作、测土配方施肥等技术在应对农业面源污染方面确实起到了很好的作用，但总体而言，其推广应用面积距实际需求还有很大的差距。以测土配方施肥为例，我国自 2005 年就大力推广此项技术，截至 2011 年，中央财政累计投入 57 亿元，项目县（场、单位）达到 2 498 个，基本覆盖全国所有县级行政区，技术推广面积达到 12 亿亩以上，累计减少不科学用肥 600 万 t 以上，增产增收和节能减排效果明显。但我们也应看到，项目实施 6 年来，主要应用在大宗粮食作物上，而在施肥量较大的果树、蔬菜、茶叶等园艺作物上的应用才刚刚起步，覆盖面还不够。目前，全国 25.5 亿亩农作物种植面积中，测土配方施肥技术覆盖面不到一半；而在覆盖的面积上，真正应用到田的仅为 1/3 左右。种植业减排技术推广受限，固然有其体制机制的问题，但技术自身操作困难，存在减产风险、市场认可度低等问题也使其难以被广大农民接受。

（二）养殖业污染控制技术与问题

养殖业污水处理技术主要有：生物发酵舍零排放养猪技术、猪-沼-果（菜）或猪-沼-果-鱼技术、三段式红泥塑料畜禽污水处理技术、上流式厌氧污泥床（UASB）＋序批式生物反应器（SBR）技术、水解酸化-生物滤池-氧化塘、厌氧-SBR、连续搅拌釜式反应器（CSTR）＋SBR、厌氧＋加原水＋间隙曝气技术、厌氧-人工湿地、厌氧消化-好氧降解-物理沉淀三组合式（AOS）污水处理系统、上流式厌氧污泥床滤层反应器（UBF）＋SBR、UASB＋SBR＋化学混凝工艺、高效射流反应器（HCR）＋SBR、水解酸化－UASB－厌氧／好氧工艺（A/O）、浸没式 MBR-A/O、厌氧内外循环反应器-序批式生物膜反应器技术、亚硝化-厌氧氨氧化一体化反应器、水解酸化-USR-活性污泥、组合式氧化塘、三级串联人工快渗系统、厌氧池＋四级人工湿地＋生物塘、厌氧—好氧—混凝沉淀-稳定塘、上流式厌氧污泥床（UASB）-生物接触氧化-氧化塘工艺、水解酸化＋UASB＋接触氧化＋生物氧化塘＋人工湿地工艺等。2010 年环境保护部发布了《畜禽养殖业污染防治技术政策》，提出鼓励清洁养殖，规模化养殖，鼓励废弃物综合利用与无害化处理，污水处理采用脱氮除磷效率高的"厌氧＋兼氧"生物处理工艺，外排污水进行再生利用，固体粪宜采用堆肥工艺生产高附加值复合有机肥。《2012 年国家鼓励发展的环境保护技术目录》将交替式活性污泥法生活污水处理技术、膜生物反应器污水处理技术、高效生物曝气滤池技术、导流曝气滤池技术、氧化沟活性污泥法污水处理技术、序批式活性污泥法污水处理技术等列为农村生活污水处理鼓励技术，此外其他的一些分散式农村水活废水处理技术如土地处理系统、分散式人工湿地技术、塔式蚯蚓生态滤池技术等也在某些地区得到应用。

调研发现，虽然我国在畜禽养殖污染物处理方面做了大量工作，出台了如《全国畜禽养殖污染防治规划（2011—2015 年）》,《畜禽养殖业污染防治技术政策》《畜禽养殖污染防治管理办法》《畜禽养殖业污染防治技术规范》《畜禽养殖业污染物排放标准》等技术及政策文件，出版了《农村环保实用技术》等技术性指导文件。但总体而言，我国畜禽养殖污染防治技术依然不尽如人意。实际调研及农业面源污染普查结果表明，畜禽养殖污染已经成为部分水体水质恶化主要污染源。其中技术力量薄弱，技术推广力度不足，污染防治的技术评估体系滞后，研究成果转化率低，实用技术的集成和大范围推广缓慢，技术雷同、滥用、误用现象严重阻碍了畜禽养殖污染的防治工作。

（三）农村生活污染控制技术与问题

农村生活废水处理技术主要包括厌氧生物处理技术、好氧生物处理技术、生态处理技术、厌氧-生态处理技术、好氧-生态处理技术 5 类，具体包括厌氧生物接触池技术、地埋式微动力氧化沟、膜序批式生物反应器、土壤渗滤系统、毛细管渗滤分散式装置、塔式蚯蚓生态滤池、生态沟渠技术及生态塘技术、不同工艺人工湿地系统、硅藻精土水处理技术、厌氧—跌水充氧—水生蔬菜型污水处理技术等约 30 种。

农村水污染处理技术虽然有很多类型、样式，但其实际应用效果却不尽如人意。课题组实际调研发现，我国农村生活污水处理技术发现实际有效使用的仍然集中于几种基础的或初级的设施。在河北、北京、云南、浙江、安徽、四川、吉林等省市典型村庄调查结果显示，在 1 281 个农户中，用来处理生活污水的设施主要有五种，即化粪池、净化池、沼气池、渗水井和污水池，其中化粪池是最主要的污水处理设施，有污水处理设施的农户仅占被调研农户的 23%，并且主要集中在经济条件比较好的省份及有国家补贴的地区。而没有国家补贴的地区污水处理设施所占农户比例更少。再者，现有农村废水处理技术实际应用率不高。调查发现，作为我国农村处理生活污水采用最多的设施，90%以上的化粪池都比较简易，有的使用多年或已经破损，有的是在建房子时在地底下挖的一个坑，真正可以实现无害化处理的比例很低，并且绝大多数农户的化粪池并没有按照三格式或多格式的标准来建造，基本没做防渗处理，化粪池渗滤液直接渗入地下，对地下水资源造成了污染。专门建造用于净化污水的净化池及沼气池由于设计缺陷、定位不准、维护不到位等原因实际有效利用率也不高。

除农村生活废水处理技术落后外，农村垃圾收集及处理也距离农村环境需求有较大的差距。课题组在全国 7 个省对 123 个村的农村生活垃圾进行了大规模实地调查发现，2010 年我国农村人口人均日排放垃圾 0.95 kg，总计全国农村人口排放垃圾 2.34 亿 t，其中可回收再利用类垃圾占排放量的 40.6%，以可堆垃圾为主。农村垃圾处理产业还处于起步阶段，处理技术、管理模式等都不能适应新形势的发展要求。调查发现，现在农村垃圾处置技术以填埋、低技术焚烧为主，真正可以做到减量化、无害化、资源化处理的技术在农村实际应用中少之又少。农村垃圾的收集、转动、处理设施建立以政府投资为主，有政府投资的区域农村垃圾收集远好于没有政府投资的区域。

三、农村水污染控制体制机制滞后

农村水污染固然存在来源广泛、治理技术不完善等问题，但其控制体制机制存在的问题更不容忽视。农村水污染控制体制机制是水污染控制的上层建筑，是根据农村水污染形式发展及治理需求而构建的水污染控制架构、运行系统及指导中心。只有构建了管理有序、运行顺畅、保障有力的农村水污染控制的体制机制，才能保障农村水污染控制项目、工程、技术的高效实施和运行，才能调动相关主体的积极性和主动性，共同参与到农村水污染控制中来。当前我国农村水污染控制体制机制存在诸多问题，难以满足新形势发展的需要。主要表现在：

（一）农村水污染控制责权利不统一

根据《环境保护法》《水法》《水污染防治法》等有关法律法规规定，我国农村水环境管理主要是由环保部门统一监管，农业、水利、林业、城建、卫生等有关部门分工管理。

这种管理体制表面看来合理，但在实际运行中由于环保部门以及中央派出的流域机构的权威性有限，致使各级政府及其有关部门往往只顾及自身工作利益，使得农村水污染控制缺乏整体布局和全面考虑，呈现出多龙治水、各自为政、分割管理、职责交叉、管理缺位的格局，较难形成合力。例如，按照现行的法律规定，对于农业部门而言，与农村水污染治理直接相关的是农村能源建设（以户用沼气"一池三改"及畜禽养殖场沼气建设为主）及种植业面源污染防治，畜禽养殖业污染防治职责还未确定[①]；对于建设部门而言，其主要职责是负责农村垃圾收集及转运处理；对于环保部门虽规定其负有监管职责，但具体监管界限，内容和方式方法不清，且环保部门除充当裁判员以外，还充当运动员的角色，还要具体负责农村环境综合整治工作，涵盖了农村环境治理等多方面内容，与其他部门的职责存在交叉，造成部门之间的职责权限界定不甚清晰，权能重叠。同时，农村水污染控制又存在管理真空，如农村水环境监测问题，畜禽养殖的监管问题，工业外排污水污染农村水环境问题等。导致实际工作中存在"推诿"现象。此外，我国的行政体制设置呈"倒金字塔"形，上层大，越到基层越小。加之长期城乡二元结构式发展，导致基层机构建设薄

---

① 《畜禽养殖污染防治条例》规定，县级以上人民政府农业行政主管部门负责畜禽养殖废弃物综合利用的指导和管理。

弱，大部分地区尤其是经济欠发达地区的县级机构建制落后，人员素质偏低，经费严重短缺，相关仪器设备匮乏，乡镇机构基本处于空白状态。对于点多面广的农村水污染管理而言，显得力不从心。

多年来，我国在城市环境管理方面探索和建立了一些有益的运行机制，形成了以环保部门统一监管与其他有关部门分工管理、政府分级负责的决策、执行和监督机制。但这种机制多限于系统内部工作运行，农村水污染控制涉及多部门之间的协调、监督、管理和并行运行，而相应的协调监督机制、考核问责机制、激励机制、公众参与机制等不健全或存在问题。在实际执行过程中，各部门配合存在缺陷，工作缺乏协调性和连续性，甚至由于部门的扯皮和拖延，导致某些工作难以开展。再者，由于协调运行机制的缺乏，农业、环保、城建、卫生、发改等部门都针对各自职责管理农村水环境，导致农村环境治理的重复投资和资源浪费情况。

（二）农村水污染控制管理模式单一

农村水环境是一个开放系统，农业生产过程中施用的化肥、农药流失，农村居民生活过程中排放的农村生活污水，农村垃圾以及乡镇企业排污、畜禽养殖产生的粪便等都会直接或间接造成农村的水环境污染。因此农村水污染的控制涉及方方面面，关系到千家万户，牵扯到多个行业，人员素质参差不齐，经济条件千差万别，区域差异性明显，因此以"行政处罚，谁污染谁付费"的行政政策手段管理农村水污染控制问题明显不能适应我国复杂的农村水环境管理形势，且这种适用于点源污染的管理模式需要大量机构、人员、设备、信息及经费的支撑，我国当前经济及机构设置条件下很难满足需求，并且单一行政手段管理模式也无助于调动农村水污染控制各方面的积极性及主观能动性。相反却忽略了农村经济发展的背景及农民应该享有的环境权。

以农业面源污染为主形成的农村水污染，其治理难度更大。因此，国际上对农村水污染通常采用的是"激发内生动力，源头上控制为主，末端治理为辅"的控制模式。而现阶段我国农村环境保护模式如垃圾收集处置模式、种养殖业污染治理模式一直是以末端治理为主，这种模式对于已经成为"公共事务"的农村水污染治理而言，既缺乏强制性机制又缺乏激励性机制，不利于激发农民环境保护意识，不适应当前的农村水污染控制局面。

（三）农村水污染控制资金投入不足

城乡分治战略使城市和农村间存在着严重的不公平现象。具体到环保领域，主要指城乡地区在获取资源、利益与承担环保责任上严重不协调。长期以来，中国污染防治投资几乎全部投到工业和城市。城市环境污染向农村扩散，而农村从财政渠道却几乎得不到污染治理和环境管理能力建设资金，也难以申请到用于专项治理的排污费。

同发达国家环境保护投入一般占 GDP 的 3% 相比，我国环境保护投入占 GDP 1% 的比例显然较低，而对于农村水污染控制的投入则更少，目前我国对于农村水污染控制的经费投入是随其他项目一起实施的，如"乡村清洁工程"、"农村环境综合整治工程"、"改水改厕工程"及"清洁家园行动计划"等，导致治理资金分散到农业、水利、环保等部门，一个需要环环相扣才可能行之有效的治理方案变成各部门步调不一致的局部行动，降低了执行率。而我国还未设立用于农村环保的专项资金，同时也没有建立吸纳社会资金投入农村水污染治理的政策激励机制，农村水污染控制资金的投入不足直接导致农村水污染控制基础设施缺乏，农民及非政府组织参与农村水污染控制的热情不高，农村水污染控制技术的推广受到影响，严重影响了我国"以奖促治，以奖代补"等农村环境保护激励机制、扶持政策的实施。

（四）农村水污染控制技术激励政策缺乏

农村水污染控制技术政策的最终目的是促进先进适用技术的传播推动技术进步，从而减轻农村水污染物排放，改善农村水体质量。因此，农村水污染控制技术政策体系的核心是技术的传播，重点包括技术文件、技术评估、技术推广政策三方面。但我国的技术政策体系还存在较多的问题，主要包括技术指导文件不完善、技术评估制度不健全、技术示范推广机制不合理等。这些技术政策方面的缺乏，造成了我国农村水污染控制技术筛选、应用推广、技术升级上存在不足。

（五）农村水污染控制公众参与力度不够

公众是环境商品的需求者，环境保护工作的服务对象和最终评判者，是政府实施全方位环境管理的得力助手和监督者。在中国，公众参与无论是在发展程度还是应用形式的丰富和适用性方面，都明显存在不足。具体到农村水污染方面，农户参与防治和治理的力度更显薄弱。主要问题包括：公众参与的发展对政府依赖性过强，自我参与意识不够；非政府组织和民间环境保护活动发展缓慢，组织程度不够；公众参与的法律保障机制不全；公众参与环境管理程度不高等方面。

农村水污染控制体制机制及制度上虽然存在诸多不足与缺失，但我们也应看到在新形势下农村水污染控制也存在诸多机遇，一方面国家把新农村建设、新型城镇化发展作为国家发展的重大战略提出来，农村水污染控制成为新型城镇化建设的重要议题必然有助于其快速加以解决；另一方面，我国在农村水污染控制体制机制与政策建设也取得了一定的成绩，中央与地方政府针对农村水污染体制机制及政策中存在的某些问题也进行了一定程度的改进。如针对农村环境连片整治中存在的技术政策缺乏的问题，出台了《农村环境连片整治技术指南》，针对可有效减少种植业面源污染的测土配方施肥技术推广问题，在技术推广方案，成果考核评价机制，资金配套与落实等方面都行了大量的政策创新，从而使配方施肥技术在我国得以大面积推广。再者，国家也加大了农村水污染控制体制与机制研究的力度，如在水专项中专门设立了"农村水污染控制机制与政策示范研究"课题，针对农村水污染控制中的体制体制、分区分类管理方略、技术政策、清洁生产激励机制等开展系统研究，以期为农村水污染控制提供强有力的技术政策支撑。

第二节　农村水污染控制体制机制创新设想

针对当前农村水污染控制体制机制中存在的突出问题，应从体制架构、机制运行与政策保障等方面对农村水污染管理进行了梳理和创新，其中核心创新点应包括农村水污染控制机制与政策架构的创新及支持技术体系创新两方面。

一、体制机制创新设想

在体制创新方面。应以"统分相宜、上协下强、提升效能"为核心思路，以县级以上机构协同配合体制构建和县级以下机构建设与职能培植为重点，建立县级政府或其代表机构为统领，以环保、农业、水利、林业、建设、国土部门等为骨架，以乡镇为支撑，自治组织、机构为补充的农村水污染控制管理体制架构。整合明晰环保、农业、水利、建设、国土等相关部门职能，拟定乡镇组织在农村水污染控制中的职能，提出非政府组织、新闻媒体在农村水污染控制中的参与监督功能。

在运行机制建立方面。应从决策与协调、执行与落实、监督与参与三个层次进一步完善农村水污染控制管理运行机制。在决策与协调中构建决策咨询制、重大事项决策集中制、多部门联席会议制、协调小组制等机制，在执行与落实中形成工作目标责任制、分级负责制、上下联动制、河长制等机制，在监督与参与中构建日常运行巡查制、绩效考评制、行政问责制、通报举报制、公众参与等机制。绩效考评机制应从考评对象、考评内容、考评方式、组织实施和考评指标五个方面入手规范对农村水污染控制的绩效考评。将农村水环境管理过程中不履行、不正确履行农村水环境管理职能的行政人员作为问责对象，从行政决策与行政立法、行政许可、监督检查等方面细化农村水环境管理中的问责事项，提出针对农村水环境管理具体情况的问责程序。

在农村水污染控制的政策与制度方面。一是要构建农村水环境分区分类管理方略。针对全国农村水环境管理"一刀切"的管理方式，提出分区分类管理方略。在全国划分若干个农村水环境管理区，并制定分区管理方案；二是要建立补贴引导为主的农业清洁生产激励政策，明确中央及地方政府补贴主体的职责、相关企业及农户等补贴对象的责任，提出不同类型补贴标准及标准的计算方法。建立种植业、畜禽养殖及固废处理的具体补贴方案。

二、管理支撑技术体系创新设想

一是要构建农村水环境管理分区分类方法。要研究农村水污染控制分区分类方法集，建立分区指标体系，形成农村水污染控制区划分方法和技术路线，在此基础上提出全国尺度的农村水环境污染控制分区，以县级行政区为基本单元，以污染物主要排放量为指标核心指标，对各分区种植业、养殖业、生活污染源进行"源"强估算和解析，针对不同农业污染源划分优先控制区、重点控制区、一般控制区。

二是要建立农业清洁生产审核及补贴核算方法。构建农业清洁生产审核方法及审核体系，制定种植业及畜禽养殖业清洁生产审核评价指标及农业清洁生产审核基本程序，明确每一程序的具体要求。要研究制定种植业清洁生产补贴方法，以清洁生产引起的种植户经济收益损失为补贴核心，研究确定损失分级补贴核算方案，明确不同档次中农户、企业、政府及保险公司等各自承担的补贴责任。

三是要建立农村水污染控制技术政策评估方法。提出农村水污染控制技术政策评估指标体系，包括政策制定（设计）、政策实施（执行）、政策产出、政策效果和政策影响 5 大类等。确定技术政策评估的流程，构建农田面源污染、畜禽养殖污染及农村生活水污染防治技术政策环境、经济及社会效益评估方法，提出农村水污染防治技术政策综合效能评价方案，明确综合评估中的效率、效果评价、影响分析及可持续分析为综合效能评估的核心内容，研究确定综合评估各指标标准化量值。

参考文献

[1] 张福锁. 测土配方施肥技术[M]. 北京：中国农业大学出版社，2011：77-169.

[2] 常亚凤. 推广机插深施肥技术促进水稻生产方式的根本转变[J]. 农机使用与维修，2012（2）：113.

[3] 李恒光，李丰三，吴海平. 东北地区水稻机插深施肥技术措施[J]. 大观周刊，2013（7）：106.

[4] 佟霞，刘明伟. 玉米精量播种深施肥技术[J]. 农业科技与装备，2010（12）：59-60.

[5] 李学山. 机械灭茬带深施肥技术[J]. 新农村（黑龙江），2010（4）：96.

[6] 赵祥. 水稻稀植机插深施肥技术[J]. 农机科技推广，2008（5）：36.

[7] 周吉生，刘尚佐. 冲施肥技术效果好[J]. 山西果树，2012（2）：50-51.

[8] 曾红艳，李春英. 水稻高产施肥技术[J]. 农村实用科技信息，2012（9）：12.

[9] 曾胜和，付明鑫，张磊，等. 滴灌春小麦高效施肥技术试验研究[J]. 干旱区研究，2010，27（5）：806-811.

[10] 刘强，顾相蕊. 化肥控失技术在农业面源污染治理中的应用[J]. 现代农村科技，2012（19）：69-70.

[11] 薛利红，杨林章，施卫明，等. 农村面源污染治理的"4R"理论与工程实践——源头减量技术[J]. 农业环境科学学报，2013（5）：881-888.

[12] 张琴，高海波. 治理农业面源污染 加大控释氮肥研究——金正大集团与中国科学院南京土壤研究所签订科技合作协议[J]. 中国农资，2008（6）：60-61.

[13] 黄碧燕. 推广农业新技术 控制农业面源污染[J]. 吉林农业，2010（8）：159-189.

[14] 丁恩俊，谢德体. 基于农业面源污染控制的三峡库区保护性耕作技术[J]. 农机化研究，2009（8）：1-5.

[15] 李霞，陶梅，肖波，等. 免耕和草篱措施对径流中典型农业面源污染物的去除效果[J]. 水土保持学报，2011（6）：221-224.

[16] 牟信刚，陈为峰，史衍玺，等. 不同措施在防治山地果园水土流失及面源污染中的应用研究[J]. 环境污染与防治，2007（12）：916-919.

[17] 杨志敏，陈玉成，张赟，等. 淹水条件下秸秆还田的面源污染物释放特征[J]. 生态学报，2012（6）：1854-1860.

[18] 彭莉，王莉玮，杨志敏，等. 降雨对农家堆肥氮磷流失的影响及其面源污染风险分析[J]. 环境科学，2012（2）：407-411.

[19] 贾洪文. 降雨与土壤养分流失关系分析[J]. 水土保持应用技术，2007（1）：21-23.

[20] K. E. 萨克斯顿，R. G. 斯普曼，La. 克雷曼，等. 美国黄土区小流域的水文与侵蚀（摘要）[J]. 水土保持，1980（3）：52-57.

[21] 曾大林. 美国水土流失监测成果之借鉴意义[J]. 水土保持科技情报，2005（5）：3-5.

[22] 代富强，刘刚才. 紫色土丘陵区典型水土保持措施的适宜性评价[J]. 中国水土保持科学，2011（4）：23-30.

[23] 廖晓勇，罗承德，陈治谏，等. 三峡库区坡地果园间植草篱的水土保持效应[J]. 长江流域资源与环境，2008（1）：152-156.

[24] 张建锋，单奇华，钱洪涛，等. 坡地固氮植物篱在农业面源污染控制方面的作用与营建技术[J]. 水土保持通报，2008（5）：180-185.

[25] 牛红玉，赵欣，吴丽丽，等. 植物篱技术在面源污染治理中的应用[J]. 现代农业科技，2011（6）：283-284.

[26] 龙高飞，蒲玉琳，谢疆. 农业面源污染的植物篱控制技术研究进展[J]. 安徽农业科学，2011（19）：11711-11714.

[27] 陈小华，李小平. 农业流域的河流生态护坡技术研究[J]. 农业环境科学学报，2006（S1）：140-145.

[28] 曹昀，王国祥. 常熟市昆承湖生态修复对策[J]. 水资源保护，2007（2）：34-37.

[29] 韩例娜，李裕元，石辉，等. 水生植物对农田排水沟渠氮磷迁移生态阻控效果比较研究[J]. 农业现代化研究，2012（1）：117-120.

[30] 孙海军，吴家森，姜培坤，等. 浙北山区典型小流域农村面源污染现状调查与治理对策[J]. 中国农学通报，2011（20）：258-264.

[31] 陈海生，王光华，宋仿根，等. 生态沟渠对农业面源污染物的截留效应研究[J]. 江西农业学报，2010（7）：121-124.

[32] 刘文治，刘贵华，张全发. 湿地在面源污染治理中的应用回顾与展望[J]. 环境科学与管理，2010（7）：141-145.

[33] 李彬，吕锡武，宁平，等. 河口前置库技术在面源污染控制中的研究进展[J]. 水处理技术，2008（9）：1-6.

[34] 赵双双，周小文，兰泽鑫，等. 用于控制面源污染的前置库的结构设计研究[J]. 广东水利水电，2013

（4）：51-56.

[35]　张永春，张毅敏，胡孟春，等. 平原河网地区面源污染控制的前置库技术研究[J]. 中国水利，2006（17）：14-18.

[36]　袁惠萍，彭昌盛，王震宇. 厌氧折流板反应器——生物接触氧化池联合工艺处理新兴农村生活污水试验[J]. 水处理技术，2012，38（4）：91-95，103.

[37]　傅嘉媛，董发开. 折流板厌氧生物接触池处理城镇污水（中试）[J]. 中国给水排水，2003，19（1）：17-19.

[38]　宋云颖，陈星，张其成. 山地丘陵及平原河网区农村生活污水处理模式[J]. 水电能源科学，2013（5）：149-151.

[39]　高玉兰，冯旭东，汪苹. 膜-序批式生物反应器生活污水处理特性研究[J]. 西安工程科技学院学报，2007（6）：799-802.

[40]　高玉兰，王礼同，汪万芬，等. 膜-序批式生物反应器膜过滤特性研究[J]. 水处理技术，2012（5）：28-30.

[41]　高玉兰，冯旭东，汪苹. 膜-序批式生物反应器处理生活污水[J]. 环境工程，2006（2）：14-16.

[42]　马丽珠，陈建中，和丽萍. 土壤渗滤系统处理生活污水[J]. 环境科学导刊，2009（6）：71-75.

[43]　王丽君，刘玉忠，张列宇，等. 地下土壤渗滤系统中溶解性有机物组成及变化规律研究[J]. 光谱学与光谱分析，2013（8）：2123-2127.

[44]　李军状，罗兴章，郑正，等. 塔式蚯蚓生态滤池处理集中型农村生活污水工程设计[J]. 中国给水排水，2009（4）：35-38.

[45]　李先宁，吕锡武，孔海南，等. 农村生活污水处理技术与示范工程研究[J]. 中国水利，2006（17）：19-22.

[46]　郭飞宏，郑正，张继彪. PCR-DGGE 技术分析塔式蚯蚓生态滤池微生物群落结构[J]. 中国环境科学，2011（4）：597-602.

[47]　张树楠，肖润林，余红兵，等. 水生植物刈割对生态沟渠中氮、磷拦截的影响[J]. 中国生态农业学报，2012（8）：1066-1071.

[48]　陈美丽，金鸿飞，郑春明. 生态沟渠中多花黑麦草对农村生活污水中污染物的降解效应[J]. 安徽农学通报（下半月刊），2010（24）：59-61.

[49]　仝昭昭，王延华，顾中铸. 垂直潜流湿地对生活污水的净化效能研究[J]. 安徽农业科学，2011（13）：8035-8037.

[50]　洪祖喜. 生物强化絮凝/垂直潜流湿地法处理农家乐污水[J]. 中国给水排水，2010（20）：81-83.

[51]　赵崇山，田欣，潘红霞. A/O＋硅藻强化新工艺在中小型城镇污水处理中的应用总结[J]. 环境科学与管理，2010，35（3）：91-95.

[52]　李树明. 硅藻精土水处理技术的革命[J]. 中国建筑金属结构，2005（9）：29-32.

[53]　田立安，韩慧，江建兴. 纳米微孔硅藻精土水处理技术在中水处理中的应用研究[J]. 工业水处理，2004，24（5）：65-67.

[54] 原培胜，赵瀛，李勇华，等. 硅藻精土技术处理生活污水[J]. 环境科学与管理，2006，31（8）：120-122.

[55] 汤年华，张志贵，肖正学，等. Epuvalisation 废水生态净化床系统在分散型废水处理中的应用效果[J]. 农业环境与发展，2012（5）：7-11.

[56] 中华人民共和国环境保护部. 畜禽养殖业污染防治技术政策[S]. 2010.

[57] 孟凡丽，杨星宇. 污水土地处理系统中土壤性质随时间变化研究[J]. 环境科学与管理，2013，38（2）：39-41.

[58] 李先宁，吕锡武，孔海南，等. 农村生活污水处理技术与示范工程研究[J]. 中国水利，2006（17）：19-22.

[59] 李军状，罗兴章，郑正，等. 塔式蚯蚓生态滤池处理集中型农村生活污水工程设计[J]. 中国给水排水，2009，25（4）：35-38.

第二章
农村水环境国际管理模式与经验

20 世纪八九十年代起，欧美等发达国家逐步形成了环境管理法规政策与实践体系，其中农业生产和农村生活的水环境管理法规政策与实践作为核心部分，受到了政府和公众的高度重视。欧美等发达国家农村水环境管理法规政策与实践覆盖了传统种植业、林草业、养殖业等各个方面，衍生出了环境经济、行政、产业、技术、社会等众多分支，且具有明显的倾向性，即以激励引导型为主，以行政管理为辅。此外，欧美发达国家城市化进程较快，农业人口较少，农业生产机械化、集约化、规模化程度较高，决定了其农村水环境管理法规政策与实践重点集中于如何控制集约化农业生产污染。

第一节　发达国家农村水环境管理相关法律法规概要

美国早在 1935 年通过了《土壤保持法案》，1969 年通过了《国家环境政策法案》，美国在 1972 年的《清洁水法》中，第一次将非点源污染纳入国家法规，并提出了著名的 TMDL（Total Maximum Daily Load）——最大日负荷量计划，1977 年通过了《土壤和水质保护法》，1985 年通过了《食物保障法》等。在 1987 年的国会上首次声明了将控制非点源污染变为行动计划的意愿，同年《清洁水法修订案》规定，所有各州都要有非点源污染治理规划，该规划应列入州政府议事日程。进入 90 年代后农业部又提出了一种购买性资源低投入的持续农业发展道路。

欧盟一项重要立法是 1980 年的《饮用水法令》，它规定饮用水中硝酸盐含量不得超过50 mg/L。1989 年欧盟委员会第一次在官方文件中明确提出非点源污染问题，指出水质问题是由农田与城市的硝酸盐释放引起的。2000 年，欧盟颁布的《水框架法规》强调，要特别重视针对农业径流污染的控制治理措施，这些措施应是"范围广泛的、预防性的、划算的、联合运作"。

德国于 1996 年开始实行《德国肥料条例》，规定了不同土地类型有机肥的最大用量，并限制了施肥时间；荷兰有一系列立法来限制污染区内存栏牲畜数量的增加和厩肥的施用，对农田养分流失量也有明确的规定，如果流失量超标，则必须缴纳一定的费用，且收费标准随着养分流失量的增加而增加。

1942 年，英国政府出台了以农村土地利用为主旨的《斯考特报告》，提出对土地实施分类，确认农业用地，让农民拥有土地的使用决定权；1947 年《城市和乡村规划法》规定，要通过规划来保护土地；1947 年《农业法》强调要扩大农业规模，提高农业生产率，在经济上保护农业，大力推广适用技术等；1949 年《国家农村场地和道路法》主要针对农村自然景观的保护，并规定城市的扩大不能占用特殊科学试验用地。这些立法和政策在一定程度上促进了英国农业的发展，同时也带来了环境问题，如由于农场和土地扩大造成一些农场和农村用地自然界限的消失，林木面积减少，池塘、水沟被填平，传统农业建筑物缺乏保护，野生动植物生长环境退化，农村自然景观遭到破坏，牲畜、营养剂、农用化学品污染以及转基因技术的负面影响等。20 世纪 80 年代以来，英国政府开始着手研究农业发展与农村环境保护的衔接问题，制定了一系列适于农村环境保护的标准和规范。如针对氮肥对地下水质的污染，1980 年颁布并于 1985 年强制实施的《饮用水指导法》规定，消费者饮用水每升中氮含量不得高于 50 毫克。1989 年的《水法》对氮肥使用较多的地区在使用氮肥时，做了明确详细的规定，另外英国政府除按 1991 年《欧盟施用氮肥指导法》"自然水每升不得超过 50 毫升氮"执行外，还规定了更加严格的施肥标准；冬季使用氮肥的标准为每公顷 25 kg；秋季则禁止使用氮肥。氮污染严重地区，每年 8 月 1 日或 9 月 1 日至 11 月 1 日，也禁止使用氮肥。施用有机肥料要距离河道 10 m 以上，泉涌 50 m 以上，并且每次施肥不能超过每公顷 250 kg；施肥要制订计划，不能过高，每次施肥都应有书面记录。2003 年《水框架工作指导》规定，2015 年所有的水均应达标。1981 年《野生动植物和农村法》，该法采取了两种方式来进行环保。一是引导方式，这种方式总体上作用较弱；二是自愿方式，这种方式比较受欢迎。如农业用水污染问题处理办法和具有较高价值的特殊科学试验用地的保护等均采用了引导方式；环境敏感地区行动计划和农村管理工作计划则采用的是自愿方式。

第二节　美国农村水环境管理法规政策与实践

种植业污染具有广泛性、复杂性和特殊性的特征，对其控制管理不能简单照搬传统的针对非点源污染的方法和手段，而需要探究与种植业面源污染特征规律相对应的政策措施。美国在这方面进行了积极探索，其环境政策也取得了污染防治效果。美国 1990 年的调查评估报告显示，美国面源污染约占总污染量的 2/3，其中农业源占面源污染总量的 68%～83%，导致 50%～70%的地面水体受污染或受影响；2006 年统计数据显示，美国农业面源污染面积比 1990 年减少了 65%，经过 10 多年的有效治理控制，美国的农业面源污染已大幅减少。

美国的养殖业与农业污染共同导致了美国 3/4 的河道和溪流、1/2 的湖泊污染。美国的养殖业工厂化、专业化、规模化程度都很高，主要通过严格细致的立法来防治养殖业污染。为了便于管理，美国通过立法将养殖业划分点源性污染和非点源性污染进行分类管理，专门设有非点源性污染的管理部门。1977 年《清洁水法》将工厂化养殖业与工业和城市设施一样视为点源性污染，排放必须达到国家污染减排系统许可，明确规定超过一定规模的畜禽养殖场建场必须报批，获得环境许可并严格执行国家环境政策法案。美国的非点源性污染主要是通过采取国家、州和民间社团制订的污染防治计划、示范项目、推广良好的生产实践、生产者的教育和培训等综合措施科学合理地利用养殖业废弃物。1987 年修改的清洁水法将集约型的大型养殖场看作点污染源，制定了非点源性污染防治规划，由各州自行监督实施《大型养殖场污染许可制度》。2000 年 1 月，美国环保局重新制定了《全国土地和水产养殖废水排放标准》。此外，美国农业部与环保局制定了针对大型养殖企业（1 000 养殖单位）的《动物排泄物标准》，要求养殖场在 2009 年前必须完成氮管理计划，但进展缓慢。限于资料掌握程度，本部分仅以种植业为主介绍美国的管理实践。

一、水环境管理法规的实施计划与政策措施

美国在农业污染控制方面有着系统的法律框架，对农药化肥管理采取了许多政策措施，主要包括注册登记制度、标准的制定、禁令及许可制度和配额等。美国环保局实施了《非点源污染实施计划——CWA319 条款》，农业部实施了《清洁水法案（CWA）》《国家灌溉水质计划》《农业水土保持计划》，此外，其他国家职能部门制定了《最大日负荷（TMDL）计划》《动物集中饲养计划规定》《乡村清洁水实施计划》《国家河口实施计划——清洁水法案 320 条款》《杀虫剂实施计划以及海岸非点源污染控制实施计划》等。

国家灌溉水质计划：美国内务部于 1986—1993 年在主要农产区——美国西部的 26 个灌溉区实施了该计划，主要是针对地表水。该计划研究有两个目的：一是建立 26 个地区地表水及其沉积物、生物样品的关系数据库。二是利用数据库识别不同地区由于灌溉用水引起的水质问题的共同特征，并且识别主要影响因素。从而为污染源的分区治理提供依据科学依据。

乡村清洁水计划：针对水流域的农村非点源污染的问题，美国政府制订了"农村清洁水计划"。实施该计划的目的是：在项目实施地区，尽可能通过经济有效的方式，在提供充足的粮食的同时，改善水质和生态环境；帮助农民减少农业非点源污染，改善农村地区的水质，使水质达到规定的目标；建立和实施非点源污染控制管理计划，确立管理方针和步骤，以控制农业非点源污染。

保护存留计划：该计划主要的目的是保护国家水土侵蚀最严重的地区，以保护和改善水质，尤其是保护环境敏感地区，如渗滤带、湿地和井源保护区。该计划对环境分区治理的措施对水质的保护和改善起到了积极的作用。

国家河口计划：针对重要的河口地区点源和非点源污染问题美国政府制订了国家河口计划。美国环保局帮助河口地区各州和地方政府建立"口岸特别综合保护和管理计划"。到目前为止，已在 17 个河口地区实施了该计划。

杀虫剂实施计划以及海岸非点源污染控制实施计划：要求化肥生产者或销售者就自己

生产、销售的化肥的品牌、等级、养分含量等事项向州政府主管机关登记，并积极鼓励农民对农业污染进行主动性控制，控制杀虫剂的使用，以免它们危害地下水和地表水，尤其是防止脆弱的地下水受到杀虫剂的污染，增强了污染物控制的针对性，从而提高了控制的效率。

二、卓有成效的激励与保障措施

美国环境经济政策通过具体项目实施，主要包括补贴、基金和贷款政策。总体而言，从20世纪80年代中期开始，其财税资金共支持了3大类8个重要项目，具体包括：退（休）耕项目，包括退（休）耕还草还林和湿地恢复项目；对利用中的土地（耕地、草地和私有非工业用林地）资源实施管理和保护的项目，包括环境保护激励、环境保护强化、农业水质强化和野生动物栖息地保护项目；农牧业用地保护项目，包括农场和牧场保护以及草场保护项目。2002—2007年间的农业资源保护专项资金比过去10年翻一番，资源保护专项资金增长额的2/3用于实施以在用耕地和牧场为重点的资源保护计划，在过去15年中约占美国联邦政府用于农业资源保护专项资金总量的15%，到2007年约占50%。其中退（休）耕还草还林、湿地恢复、环境保护激励和环境保护强化四类项目的投资额度和面积分别占联邦政府资源和环境保护政策总投资（预算）和总面积的93%和97%以上，各类项目简介见表2-1。

表2-1　农业资源和环境保护项目简介

项目名称	对象	激励手段	目标	支持额度
退（休）耕还草还林	高度侵蚀的耕地	补偿土地收入，分担种草种树成本，激励性补贴和技术支持	恢复植被，减少水土流失，改善水质、空气质量和野生动物栖息地	退耕土地3 380万英亩[①]，2002—2007年间补贴资金增长8亿美元
湿地恢复	具有退化湿地特征的土地	购买开发权，分担恢复成本，提供恢复和保护湿地技术支持	湿地的功能和价值恢复，野生动物栖息地的作用和价值最大化	2002—2007年间补贴资金增长15亿美元
环境保护激励	种养业生产用地	成本分担和激励性补贴	促进农业生产发展的同时保护和改善环境质量	2002—2007年间资金总额58亿美元，2007年13亿美元
环境保护强化	使用中的私有耕地、草地、林地	成本分担、收入补偿、激励性和研究补贴	解决具体的资源环境问题	2003—2007年专项资金为13.9亿美元
农业水质强化	种养业生产用地	分担成本、激励性补贴和贷款	促进地下水和地表水资源保护	
动物栖息地保护	私有农牧业用地、非工业用地	分担成本	保护和强化野生动植物栖息地	2002—2007年补贴总额3.6亿美元

项目名称	对象	激励手段	目标	支持额度
农场和牧场保护	准备出售的耕地、草地、林地	为购买土地开发权提供配套资金	保持农牧场原貌，防止开发性利用	2002—2007 年专用资金5.97 亿美元
草场保护	私有草场和印第安部落草场	购买开垦、开发权，分担草地恢复成本	保持草场的可持续利用	2002—2007年专用资金达2.54 亿美元

① 1 英亩=4 046.86 m²。

环境保护激励项目：该类项目由 1996 年农场法案授权设立，基本目标是为农牧场主提供信息、技术和资金支持，帮助其在保持原有生产的同时，改善环境质量，以达到各级政府对环境质量的要求。对于申请被接受的农牧场主，政府以成本分担和激励性补贴两种方式提供资助。成本分担方法适用于工程设施建设和植被建设，成本分担的份额一般为50%，最高达到75%。激励性补贴用于鼓励农牧场主加强各类管理性措施，补贴的额度是以达到激励其采取这些措施为限。2005 年，成本分担资金占项目总支出的82%，激励性补贴占 18%。

表 2-2　2005 年环境保护激励项目重点排序

项目环境目标	资金支出		合同	
	金额/10⁶ 美元	构成/%	数量/份	构成/%
改善水质	551.2	38.8	28 325	35.7
改善耕地质量	246.7	17.4	15 649	19.7
保护水源	236.2	16.6	11 231	14.1
改善牧场生态环境	195.1	13.7	13 206	16.6
改善野生动物栖息地	55.6	3.9	2 597	3.3
保护植被	49.8	3.5	2 745	3.5
改善空气质量	30.5	2.1	1 503	1.9
改善林地生态环境	22.8	1.6	2 383	3.0
保护湿地	9.6	0.7	295	0.4
改善人群卫生条件	8.0	0.6	385	0.5
保护耕地	3.3	0.2	119	0.1
其他	12.7	0.9	960	1.2
总计	1 421.6	100	79 398	100

环境保护强化项目：该类项目对参加者的资金补贴根据需要确定，具体需要考虑参加者实施项目的成本、为实施项目放弃的收入以及项目的预期生态环境效益。一般 5 年项目期内对单个参加者的资金补贴不超过 20 万美元。2008 年农场法案要求农业部每年实施项目 1 277 万英亩，平均成本保持在每年每英亩 18 美元，项目基本以流域为单位实施，但资金按州下拨。

退（休）耕还草还林项目：自1986年起，每年500万~1000万英亩，到1990年累计达到4000万~5000万英亩。之后，联邦政府几次修改项目面积目标：1992年下调到3800万英亩，1996年进一步下调到3640万英亩，2002年回调到3920万英亩，2008年又下调到3200万英亩。从实施情况看，自1990年达到3280万英亩以后，平均每英亩项目面积的成本在50美元左右。

湿地恢复项目：湿地恢复项目自1991年开始试点实施，1994年全面展开，联邦政府通过规定项目的面积来控制项目进展，2002—2007年间，补贴资金预计将增长15亿美元。1990年规定的项目面积上限是到1994年、1995年达到100万英亩，2002年把面积上限上调到227.5万英亩。2000年以前项目面积和成本同步上升，每英亩成本约为1000美元，2001年以后，支出上升的幅度超过面积增加的速度，单位面积成本逐年增加。

三、适度的补贴、税收政策

美国在20世纪70年代提出控制面源污染的"最佳管理实践BMPs"，针对不同的环境污染问题，采取不同的措施帮助农民自愿采纳有助于保护水资源的管理实践，政府为采纳该措施的地区的农民提供技术和财政支持。自1990年起，美国EPA向制定农业非点源控制计划的州进行高额资助，以帮助他们实施计划。美国对采用先进技术设备或生产方式的清洁生产者提供优惠价格或低息、无息贷款，给予企业和农场治理污染、保护水环境的外部经济行为资金补贴，补贴的额度应正好等于外部收益，这种补贴常来源于收费和税收。具体的行动计划如下：

自然资源保护技术补贴：自1936年以来，美国农业部就一直通过自然资源保护技术补贴鼓励农民采纳水土保持和水质量保护的生产实践活动。参加该生产实践活动的地区的农民有资格获得技术补贴。

自然保护服从条款：耕种高度易侵蚀土地的地区的生产者被要求参加自然保护服从条款的土壤保护计划以保留其参加其他由美国农业部指定计划的资格，这些计划给农民提供财政支付。

自然资源贮备补贴：该计划是在特别容易产生环境问题的耕作区实施。运用补贴手段激励农民实施休耕措施，只要参与这个计划，土地休耕多久，补贴就发放多久；只要休耕，就给补贴。

环境质量激励资助：该计划以环境效益和经济效益为目标，通过向符合条件的农场主和牧场主提供技术、教育和财政资助，来解决与他们的土地密切相关的土壤、水和其他自然资源问题。

四、最佳可行的环境技术政策

国外的环境技术政策大都融合在环境战略、规划、法规、条例、标准和对策等综合管理手段之中，因而政策的实施更为有效。美国的《清洁水法》要求采用"最佳实用控制技术"和"经济上可行的最佳可得技术"，并在 1977 年的修改中规定常见污染物的排放必须达到"最佳常规控制技术"。美国 1993 年制定的《国家环境技术战略》，在减少生态环境风险、提高成本效益和资源利用效率等方面，对有关产品和工艺进行了详细的技术规定；同时对现有有关政策中不利于环境技术发展的政策进行了调整。

五、各州的差异化管理实践

为了控制农村水环境的污染，美国许多州政府也制定了具体的控制的法规和方案，这些方案作为联邦法规的补充部分正在发挥着作用。

佛罗里达州执行严格的、旨在减少全州湿地损失的《湿地保护法令》。此外，该州的《降雨径流管理方案》已应用于所有新的开发区，其目的是保证开发后出现的径流的流量、流速、持续时间及污染负荷均不会造成违背州水质标准的后果。

艾奥瓦州规定州内所有的露天饲养场和不受降雨影响的封闭的设施，最起码所有开放的设施必须去除可处理的径流固体物质。

马里兰州 1982 年制定实施了《综合降雨径流管理计划》，州内各县郡颁布的当地法令提出最低要求，后发展地区在 2 年或 10 年的屡次降雨中污染排放峰值应与先发展地区保持在同一水平上。该州还参与实施了地区的"切萨皮克湾清洁计划"，颁布的目的在于减少来自农田径流及渗漏的营养物的《马里兰州 1998 年水质改善法案》。

第三节　欧盟水环境管理法规政策与实践

一、种植业水环境管理法规政策与实践

欧盟成立以来，不断在政策中增加支持农村发展的内容，致力于改善农业环境，促进农业持续发展，并将农业政策融入欧盟总体战略，确保其社会和经济的生命力。欧盟各国的地表水体中，农业源排磷所占的污染负荷比约为 24%～71%，硝态氮超标现象十分严重，农业生态系统的养分流失是水体硝酸盐的主要来源。农业集约化程度高的西欧国家（欧盟成员国）自 20 世纪 80 年代末以来，逐步实施流域农业投入氮、磷总量控制，氮、磷化肥用量分别下降了大约 30% 和 50%。连续 20 年氮、磷化肥用量的大幅度下降使得农业面源

污染得到了有效的控制，使农业农药、化肥及畜禽废水等排污量大大减少，农田环境及生态环境得到了较大的改善。同时，由于欧盟成员国在大幅度减少氮、磷化肥用量的同时，通过农业政策的落实，提升农业科技水平，提高氮、磷化肥和农业系统中有机氮、磷资源的利用率，促进高产水平下物质投入在生产系统内部的良性循环，因此，虽然耕地面积和化肥投入量不断下降，但其耕地产出率和作物产量逐年上升，粮食总产和单产分别比 90 年代初期增加了 57%和 80%。

（一）辅助性行政管理法规政策

欧盟的种植业行政管理政策重点针对农药、化肥类产品，形成了从产品生产、运输、销售、使用的一系列管理政策，实践证明这些政策对于有效防止污染起到了积极作用。

表 2-3　欧盟农村水环境管理法规政策与实践

名称	颁布年份	主要内容
硝酸盐指令	1991	成员国将硝酸根含量超过 50 mg/L 或已发生富营养化的水体标定出来，划定为易受硝酸盐污染区，区内采取强制性的措施以减少营养物质的进一步流失，有机肥料施用量（以 N 计）不得超过 170 kg/（hm^2·a）
共同农业政策	1992	以缓解农业生产对环境污染为目标，对不同的区域采取不同措施，着重于采取和鼓励有利于减少环境污染的生产方式等措施，鼓励农民降低家畜放养密度，减少使用肥料和农药，并且对由此造成的农民收入的下降给予补贴。包括环境保护措施的引进、农业用地中的造林项目和农民早期退休计划等
环境标准体系	1993	欧盟出台了结构政策的环境标准，加强化肥和农药的管理并建立严格的登记制度
水清洁的共同体措施		限制水中杀虫剂残留的措施及为保护鱼种贝类安全
杀虫剂法	1991	控制杀虫剂最大使用量
2000 年议程	1999	强化了生产支持补贴与环境保护要求之间的联系并允许成员国将农产品支持的部分资金转用于"农业环境计划"和"促进生物多样性计划"，以实现一种"多功能、可持续发展和具有竞争力的农业"
共同农业政策改革方案	2003	将生产补贴与农民遵守环保标准、食品安全、动物卫生与福利标准紧密联系在一起，以进一步使农民遵守环保规定。欧盟还规定农民必须首先将土地保持在"良好的农业和环境状态之中"，然后才能获取补贴
农村发展战略指南	2007	明确了通过理性的土地利用和环境保护的政策，经过批准的项目和计划所需资金主要由欧洲农业发展基金提供，其中农业环保支付金额占全部农村发展项目、措施支付额的 22%

化肥登记制度：欧盟国家根据农药和化肥的毒性、用量和使用方法以及对生态环境和公众健康可能造成的危害，建立了严格的登记制度。如瑞典 1987 年对农药进行重新登记，500 多种农药仅通过了 300 多种。荷兰规定，到 2000 年撤销对环境有潜在危害的农药。

化肥施用管理：欧盟国家对土壤化肥施用种类、施用强度、施用方法都制定了严格的管理方法，尤其是对氮肥、磷肥的管理。德国基于《欧盟硝酸盐法令》制定了《德国肥料条例》，于 1996 年 1 月开始实行，规定有机肥料的最大用量（以 N 计），耕地不超过 170 kg/（hm² · a），草地不超过 210 kg/（hm² · a），同时还限制有机肥料的施用时间，即在每年的 11 月 15 日至次年的 1 月 15 日养分最易流失的这段时间内禁止施用有机肥料，在土壤渍水、结冰和积雪期间禁止施用有机肥料。《条例》还允许各州根据自己的实际情况对施用时间进行更严格的限制。法国农业部和环境部共同成立了一个特别委员会来处理氮、磷对水体的污染问题，划分出易受硝酸盐污染的地区，区内要求更严格的平衡施肥，为减少肥料损失，针对不同作物制定了详细的肥料禁用时间。

环境标准制度：德国在控制地下水的硝态氮污染和北海、波罗的海水域的富营养化的问题时，对水源地的农事活动进行一定的限制，这些地区的化肥用量必须低于一般用量的20%，同时通过测量土壤矿质氮含量进行进一步的控制，而农民的减产损失则通过增加对饮用水消费者的收费来补偿，许多地区尤其是西北部的几个州通过颁布法令对有机肥的用量进行限制，规定每公顷农田的氮素年最大用量。

分区管理制度：英国的农村水污染源的分区治理政策的实施使农村水污染的治理更具有针对性。在经过深入的科学调查以后，英国于 1989 年划定了 10 个面积在 500~4 000 hm² 的地下水集水流域为硝酸盐敏感区。区内采取的主要治理措施为农民在自愿的基础上与政府签订为期 5 年的协议，对施肥方法、施肥量和施肥时间等耕作方式进行调整，以减少养分流失，而农民的损失则由政府每年发放一定的补贴给予补偿。跟踪监测结果表明，上述10 个区中有 9 个区的地下水硝酸盐含量下降了 10%~20%。到 1996 年，又相继建立了上百个总覆盖面积约 50 万 hm² 的硝酸盐敏感区，这对饮用水水源的保护发挥了重要作用。

（二）完善的财政补贴政策与实践

欧盟对属于"非贸易关注"的多功能种植业实行补贴，将环境保护坚定地确立为欧盟农业管理的中心目标并对农业环境补贴法律制度作了创新：实行脱钩的农业支付，转向农村发展，实行交叉遵守的补贴，将欧盟农民获取政府补贴与遵守农业环境保护义务实行强制性的挂钩。欧盟不断加大用于减少农田氮、磷养分总用量、提高农田养分利用率的费用，进行农业面源污染控制的财政预算和投入。欧盟绝大多数农业环保计划的专项资金来自欧盟，但是各成员国负责具体实施这些计划。欧盟每年用于农业环保计划的总支出约为 16 亿美元，占欧盟农业总支出的 4%，各欧盟国家联邦政府、地方政府还有各自的相应投入。

欧盟许多国家对为减少养分排放而改变耕作方式和减少肥料、农药施用量的农民在经济上给予补偿，这些都有效地减少了农业非点源对水体的危害。

德国完备的补贴体系：德国建立了较为完备的种植业环境保护补贴政策体系，其范围覆盖生态农业、农村环保公共事业、环保科技推广等各个方面，具有典型代表性。德国的农村环境保护补贴主要与农业生产挂钩，为鼓励在农业生产中采取行动，使得生产对环境的影响向着有利于环境保护的方向发展，在农民自愿遵守有关环境保护规定的情况下（参加期限至少 5 年），政府给予补贴。补贴有三种：一是生态农业补贴，主要用于生态农业、粗放型使用草场、对多年生作物放弃使用除草剂的直接建设补贴；二是种植业、畜牧业和休耕补贴，种植业和休耕补贴主要是依据土地面积测算，畜牧业补贴按照单位面积承载量测算；三是环保基础设施投入，主要通过补贴和贷款的方式对农民实施的水利、道路、土地整治等农村基本建设工程给予资助，对不同的基础设施给予不同的补贴额。德国联邦政府农业部在欧盟和各州政府的投资之外，每年拿出近 40 亿欧元，占其年度财政预算总额的 66%，用于支持其农业环境政策的落实，控制农业面源污染，提高农产品质量。目前德国在总面积为 $171.3 \times 10^4 \ hm^2$ 的农业用地上（其中农田为 $118 \times 10^4 \ hm^2$，草场、果园等合计 $52.7 \times 10^4 \ hm^2$），有 $50 \times 10^4 \ hm^2$ 的农业用地（占农用地总面积的 30%）获得由欧盟、联邦政府和地方政府共同出资设立的各种类型的农业环境政策补贴。

法国高额度的补贴政策：法国的农业环境措施补贴额度是欧洲国家中力度最大的一个，1992 年、1993 年、2001 年分别为 0.08 亿欧元、1.5 亿欧元、3.7 亿欧元。其最主要的补偿方式是农场主和政府签订合同，合同中规定农场应该达到的环境目标，政府提供相应的补贴，改项补贴政策自 1999 年开始实施，2001 年，法国和欧盟提供给"农场土地合同"的补贴为 1.14 亿欧元，累计有 28 000 个农场与政府签订了合同。

英国变相贷款补贴政策：英国"二战"后大范围实施多种多样的反哺农业政策，其中农业环境保护是重要的一项，农村环境保护类补贴每年平均累计达到 15 亿英镑，且有增加趋势。贷款主要用于鼓励小农场合并的规模化、产业化发展贷款，重污染产业退出补贴，以及提高农业机械、作物育种、农用化学、灌溉排水和畜牧品种改良水平的补贴等。针对农村居住区的保护以及英格兰 9 条河流制定的《河流盆地计划》规定，每年每公顷土地政府平均给予 175 英镑的补贴，以解决水质问题。

（三）严格的税收政策的实践

欧盟各成员国还制定了合理的经济政策，鼓励生态农业的开展，惩罚违反农业环境法规的情况。

瑞典：瑞典对面源污染的控制采用了严格的化肥税手段，对化肥生产和化肥进口进行征税，将化肥税收入用于环保公共事业和农业补贴支出。其目的就是为了减少化肥用量以减轻养分流失对环境的污染，这一政策虽然对特定作物的经济效益有一定影响，但对减少化肥消费的确有效。瑞典从 1984 年开始征收化肥税，税率为 0.60 瑞典克朗/kg 磷，使磷肥售价上涨了 5%。瑞典还根据所有化肥中氮和磷的值以及所有农药中活性成分的单位值征收 20%的价格调节费。

挪威：1988 年开始实行化肥税收政策，最初的政策目标是为其他政策的实施筹集经费，后来转变为支持环境友好的行为。尽管由于 1988 年北海蓝藻暴发事件促使税率提高到化肥价格的 8%，1991 年又提高到 20%，但是仍然被认为不足以对化肥使用行为产生重大影响，且化肥税已经对挪威的农业出口贸易产生了较大的负面影响，该项政策在 2000 年被废止。

丹麦：自 1998 年引入氮税，对于任何氮含量超过 2%的肥料征收 0.67 欧元/kg N 的税，该税率一直未变。该税率虽然相比匈牙利的高得多，但是丹麦的税收减免非常普遍，例如：只要年营业额超过 2 700 欧元的农户就可以免税；其他用户只要年使用肥料超过 2 000 kg 也可以免税；对于年用肥量不超过 2 000 kg 的用户，只要每年缴纳的税金超过 135 欧元，也将得到部分返还。因此，该项税收对于农民没有实质上的约束，主要是针对家庭少量的肥料使用行为。

匈牙利：1986 年开始实施化肥税，最初的税率是：0.25 欧元/kg 氮、0.15 欧元/kg 磷。该税率逐年增长，直到 1994 年该国加入欧盟而被废除。该税收实施以来肥料的使用量约以 3%的速度逐年下降，但相应的是化肥的价格以约 10%的速度上涨，较大地增加了农民的成产成本。该政策对于环境质量改善的直接效果仍然非常有限，并且化肥上涨的成本被没有能力转变为有机农户的粮农所承担，对于化肥公司基本没有影响。

芬兰：1990 年 1 月开始实施磷肥税。1992 年氮也被纳入征收范围。税率分别为 1.7 芬兰马克/2 kg 磷和 2.6 芬兰马克/2 kg 氮。但是芬兰加入欧盟以后就逐步停止征收化肥税，主要是担心影响它们弱小农业的竞争力。由于采取了有效手段，芬兰农业中磷的施用已经大大减少。在芬兰的收费中，对氮的收费比较高。化肥税收入专项用于农业部门的环境投资。

荷兰：是欧洲化学养分投入最多的国家，从 1998 年开始使用 MINAS（Mineral Accounting System）系统控制化肥的使用。该系统本质上是一个养分标准，其控制对象是养分的剩余（或流失）。在这个系统之下，每个农民的养分投入和产出情况都被记录下来，如果其养分剩余（或流失）在规定的标准之内，则无须交税，如果超出标准，则需要缴纳较高的税（表 2-4）。随着免税的标准越来越严，超出标准的税率也越来越高，尽管监测数据显示荷兰地下水的养分浓度在 1992—2000 年之间有所下降，但是这项政策仍然由于其高昂的执行费用（特别是监测费用）以及对于环境质量贡献的不确定性受到质疑。该政策 2006 年 1 月被废除。

表 2-4　荷兰 MINAS 系统税率设置（磷以 P_2O_5 计量）

年份	免税标准		超出标准税率	
	氮/（kg 氮/hm^2）	磷/（kg 磷/hm^2）	氮/（欧元/kg）	磷/（欧元/kg）
1998	238	40	0.7	1.1
2000	188	35	0.7	2.3
2002	165	30	0.7	2.2
2003	140	20	2.3	9.1

（四）精细的环境技术政策

欧盟理事会通过的《污染综合防治指令》对采用科技方法控制污染作了具体而明确的规定，先进可行的最佳技术、环境影响评价、清洁生产、标准管理等科学技术方法已成为将经济发展与环境资源保护相结合的主要工具，各种环境标准和其他有关环境无害技术的技术性规范在环境政策和环境法中的作用日益突出。

目前欧盟国家用于控制农田引起面源污染的技术标准主要包括：对水源保护区、水源涵养地的轮作类型的限定；对水源保护区、水源涵养地肥料类型、施肥量、施肥期、施肥方法的限定。用于控制畜禽业引起面源污染的技术标准主要包括：要求畜禽场就近配有足够的农田，以便保证在环境安全的前提下，消纳畜禽粪便；要求畜禽场固液废弃物化粪池的容量达到可贮放 6 个月排出的废弃物；要求化粪池密封性好，不会产生径流和侧渗。

德国波顿湖的 Reichenau 岛自 17 世纪以来就是德国著名的蔬菜生产地。岛上 430 hm^{2}的土地有 60%是化肥和农药用量高的菜地，蔬菜生产是当地的支柱产业。以前由于大量使用化肥和农药，致使该岛地下水硝酸盐含量严重超标，饮用水井不得不全部关闭。而当地农产品硝酸盐、农药残留问题引起了波顿湖的富营养化，也危及了这一地区整体的生态环境。自 20 世纪 80 年代以来，该地区开始逐步推广环境友好型的综合农业生产管理技术，通过贷款建立菜农的合作社为农民提供从测土施肥、作物病虫害生物防治到优质农产品营销等全方位的农业技术服务。目前岛上的化肥、农药用量较治理前大幅度下降，控制农业对地下水及波顿湖造成的污染已取得了明显的成效。

此外，为控制农村水污染，奥地利从 1986 年开始征收化肥税，尽管税收水平很低，但对化肥使用量有明显的影响；丹麦对杀虫剂按 20%的税率征收；芬兰 1990 年、1992 年分别引入磷肥税和氮肥税并实行杀虫剂登记和控制收费；瑞典对化肥生产和化肥进口征税。明尼苏达州、加利福尼亚州征收农业污染输入税、环境税和产品税，以限制化肥农药的使用。

二、养殖业水环境管理法规政策与实践

20 世纪 90 年代，欧盟各成员国通过了新的环境法，规定了每公顷动物单位（载畜量）标准、畜禽粪便废水用于农用的限量标准和动物福利（圈养家畜和家禽密度标准），鼓励进行粗放式畜牧养殖，限制养殖规模的扩大，凡是遵守欧盟规定的牧民和养殖户都可获得养殖补贴。根据农场的耕作面积安装粪便处理设备，通过减少载畜量、选择适当的作物品种、减少无机肥料的使用、合理施肥等良好的农业实践减少对环境造成的负面影响。

荷兰：1971 年立法规定，直接将粪便排到地表水中为非法行为。从 1984 年起，荷兰不再允许养殖户扩大经营规模并通过立法规定每公顷 2.5 个畜单位，超过该指标农场主必须交纳粪便费。近几年的立法正根据土壤类型和作物情况，逐步规定畜禽粪便每公顷施入

土地中的量。目前荷兰的大中型农场分散在全国 13.7 万个家庭，产生的畜禽粪便基本由农场进行消化。荷兰农业是养分污染的主要来源，尤其是在东南部高密度的畜牧业区，大量的厩肥对水环境构成了严重的威胁。针对畜牧业污染严重的情况，荷兰已有一系列立法措施如《地表水污染控制法》《地下水法》等限制水污染区存栏牲畜数量的增加和厩肥的施用。对农田养分的流失量也有明确的规定，如果流失量超过标准，则必须缴纳一定的费用，并且收费标准随着养分流失量的增加而增加。

丹麦：规定了每公顷土地可容纳的粪便量，确定畜禽最高密度指标，并且规定施入裸露土地上的粪肥必须在施用后 12 h 内犁入土壤中，在冻土或被雪覆盖的土地上不得施用粪便，每个农场的储粪能力要达到储纳 9 个月的产粪量。

英国：将畜牧业远离大城市，与种植业生产紧密结合。经过处理后，畜禽粪便全部作为肥料，既避免了环境污染，又提高了土壤肥力。为了让畜禽粪便与土地的消化能力相适应，英国限制建立大型畜牧场，规定 1 个畜牧场奶牛、肉牛、种猪、肥猪、绵羊、蛋鸡的最高限制指标分别为 200 头、1 000 头、500 头、3 000 头、1 000 头、7 000 头（只）。

德国：规定畜禽粪便不经处理不得排入地下水源或地面。凡是与供应城市或公用饮水有关的区域，每公顷土地上家畜的最大允许饲养量不得超过规定数量：即牛 3～9 头、马 3～9 匹、羊 18 只、猪 9～15 头、鸡 1 900～3 000 只，鸭 450 只。

第四节　日本和韩国水环境管理法规政策与实践

一、种植业水环境管理法规政策与实践

日本对于种植业污染的政策以"严格的环境标准"为中心，管理体系中加大了对农民和企业的环保责任约束，其宣传力度和道德培养政策更是从根本上减少了环境污染。韩国则采取了"亲环境农业政策"，通过一系列技术、任务书的制定，形成了以环境保护为中心的农业生产政策体系。

（一）行政法规政策与实践

日本完善的环境法规体系：从 20 世纪 60 年代以来，日本加快了农业生产环境保护立法进程，颁布试行了一系列配套法律法规，包括针对农业的法律法规有《食物、农业、农村基本法》《可持续农业法》《堆肥品质管理法》《食品废弃物循环利用法》4 部，从总法到具体单项法规，从农业生产投入品到食品加工和饮食业等各个环节法律法规配套，尽可能减少法律法规"盲区"。2001 年以来，日本政府还相继出台过《农药取缔法》《土壤污染防治法》，先后制定了 7 个与畜禽污染管理控制相关的法律法规，各大城市郊区和农村相继开始开展有机农业活动。

日本严格的环境标准：20 世纪 60 年代，日本农业污染开始加重，日本政府高度重视，开始实施改革。日本实行了世界上最为严格的环境标准，对污染型产业的发展形成了强大的约束力，对环境基础设施建设形成了强大的推动力。日本的环境产业经历了从"公害防止型"、"资源节约型"到"资源循环型"的变迁。如日本的琵琶湖是滋贺县 1 400 万人的水源地，也是京都府、大阪府和兵库省水源的重要供给地，从 1950 年开始，随着战后经济快速增长，排放到湖体的污染物大量增加，水质不断恶化，污染极端严重。从 20 世纪 70 年代初开始，琵琶湖实行了严于日本全国的污染物排放标准和环境影响评价标准，与健康有关的指标提高了 10 倍左右。由此可以看出，日本通过采取各种有效的排污减排及其他治理农业污染的措施，切实使农业环境及水源环境得到了很好的改善。

韩国的亲环境农业政策：20 世纪 80 年代以来，韩国加快工业化发展步伐，导致农业发展落后，韩国采取了以"亲环境农业"政策为主的一系列政策措施。1997 年 12 月颁布《环境农业培育法》（2001 年 1 月又修改为《亲环境农业培育法》），明确了"亲环境农业"概念、发展方向以及政府、农民和民间团体应履行的责任，引进了亲环境农产品认证标志制度和直接支付制度。1995 年以《中小农高品质农产品生产支援事业》形式开始支持实践"亲环境农业"的农民。1996 年 7 月提出《迈向 21 世纪的农林水产环境政府》，1997 年 3 月提出《环境农业地区造成事业》促进计划，1998 年 3 月提出《亲环境农业示范村造成事业》促进计划等，1998 年 11 月韩国政府宣布"亲环境"农业元年，并发表元年宣言《亲环境农业培育政府》。

（二）财政直补型补贴政策

日本政府针对农业环境保护实施的财税政策主要包括对环保型农户建设，实行硬件补贴和无息贷款支持以及税收减免等优惠。其中，1961 年出台的《农业基本法》提出了财政补贴措施，主要包括两项，一是价格支持政策，包括成本与收入补偿、最低保护价、价格稳定带、价格差额补贴和价格平准基金等制度；二是补贴，包括水利建设补贴、农地整治补贴、机械设备补贴、基础设施补贴、农贷利息补贴等。

韩国的农业环境保护采取直补制度，包括对环境亲和型农业直补（水源等国家保护地区）、耕作条件不利地区直补（坡度达到 7 度以上的耕地）、景观维护直补（以 30 hm² 以上连片种植区域为对象，中央和地方政府分别承担直补经费中的 70% 和 30%）、引退转日直补（实施 10 年）等，目前韩国的直补占农民收入中的比率只有 2.4%，韩国政府准备到 2013 年把直补占投融资额中的比率提高到 23%，达到农民收入的 10%。

二、养殖业水环境管理法规政策与实践

行政管理政策：20 世纪 70 年代日本养殖业造成的环境污染十分严重，日本政府相继制定了《废弃物处理与消除法》《防止水污染法》和《恶臭防止法》等 7 部相关法律法规，

对畜禽污染防治和管理做了明确的规定。如《废弃物处理与消除法》规定，在城镇等人口密集地区，畜禽粪便必须经过处理，处理方法有发酵法、干燥或焚烧法、化学处理法、设施处理等。《防止水污染法》则规定了畜禽场的污水排放标准，即畜禽场养殖规模达到一定的程度（养猪超过 2 000 头、养牛超过 800 头、养马超过 2 000 匹）时，排出的污水必须经过处理，并符合规定要求。《恶臭防止法》中规定畜禽粪便产生的腐臭气中 8 种污染物的浓度不得超过工业废气浓度。

补贴政策：为防治养殖业污染，日本政府还实行了鼓励养殖企业保护环境的政策，对养殖业污染防治予以资金支持，即养殖场环保处理设施建设费 50% 来自国家财政补贴，25% 来自都道府县，农户仅支付 25% 的建设费和运行费用。

三、生活源污水处理系统技术政策与实践

韩国湿地污水处理系统：韩国农业用水占总用水量的 53%，该国农民居住分散，小型简易的污水处理系统较为实用。该系统所需的能源少，维护成本低。

日本的农村生活污水处理系统：日本污水处理协会研究了一系列适合农村城镇中应用的污水处理设施，设计了 15 种不同型号的处理装置，主要是采用物理、化学与生物措施相结合的处理过程，可分为两大类：一种是生物膜法，另一种是浮游生物法。

表 2-5　村庄生活污水控制措施的比较

措　施	处理率/%	费用	分　析
Filter 污水处理系统	82～97	较低	前提条件：需要一定的前期投入；需要一定的土地。优点：处理效果好、运行费用低，特别适应土地资源丰富、可轮休轮耕或种植牧草的地区。缺点：可能污染地下水
湿地处理系统（小型简易的污水处理系统）	60～90	较低	前提条件：在畜禽养殖场周围有土地或湿地。优点：该系统所需的能源少，维护成本低。缺点：处理率极低
农村生活污水处理系统（集中处理）	70～90	较高	前提条件：需要较大的前期投入。优点：处理较高。缺点：前期投入较大，运转费用较高

第五节　其他国家农村水环境管理法规政策与实践

加拿大也主要是通过立法进行畜禽养殖业的污染防治和管理。加拿大的各省都制定了畜禽养殖业环境管理的技术规范，畜禽养殖场必须按畜禽养殖业技术规范的要求对养殖场的环境进行管理。畜禽养殖业环境管理技术规范对畜禽养殖场的选址及建设、畜禽粪便的储存与土地使用进行了严格细致的规定。加拿大要求养殖场必须有充足的土地对畜禽粪便

在规定的面积范围内消化并要求在直径 10 km 的土地范围内使用完，如果本农场没有充足的土地消化产生的粪便，必须与其他农场签订使用畜禽粪便合同，以确保产生的粪便能得到全部使用。

澳大利亚的 Filter 污水处理系统：是一种过滤、土地处理与暗管结合的污水再利用系统，目的是利用污水进行作物灌溉，通过土地灌溉处理后，再由地下暗管收集排除。实验表明，TN、TP、BOD、COD 的去除率分别可达到 97%、82%、93%、75%。该法处理效果好、运行费用低，特别适应于土地资源丰富、可轮休轮耕或种植牧草的地区。

参考文献

[1] 邓小云. 农业面源污染防治法律制度研究[D]. 中国海洋大学，2012.

[2] 周俊玲. 发达国家养殖业污染的防治对策与启示[J]. 世界农业，2006（8）：12-14.

[3] 杨霞. 美国非点源参与水质交易法律机制研究[D]. 浙江农林大学，2011.

[4] 谢德体，张文，曹阳. 北美五大湖区面源污染治理经验与启示[J]. 西南大学学报（自然科学版），2008，11：81-91.

[5] 邱斌，李萍萍，钟晨宇，陈胜，孙德智. 海河流域农村非点源污染现状及空间特征分析[J]. 中国环境科学，2012（3）：564-570.

[6] 王洪会. 基于市场失灵的美国农业保护与支持政策研究[D]. 吉林大学，2011.

[7] 侯西勇，张安定，王传远，王秋贤，应兰兰. 海岸带陆源非点源污染研究进展[J]. 地理科学进展，2010（1）：73-78.

[8] 张宏艳. 发达地区农村面源污染的经济学研究[D]. 复旦大学，2004.

[9] 郭晓. 规模化畜禽养殖业控制外部环境成本的补贴政策研究[D]. 西南大学，2012.

[10] 翟雪玲，韩一军. 发达国家畜牧业财政支持政策的做法及对我国的启示[J]. 中国禽业导刊，2006，10：11-13.

[11] 高玉强. 农业补贴制度优化研究[D]. 东北财经大学，2011.

[12] 朱文清. 美国休耕保护项目问题研究[J]. 林业经济，2009，12：80-83.

[13] 张玉环. 美国农业资源和环境保护项目分析及其启示[J]. 中国农村经济，2010（1）：83-91.

[14] 蒋鸿昆，高海鹰，张奇. 农业面源污染最佳管理措施（BMPs）在我国的应用[J]. 农业环境与发展，2006（4）：64-67.

[15] 杨宛华. 美国的水污染控制立法[J]. 环境科学动态，1988（8）：35-38.

[16] 王相. 美国湿地的法律保护[J]. 世界环境，2000（3）：27-29.

[17] 张维理，冀宏杰，Kolbe H.，徐爱国. 中国农业面源污染形势估计及控制对策 Ⅱ.欧美国家农业面源污染状况及控制[J]. 中国农业科学，2004（7）：1018-1025.

[18] 宋雁，贾旭东，李宁. 国内外农药登记管理体系[J]. 毒理学杂志，2012（4）：310-314.

[19] 张宏军，刘学，杨峻，林荣华. 荷兰农药登记及应用情况[J]. 农药科学与管理，2005（9）：31-35.

[20] 高超，张桃林. 欧洲国家控制农业养分污染水环境的管理措施[J]. 农村生态环境，1999（2）：51-54.

[21] 姚锡良. 农村非点源污染负荷核算研究[D]. 华南理工大学，2012.

[22] 尹红. 美国与欧盟的农业环保计划[J]. 中国环保产业，2005（3）：42-45.

[23] 郝海青. 欧美碳排放权交易法律制度研究[D]. 中国海洋大学，2012.

[24] 孙淼. 欧盟农业环境政策评估[D]. 首都经济贸易大学，2012.

[25] 刘冠凤. 聊城市地表水环境问题及对策研究[D]. 武汉理工大学，2012.

[26] 黄丰. 三峡库区农业非点源污染规律调查研究[D]. 华中农业大学，2007.

[27] 彭高旺. 促进环境保护的财税政策研究[D]. 暨南大学，2008.

[28] 金书秦，魏珣，王军霞. 发达国家控制农业面源污染经验借鉴[J]. 环境保护，2009，20：74-75.

[29] 李欣. 环境政策研究[D]. 财政部财政科学研究所，2012.

[30] 李波. 我国农地资源利用的碳排放及减排政策研究[D]. 华中农业大学，2011.

[31] 丁晓蕾. 20世纪中国蔬菜科技发展研究[D]. 南京农业大学，2008.

[32] 沈跃. 国内外控制养殖业污染的措施及建议[J]. 黑龙江畜牧兽医，2005（5）：1-3.

[33] 韩冬梅，金书秦，沈贵银，梁健聪. 畜禽养殖污染防治的国际经验与借鉴[J]. 世界农业，2013（5）：8-12.

[34] 陈微，刘丹丽，刘继军，王美芝，吴中红. 基于畜禽粪便养分含量的畜禽承载力研究[J]. 中国畜牧杂志，2009（1）：46-50.

[35] 范梅华，张建华. 环境友好型社会下如何处理畜禽粪便？[J]. 中国禽业导刊，2006，24：18-21.

[36] 亦戈. 国外如何处理畜禽粪便[J]. 中国牧业通讯，2010，18：36.

[37] 李冠杰. 重金属污染条件下基层环境监管体制研究[D]. 西北农林科技大学，2012.

[38] 王欧，张灿强. 国际生态农业与有机农业发展政策与启示[J]. 世界农业，2013（1）：48-52.

[39] 罗丽. 日本土壤环境保护立法研究[J]. 上海大学学报（社会科学版），2013（2）：96-108.

[40] 张兴奇，秋吉康弘，黄贤金. 日本琵琶湖的保护管理模式及对江苏省湖泊保护管理的启示[J]. 资源科学，2006（6）：39-45.

[41] 乌裕尔. 韩国的亲环境农业[J]. 农村工作通讯，2007（2）：63.

[42] 吴长波，徐鑫. 日本农业产业化法律政策及启示[J]. 广东农业科学，2012（2）：214-218.

[43] 强百发. 中韩有机农业的发展：比较与借鉴[J]. 科技管理研究，2009（8）：79-81.

[44] 陈晨. 我国农村环境污染的法律对策及思考[D]. 西北农林科技大学，2012.

[45] 周国彬. 畜禽养殖业环境管理系统开发及污染防治对策研究[D]. 大连海事大学，2004.

[46] 薛媛，武福平，李开明，张英民. 农村生活污水处理技术应用现状[J]. 现代化农业，2011（4）：41-44.

第三章

农村水环境管理体制优化设计

第一节　概念与特征

开展农村水环境管理体制研究与分析，首先需要明确相关基本概念，界定研究边界范围。从"农村"、"水环境"、"管理体制"、"环境管理体制"等概念进行入手，最终形成"农村水环境管理体制"的概念。

一、农村水环境

农村，是相对城市而言的。一般认为，农村是"城市规划区"以外的，以农业生产为主要经济活动的区域，或以从事农业生产为主的劳动者聚居的地方。

关于对"水环境"的定义或界定，有多种说法。如《环境科学大辞典》认为，水环境是"地球上分布的各种水体以及与其密切相连的诸环境要素如河床、海岸、植被、土壤等。水环境主要由地表水环境和地下水环境两部分组成。地表水环境包括河流、湖泊、水库、海洋、池塘、沼泽、冰川等。地下水环境包括泉水、浅层地下水、深层地下水等。"

《水文基本术语和符号标准》则规定，水环境是"围绕人群空间可直接或间接影响人类生活和发展的水体，以及影响其正常功能的各种自然因素和有关的社会因素的总体。"

因此，在综合考虑上述概念基础上，结合我们长期研究成果，我们一般认为，农村水环境是指在"城市规划区"以外以农业生产为主要经济活动区域，或以从事农业生产为主的劳动者聚居的地方内，直接或间接影响人类生活和发展的水体。主要由地表水环境和地下水环境两部分组成，其中地表水环境包括河流、湖泊、水库、池塘、沼泽等，地下水环境包括泉水、浅层地下水、深层地下水等。

二、环境管理体制

一般认为，管理体制，是指管理系统的结构和组成方式，即采用怎样的组织形式以及如何将这些组织形式结合成为一个合理的有机系统并以怎样的手段、方法来实现管理的任务和目的。具体地说，管理的体制是规定政府、部门或单位在各自方面的管理范围、权限职责、利益及其相互关系的准则。

基于管理体制的界定，所谓环境管理体制，就是环境管理系统的结构和组成方式，即设置怎样的机构，采用怎样的组织形式以及如何将这些组织形式结合成为一个合理的有机系统并以怎样的手段和方法来实现环境管理的任务和目的。具体地说，环境管理体制是政府、部门或单位关于环境保护的机构设置以及在环境保护方面的管理范围、权限职责、利益及其相互关系的准则。

环境管理体制，应包括组织机构设置、权限职能配置、职权运行机制和法律政策保障四个部分。其中，组织机构是职能的载体，是环境管理的组织形式和组织保证；职能定位是职权范围确定的依据，权限职能是环境管理的职能形式和功能保证；职权运行机制则是环境管理职能形式和组织形式的动态反映和动态组合，保障并规范管理目标的顺利实现；法律政策是环境管理的调节剂，调节环境管理的实施。

三、农村水环境管理体制及特征

（一）农村水环境管理体制

农村水环境管理体制机制，指的是在进行农村水环境保护中，形成的组织机构、权限职能、运行机制，以及法律政策等。

其中，组织结构，是指从事农村水环境保护管理活动的具体机构，可以是行政管理机构、监督机构，如政府、部门、街道办、非政府组织等；权限职能，是指农村水环境保护管理职能定位及各管理机构横向的职权分工、权限划分等；运行机制，是指农村水环境行政管理机构的职权运行方式、程序以及各机构之间开展环境事务并进行协调的方式等；法律政策是为调节或保障农村水环境保护管理，而制定的相关法律、法规、制度、政策等。

（二）农村水环境管理体制的特征

1. 公益性

环境具有公共物品属性，当这些公共物品的供给稀缺或受污染时，就会对国家、社会或人民的公共利益造成损害。因此，农村水环境保护应具有效益的公共性，不能存有利己观念，要从公益性角度出发，维护国家、社会或人民的公共利益，实施客观与公正的管理。

2. 权威性

科学、有效的管理体系，必须具有合理的组织结构、良好的运行机制以及有力的保障措施，才能保证管理事务的高效决策、顺畅执行、有力监督。农村水环境管理体制更是如此，必须具有充分的管理权威，以保证农村水环境保护的科学高效决策，政令畅通，各项法律法规、制度政策落到实处。

3．协调性

与工业或城市水污染相比，农村水污染具有多源性和不确定性。农村水污染因素较多，除乡镇工业污染、城市转移污染外，还受农业面源污染、农村生活污染影响。所以，农村水环境管理体制不能是一个行业管理体制，应当跨行业管理，具有较强的协调性特点，具备统筹、协调有关行业、有关部门实施综合管理的能力。

4．专业性

农村水污染同时具有累积性、不易监测性，一旦形成一定程度上的污染局面，很难在短期内恢复。农业面源污染与农村生活污染，孕育于农业生产与农村生活全过程，仅仅靠末端治理远远不够，必须进行污染源头控制，以及污染过程阻断。这就需要具备一定的专业技术背景，实施农村水环境管理。

5．开放性

农村水环境管理体制要相对稳定。但同时农村水环境保护与人们的生活、生产息息相关，也需要社会公众的参与。因此，农村水环境管理体制，也应具备一定的开放性，能够吸纳或接收政府部门外的其他人员或组织参与，以更好地为管理决策建言献策，执行有关法律、法规和制度政策，开展环境监督，推进环境管理。

四、农村水环境管理体制与城市水环境管理体制的区别与联系

农村水环境管理与城市水环境管理同属于环境管理的重要内容。分析二者的区别与联系，必须先从污染的来源说起。一般来说，城市水环境污染源相对明确，城市工业污染、城市生活污染以及城市建设污染是其主要因素。因此，城市水环境管理，重点是控制这三类污染的产生，具有相对集中性、明确性特点。而农村水污染，除受工业污染、城市转移污染外，还受农业面源污染、农村生活污染影响。因此，农村水环境管理除控制工业污染的点源外，还要控制农业生产与农村生活的面源影响，具有多源性和不确定性。

就环境管理体制而言，农村水环境管理体制与城市水环境管理体制存在紧密的联系。按照《环境保护法》《水污染防治法》等有关规定，农村水环境质量与城市水环境质量都是由各级政府负责，具体由环保部门统一监管，其他相关部门分工配合。再具体来说，城市水环境管理体制，环保部门要统一监管，工业、住建、水利、卫生等部门要分工配合；农村水环境管理体制，环保部门要统一监管，农业、水利、住建等部门分工配合。必须注意到，统一监管城市水环境管理体制的环保部门，同时也是农村水环境管理体制的统一监管部门。也就是说，按照我国现有的政治体制设置，一个省、市、县的环保部门原则是要统一监管辖区内的环境保护工作，这既保护城市水环境管理，又包括农村水环境管理。

同时，农村水环境管理体制与城市水环境管理体制又存在明显的区别。正如上所述，二者的污染来源有别，导致管理体制也应存在差异。就农村水环境管理而言，除受环保部门的统一监管外，农业部门、水利部门、住建部门、国土部门、林业部门都需要参与配合。

更重要的是，鉴于农村与城市的区域特点与环境特征差异，农村水环境管理更涉及乡镇、村落、农田、沟渠等基础性、具体性单元，除受省、市、县等各级政府及其相关行政部门领导外，也更需要乡镇政府、村委会的大力参与，需要广大农民群众的全面参与；在采取点源控制措施，控制工业污染外，更要采取其他多项措施，从源头、过程、末端等全过程环节，控制农业面源污染、农村生活污染。

因此，明晰农村水环境管理与城市水环境管理的区别与联系，针对其污染控制、管理方法的不同特点，从而采取科学而针对性的措施，全面加强管理。

第二节　典型国家农村水环境管理体制分析

一、概况介绍

（一）美国

1. 机构与职能

美国是联邦制国家。环境管理由联邦政府环境监管机构统一管理，州和地方政府环境监管机构按照职权负责实施。

（1）联邦政府环境监管机构

联邦政府环境监管机构处于主导地位，负责全国的环境保护工作。设有两个专门的环境保护机构：环境质量委员会和国家环境保护局。

美国环境质量委员会根据《美国环境保护法》设置，设在美国总统办公室，是总统有关环境政策方面的顾问，也是制定环境政策的主体，其成员一般为三人，由总统任命并须参议院批准。主要为总统提供环境政策方面的咨询，协调各个行政部门有关环境方面的活动。具体职能是：

➤　指导或开展有关环境质量的调查、分析和研究；

➤　收集并报告有关环境现状及其变化趋势的信息；

➤　定期向总统报告环境状况；

➤　评估政府的环境保护工作并提出政策建议；

➤　协助总统完成年度环境质量报告。

美国国家环境保护局成立于 1970 年，是联邦政府执行部门的独立机构，直接向总统负责。分为三个主要部门：国家环保局总部、区域办公室和研究与开发办公室。主要职能有：

➤　确立国家环境目标，制订环境保护计划，促使经济发展同环境保护相协调；

➤　实施和执行联邦环境保护法；

> ➤ 制定国家环境标准；
> ➤ 制定对内对外环境保护政策；
> ➤ 制定水资源、大气、有毒有害物质（包括重金属污染物）以及其他废弃物管理方面的法规、条例；
> ➤ 企业、公司排污许可证的审查和发放；
> ➤ 监督、检查州和地方政府的环境保护工作及其对联邦环境法律、法规的执行情况；
> ➤ 提供技术帮助和技术咨询服务；
> ➤ 环境保护的国际合作。

此外，美国环境法律还授权联邦政府相关部门环境监督管理的部分权力。如联邦政府内政部负责国家自然资源和国家公园等事务；农业部的自然资源保护局、农民局和林业局负责对私有土地的利用与环境保护进行协调；运输部监督管理危险废物运输；劳工部监督管理劳动场地周边环境；商务部管理、保护濒危物种等。这类环境监管机构在职权范围内行使防止因使用、排放、运输、管理有毒有害物质造成环境污染的责任以及根据有关法律协助国家环境保护局调查、处理有毒有害物质污染事故的责任。

（2）州政府环境监管机构

州的环境保护机构在美国环境保护中占有重要地位，是本州环境政策、法规、规章、制度及各类标准的制定与执行主体。设有州环境质量委员会和环境保护局。

在大多数情况下，环境污染防治工作都由州环境保护局承担，但这并不排除环境保护工作中的兼管情况。如很多州都把大气污染控制作为环保局的职责，但也有一些州是由卫生局或者自然资源局或者由一个专门的委员会承担；在水污染方面，大部分州都是由环保局管辖，但也有的州是由自然资源局或独立委员会管辖。

州环保局与联邦环保局之间不存在任何行政隶属关系，各州的环境保护局依据本州法律独立履行职责。只有当联邦法律有明文规定或其中一方提出合理请求时，州环保局才会同联邦环保局合作。各州的环境管理机构向州政府负责，但是接受美国环保局区域办公室的监督检查。各个州的环境管理机构人员由各个州自行决定，负责人、预算与联邦的机制相似，由州长提名、州议会审核批准生效。

（3）地方（县市）环境监管机构

地方环境监管机构，主要是提供环境服务以及依法处理区域噪声、恶臭和垃圾等事务，此外还从联邦环境保护局接受信息、专门技术和资金。

州与地方（县市）环境监管机构之间的关系一般分为两类：一类是各个县市本身不设立环境监管机构，其辖区内的环境事务由州环境监管机构直接进行管理。一些面积较小、人口较少的州往往采用这种建制，如特拉华州、华盛顿特区等。另一类是各个县市设有环境监管机构，负责本辖区内的环境事务，并由州环境监管机构的派出机构对其进行监督管理。即州环保机构→州环保机构派出机构→地方（县市）环保机构。一些面积较大、人口较多的州往往采用这种建制，如加利福尼亚州、俄勒冈州等。

2. 运行机制

（1）决策与协调机制

美国从环境管理战略的高度，将环境保护纳入社会、经济发展的决策和规划之中。美国环境质量委员会是总统有关环境政策方面的顾问，为总统提供环境政策方面的咨询，是制定环境政策的主体，协调各个行政部门有关环境方面的活动。在与州、地方环境管理协调方面，美国环保局通过与各州政府建立的伙伴关系和项目财政预算、编制州项目实施计划，进行环境管理，并通过在各大区设立的区域办公室，监督各个州的环境政策与项目的实施。即美国环保局出台的各项政策转化为项目的形式，确立项目目标，再由各个州提出实施计划，然后由美国环保局审批。审批通过后，以协议的形式固定下来。协议包括美国环保局所提供的技术支持、资金援助、能力建设以及各州将实现的环境目标。最后由区域办公室就地监督各个州项目实施的进度、效果与资金使用等，以此促进环境管理工作开展。

（2）执行与落实机制

在环境管理的执行与落实方面，美国环保局依靠拥有处罚权的行政执法官迅速解决纠纷，建立了一支相对完善的警察队伍来管辖重大环境违法事件。同时，本身享有较大的权力，在处理与各州政府的关系时，可以独立于州直接执行和查处违反联邦标准的行为。

（3）监督与参与机制

环境诉讼是美国开展环境管理监督的有力手段，如当公民遭受环境侵害时，不仅可以对污染者提起侵权诉讼，还可以对未履行义务的环保局等行政机关提起诉讼，以此来监督和推动国家行政机关加强环境管理。公众参与则是美国促进环境管理的有效途径，如《清洁空气法》等环境法律专门规定了"公民诉讼"和"司法审查"等条款；各种环境法律中规定的公众听证会制度，是保障公众参与环境管理事务的基本手段。此外，联邦环保局还可以监督州的执行是否达到了国家标准。

（二）日本

1. 机构与职能

在日本，国家一级没有水资源与水环境管理专职机构，而由有关部门分别承担。

（1）中央环境管理机构

① 公害对策会议

公害对策会议由总理府直接管辖。其基本人员构成为：会长由内阁总理兼任；委员由部分省、厅长官组成，并由内阁总理任命。主要职责：

➢　审议有关防治公害的各项措施，并监督这些措施实行；

➢　指导地方政府制订公害防治计划，并促使该项计划实施；

➢　处理会议职权范围内的其他事项。

② 环境省

环境省是负责全国环境保护工作的职能机构，省长为内阁大臣，直接归首相领导。环境省主要由长官官房、计划调整厅、自然保护厅、大气保护厅、水质保护厅、附属机构等组成，在环境省省长的领导下开展各类环境事务。主管环境用水。其主要职责：

- 制订环境保护计划，协调经济发展同环境保护的关系；
- 制定环境政策和环境标准；
- 监督环境法规的贯彻执行；
- 提供技术帮助和技术咨询服务；
- 组织协调各部门间和地方政府间的环境管理工作；
- 同其他省厅共同管理某些环境事务；
- 法律规定的其他环境管理事项。

（2）地方环境管理机构

1）府县和政令指定型城市的环境管理机构

① 环境主管部门

地方环境主管部门只对当地政府负责，与环境省之间既不存在任何行政隶属关系，也没有一般性的环境业务往来。地方政府是中央环境机构的直接对象，中央环境机构协助、指导、监督地方政府的各项环境保护工作。主要职责为：

- 负责环境质量监测，进行污染发生源与环境污染的关系分析；
- 制定地方环境工作的目标和对策；
- 指导污染源污染控制工作；
- 指导新开发项目的环保工作（审查、技术指导）。

② 环境审议和咨询部门

地方政府根据本地区的特殊情况设置各种审议会，通常由专家和相关利益团体的代表组成，相当于智能机构，如环境审议会、公害审查会、自然环境保护审议会、环境影响评价审议会、景观保护审议会、公园审议会、大气污染受害者的认定审查会等。

审议会的意见，地方政府在决策时必须予以衡量和考虑。审议会是联系政府与民众的桥梁和纽带，通过召开各种听众会议，发表意见和建议。地方政府也以这种会议的形式，征求市民和社会各界的意见。实践中，各种环境审议会正发挥着重要的沟通和协调作用。

③ 环境科学研究机构

属于技术保障机构，主要从事环境科学研究，为地方环保工作提供科学依据与解决办法。主要归属地方政府机构管理，研究及其他工作人员属公务员，预算全部来自地方政府。

④ 派出行政机构

根据需要，地方县（省）政府在所辖市、町建立环保派出机构，只负责第一具体业务，与当地的环保管理部门不同。

2）政令城市的环境管理机构

政令城市一般都设有环境保护课，其机构组织形式及职能与都道府县一级相似，有些方面更具体些，其主要负责生活环境的保护与改善工作。

> 对水、大气、噪声、震动等方面的污染进行监测；

> 现场调查、指导及管理污染控制工作；

> 对特殊有害物质和产业垃圾进行管理，负责绿化及自然保护工作。

（3）协同中央政府实施环境管理的主要机构

除环境省外，国土交通省、厚生劳动省、经济产业省、农林水产省、经济产业省等部门也有部分水环境管理职能。

①国土交通省

主管防洪和水土保持。具体由水资源部负责水资源长期供需和保护方面的基础性、综合性政策及规划的策划、立项及推行，河川局负责河流管理、治水工程、河流综合开发工程的组织实施，下水道部负责下水道相关政策的立项、组织实施及指导监督等工作。此外，还设立了 9 个地方整备局作为其派出机构，受其委托，行使有关水资源管理与保护的职责等。

②厚生劳动省

主管生活用水。具体由生活卫生局水道环境部负责饮用水卫生。

③农林水产省

主管农田水利。具体负责农业用水等农业基础设施建设与管理、土地改造、森林保护工程；农林水产生物循环研究。

④经济产业省

主管工业供水和水力发电。具体由环境立地局负责工业用水，资源能源厅负责水力发电规划管理。

2．法律保障机制

（1）无过失责任机制

该机制适用于污染赔偿损害时，一切污染危害环境的单位或个人，只要对其他单位或个人客观上造成了财产损失，即使主观上没有故意或过失，也应承担损失的责任。如日本《大气污染防治法》第 25 条第一款规定："工厂或企业由于企业活动而排放的有害于人体健康的物质造成生命或健康的段海，该工厂或企业应对损失负赔偿责任"，《矿业法》和《水污染防治法》中也有类似规定。公害纠纷处理制度是由日本《公害对策基本法》第 2 章第 21 条第 1 款规定的"政府应采取必要措施建立调解、仲裁等解决公害纠纷的制度"，为此，日本制定了《公害纠纷处理法》，确立了有行政机关处理公害纠纷的环境法律制度，规定可以通过斡旋、调解、仲裁及裁定等方式处理公害纠纷并设置了公害等调整委员会。

（2）法律保障机制

日本于 20 世纪 60 年代至 70 年代就已经建立了比较完备的法律制度并不断修正完善。目前，已形成了以宪法为基础，以综合性的环境基本法为中心，其他部门法为补充，包括污染防治、自然保护、环境纠纷处理及损害救济、环境管理组织等内容的环境法律、法规、制度和环境标准组成的完备的法律体系。

（三）德国

1. 机构与职能

德国的宪法、法律及其他规章对环境保护权责有明确规定，其环境行政管理权责体系分3级：联邦、州、地方（市、县、镇）。

（1）联邦政府环境监管机构

德国联邦政府环境监管机构主要包括联邦环境部、联邦政府环境职能交叉与合作机构、跨部门的协调机构等。

联邦政府环境监管机构在环境政策制定及立法方面有领导或统帅作用。其环境管理主要负责一般环境政策的制定与实施及跨界纠纷的处理；废物管理、自然保护、景观管理和水资源管理等框架的立法；具体环境政策的制定，如水与废物管理，土壤保护与受到污染的场地管理、污染控制、化学品安全、自然与生态保护等。

① 环境部

德联邦环境部，是联邦政府负责环境政策的机构。主要有两个办公地点：波恩和柏林。根据德国联邦议院的决议案，环境部主要办事处设在波恩，共有6个部门、830名雇员，另6个部门均在柏林设有第二办公室。此外，环境部还单独下设三个局：联邦环境局（UBA）、联邦自然保护局（BFN）和联邦辐射保护办公室，职工总人数超过1 880人，均为公务员。

环境部主要职能包括：

- ➢ 水与废物管理；
- ➢ 土壤保护与受到污染的场地管理；
- ➢ 环境与健康；
- ➢ 污染控制；
- ➢ 工厂安全；
- ➢ 环境与交通；
- ➢ 化学品安全；
- ➢ 自然与生态保护。

② 联邦政府环境职能交叉与合作机构

除联邦环境部外，联邦消费者保护、食品和农业部，经济合作与发展部，财政部，经济技术部，卫生部，教育研究部等机构也涉及环境与资源的监督管理工作。其主要职能分别为：

- ➢ 联邦消费者保护、食品和农业部：主要负责海岸保护、农业与林业领域的环境保护。
- ➢ 经济合作与发展部：负责地质矿产、地下水、海洋等自然资源管理工作。
- ➢ 财政部：对具有重要生态意义的环境恢复活动进行投资，如污染场地的恢复等。
- ➢ 经济技术部：经济技术部的活动领域宽广，能源管理是其中一部分。
- ➢ 交通、建筑与房屋部：发展海洋环境保护、噪声防治、城市发展与恢复。

> ➤　卫生部：负责与"环境与健康"行动计划有关的项目。

> ➤　家庭事务、老年、妇女与青少年部：社会服务中可能涉及的环境保护社会工作。

> ➤　教育与研究部：负责环境教育、促进可持续发展基础研究。

③跨部门的高级协调机构

为协调各部门间的工作，2000年7月26日，德联邦政府成立了国家可持续发展部长委员会，其成员由来自环境部门和其他与环境相关部门的代表组成，联邦总理为该委员会主席。该委员会的任务是制定国家可持续性战略。该战略应该是：综合考虑生态、经济和社会目标（政策融合）；在实施这些目标时涉及所有社团组织（参与）。

（2）州或地方政府环境监管机构

州政府环境监管机构主要负责环境政策的实施，同时也包括部分环境政策的制定；主要在联邦的一些框架下立法，如水资源管理、自然保护、景观管理及区域发展的基础上进行详细和完善立法等；负责环境执法活动。主要职能为：

> ➤　州环境法规、政策、规划的制订；

> ➤　欧盟、国家污染控制、自然保护法规政策的具体实施；

> ➤　对各区环境行为的监督等。

在与联邦或州的规章没有冲突的情况下，地方对解决当地环境问题有自治权。除自治以外，地方也接受州政府直接委派的一些任务。

2. 运行机制

（1）决策机制

在决策方面，按照德国基本法的相关规定，环境保护合作与政策协调及决策过程需要公众的广泛参与。因此，德国的环境监督管理决策机制，具有显著的广泛参与性特点。如《联邦污染控制法》第51条的规定"授权批准颁布法律条款和一般管理条例，都要规定听取参与各方意见，包括科学界代表、经济界代表、交通界代表以及州里主管侵扰防护最高部门代表的意见"以及"共同部级程序规则"对相关部门间合作的规定"如果部门之间出现职责交叉，各个部门应该相互合作以确保联邦政府对此有统一的措施与陈述"。均体现了这一特点。

（2）执行机制

在执行方面，由联邦掌握宏观控制，州和地方灵活机动实施。按照德国基本法的规定，州政府可以按照其自己的权责实施联邦的法律、法令和行政规章。根据领域不同，管理方式也有差异。在有些领域，州可以受联邦的监督，代表联邦执行联邦法律，如核安全和辐射保护法等；其他一些领域，则部分或完全由联邦管理，如化学品、废物越境转移或排放贸易等。

联邦与州、州与州之间的关系协调，主要通过环境部长联席会制度进行。环境部长联席会由联邦、州的环境部长及联邦、州参议员组成。联席会议由不同州轮流举行，每年定期举行两次。具体在州层面而言，环境管理通过直管与委托管理两种方式进行。直管，是最主要的管理方式，就是州环保机构自己直接进行管理环境，在各区（介于州、县之间）设立派出机构，直接到污染企业核查。委托管理，是辅助性的管理方式，就是委托县、市进行部分环境管理。

（3）监督机制

在监督方面，联邦主要靠法律、司法两种方式对州环境政策法规实施情况进行监督；州则是通过上议院的批准来监督环境政策法规的实施。州环境部或环保局除了是环境政策法规的主要实施机构，同时还是主要监督机构。州主要通过审查地方环境执法的决定对地方环境政策的实施进行监督，还可以对企业直接进行监督。另外，还可以通过环境信息的公开透明，实行公众、媒体和非政府组织的监督。

二、经验分析与启示

美国、日本、德国属于发达国家，在环境管理方面开展了大量工作，探索积累了一定经验，可以供我们进行参考借鉴。

（一）设立综合协调机构或高规格机构

由于环境管理的综合性、复杂性以及与社会、政治、经济的关联性，大部分发达国家除了成立环境管理专门机构，还设有环境管理综合决策协调机构，或提高环境管理机构的规格和权威。国外实践经验表明，这对环境保护事务的有效开展起着不可估量的作用。如美国的"环境质量委员会"，由总统任命并须参议院批准其人员组成，是总统有关环境政策方面的顾问，为总统提供环境政策方面的咨询，可以协调各个行政部门有关环境方面的活动。日本的"公害对策会议"由总理府直接管辖，会长由内阁总理兼任，委员由部分省、厅长官组成并由内阁总理任命；环境省省长为内阁大臣，直接归首相领导。可见，建立综合协调机构或高规格、高权威机构是环境管理工作必要的组织和机构保障、前提与基础。

（二）重视基层环境保护

与城市、工业环境管理相比，农村水环境管理的重点必须直面污染量大面广、来源复杂的农村基层。因此，县级及以下基层环境管理机构，是防治农村环境污染和生态破坏的前线。考察国外关于农村环境管理的经验，其对地方或基层环境管理的重视，或设立独立的基层环境管理机构，或赋予地方更多的环境管理的自主权限或地位，充分发挥地方基层环境管理的积极主动性，是其开展农村环境管理的重要手段。对目前处于城镇化发展中的中国而言，农村水环境的管理更需要加强基层环保力量，通过设立机构、赋予职责，引导并激励农村水环境管理工作的有效开展。

（三）健全管理运行机制

良好的运行机制是实施环境管理的根本保障。发达国家已基本形成了比较完备的"决策—协调—执行—参与—监督"环境管理运行机制，有战略高度的综合决策机制、灵活的执行机制、高规格的协调机制、"公民诉讼"和"司法审查"的监督机制以及公众参与机制、法律保障机制、经费保障机制等，有效保障了环境管理工作的开展。

（四）重视公众环境参与

公众对环境污染等公害事故的自发性反应，是发达国家实施环境管理的重要推动力。而公众对环境管理参与的能力，则来自政府对公众环境权利的保护。考察发达国家的公众环境参与，将公众环境参与法制化、制度化，规定了参与范围、原则、方式、内容、程序等，使环保政策与经济政策之间能够形成公众制衡的关系。通过实施公众环境参与，可增加政府环境管理决策的民主科学性，提高政府环境管理能力。

（五）实现水质水量管理相统一

水的整体性特点决定水的管理应包含水资源（水量）管理和水环境（水质）管理两个方面。在当今世界，对水量和水质统一管理已经是一种普遍趋势。而我国，目前还基本上处于对水质保护与水量管理的条块分割式管理格局，亟待改进。我们可以借鉴国外关于水质保护与水量管理一体化管理的有益经验，从全局角度实现水质水量统一管理。

在肯定发达国家环境管理有益经验的同时，也应该看到其存在的一些弊端。如开展环境管理工作时，尽管决策相对科学，但可能涉及机构、人员较多，程序、环节相对复杂，执行效率不高，不易集中力量办大事，更不利于快速解决突发的环境污染问题等。因此，需要考虑我国的基本国情，有选择地借鉴国外环境管理经验。

第三节　我国农村水环境管理体制现状与问题

一、我国农村水环境管理体制设置现状

《中华人民共和国水污染防治法》第 1 章第 8 条："县级以上人民政府环境保护主管部门对水污染防治实施统一监督管理。交通主管部门的海事管理机构对船舶污染水域的防治实施监督管理。县级以上人民政府水行政、国土资源、卫生、建设、农业、渔业等部门以及重要江河、湖泊的流域水资源保护机构，在各自的职责范围内，对有关水污染防治实施监督管理。"由此可见，我国水环境管理体制是由环境保护主管部门统一监督管理，其他行业主管部门在各自职责范围内分工负责监督管理相结合的管理体制。

（一）组织机构

1. 政府及其行政管理部门

政府及其行政管理部门是实施农村水环境管理的主体，构成了农村水环境管理体制的主体架构。目前，我国农村水环境管理体制已形成中央、省（自治区、直辖市）、市、县、乡（镇）五个层级的主体框架。

政府方面，又可分为中央政府和地方各级人民政府（省级、市级、县级、乡镇级）等。中央层面，国务院是国家最高行政机关，是实施环境管理的最高决策机构，根据环境保护法律制定环境行政法规，统一领导国务院有关环境保护行政管理部门、地方各级人民政府及其环境保护行政管理部门的环境保护工作。地方层面，地方各级人民政府是本辖区内环境管理的最高行政机关，依照法律或法规规定的职责和权限，管理本辖区的环境保护工作，并对本辖区的环境质量负责。

行政管理部门方面，分为国务院有关环境保护行政管理部门、地方政府有关环境保护行政管理部门。中央层面，国务院环境保护行政主管部门（环境保护部）对全国环境保护工作实施统一监督与管理，其他相关部委如发改委、农业部、水利部、林业部、国土资源部、城建部等按照权限职责分工负责监督与管理。地方层面，对照国务院行政管理部门的设置和权限划分，各级政府也分别设置相关行政管理部门，其中环境保护行政主管部门（环保厅或局）对本辖区内的环境保护统一监督与管理，其他部门如发改、农业、水利、林业、国土资源、住房和城乡建设等分工负责监督与管理。

具体而言，环境保护部内设机构主要有自然生态保护司，主要负责农村环境综合整治；其他相关司局，如科技标准司、污染防治司、环境监测司、环境影响评价司、污染物排放总量控制司、环境监察局等各职能司局根据其职责和权限，也对农村水环境实施行政管理与业务指导。其他行政管理部门，在其内部也相继设置了具体负责农村环境管理的专业机构，例如发改委的环资司，农业部的科技教育司、渔业局，水利部的农村水利司、水资源司、水土保持司，国家林业局的保护司，国土资源部的地质环境司，住房和城乡建设部的村镇建设司以及科学技术部的农村科技司等。对照国务院行政管理部门的设置和权限划分，地方各级政府也相应设置相关机构开展农村水环境管理工作。

2. 环境监察、监测及相关科研机构

环境监察、监测及相关科研机构，是我国实施农村水环境管理的辅助机构、科技支撑，构成了农村水环境管理体制的重要补充。

在环境监察机构方面，主要有环境行政主管部门环境监察机构，如环境保护督察中心，以及其他行政管理部门的环境监察机构，如水利行政主管部门设置的流域管理机构等。环保系统的环境监察机构，形成了13个国家级、35个省级、354个地市级、2 658个县级的环境监察体系，如华东环境保护督察中心、华南环境保护督察中心、西北环境保护督察中心、西南环境保护督察中心、东北环境保护督察中心、华北环境保护督察中心等；水利系

统的流域管理机构主要包括长江水利委员会、黄河水利委员会、淮河水利委员会、海河水
利委员会、珠江水利委员会、松辽水利委员会和太湖流域管理局等。

表 3-1　环境保护督察中心一览表

名称	级别	隶属部门	成立时间	驻地	人员编制	督察范围	督察对象	法律属性
华东督察中心	局级	环保部	2002.4	南京	30	上海、江苏、浙江、安徽、福建、江西、山东	企业、地方政府、地方环境机关	执法监督
华南督察中心	局级	环保部	2002.4	广州	30	湖北、湖南、广东、广西、海南	企业、地方政府、地方环境机关	执法监督
西北督察中心	局级	环保部	2005.9	西安	30	陕西、甘肃、青海、宁夏、新疆	企业、地方政府、地方环境机关	执法监督
西南督察中心	局级	环保部	2005.9	成都	40	重庆、四川、贵州、云南、西藏	企业、地方政府、地方环境机关	执法监督
东北督察中心	局级	环保部	2005.9	沈阳	30	辽宁、吉林、黑龙江	企业、地方政府、地方环境机关	执法监督
华北督察中心	局级	环保部	2007.5	北京	30	北京、天津、河北、山西、内蒙古、河南	企业、地方政府、地方环境机关	执法监督

表 3-2　流域管理机构一览表

名称	级别	隶属部门	成立时间	驻地	人员编制	管理范围	管理对象	法律属性
长江水利委员会	副部级	水利部	1950.2	武汉	7 081	长江流域和澜沧江以西（含澜沧江）区域	流域水资源规划、开发、利用、保护、管理、监督	执法监督
黄河水利委员会	副部级	水利部	1949.6	郑州	24 350	黄河流域（青海、四川、甘肃、宁夏、内蒙古、山西、陕西、河南、山东）和西北内陆河流域（新疆、青海、甘肃、内蒙古）	流域水资源规划、开发、利用、保护、管理、监督	执法监督
淮河水利委员会	正厅局级	水利部	1990.2	蚌埠	1 710	淮河流域和山东半岛区域	流域水资源规划、开发、利用、保护、管理、监督	执法监督

名称	级别	隶属部门	成立时间	驻地	人员编制	管理范围	管理对象	法律属性
海河水利委员会	正厅局级	水利部	1980	天津	2 354	海河流域、滦河流域和鲁北地区区域	流域水资源规划、开发、利用、保护、管理、监督	执法监督
珠江水利委员会	正厅局级	水利部	1979	广州	664	珠江流域、韩江流域、澜沧江以东国际河流（不含澜沧江）、粤桂沿海诸河和海南省区域	流域水资源规划、开发、利用、保护、管理、监督	执法监督
松辽水利委员会	正厅局级	水利部	1982	长春	2 860	松花江、辽河流域和东北地区国际界河（湖）及独流入海河流区域	流域水资源规划、开发、利用、保护、管理、监督	执法监督
太湖流域管理局	正厅局级	水利部	1984.12	上海	330	太湖流域、钱塘江流域和浙江省、福建省（韩江流域除外）范围	流域水资源规划、开发、利用、保护、管理、监督	执法监督

在环境监测机构方面，主要包括环境行政管理部门所属的环境监测机构、其他行政管理部门所属的行业环境监测机构等。环境行政管理部门的环境监测机构，形成了1个国家级、36个省级、339个地市级、2 211个县级的环境监测网络体系。其他行政管理部门所属的行业环境监测机构，主要有农业环境监测体系，形成了以农业部环境监测总站为网头，全国33个省级站（含计划单列市）、326个地级站、1 794个县级站为主体的农业环境监测网络体系；水质监测体系方面，在建成由水利部、流域、省级及市四级共计250多个水环境监测中心、2 600多个水质监测站组成的全国水环境监测体系的同时，还形成了以水利部水土保持监测中心为网头，流域水土保持监测中心、各省（区、市）水土保持监测中心为主体的全国水土保持监测网络；地质环境监测体系方面，形成以中国地质环境监测院为中心，地方各级地质环境监测院（所）为主体的地质环境监测体系。

在环境科研机构方面，主要包括环境行政管理部门所属的科研单位、其他行政管理部门所属的环境科研单位。环境行政管理部门所属的科研单位，形成了3个国家级、30个省级、204个地市级的环境科研体系，主要有国家层面的中国环境科学研究院、环保部南京环科所、环保部华南环科所等，地方层面的各级环境科学研究院（所）、环境规划院（所）等。其他行政管理部门所属的环境科研单位，如农业系统方面，国家层面的有农业部环境保护科研监测所、农业部规划设计研究院、中国农科院农业资源与区划研究所、中国农科院农业环境与可持续发展研究所等，地方层面的有各级农科院（所）；水利系统方面，国家层面的有水利部水利水电规划设计总院、水利部发展研究中心、中国水利水电科学研究院等，地方层面的有各级水科院（所）；国土资源系统方面，国家层面的有水文地质环境地调中心、中国地质科学院等，地方层面的有各级地质环境调查中心或勘察院（所）、地质科学研究所等。

3. 村委会或社区组织

村民委员会，是乡（镇）所辖的行政村的村民选举产生的、实施村民自我管理、自我教育、自我服务的群众性自治组织。作为农民群众接触最频繁、联系最紧密的自治组织，是实施农村水环境管理的最直接参与者、最基础力量。

村委会的兴起之初并没有被赋予环境保护功能，更多的是协助政府维护社会治安。1980 年广西宜州市合寨村村民为走出当时的乡村治理困境，率先成立基层群众性自治组织，称为"村委会"，其功能只是协助政府维护社会的治安。之后河北、四川等省农村也出现了类似的群众性组织，并且越来越向经济、政治、文化等方面扩展。1982 年宪法确认了村民委员会的法律地位，为村民自治提供了法律依据。1988 年 6 月 1 日《村民委员会组织法》开始试行，之后约有 60%的行政村初步实行了村民自治。

农村社区建设起步较晚，虽然自 2003 年开始，江西、湖南、湖北等地先后开始推行"农村村落社区建设"试点并从农村社区发展着手进行制度创新，2006 年民政部在 215 个县开始进行农村社区建设实验，但到目前为止，国家层面的农村社区建设政策体系还没有形成。农村社区建设体制和机制还是主要依附于现有的新农村建设体制和机制，地域的划分还是主要依赖于原有体制上的行政村和地源上的自然村，以社会主义新农村建设取代了农村社区建设。

随着经济社会的发展，人们的环境保护意识逐渐增强，村委会或社区组织的环境保护功能也随之增加与拓展。在部分地区尤其是经济发达地区，其农村的村委会或社区组织，在村庄垃圾污水收集或处理、环境卫生、村庄绿化中发挥了重要作用。如浙江省湖州市德清县五四村采用分散式人工湿地处理模式对生活污水进行处理，采用"户集、村收、乡镇运、市县处理"模式对生活垃圾实行分类收集；江苏省常熟市辛庄镇更是积极发挥社区组织的作用，组织和引导农民参与环境保护，收集、处理生活垃圾和生活污水；云南省大理白族自治州桃源村采用"户分类、村收集、乡（镇）转运、县（市）处理"的模式对村落生活垃圾实行处理等。村委会或社区组织能够在一定程度上宣传国家农村环境保护政策、提高农民环境保护意识，组织或调动农民开展环境保护，为实施农村水环境管理提供根本动力。

4. 非政府组织

我国环保非政府组织是实施与推动农村水环境管理的重要参与和补充。可分为四种类型：一是由政府部门发起成立的环保民间组织，如中华环保联合会、中华环保基金会、中国环境文化促进会，各地环境科学学会、环保产业协会等；二是由民间自发组成的环保民间组织，如"自然之友"、"地球村"、环保志愿者群体、以非营利性方式从事环保活动的其他民间机构等；三是学生环保社团及其联合体，包括学校内部的环保社团、多个学校环保社团联合体等；四是国际环保民间组织驻大陆机构。

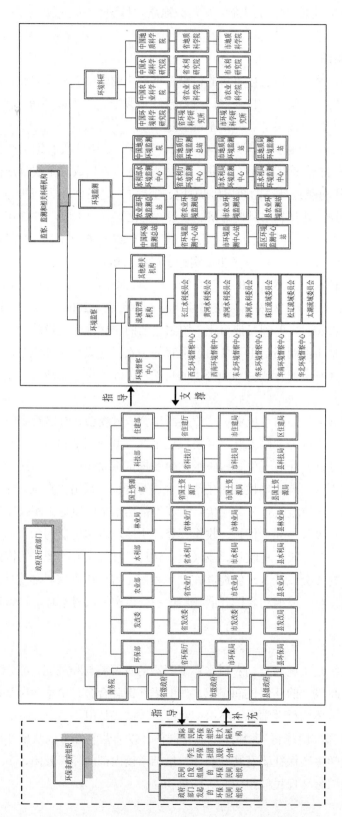

图 3-1 我国农村水环境管理机构框架图

近年来，我国环保非政府组织发展迅速。截至 2008 年 10 月，全国共有环保民间组织 3 539 家（包括港、澳、台地区）。其中，由政府发起成立的环保民间组织 1 309 家，民间自发组成的环保民间组织 508 家，学校环保社团 1 382 家，国际环保组织驻中国机构 90 家，港澳台地区的环保民间组织约 250 家。其中，民间自发组成的环保民间组织数量增长尤为明显，如北京、广东、湖北、云南、西藏、新疆等地的环保民间组织发展尤为迅速。

环保非政府组织的存在，在一定程度上推进了环境保护的开展，有利于环境管理的实施，而且在农村环境保护中扮演着越来越重要的角色。尤其是民间自发组成的环保民间组织，如苏州的农村沼气组织、蔬菜协作组织、渔业协会，云南大理的祥瑞奶牛养殖专业合作社，四川丹棱的沼气协会，贵州的草海模式等，在农村农业面源污染控制、水环境保护等方面发挥的作用日趋明显，支撑了农村水环境的实施。

（二）权限职能

1. 政府及行政管理部门

（1）政府方面

中央层面，国务院是我国最高的行政管理机关和行政执行机关，统一领导国务院各环境资源监督管理部门和地方各级人民政府及其所属环境资源监督管理部门的工作，对全国环境资源工作实施统一领导和综合管理。其主要的环境资源管理职能有：

执行国家环境资源法律；根据宪法和法律授权制定环境资源行政法规，向全国人民代表大会及其常务委员会报告全国环境资源状况和环境资源管理工作，提出环境资源议案。

依法设立环境资源管理机构，统一领导和监督国务院各部委及其直属机构和地方各级人民政府及其所属部门的环境资源管理工作。

负责将环境资源规划纳入国民经济和社会发展计划和国家预算并采取有利于环境保护和资源合理利用的经济、技术政策和措施。

代表国家行使国家所有土地的所有权、海域所有权、水资源的所有权、矿产资源的所有权等。

直接管理重大的环境资源事务，如审批特大型建设项目环境影响报告书，负责严重污染地区的流域治理和资源开发利用，批准责令中央直接管辖的企业事业单位停业、关闭等；代表国家缔结环境资源的国际条约和协定等。

地方层面，县级以上地方人民政府，对本辖区内的环境质量负责，领导所属各有关行政部门和下级人民政府的环境资源行政管理工作。

执行本级人民代表大会及其常务委员会有关环境保护的决议以及上级国家行政机关有关环境保护的决定和命令，规定行政措施，发布决定和命令。

改变或者撤销所属各工作部门有关环境保护的不适当的命令、指示和下级人民政府有关环境保护的不适当的决定、命令。

执行国民经济和社会发展计划、预算，管理本行政区域内的经济、卫生、环境和资源保护、城乡建设事业等行政工作。

乡、民族乡、镇的人民政府执行本级人民代表大会的决议和上级国家行政机关的决定和命令，管理本行政区域内的有关环境保护的行政工作。

（2）行政管理部门方面

中央层面，国务院环境保护行政主管部门（环境保护部）对全国环境保护工作实施统一监督与管理，其他相关部委如发改委、农业部、水利部、林业局、国土资源部、住建部等按照权限职责分工负责监督与管理。地方层面，对照国务院行政管理部门的设置和权限划分，各级政府也分别设置相关行政管理部门，其中环境保护行政主管部门（环保厅或局）对本辖区内的环境保护统一监督与管理，其他部门如发改、农业、水利、林业、国土资源、住房和城乡建设、科技等分工负责监督与管理。

1）环境保护部门的主要相关职责：

负责建立健全环境保护基本制度。拟订并组织实施国家环境保护政策、规划，起草法律法规草案，制定部门规章。组织编制环境功能区划，组织制定各类环境保护标准、基准和技术规范，组织拟订并监督实施重点区域、流域污染防治规划和饮用水水源地环境保护规划，按国家要求会同有关部门拟订重点海域污染防治规划，参与制订国家主体功能区划。

负责重大环境问题的统筹协调和监督管理。牵头协调重特大环境污染事故和生态破坏事件的调查处理，指导协调地方政府重特大突发环境事件的应急、预警工作，协调解决有关跨区域环境污染纠纷，统筹协调国家重点流域、区域、海域污染防治工作，指导、协调和监督海洋环境保护工作。

承担落实国家减排目标的责任。组织制定主要污染物排放总量控制和排污许可证制度并监督实施，提出实施总量控制的污染物名称和控制指标，督查、督办、核查各地污染物减排任务完成情况，实施环境保护目标责任制、总量减排考核并公布考核结果。

承担从源头上预防、控制环境污染和环境破坏的责任。受国务院委托对重大经济和技术政策、发展规划以及重大经济开发计划进行环境影响评价，对涉及环境保护的法律法规草案提出有关环境影响方面的意见，按国家规定审批重大开发建设区域、项目环境影响评价文件。

负责环境污染防治的监督管理。制定水体、大气、土壤、噪声、光、恶臭、固体废物、化学品、机动车等的污染防治管理制度并组织实施，会同有关部门监督管理饮用水水源地环境保护工作，组织指导城镇和农村的环境综合整治工作。

指导、协调、监督生态保护工作。拟订生态保护规划，组织评估生态环境质量状况，监督对生态环境有影响的自然资源开发利用活动、重要生态环境建设和生态破坏恢复工作。指导、协调、监督各种类型的自然保护区、风景名胜区、森林公园的环境保护工作，协调和监督野生动植物保护、湿地环境保护、荒漠化防治工作。协调指导农村生态环境保护，监督生物技术环境安全，牵头生物物种（含遗传资源）工作，组织协调生物多样性保护。

负责环境监测和信息发布。制定环境监测制度和规范，组织实施环境质量监测和污染源监督性监测。组织对环境质量状况进行调查评估、预测预警，组织建设和管理国家环境监测网和全国环境信息网，建立和实行环境质量公告制度，统一发布国家环境综合性报告和重大环境信息。

开展环境保护科技工作，组织环境保护重大科学研究和技术工程示范，推动环境技术管理体系建设。

开展环境保护国际合作交流，研究提出国际环境合作中有关问题的建议，组织协调有关环境保护国际条约的履约工作，参与处理涉外环境保护事务。

组织、指导和协调环境保护宣传教育工作，制定并组织实施环境保护宣传教育纲要，开展生态文明建设和环境友好型社会建设的有关宣传教育工作，推动社会公众和社会组织参与环境保护。

拟订农村生态环境保护和农村土壤（包括耕地、山地、林地、湿地、矿区等）污染防治政策、规划、法规、标准、规范及土壤环境功能区划并监督实施；组织指导农村环境综合整治工作；监督、指导农村土壤污染防治工作；监督、协调有机食品发展工作；指导全国生态农业建设。

2）发改部门的主要相关职责：

综合分析经济社会与资源、环境协调发展的重大战略问题，促进可持续发展。

承担国务院节能减排工作领导小组日常工作，负责节能减排综合协调，拟订年度工作安排并推动实施，组织开展节能减排全民行动和监督检查工作。

组织拟订并协调实施能源资源节约、综合利用和发展循环经济的规划和政策措施，组织拟订资源节约年度计划。

拟订节约能源、资源综合利用和发展循环经济的法律法规和规章。

研究提出环境保护政策建议，参与编制环境保护规划，组织拟订促进环保产业发展和推行清洁生产的规划和政策，指导拟订相关标准。

提出资源节约和环境保护相关领域及城镇污水、垃圾处理中央财政性资金安排意见，以及能源资源节约、综合利用、循环经济和有关领域污染治理重点项目国家财政性补助投资安排建议；审核相关重点项目和示范工程，组织新产品、新技术、新设备的推广应用。

3）农业部门的主要相关职责：

起草农业资源环境的法律、法规、规章，拟订发展战略、规划和计划，提出相关政策建议，拟订有关技术规范并组织实施。指导农业生态环境保护体系建设。指导农用地、宜农滩涂、宜农湿地的保护和管理。指导农业面源污染防治，负责农产品产地环境监测和农产品禁止生产区域划定工作。指导生态农业、循环农业、农业应对气候变化和农业农村节能减排工作。牵头秸秆综合利用工作。负责渔业水域生态环境保护，组织和监督重大渔业污染事故的调查处理工作，组织重要涉渔工程环境影响评价和生态补偿工作，指导渔业节能减排工作。承办农业科技、教育、资源环境、农村可再生能源的对外交流与合作及相关国际公约的履约工作。

4）水利部门主要职责：

负责生活、生产经营和生态环境用水的统筹兼顾和保障。实施水资源的统一监督管理，拟订全国和跨省、自治区、直辖市水中长期供求规划、水量分配方案并监督实施，组织开展水资源调查评价工作，按规定开展水能资源调查工作，负责重要流域、区域以及重大调水工程的水资源调度，组织实施取水许可、水资源有偿使用制度和水资源论证、防洪论证制度。指导水利行业供水和乡镇供水工作。

负责水资源保护工作。组织编制水资源保护规划，组织拟订重要江河湖泊的水功能区划并监督实施，核定水域纳污能力，提出限制排污总量建议，指导饮用水水源保护工作，指导地下水开发利用和城市规划区地下水资源管理保护工作。

指导水文工作。负责水文水资源监测、国家水文站网建设和管理，对江河湖库和地下水的水量、水质实施监测，发布水文水资源信息、情报预报和国家水资源公报。

指导水利设施、水域及其岸线的管理与保护，指导大江、大河、大湖及河口、海岸滩涂的治理和开发，指导水利工程建设与运行管理，组织实施具有控制性的或跨省、自治区、直辖市及跨流域的重要水利工程建设与运行管理，承担水利工程移民管理工作。

负责防治水土流失。拟订水土保持规划并监督实施，组织实施水土流失的综合防治、监测预报并定期公告，负责有关重大建设项目水土保持方案的审批、监督实施及水土保持设施的验收工作，指导国家重点水土保持建设项目的实施。

指导农村水利工作。组织协调农田水利基本建设，指导农村饮水安全、节水灌溉等工程建设与管理工作，协调牧区水利工作，指导农村水利社会化服务体系建设。按规定指导农村水能资源开发工作，指导水电农村电气化和小水电代燃料工作。

负责重大涉水违法事件的查处，协调、仲裁跨省、自治区、直辖市水事纠纷，指导水政监察和水行政执法。依法负责水利行业安全生产工作，组织、指导水库、水电站大坝的安全监管，指导水利建设市场的监督管理，组织实施水利工程建设的监督。

5）林业部门的主要相关职责：

研究拟定森林生态环境建设、森林资源保护和国土绿化的方针、政策，组织起草有关的法律法规并监督实施。

组织、指导以植树种草等生物措施防治水土流失和防沙、治沙工作；指导国有林场（苗圃）、森林公园及基层林业工作机构的建设和管理。

在国家自然保护区的区划、规划原则的指导下，指导森林自然保护区的建设和管理；组织、协调全国湿地保护和有关国际公约的履约工作。

6）国土资源部门的主要相关职责

拟订地质环境管理法规和政策，参与编制地质环境保护规划并组织实施。指导和监督管理矿山地质环境保护与治理工作，拟订矿山地质环境保护治理等技术规范与标准。依法管理水文地质、环境地质勘查和评价工作。监测监督防止地下水过量开采和污染，防止地面沉降。负责全国地质环境监测监督管理工作，拟订地质环境监测等技术规范和标准。监督管理地热、矿泉水资源开发利用。

7）住房和城乡建设部门的主要职责：

拟订村庄和小城镇建设政策并指导实施；指导镇、乡、村庄规划的编制和实施；指导小城镇和村庄人居生态环境的改善工作。

8）科学技术部门的主要相关职责：

拟订科技促进农村发展的规划和政策，推动农村科技进步；指导农业科技园区的有关工作。

2. 环境监察、监测及相关科研机构

（1）环境监察机构

环境保护督察中心，作为环保部派出的执法监督机构，受环保部委托，负责环境执法督查工作。监督地方政府对国家环境政策、规划、法规、标准执行情况；承担主要污染物减排基础性核查核算工作及减排项目运行情况日常督查工作，并参与环境统计、环境监测等基础性工作的监督检查；承担国家区域、流域、海域污染防治规划落实情况的督查工作；承担国控污染源日常监督工作；承担国家审批建设项目"三同时"现场监督检查工作并参与建设项目竣工环境保护验收；承担环境功能区、国家级自然保护区（风景名胜区、森林公园）、国家重要生态功能保护区环境保护督查工作；承担或参与环境污染与生态破坏案件的来访投诉受理和协调工作；承担农村环境保护督查工作；承办环境执法后督查工作；承办或参与重大环境污染与生态破坏案件的查办工作；承办跨省区域、流域、海域重大环境纠纷的协调处理工作；参与重特大突发环境事件应急响应与处理的督查工作；参与环境执法稽查和排污收费稽查工作。

（2）流域管理机构

流域管理机构，在所管辖的范围内行使法律、法规规定的和国务院水行政主管部门授予的水资源管理和监督职责。

负责保障流域水资源的合理开发利用。组织编制流域或流域内跨省（自治区、直辖市）的江河湖泊的流域综合规划及有关的专业或专项规划并监督实施；拟订流域性的水利政策法规。组织开展流域控制性水利项目、跨省（自治区、直辖市）重要水利项目与中央水利项目的前期工作。根据授权，负责流域内有关规划和中央水利项目的审查、审批以及有关水工程项目的合规性审查。对地方大中型水利项目进行技术审核。负责提出流域内中央水利项目、水利前期工作、直属基础设施项目的年度投资计划并组织实施。组织、指导流域内有关水利规划和建设项目的后评估工作。

负责流域水资源的管理和监督，统筹协调流域生活、生产和生态用水。组织开展流域水资源调查评价工作，按规定开展流域水能资源调查评价工作。按照规定和授权，组织拟订流域内省际水量分配方案和流域年度水资源调度计划以及旱情紧急情况下的水量调度预案并组织实施，组织开展流域取水许可总量控制工作，组织实施流域取水许可和水资源论证等制度,按规定组织开展流域和流域重要水工程的水资源调度。

负责流域水资源保护工作。组织编制流域水资源保护规划,组织拟订跨省(自治区、直辖市)江河湖泊的水功能区划并监督实施,核定水域纳污能力,提出限制排污总量意见,负责授权范围内入河排污口设置的审查许可;负责省界水体、重要水功能区和重要入河排污口的水质状况监测;指导协调流域饮用水水源保护、地下水开发利用和保护工作。指导流域内地方节约用水和节水型社会建设有关工作。

指导流域内水文工作。按照规定和授权,负责流域水文水资源监测和水文站网的建设和管理工作。负责流域重要水域、直管江河湖库及跨流域调水的水量水质监测工作,组织协调流域地下水监测工作。发布流域水文水资源信息、情报预报以及流域水资源公报、泥沙公报。

指导流域内河流、湖泊及河口、海岸滩涂的治理和开发;按照规定权限,负责流域内水利设施、水域及其岸线的管理与保护以及重要水利工程的建设与运行管理。指导流域内所属水利工程移民管理有关工作。负责授权范围内河道范围内建设项目的审查许可及监督管理。负责长江宜宾以下干流河道采砂的统一管理和监督检查,负责长江省际边界重点河段采砂的管理和监督检查,指导、监督流域内河道采砂管理有关工作。指导流域内水利建设市场监督管理工作。

指导、协调流域内水土流失防治工作。组织有关重点防治区水土流失预防、监督与管理。按规定负责有关水土保持中央投资建设项目的实施,指导并监督流域内国家重点水土保持建设项目的实施。组织编制流域水土保持规划并监督实施,承担国家立项审批的大中型生产建设项目水土保持方案实施的监督检查。组织开展流域水土流失监测、预报和公告。

负责职权范围内水政监察和水行政执法工作,查处水事违法行为;负责省际水事纠纷的调处工作。指导流域内水利安全生产工作,负责流域管理机构内安全生产工作及其直接管理的水利工程质量和安全监督;根据授权,组织、指导流域内水库、水电站大坝等水工程的安全监管。开展流域内中央投资的水利工程建设项目稽查。

按规定指导流域内农村水利及农村水能资源开发有关工作,指导水电农村电气化和小水电代燃料工作。负责开展水利科技、外事和质量技术监督工作。承办国际河流有关涉外事务。承担有关水利统计工作。

(3)环境监测机构

1)环保系统各级环境监测机构的主要相关职责

制订并组织实施环境监测发展规划和年度工作计划;组建直属环境监测机构,并按照国家环境监测机构建设标准组织实施环境监测能力建设;建立环境监测工作质量审核和检查制度;组织编制环境监测报告,发布环境监测信息;依法组建环境监测网络,建立网络管理制度,组织网络运行管理;组织开展环境监测科学技术研究、国际合作与技术交流。

2)各部门的专业监测机构(包括海域或流域的监测机构)主要相关职责

参与制订本系统、本部门环境监测规划和计划;参与国家或地区环境监测网,按统一计划和要求进行环境监测工作，对所辖方面和范围内的环境善进行监测；负责组织本系统或本流域的环境监测网的活动；参加本部门或地区所承担的各项环境标准制订、修订工作，为其提供制、修订的依据，参加国家或地方环境标准的讨论和审议；参加本系统重大污染事件调查；组织检查所属单位遵守各项环境法规和标准的情况；汇总本系统本流域环境监测数据资料，绘制污染动态图表，建立污染源档案。

企业事业单位的监测站，负责对单位的排污情况进行定期监测，及时掌握本单位的排污状况和变化趋势，其监测数据和资料向资料主管部门报送的同时，要报当地环境监测站。各单位的监测机构除参加当地环境监测网工作、组织本部门监测技术研究、培训技术人员和开展系统专业环境的职能外，同时要配合地方环境监测站参与环保主管部门组织的有关重大污染事件的调查。

卫生、水利、海洋等部门的环境监测站，除负责本系统专业环境监测的职责外，同时要配合地方环境监测站参与环保主管部门组织的有关重大污染事件的调查。

（4）环境科研机构

负责环境与经济、环境与社会、环境管理与发展规划研究；环境保护技术政策、规范、环境标准研究；生态环境恢复、保护、合理开发研究；环境污染防治与资源综合利用技术研究，如水环境保护及水污染控制技术、大气环境保护及大气污染控制技术、固体废弃物处理处置及综合利用、噪声污染控制技术、生态功能区划及区域环境规划；环境设施成套技术引进、开发与推广；环境影响评价、环境工程技术、环境管理体系（ISO 14000）认证服务，清洁生产审计；环境保护技术培训；环境科技信息交流。

3. 非政府组织

帮助政府对重大环保政策方针进行调研论证；监督政府，督促相关政府部门认真履行环保职责；开展环保宣传教育；推动环境保护中的公众参与；响应国家政策，推动节能减排；开展环境维权，推动环境公益诉讼；推动企业履行社会责任；在社会公共事件应急中发挥作用。

（三）运行机制

1. 形成了决策与协调的总体框架

按照我国相关法律法规，在中央政府一级，国务院统一领导国务院各部门和地方各级人民政府的环境管理工作。环境保护部作为国家最高的环境主管部门，对全国环境保护工作实施统一监管；其他部门，如发改、农业、水利、林业、国土、建设等按照各自职责分工负责本行业内农村环境保护监管工作。在地方政府层级，地方各级人民政府负责本辖区内的环境保护工作。环境保护部门对辖区内环境保护实施统一监管，其他部门各自按照职能进行监管。

2. 形成了以职能分工开展工作的执行与落实机制

目前我国对于农村水环境管理或农村环境保护工作任务的执行与落实，无论在中央一级或是地方层级，基本都是各相关部门按照各自职能分工，负责对本行业的监管。各部门基本都是各自为政，缺乏主动有效的协调与配合。这样的执行与落实机制，是实施常态化管理的一种架构，但主动性不强、协调配合不足。如遇有重大水污染事件，牵涉多个部门关联行动时，若没有更高层次部门的行政命令，各职能部门解决问题的主动性不强。

3. 形成了以系统内部检查为主要形式的监督机制

目前，我国在农村水污染控制或农村环境保护管理方面的监督与参与相对薄弱。监督行为主要来自系统内部，或者是上级部门对下级部门的环保工作检查，或者是政府对环保等部门的工作检查，以此来推动工作的开展；随着时代的发展，部分新闻媒体对环境污染、人体健康受损等事件偶然曝光，也从另一层面开启了环境保护工作的监督模式，但这种模式还远未成熟。农村水污染控制或农村环境保护工作，更多的是靠政府推动，人民群众或非政府组织参与非常薄弱，要么意识不强、积极性不够，要么组织建设薄弱或缺乏。

（四）法律政策

1. 形成了以宪法为指导的法律体系

目前，我国在农村水环境管理方面的法律政策，已形成以宪法为指导，环境保护法、水污染防治法、水法为主体，固体废物污染防治法、农业法、渔业法、农业技术推广法、水土保持法、土地管理法等相关法律为辅助的法律体系。

如《中华人民共和国宪法》第 26 条规定："国家保护和改善生活环境和生态环境，防治污染和其他公害。"该条在根本法的层面上对环境保护、污染防治做出了规定，使得农村水污染防治具有了宪法上的法律依据。

《中华人民共和国环境保护法》第 20 条规定："各级人民政府应当加强对农业环境的保护，防治土壤污染、土地沙化、盐渍化、贫瘠化、沼泽化、地面沉降和防治植被破坏、水土流失、水源枯竭、种源灭绝以及其他生态失调现象的发生，推广植物病虫害的综合防治，合理使用化肥农药及植物生长激素。"

《中华人民共和国水污染防治法》第 3 条规定"水污染防治应当坚持预防为主、防治结合、综合治理的原则，优先保护饮用水水源，严格控制工业污染、城镇生活污染，防治农业面源污染，积极推进生态治理工程建设，预防控制和减少水环境污染和生态破坏。"第 4 章专设第 4 节"农业和农村水污染防治"，为农业和农村水污染防治制度开创了一个新的时代，但还没有相配套的法规出台作出具体的规定；第 5 章规定了"饮用水水源和其他特殊水体保护"，目前还没有法律行政法规对饮用水水源作出具体规定。

《中华人民共和国固体废物污染防治法》第 17 条规定"禁止任何单位或者个人向江河、湖泊、运河、渠道、水库及其最高水位线以下的滩地和岸坡等法律、法规规定禁止倾倒、堆放废弃物的地点倾倒、堆放固体废物"，第 22 条"在国务院和国务院有关主管部门及省、自治区、直辖市人民政府划定的自然保护区、风景名胜区、饮用水水源保护区、基本农田保护区和其他需要特别保护的区域内，禁止建设工业固体废物集中贮存、处置的设施、场所和生活垃圾填埋场。"第38条则规定"县级以上人民政府应当统筹安排建设城乡生活垃圾收集、运输、处置设施,提高生活垃圾的利用率和无害化处置率"。

《中华人民共和国农业法》第25条规定"农药、兽药、饲料和饲料添加剂、肥料、种子、农业机械等可能危害人畜安全的农业生产资料的生产经营,依照相关法律、行政法规的规定实行登记或者许可制度。"此外还原则性的规定了有关农业生产资料安全使用制度,以及对于农民和农业生产经营组织在使用农业化学物品时的禁止性规定。第7章"农业资源与农业环境保护"对化肥与农药的合理使用作出了原则性地规定。第10章第80条就乡镇企业发展与环境保护和污染防治作出了规定。2006年颁布的《农产品质量安全法》第19条规定"农产品生产者应当合理使用化肥、农药、兽药、农用薄膜等化工产品,防止对农产品产地造成污染";第21条规定在使用"农药、兽药、饲料和饲料添加剂、肥料、兽医器械时,应当依照有关法律、行政法规的规定实行许可制度"。

2. 颁布了多项相关行政法规、部门规章

多年来,我国颁布了《国务院关于落实科学发展观 加强环境保护的决定》《基本农田保护条例》《土地复垦规定》《退耕还林条例》《自然保护区条例》《饮用水源保护区污染防治管理规定》《村庄与集镇规划建设管理条例》等多项行政法规、部门规章;同时也指导全国26个省(区、市)制定了"农业环境保护条例"或"办法"等地方法规或规章制度,为开展农村水环境管理、农村环境保护提供了保障。

如《国务院关于落实科学发展观 加强环境保护的决定》第4章专节提出了农村环境保护的重点任务,强调"要合理使用农药、化肥,防治农用薄膜对耕地的污染;积极发展节水农业与生态农业,加大规模化养殖业污染治理力度。推进农村改水、改厕工作,搞好作物秸秆等资源化利用,积极发展农村沼气,妥善处理生活垃圾和污水,解决农村环境'脏、乱、差'问题,创建环境优美乡镇、文明生态村"。

《基本农田保护条例》第19条规定"国家提倡和鼓励农业生产者对其经营的基本农田施用有机肥料,合理施用化肥和农药"。第23条"县级以上人民政府农业行政主管部门应当会同同级环境保护行政主管部门对基本农田环境污染进行监测和评价,并定期向本级人民政府提出环境质量与发展趋势的报告"。第24条强调"经国务院批准占用基本农田兴建国家重点建设项目的,必须遵守国家有关建设项目环境保护管理的规定。在建设项目环境影响报告书中,应当有基本农田环境保护方案"。

《饮用水源保护区污染防治管理规定》第11条规定,"饮用水地表水源各级保护区及准保护区内均必须禁止一切破坏水环境生态平衡的活动以及破坏水源林、护岸林、与水源保护相关植被的活动;禁止向水域倾倒工业废渣、城市垃圾、粪便及其他废弃物;运输有毒有害物质、油类、粪便的船舶和车辆一般不准进入保护区,必须进入者应事先申请并经有关部门批准、登记并设置防渗、防溢、防漏设施;禁止使用剧毒和高残留农药,不得滥用化肥,不得使用炸药、毒品捕杀鱼类。"

二、我国农村水环境管理体制存在的问题

（一）组织机构尚不健全

1. 统一监管机构权威不足

我国现行的环境管理体制，是由环保部门统一监督管理与其他部门监督管理相结合的管理体制。环保部门对农村水环境管理工作进行统一监督，其他部门分工配合。但现实工作中，却往往不是这样。环保部门和同级有关部门执法地位平等，没有行政隶属关系，只是分工不同。往往在很大程度上，环保部门"统一监督管理"的职能被肢解和架空。环保部门往往无法发挥统一监管的作用，无法有效实施水环境管理工作的统一领导，要么是因为地方政府为发展经济牺牲环境，要么是因为其他部门不接受其监管或不配合其工作。环保部门角色较为尴尬，一方面要履行法定职责，另一方面又要处处受到限制，尤其是对于县级环保部门境况更是堪忧。

2. 县级机构建设较为薄弱

机构不健全。在政府及其行政管理部门方面，仍有不少县级没有独立的环保机构，如江西省 99 个县（市、区）中有 24 个县级环保局还是事业编制，不具备行政执法资格；青海省 8 个州地市和 43 个县中，只有西宁市、海东地区和海西蒙古族藏族自治州 3 个独立建制的环保局，其他州和县级环保部门大多并入林业、城建部门；西藏自治区县级环保部门没有独立设置。机构的不健全，直接影响着农村水环境管理工作的开展。

经费无保障。县级环保部门普遍面临着工作经费不足的局面，尤其是西部地区或偏远山区的部分区、县等，工作经费严重不足，无力开展农村水污染控制工作。

3. 乡镇级没有法定的环境管理机构与职责

目前，我国现行的环境管理体制中，环境保护相关法律法规只明确了中央、省、市、县四级人民政府及所属职能部门的环境管理职责，对乡镇级政府机构的环境管理职责和机构设置均没有明确。

如《环境保护法》只是简单地指出"地方各级人民政府应当对本辖区的环境质量负责，采取措施改善环境质量"。对于违反《环境保护法》的行为，乡镇政府也没有对其进行监管与处罚的权力。《水污染防治法》第 4 条则直接规定"县级以上地方人民政府应当采取防治水污染的对策和措施，对本行政区域的水环境质量负责。"《地方各级人民代表大会和地方各级人民政府组织法》第 59 条第（五）项规定，县级以上的地方各级人民政府行使下列职权：执行国民经济和社会发展计划、预算，管理本行政区域内的经济、教育、科学、文化、卫生、体育事业、环境和资源保护、城乡建设事业和财政、民政、公安、民族事务、司法行政、监察、计划生育等行政工作。第 61 条第（二）项规定了乡镇政府行使以下职权，执行本行政区域内的经济和社会发展计划、预算，管理本行政区域内的经济、教育、

文化、卫生、体育事业和财政、民政、公安、司法行政、计划生育等行政工作，从立法中我们可以看出乡镇政府的职权并不包括环境与资源保护。而在实际中行政法规往往将"各级人民政府"限定为"县级以上人民政府"。这些法律将乡镇人民政府排除在环境保护主体之外。

即使少数乡镇一级设置有环保办公室、环保助理、环保员等，但其在农村的工作仅限于农村工业，而且由于经费、人员等资源不足，也无法有效开展工作。对于农村及农业环保工作分散在各个相关部门，如农业局、林业局、城管办、水利部门等，更是无法有效开展农村水环境管理。

4. 非政府组织建设薄弱，实际作用有限

2005 年以来，非政府组织建设逐渐壮大，办公条件有所改善，55.2%的组织拥有了专用办公场所，比 2005 年增长了 15.2%；26%的环保民间组织拥有了固定的资金来源，比 2005 年增长 2.1%。其在影响政府环境政策、监督政府更好地履行环保职责、从事环境宣传教育、推动公众参与等方面都起到了积极的作用，对政府的环境保护工作进行了有益的补充。但不可否认，非政府组织建设与发展中仍面临着筹款能力弱、人才短缺、组织能力不强等诸多问题，而且自身建设不够规范，受外界因素或其他因素影响太大，在农村水环境管理或农村环境保护工作中发挥的作用有限。

（二）权限职能存有交叉

1. 行政管理部门间职能交叉

尽管已有《水污染防治法》等有关法律规定水环境管理权限由环境保护主管部门统一监督管理，其他行业主管部门在各自职责范围内分工负责监督管理。但除了对环境保护主管部门的职权范围和责任大小作了较为具体的规定以外，对于其他的相关部门的管理事项则没有明确规定，对于主管部门与分管部门之间的协作也没有作出规定，从而形成了在水环境管理过程中，多部门职能重叠，利益关系错综复杂的现象。由于部门职责交叉不清，导致实际工作中出现或"争抢"或"推诿"的现象。如关于面源污染控制，环保部门负责农村面源污染控制、农业部门负责农业面源污染控制；关于水质监测与信息发布，环保部门有水环境监测、统计与信息发布职能，水利部门也有水质监测与水质信息发布职能；关于水域保护，水利部可以组织拟订重要江河湖泊的水功能区划并监督实施，核定水域纳污能力，环保部也可以行使职能；关于农田水利建设，农业部门、水利部门，甚至建设部门存有交叉，呈现"多龙治水"。这可能导致部门各自为政、多头执法、多头管理，不仅增加行政成本，也不利于部门协调与问题的及时有效解决，尤其是涉及多个部门的综合性复杂问题。

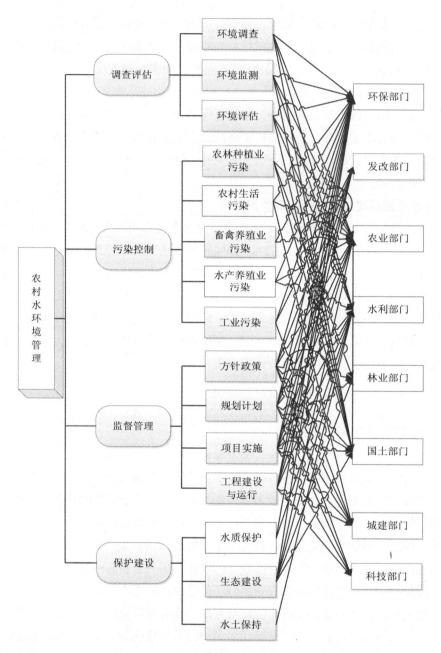

图 3-2　农村水环境行政管理部门职能交叉示意图

2. 环境监察、监测及相关科研机构浮于面上

环境监察、监测机构对农村工作悬浮。目前，我国的环境监察、监测机构职能大多服务于城市或工业领域，尤其对国家规定的重点区域、流域、海域，以及重要自然保护区开展重点环境督察、监测，而地域广阔、具有重要环境价值的农村与农业却执行不足，尤其是乡镇、村落、农田、沟渠等单元的环境督察、监测大部分处于空白。这也往往导致政府

及行政管理部门，对于大部分农村或农业环境基本状况掌握不足，对其环境形势变化更是难以把握，无法满足环境决策与管理的需要，更无法采取及时有效的措施控制农村水污染。

环境科研机构，存在急功近利现象。近年来，我国经济与社会快速发展，国家环境科研经费也与日俱增，对于保障环境领域理论突破、科技攻关、工程建设等具有重要推进作用。然而，由于种种原因，导致一些环境科研机构，不惜代价，集中精力以申报、争取环境科研项目为重点工作，项目到手后却又不予重视、放置一边，不但无法产出科研成果，而且浪费科研经费；或以获大奖、发文章、出专著为追求，忽视理论创新、技术突破。更为甚者，本应是公益性、非营利性的环境科研机构，也一改往日容貌，逐渐从公益性、基础性、战略性的环境科学研究转向成为"环境评价专业户"、"环境工程专业户"、"环境污染治理专业户"等具有明显赢利导向的专业机构，获取大量营业收入成了首要任务。

3．村委会环境保护功能远远不足

虽然近年来随着经济社会的发展，一些地区尤其发达地区的农村村委会环境保护意识明显增强，对本村域内的环境保护工作起到一定的推进作用，但总体来看村委会的环境保护功能发挥有限，尤其是相对落后地区或偏远地区的农村，其环境保护意识与实际工作还远远不够。其存在的问题主要表现为：

村委会管理农村环境事务时缺乏相应的权力。村委会作为农村环境管理机构的地位缺乏明确的法律规定，在管理农村环境事务时缺乏相应的权利和权力。比如《村民委员会组织法》上规定了村民委员会有教育农民保护环境的义务，却没有相应的权利或权力性规定。

村委会代表村民提起诉讼的资格在法庭上常常受到质疑。在我国现行的环境诉讼法律规定中，唯有直接受害人才有权提起民事起诉，最后被归于民事法律范畴。一些法院常会根据《民事诉讼法》第108条的规定，以原告与案件没有直接的利害关系为由，拒绝村委会代表村民提起民事诉讼。

村委会代表村民主张权利的活动缺乏经费支持。村委会成员自身的环保意识不高。

4．运行机制效能不高

多年来，我国在农村水环境管理方面形成的决策协调、执行落实与监督检查的运行机制，总体效能不高，主要表现在决策协调乏力，执行落实不顺，监督检查流于形式。

在决策协调方面，环保部门作为法律规定的统一监管机构，负责水环境管理的统一监管，以及与其他相关部门的任务协调，但实际工作中环保部门权威不足，往往无法发挥其决策协调作用，统一监管乏力。

在执行落实方面，执行国家相关政策是由上级到下级，中央到地方，逐层实施的，这可能导致信息的衰减、丢失甚至扭曲。同时由于职责交叉且又功利主义，各相关部门在实际执行过程中，往往各自为政，缺乏主动有效的协调与配合；而且水环境保护相关工作大都通过"项目带动"或"专项工作"开展，常态化、长效性执行机制不足。如开展农村生活污水处理，大多由中央、省或市级部门通过开展某专项工作来推动，而原本的常规职能却被忽视与搁置。这在一定程度上能够推动某一问题的快速解决，但无法长期发挥作用，专项工作结束，问题仍然延续。

在监督检查方面，多限于系统内部工作运行，主要依靠上级对下级的考核完成，缺乏必要的系统外监督和规范化的考核与问责以及相应的公众参与机制、媒体监督机制等也不健全，导致部分地方政府为了发展经济而牺牲环境，个别部门不认真履行职责，致使管与不管一个样、管多管少一个样、管好管坏一个样。

5. 法律政策相对滞后

虽然我国已制定或出台了多项农村水环境管理、农村环境保护的相关法律法规、政策，一些地方也制定了相关的地方法规，但这些法律政策要么出台时间较早，要么原则性太强、操作性差，对农村水环境管理的指导性不够。而且，这些法规从立法宗旨到立法原则等都主要是基于城市和工业污染防治为核心制定的，对农村水污染防治涉及很少，不能满足农村水污染防治需求；同时，针对农村水污染防治的支撑政策也明显滞后，导致管理缺乏依据和抓手。

目前来看，我国仍没有一部专门性、可操作性的农村环境保护方面的法律来规范整个农村环境，现有的环境保护法关于农村地区的规定过于原则、宽泛，甚至出现空白，相关农村环境保护方面的理论研究也比较薄弱。

（三）原因分析

1. 长期的城乡二元结构，导致农村水环境管理受到漠视

长期以来，我国的环境保护管理体制基本以城市、工业为重心，而忽略了广大的农村或农业，存在着严重的二元结构性。首先，在思想认识上，认为农村环境问题源自城镇化、工业化，解决的思路也局限于市场化、产业化视野。其次，在管理体制上，设置了中央—省—市—县级环境管理机构，县级机构难以管理约占我国一半人口的广大农村基层，缺乏能真正解决农村环境问题的最基层的乡镇（村）级机构或人员。最后，在具体措施上，缺乏对农村环境保护工作进行系统性的全面规划与布局，"头痛医头、脚痛医脚"这种"应急式"的管理不能全面解决农村环境问题；很多环保措施没有针对农村环境问题特点，缺乏针对性。

2. 农村财政薄弱，环境保护无法有效开展

1994年，我国实行分税制改革，中央的财政能力得到有力加强，却给地方财政带来困难。一方面，地方政府的财政能力被大幅度削弱；另一方面，地方政府所承担的公共服务责任却日益增多，支出过多。尤其是2004年以来农业税逐步取消后，基层又减少了一个稳定的税源，更使地方财政吃紧。目前地方开展环境保护工作的资金投入，主要依靠上级政府的财政拨款，渠道相对单一。尽管这种投资每年都有一定的增加，但相对于严峻的环境问题和巨大的资金缺口仍显得力不从心。资金问题已经普遍成为农村环境管理的重要限制因素。由于资金不足，一些基础性工作如农村农业环境监测，在长期固定点位建设、仪器设备配备与更新、监测方法升级等方面存在困难而导致无法持续有效开展，也就不能保证为实施环境管理提供连续稳定的基础数据资料支持。

3．农村环境污染因素复杂，特点与规律不易把握

与城市环境污染不同，农村环境污染来自多方面因素影响，除受城市转移污染、农村工业企业污染外，农村畜禽养殖污染、水产养殖污染、居民生活污染也是重要因素，更重要的是受农业生产自身产生的污染。尤其近年来，随着对工业企业点源污染控制的不断加强，农村农业面源污染逐渐成为农村环境污染的首要因素。农业生产过程中产生的面源污染孕育于农业生产全过程，具有排放主体的分散性和隐蔽性、随机性和不确定性、不易监测性等特点，不能单纯地"拎出来"解决，必须基于农业生产，实施源头控制、过程阻断与末端治理相结合。而近年来采取的农村环境管理措施体现农村环境特点的针对性不强，效果不明显，往往治标不治本，这也是导致农村环境问题日趋严峻的原因所在。

第四节　我国农村水环境管理体制优化设计

一、基本原则

（一）稳定为主，逐步推进

农村的繁荣与稳定，关系到全社会的繁荣和稳定。农村水环境管理体制改革优化，牵涉到资源整合、机构重组、人员流动，必须稳定为主。按照国家行政体制改革的方向、节奏，有序进行，先在有条件的地区试点探索，不断总结方法、经验，逐步推进。

（二）综合协调，精简高效

农村水环境管理是一项系统工程，在污染源控制方面涉及工业污染、农业面源污染、农村生活污染、畜禽养殖污染等多种污染源，在治理方法方面涉及源头控制、过程阻断、末端治理各个环节，在管理措施方面涉及战略、法规、政策、规划、项目等层次，在涉及部门方面涵盖环保、农业、水利等部门，必须加强管理的综合协调，分工协作，才能保障工作的有效开展；同时，又要按照国家行政体制改革的方针政策，做到精简高效，用较少的行政成本，获取良好的管理效益。

（三）政企分开，政事分开

按照政企分开、政事分开的原则，转变涉水管理的政府部门职能，由微观管理转向宏观指导和服务，将研究环境保护、水环境管理的基础性、公益性事务，如标准规范、管理方法等，交由环境科研机构负责；将研发环境保护、水环境管理的具体性、技术性事务，如环境评价、污染治理、污染修复等，交由公司企业负责并由环境行政管理部门负责任务验收。通过职能转换、事务转移，提升环境行政管理部门的宏观决策、综合管理能力，强化环境科研机构的公益性、研究性作用，激活公司企业的能动性、创新性潜力。

（四）立足实际，因地制宜

我国幅员辽阔，农村类型多样，千差万别，农村水环境管理体制改革优化，不能"一刀切"。要立足实际，因地制宜，改革管理体制与机制，如设置基层环保机构，在发达地区可能容易实施，在欠发达地区可能存在困难，要根据实际情况灵活推进；同时要结合区域特点与环境特征，鼓励创新性实施环境管理。

二、基本目标

以邓小平理论、"三个代表"重要思想、科学发展观为指导，坚持"统分相宜、上协下强、提升效能"，以健全体制、完善机制、创新政策为重点，强化决策与协调机构，健全基层管理机构，理顺部门职责关系，完善决策、执行与监督运行机制，创新制定法律法规与制度政策，建立机构健全、权责清晰、决策科学、运行顺畅、监督有力的农村水环境管理体系。

三、总体思路

（一）理顺体制，权责统一

对县级以上部门，理顺职责分工，明确职能定位，做到权责统一；对县级，健全机构，强化职责；对乡（镇），设立管理办公室或专员，加强管理；对村委会，适度增加环境保护功能或责任，切实增强村民环保参与积极性。

（二）完善机制，运行高效

进一步完善决策与协调、执行与落实、监督与参与等运行机制，使之相对分离，确保决策科学、执行顺畅、监督有力，切实提高行政效率与行政效果。

（三）创新政策，强化保障

及时完善农村水环境管理的法律法规，不断创新相关制度与政策，如建立农村农业环境例行监测制度、财政激励制度，强化基础数据和财政保障，为管理注入活力。

（四）突出特点，整合资源

科学把握农村水污染的特点与规律，以农业面源污染控制为重点，整合资源，开展污染的源头控制、过程阻断与末端治理的全过程防治与管理，标本兼治。

四、具体内容

（一）健全组织机构，完善职能配置

1. 政府及行政管理部门方面

（1）建立综合决策与协调机构

在县级以上政府及行政管理部门的基础上，设立农村水环境管理综合决策与协调机构（或农村环境管理综合决策与协调机构），由政府主要领导人担任负责人，由涉及农村水环境管理的环保、发改、农业、水利、林业、国土资源、城建等部门主要领导人任成员。明确该机构的主要职能，如表3-3所示。

（2）完善县级行政管理部门

首先，健全县级环保机构和农业环保机构，配备专业人员和仪器设备，保障工作经费，使其拥有基本的环境监管能力。其次，对已有的县级环保机构和农业环保机构，进行人员培训、补充与更新仪器，提升监管能力。第三，进一步理顺各相关行政管理部门职能，完善权责配置。

（3）设立乡镇级管理机构

在乡镇级层面，建立环境专职或兼职管理机构或通过设立县级派出机构，配备专职人员与设施，赋予或培育管理职能。

2. 环境监察、监测及相关科研机构方面

环境监察方面，强化环境监察部门的基层环境监察职能落实。对现有环境监察部门职能进一步完善，加强对基层环境尤其农村水环境的监督检查力度，确保工作落实到位。

环境监测方面，设立乡镇级、村落级环境监测点。在现有环境监测工作基础上，扩大环境监测范围，由县城延伸至乡镇、村落，设立例行或固定监测点位，开展日常环境监测并及时有效传递监测数据，为开展环境保护提供基础支撑。

环境科研方面，规范环境科研机构职责任务。对涉及环境法律法规、政策、战略、规划、审核等具有公益性、基础性、全局性、战略性的研究事务，由科研院所或事业单位承担；对涉及环境评价、污染治理与修复项目或工程等具体性、项目性的事务，由具备独立法人资格的企业承担，或将现有涉及此类项目的事业单位、科研院所改制成企业，任务最终由环保部门审批验收。

3. 村委会或社区组织方面

通过指派村委会成员或设置村落环保小组、小分队或者聘请设置村落保洁员、河道管理员，培育村委会或社区组织环境保护功能，依法在上级主管部门监督下开展相关工作。

4．非政府组织方面

在现有非政府组织基础上，进一步扶持、完善非政府组织建设，培育与强化环境保护功能，进一步发挥其环境保护参与、提议与监督作用。

（二）完善运行机制，确保工作顺畅

农村水污染控制工作运行，涉及决策与协调、执行与落实、监督与提议等环节。要切实建立健全决策、执行、监督权适度分离又相互协调的政府运行机制，形成决策集中化、执行专业化、监督独立化的政府运行体系，保障农村水污染控制工作的有条不紊运行。

1．决策与协调

突出建设农村水污染控制决策与协调机制，包括决策咨询制度、重大事项决策民主集中制、涉及多部门事务联席会议制、具体任务建立工作协调小组制，强化农村水污染控制的科学全面管理。建立决策咨询制度，健全农村水污染控制专业性、技术性较强的重大事项决策的专家论证、技术咨询、决策评估制度，增强农村水污染控制决策的科学性与支撑力；建立健全重大事项、综合管理事务的联席会议制与民主集中制，对农村水污染控制工作中宏观、重大或紧急事务，综合管理协调机构要根据实际工作需要，按照工作职能，定期（每半年或一年）或不定期召开联席会议或协调工作部署会，由负责人召集主持、组成单位成员参加，遵循多数同意原则，建立部门之间的责任链条，明确任务分工，实施统一决策与协调。

2．执行与落实

强化完善农村水污染控制执行与落实机制，主要包括建立工作目标责任制、上下联动制、分级负责制、河长制等，确保各项农村水污染控制决策或事务的顺畅运行。农村水污染控制工作的实施，以常态化管理为主，各部门按照职能分工开展工作，通过建立工作目标责任制、河长制等手段，明确工作目标与工作职责，确保年度或阶段工作任务执行与落实；建立上下联动制、分级负责制，实行中央宏观调控、省级组织管理、市县级具体执行、乡镇级配合落实、村落级参与响应，层层负责，上下联动；对农村水污染控制的紧急、突发事务或领导交办的综合性、临时性工作任务，按照综合管理与协调机构的任务分工，启动执行联动机制、应急响应机制，确保事务的快速执行与落实。

3．监督与参与

建立健全农村水污染控制的有效监督与公众参与机制，主要包括日常运行巡查制、绩效考核制、行政问责制、公众参与制度、通报举报制等，增强对农村水污染控制事务的监督与参与。建立健全日常运行巡查、绩效考核与行政问责制度，强化上级政府部门对下级部门、政府对有关职能部门的农村水污染控制事务的日常巡查，量化行政效率和行政成本，监督工作或责任的执行与落实情况；建立健全涉及群众利益密切相关的农村水污染控制重大事项决策的公示、听证制度，扩大广大群众或非政府组织的知情权，最大限度地接受广大群众或非政府组织的监督与参与；建立健全通报举报制，对农村水污染控制工作不力的

单位或个人，实行通报批评，监督其工作执行，同时通过设立热线电话、政府邮箱或办公开放日等方式，接受群众或非政府组织关于农村水污染控制事务的举报，替举报者保密并奖励举报者，以此增强对农村水污染控制事务的监督。此外，充分发挥新闻媒体的报道与监督作用，对农村水污染事件不断曝光或揭露，促使管理部门对问题的尽快解决。

（三）创新法规政策，提升管理效能

1. 完善法律法规

明确农村水环境管理内容规定。及时修订完善现有法律法规，明确农村水环境管理或农村环境保护内容并具体化，使之具有可操作性；制定专门的农村环境法律法规，如《农村或农业环境保护条例（办法）》《农村环境监测条例》，提升农村农业环境保护的法律地位，使农村水环境管理工作有法可依。

明确乡镇级政府、村委会环境保护职责。修订完善《环境保护法》《村民自治法》等法律，增加关于确立乡镇级政府、村委会农村环境管理机构的法律地位的规定，授予它管辖其所属区域内的环保事务的权力。比如村环境管理规章制定权、环境批评教育权、环境处罚权、接受监督权等。

明确公众参与内容规定。在制定环境保护法律法规时，应当广泛听取民意，以法律的形式明确公众参与环境保护的具体内容、途径、形式和具体程序并作出相应的法律解释，提高公众参与环境保护的可行性、积极性。

2. 创新管理制度

制定农村农业环境分区分类管理方略。我国幅员辽阔，农业农村区域差异大，污染物产排、消纳情况等不尽相同，对农村水环境污染控制与管理不能采用固定模式和标准，应该区别对待。按照人口分布、气候资源、种植结构以及农村农业环境污染情况，对农村农业环境进行初步分区，结合种植业、养殖业、村镇生活等特点进行细化，制定基于行政、经济、法律等手段的农村水环境区域化差异化管理政策，构建农村水环境管理政策组合模式。

健全环境信息公开制度。公民的环境知情权，是公民参与环境保护的重要前提。环境信息公开被视为一种全新的环境管理手段，它承认公众的环境知情权和批评权。环境信息公开可以使公众及时知道环境信息，便于公众参与环境管理，监督企业的行为，遵守环境法律法规，监督政府的执法行为。要实事求是地发布环境信息，提供环境质量报告，使公众及时掌握环境信息，借用公众舆论和公众监督，对环境污染和生态破坏的制造者施加压力。同时，环境行政主管部门应向公众公开执法依据、环境政策、办事程序、环境标准、收费项目和标准等信息，使公众最大限度地参与环境保护。环境信息的发布工作可以由村委会成员或村落环保员或乡镇级环保机构向其管辖的村庄派出专业的环保人士，定期收集环保信息，经由专业环保机构统计分析后，由乡镇级环保机构或村委会发布。

建立农村农业环境例行监测制度。把农村农业环境例行监测提升到制度化、法定化高

度，通过立法形式形成有关农村农业环境例行监测工作的一套规则。扩大现有环境监测范围，在乡镇、村落设立例行或固定监测点位，开展常规污染物与特征污染物的日常监测，并及时有效传递监测数据，定期编制和发布农村农业环境状况公报，以便政府环境管理决策和广大群众了解参与环境保护。

3．实施环境经济政策

建立农村环保专项资金募集制度。农村水环境管理是一项复杂工程，时间长、难度大、成本高，通过建立农村环保专项资金募集制度，设立专用账户，为农村环保工作提供稳定的资金支持。首先，以政府为主导，在工作经费预算和支出中加大对环保尤其是农村环保工作的资金投入，提高该农村环保工作的资金比例；其次，积极吸纳其他性质的资金，如相关环保企业、相关协会组织等，争取资金支持；最后，依托乡镇、村委会定期向村民收取一定费用。专项资金要真正做到"专款专用、账务公开"，专门用于农村环境保护工作、农村水环境管理和农业面源污染防治工作，严格资金审核，对违法违纪使用资金的行为进行严肃处理。

完善农业清洁生产激励制度。完善农业生产过程中的清洁生产制度，一是通过完善法律法规及激励机制引导农民采用清洁生产方式，积极建立清洁生产收益损失累积补贴机制，补贴资金以政府主导为主，采用保险加农户等多渠道资金筹集方式；二是积极建立清洁生产审核体系，完善审核程序，制定清洁生产审核办法；三是建立农村水污染控制技术政策评价体系，筛选符合农业清洁生产的技术，完善技术推广政策；四是积极建立政府引导、市场调控机制，通过应用价格机制，税费调节机制，认证机制，引导农民增加清洁生产的积极性及科技投入。

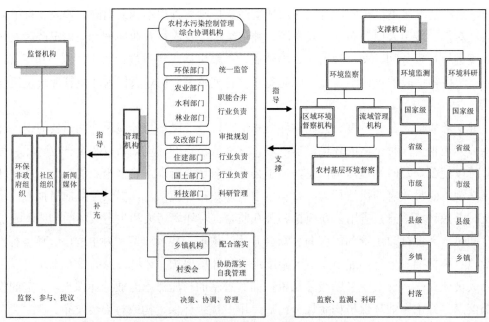

图 3-3 农村水污染控制体制与机制改革示意图

4. 强化环境教育政策

一是建立农村水环境管理技术示范及培训制度，解决技术与推广应用最后一公里问题；二是实施村村通，村村响工程，分区分类根据农村水污染特点及各村经济发展水平，制定分门别类的农村水污染控制技术与政策宣传教育方案，最终实现农村水环境管理"村村通，村村响"；三是建立农村水污染控制技术标准化推广制定，制定农村水污染控制技术目录，实现农村水污染控制技术"傻瓜式建设，低技术维护，高效率运行"。

表 3-3　农村水污染控制主要机构设置及职能配置表

类别	机构	定位	主要职责
决策协调层	农村水污染控制管理综合协调机构	综合决策与协调	➤ 组织拟定与贯彻落实农村水污染控制的重大方针政策； ➤ 组织制定农村水污染控制及相关工作的中长期规划、计划等； ➤ 统一协调农村水污染控制工作，并督促检查工作执行情况； ➤ 推动农村水污染控制应急体系和能力建设，组织拟订应急预案，指导、协调与监督重大事故处理处置工作； ➤ 组织开展农村水环境保护问题的调查研究； ➤ 引导、规范非政府组织参与农村水污染控制工作
执行管理层	县级及以上机构		
	环保部门	具体事务统一监管	➤ 将监督、协调有机食品发展工作、指导全国生态农业建设、农业农村面源污染控制职能，划归农业部门； ➤ 承担水利部门转入的水质监测、水质保护职能； ➤ 贯彻执行相关法律法规和农村水污染控制管理综合协调机构的决策部署，并承担具体相关工作的监督检查
	发改部门	审批规划	➤ 参与编制农村水环境保护规划； ➤ 审核相关重点项目和示范工程
	水利部门	行业负责	➤ 将水质监测、水质保护职能划归环保部门； ➤ 与农业部门合并
	农业部门	行业负责	➤ 承担环保部门转入的监督、协调有机食品发展工作、指导全国生态农业建设、农业农村面源污染控制职能； ➤ 制定农业农村面源污染防控规划与标准； ➤ 指导农业清洁生产工作，制定发展规划，拟定审核方案； ➤ 负责农业投入品、农业废弃物综合利用等监管工作，制定相关规划、方案； ➤ 指导农业农村节能减排，制定相关规划与方案； ➤ 负责农业生态补偿，制订实施方案
	住建部门	行业负责	➤ 负责农村环境基础设施工程的建设与运行维护
	国土部门	行业负责	➤ 在编制土地利用总体规划、土地整理工程规划和有关的专项规划时需设置农村水污染控制专章或专题
	林业部门	行业负责	➤ 与农业部门合并
	科技部门	科研管理	➤ 组织实施涉农环保科研项目并监督检查

类别	机构	定位	主要职责
执行管理层	乡镇机构	配合落实	➤ 协助开展农村污染源排污监督检查工作，并及时向上级部门报告； ➤ 负责或协助建设农村生活垃圾中转站，负责垃圾转运与简单处理； ➤ 负责或协助实施农村水污染控制工程选址、建设、运行维护工作； ➤ 协助上级部门完成相关工作，如开展监测取样、农村水污染控制相关费用的收缴，以及相关补偿资金的发放工作； ➤ 负责或协助水污染防治技术、农业清洁生产技术等推广工作； ➤ 协助完成与农村水污染控制相关的信息统计及上报工作； ➤ 接受、传达或处理农民的环境投诉； ➤ 协助非政府组织参与农村水污染控制工作等； ➤ 协助进行农村水环境稽查及宣传、教育工作，组织培训农民，提高意识，自觉维护农村水环境
	村委会	协助落实	➤ 协助乡（镇）部门开展环保工作，配合开展监测与调研、环境信息统计等具体工作； ➤ 制定与农村水污染控制相关的村规、民约； ➤ 聘请农村生活垃圾、生活污水等废弃物的收集、转运、处置人员或公司； ➤ 协助组织实施本村农村水污染控制工程建设，收缴及发放相关建设费用或补偿费用； ➤ 负责本村环境卫生管理工作； ➤ 负责本村河道清淤治理工作； ➤ 引导本村村民等自觉参与农村水污染控制工作； ➤ 组织评选农村生活垃圾、生活污水收集等先进家庭及先进个人
决策支持层	环境监察机构	执法支持	➤ 强化农村基层环境执法检查、监督
	环境监测机构	信息支撑	➤ 设立乡镇级、村落、农田、沟渠环境监测点，开展例行监测； ➤ 开展乡镇、村落环境统计分析，编制相关报告，提供信息支撑
	环境科研机构	智力支持	➤ 开展环境立法、管理、经济、政策、制度研究； ➤ 开展环境标准、规范编制研究； ➤ 开展环境规划、方案研究
监督参与层	非政府组织	监督、参与、提议	➤ 监督有关部门的农村水环境管理工作开展情况； ➤ 积极发动组织广大人民群众、企事业团体参与农村水环境保护活动； ➤ 对农村水环境管理工作提出建设性意见
	社区组织	参与、动员	➤ 发动与带领社区居民参与开展环境保护工作
	新闻媒体	监督	➤ 监督政府、相关部门农村水环境管理工作情况； ➤ 公开农村水环境质量状况及相关污染源情况； ➤ 追踪农村水污染污染事故

参考文献

[1] 《环境科学大辞典》编委会主编. 环境科学大辞典[M]. 北京：中国环境科学出版社，2008 年第 2 版，625.

[2] 中华人民共和国国家标准 GB/T 50095—1998：水文基本术语和符号标准.

[3] 李冠杰. 重金属污染条件下基层环境监管体制研究[D]. 杨凌：西北农林科技大学，2012.

[4] 董华. 完善我国环境管理体制的法律思考[D]. 哈尔滨：东北林业大学硕士学位论文，2007.

[5] 中国环境与发展国际合作委员会. 专题政策报告（2007）.

[6] 张铁亮，周其文，赵玉杰，等. 我国农村水环境管理体制现状、问题及改革建议[J]. 农业环境与发展，2011（6）：37-40.

[7] 王清军. 中国环境管理大部制变革的回顾与反思[J]. 武汉理工大学学报，2010，23（6）：858-863.

[8] 朱清海，梁蓓蓓. 基于社区视角下的农村环境管理探讨[J]. 河南社会科学，2012，20（7）：56-58.

[9] 中华环保联合会. 中国环保民间组织发展状况报告[J]. 2006.

[10] 中华环保联合会. 中国环保民间组织发展状况报告[J]. 2008.

[11] 国家环保总局. 环境保护专题调研报告汇编[M]. 北京：中国环境科学出版社，2007.

[12] 张铁亮，赵玉杰，周其文. 农村水污染控制体制框架分析与改革策略[J]. 中国农村水利水电，2013（4）：24-27.

[13] 张继鹏，胡继连. 浅议村委会在农村环境管理中的作用[J]. 全国商情（经济理论研究），2009（6）：75-76.

[14] 赵秀华. 农村环境保护法律实施机制研究[D]. 开封：河南大学，2012.

[15] 农业部农业生态与资源保护总站. 农业资源环境保护与农村能源发展报告[M]. 北京：中国农业出版社，2013.

第四章

农村水环境分区分类管理

第一节 国内外环境管理分区方法概述

一、国内外农业源污染负荷估算方法

（一）国外农业源污染负荷估算方法

为解决农业污染问题，国外部分学者对非点源污染负荷计算模型进行了研究，如农田小区模型 EPIC；用于模拟农业活动对地下水影响的 GLEAMS；用于模拟大型流域非点源污染负荷的 SWRRB；Young 等开发了中小流域非点源污染模型 AGNPS；Arnold 等开发了用于大尺度流域水文和泥沙演算的 ROTO 等。这些模型的重点放在将已有模型广泛应用于非点源污染控制和管理上并注重经济效益的分析，能精确地描述污染物迁移转化的过程和机理。随着计算机技术的飞速发展，非点源污染负荷的计算模型开始与 GIS、遥感等技术相结合，模拟的精度和尺度在不断提高和扩大。但非点源污染模型对环境问题的描述和空间分析能力有限，在广泛运用中受到许多限制并且均对降雨、径流、泥沙和水质同步监测数据等实测资料的依赖程度较高，很难用于无资料或资料条件较少的流域或地区。

（二）国内农业源污染负荷估算方法

国内非点源污染的负荷计算研究起步较晚，从 20 世纪 80 年代开始，部分学者对非点源污染负荷定量计算进行了研究如刘枫等在天津于桥水库进行了流域非点源污染的量化识别；陈西平提出了用于计算农田径流污染负荷的三峡库区模型，根据次降雨径流确定污染物输出总量等。20 世纪 90 年代以来，我国部分学者开始引进国外成熟的非点源污染负荷计算模型用于流域的非点源污染模拟及控制工作，但由于国情差异及缺少长系列的水文水质监测数据等资料，这些模型在国内的具体运用受到限制。此外，我国学者也积极开展非点源模型研究工作如李怀恩针对国外现有模型在我国运用的不足，提出了流域汇流与非点源污染迁移逆高斯分布瞬时单位线及流域产污过程模型。同时，在国内也有部分学者将

GIS 应用于非点源污染模型的研究，如沈晓东等在自行研制的 GIS 软件的支持下，提出了一种动态分布式降雨径流模型；游松财等结合 GIS 空间分析功能应用 USLE 估算土壤侵蚀量；李硕结合遥感和 GIS 空间分析功能对 SWAT 模型的空间离散化和空间参数化进行了研究等。

从国内外农业非点源污染负荷计算模型来看，大多数模型主要应用于农田试验区、中小流域或大型流域的农业非点源污染负荷计算，并且这些模型的运用对数据精度要求较高并且只有少部分学者对全国范围的农业非点源估算进行了研究，如赖斯芸等提出了利用单元调查法对全国农业非点源污染物进行匡算，该方法采取文献调研法综合分析比较相关数据确定相关参数并假设在全国范围内各参数取值相同；陈敏鹏等利用清单分析法计算了全国 337 个地级市农业和农村非点源污染物负荷量，其各类系数采用文献调研的平均值，该方法对全国的农业非点源污染负荷从量的角度进行了估算，但没有从水环境质的角度对其进行估算，显然是不全面的，再者其各类系数的确定均采用文献调研法，必然会导致其结果存在较大误差，不利于从国家或区域尺度掌握农业和农村污染物排放情况。

二、国内外环境管理分区方法简述

（一）国外环境管理分区方法

国外有关水环境管理分区的划分研究主要集中在水生态区划分、水生态功能区划分等方面。早在 19 世纪 70 年代末，美国环保局就对水环境管理提出了较高要求，期望管理不仅关注水化学指标和水污染控制问题，而且要关注水生态系统结构和功能的保护。19 世纪 80 年代中期，Omernik 首先提出了水生态区的概念和水生态区功能区划的方法，即基于土壤、自然植被、地形和土地利用 4 个区域性特征指标，将具有相对同质的淡水生态系统或生物体及其与环境相关的土地单元划分为 1 个生态区，既能体现水生态系统空间特征差异，又能为水生态系统完整性标准制定提供依据，还能实现从水化学指标向水生态指标管理的转变。

1987 年，美国环保局提出了首份水生态区功能区划方案，该方案不是根据某一种自然因素来划定各个级别的水生态区，而是认为各种特征指标都相对比较重要，需要将其相互结合在一起，来共同诠释它们对不同层次水生态系统的影响。Hughes 和 Larse 利用水生态区功能区划确定了地表水化学和生物保护的目标并根据美国俄勒冈州、俄亥俄州、阿肯色州、明尼苏达州之间所存在的水质和水生生物群落的内在差异性，建立了水生态区功能区划、水质类型和鱼类群落三者之间的关系模型。Gannon 等研究表明，在水污染防治方面以水生态区功能区划为基础的方法，将比以工程技术为基础的方法更具有前景并且提议把水生态区空间结构作为建立非点源污染水质标准的基础。

根据美国环保局提出的水环境管理思路，奥地利、澳大利亚和英国等国相继开展了类似研究。2000 年，欧盟在颁布的"欧盟水政策管理框架"中，也明确提出要以水生态区和水体类型为基础确定水体的参考条件并据此评估水体的生态状况，最终确定以生态保护和恢复为目标的淡水生态系统保护原则。

（二）国内环境管理分区方法

迄今为止，我国的环境管理分区研究大多集中在自然区划方面，国内学者在环境管理分区方面从不同领域和角度做了大量研究。

1. 区划原则

任美锷和包浩生指出区划原则是区划制定过程中所遵循的原则，为区划的核心问题之一。郑度等在中国生态地理区域系统划分研究中强调，生态地理区域系统划分的原则是选取方法、依据和指标，建立等级单位体系的基础。可以看出，区划原则的正确制定是决定区划方案是否成功的关键因素之一。

（1）自然地理区划原则

在自然区划工作中，根据区划对象、尺度、目的和任务等的不同，会选取不同的区划原则。如在中国综合自然区划中，任美锷和杨纫章采用了综合性原则、主导因素原则、发生学原则以及资源利用与环境整治相一致原则，而赵松乔提出了综合分析与主导因素原则、多级划分原则和主要为农业划分原则。李治武、陈传康等在对不同类型自然地理区划方案分析的基础上，总结和提出了自然地理区划应遵循的五条基本原则，即地带性与非地带性相结合原则、综合分析与主导因素相结合原则、发生学原则、相对一致性原则以及地域共轭原则。郑度和傅小锋指出，综合地理区划是以可持续发展为目标，划分时应注意如下几个原则：自然和人文地域分异规律相结合；综合分析和主导因素相结合；发生统一性原则；宏观区域框架与地域类型相结合。

同一种区划因区划目的、任务和尺度的不同会造成区划原则的不同，但原则的选取有一定的规律可循。如郑度等提出把区划的原则划分为一般性原则和应用性原则，即通过对区划对象的特征及控制其运动变化规律的认识，可以发现控制区划单元相似性和差异性的基本原理，依据这些原理确定的区划原则称为区划的一般性原则；通过对区划目的和实施尺度的分析，可以在一般性原则基础上，进一步确定适合本区划的专用原则，定义为区划的应用性原则。从这个角度来说，制定区划的原则既要包含一般性原则，也要包含应用性原则，加强区划应用原则的研究，可以促进区划工作的深入。

（2）环境区划原则

吴忠勇等从全国范围环境区划的角度，探讨了环境区划的原则，即区域相似性和差异性原则、综合性与主导性相结合的原则、相关区划成果继承原则、生态系统同一性原则和行政区单元相对完整的原则。在农村环境质量区划研究中，徐海根和叶亚平选取的区划原则有：自然环境结构相似性原则、社会环境结构及其对环境影响的相似性原则、改善农村环境质量对策的一致性原则、行政区单元相对完整性原则。鲍全盛等在中国河流水环境容量区划研究中所采用的区划原则有：纳污能力相对一致性原则、使用强度相近性原则、季节变化程度相似性原则、突变原则、相关区划成果继承性原则、尽量保持省级行政单元相对完整性原则。季明川在全国农业环境区划研究中所选用的区划原则有：区域分异原则、系统整体结构一致性原则、系统整体功能一致性原则、社会经济结构及其对环境影响的一致性原则。师江澜在江河源区的自然环境分区研究中选取的原则有：地域分异原则、等级系统原则、相似性与差异性原则、主导性与综合性原则。汪俊三等在全国环境区划的研究中，提出了 4 条区划原则：主要环境问题特征及环境条件相似性原则、经济与环境协调发展原则、遵循区划的一般原则及保持行政区域的完整性原则。何悦强等在沿海环境功能区划分中选取的原则主要有与沿海自然环境条件客观规律相一致的原则、与沿海地区经济发展总体规划相一致的原则、非主导功能应服从于主导功能的原则、超前预测性原则、沿海经济发展与环境保护兼顾的原则、宏观控制与分区管理的原则等。

通过以上分析可以看出，在环境区划方面，不同环境区划研究在区划原则选取上有以下规律：大多都遵循地域分异原则；在区划的过程中抓住影响分区的主要因素；为了便于环境管理，各个尺度和角度的环境区划在原则选取上大多数区划的结果与行政单元都遵循一致性原则；强调经济发展与环境保护相协调的原则；原则的制定针对性较强，如在农村环境质量区划中选取了改善农村环境质量对策的一致性原则，在沿海环境功能区划分研究中提出了与沿海自然环境条件客观规律相一致的原则。

（3）生态区划原则

在区划对象相同的情况下，如果区划的尺度不同，往往会导致选取的区划原则存在差异。如高密来等在中国生态环境区划研究中选用的区划原则有：主导因素原则、综合性原则、行政区一致原则、区域完整性原则。吴国庆和杨良山在浙江生态环境区域类型划分研究选用的原则有：系统整体性原则、主导因素原则、存在问题的相似性和治理建设方向一致性原则、县级行政区域的完整性原则。尹民等在中国河流生态水文分区研究中选用的区划原则有：流域完整性、综合性与主导性、相似性与差异性以及地域发生学与共轭性原则。黄艺等在流域水生态功能分区研究中所选用的区划原则有：近中远期相结合时间尺度原则；集中式生活引用水源地优先保护原则；实用可行、便于管理原则和可持续发展原则等。

杨勤业和李双成在中国生态地域划分（生态区划）研究中所采用的原则包括区域等级层次原则、区域的相对一致性原则、区域发生学原则和区域共轭原则。同时指出生态地域划分应为指导自然资源的合理利用、土地退化防治、生物多样性保护等服务。刘国华和傅伯杰在全国生态区划研究中选取的区划原则有：区域分异原则、区域内结构的相似性与差异性原则、综合分析与主导因素相结合的原则、发展与环境保护统一性原则、人类与生态环境不可分割原则。生态区划分目的是为维护生态系统平衡，提高生态服务功能以及协调发展与环境保护之间的矛盾服务的。傅伯杰等在中国生态区划方案中选用的区划原则有：生态区域的分异原则、生态系统的等级性原则、生态区域内的相似性和区际间的差异性原则。

为能够直接反映人类生产活动对生态系统的影响，揭示生态系统生产力水平在中国的分布格局，徐继填等进行了中国生态系统生产力区划研究。该研究采用的区划原则有区域序列划分原则、区域相对一致性原则、主导生态系统原则、区域生态系统共轭性原则、县级行政单元的完整性原则。

从以上分析可以看出生态区划的区划原则归纳为"从众、从主、从于管理、注重协调"等几个方面。"从众"是指区划主体的完整性和影响区域分异因素的综合性分析；"从主"是指识别出影响区划主体表现差异性的主导因素；"从于管理"是指区划多数是为管理服务的，表现在区划边界与行政单元的一致性以及行政单元的完整性方面；"重于协调"主要强调经济发展与环境保护的协调一致；"从于管理"有利于区划用于实践，指导社会的生产和发展；"重于协调"有利于可持续发展在区划中得到执行和贯彻，在今后区划中我们应加强这两个方面原则的应用。再者，只有对区划对象内在空间分布规律和本身特征的属性有深刻认识，才能提出可靠而实用的区划原则。

2. 区划方法

通过对我国自然地理、环境、生态等相关区划工作进行总结，可以发现区划方法及技术手段经历了由单一到综合，由主观定性到客观定性与定量相结合，由简单化到集成化的发展过程。

我国学者从不同角度和不同层次上，探讨了区划方法。概括起来我国的区划方法与途径大致分为三类：自上而下、自下而上、自上而下与自下而上相结合。

在自然综合区划中，自上而下的区划是从较复杂的自然综合体向较简单的自然综合体的划分过程。1954年，罗开富、林超和冯绳武等在中国自然地理区域划分研究中首次采取了自上而下逐级划分的方法。赵松乔认为，"由上向下"进行区划，在全国前三级区划单位（自然大区，自然地区，自然区）的划分中比较有把握，但越向低级单位划分，指标越不容易选择，界线越不容易确定，区际间的差异越不易区分。这就暴露了"由上向下"区划的局限性。在土地类型划分研究中，赵松乔指出，根据土地类型结构"由下而上"进行自然区域组合将是传统的"由上向下"自然区划的必要补充。并在其后的中国土地类型划分研究中，明确指出自然小区采取自下而上组合方法由土地类型综合而成。

随着区划工作的不断深入，在某些区划研究中，需要自上而下和自下而上两种区划方法结合使用，如一个大范围（如全国）的完整区划方案往往需要"自上而下"和"自下而上"两种区划途径结合完成。刘闯等在一些区划工作中使用的是两种区划途径的有机结合，首先根据要素指标原则上划分出结合单位的区域个体（"由上向下"划分），然后根据下一级单位的结构一致性组合到结合单位（"由下向上"组合），并确定区域界线。杨勤业等运用自上而下的演绎途径与自下而上的归纳途径相结合、专家智能判定与建立模型、采用数理统计与 GIS 的空间表达相结合的方法对中国生态地域进行了划分。

3. 区划技术手段

（1）单一性的区划技术

区划工作由于受资料、技术条件限制，区划方案多采用定性分析的方法结合专家会商，先确定界线，再探讨能够反映出界线的指标值来完成。如我国 20 世纪 50 年代至 80 年代的自然区划方案，多是利用这种方法完成的。黄峥荣和杨素芬在四川省农业环境与农业环境保护研究中运用定性分析的方法将四川省划分为五个农业区域。欧阳志云等研究指出，在中国生态环境敏感性分区中对各生态环境问题敏感性的定量分区固然重要，但是由于基础资料不足，只有在分析中国生态环境的基础上，根据各生态环境问题出现的区域和影响生态环境问题的主要因子分布规律，加以综合定性地提出中国生态环境敏感性分区方案。

根据区划工作的需要，我国一些学者在区划中往往采用单一的定量方法——聚类分析法来完成区划方案。如朱明芬和葛进平用聚类分析法对浙江省农业生态类型进行了划分。高绪艳等运用聚类分析对大庆市地下水环境功能区进行了划分。冉圣宏等利用聚类分析法对我国脆弱生态区类型进行了划分，并总结出聚类分析法在区划类型划分研究中具有结果客观、容易分析、容易识别出生态区主要脆弱特征等优点。

定性分析法有各自的优缺点，即定性分区方法能抓住主要矛盾，但主观因素影响大；数量分区方法适用于数据量大、指标多、指标之间主次关系不明朗的区划过程，但对各类指标一视同仁，会造成分区结果与实际有较大距离。

（2）综合区划技术

20 世纪 80 年代末至 90 年代初，随着我国区划研究的进一步发展，单一的划分技术手段难以满足区划的要求，所以在区划研究中相关的两三种区划技术手段相结合运用的方式开始出现。汪俊三等在全国环境区划研究中采取的分区方法为：定性分析和定量分析法。定性分析法主要采用的是图形叠置法；定量分析法采用了大系统论分析法、多目标数学区划、指标统计法和模糊数学法等。赵松乔等在总结我国自然区划工作时指出，在区划过程中应注重区划方法的综合运用，即地理相关分析与主导因素法的有机结合：在综合分析的基础上，往往采用反映主导分异因素的主导标志作为具体划分指标。吴国庆和杨良山在浙江省生态环境区域划分中运用了主导因素法和综合评价分析法，其中利用主导因素法选取了地形、地貌作为决定区域生态环境类型的最根本的自然生态要素；在综合评价分析法中选用了层次分析法和德尔菲法，确定各指标的权重。土地类型的研究方法是随着科学水平的不断提高而向前发展的。它经历了一个由定性描述到定性与定量相结合的发展过程。在土地类型的研究中，其分区的方法可以分为三种：景观法（综合法）、参数法（主导因素法）和发生法。

随着数量分析法的不断改进、计算机技术的不断发展，在一定程度上提高了区划工作的科学性。1992 年，任美锷和包浩生研究指出，区划的方法主要是指区划指标的选取和界线划定的方法，已有的方法有主导因素法、叠置法、地理相关分析法、景观制图法、定量分析法和理论分析法等。在实际区划中，这些方法大都被结合起来使用。2005 年，郑度等对我国自然区划工作的技术手段进行了总结，认为主要的技术手段有专家会商、叠置法、主导标志法、地理相关法、景观制图法、聚类分析法、定性分析法、定量分析法、遥感（RS）、地理信息系统（GIS）和全球定位系统（GPS）分析方法等。2006 年，李正国等在研究中指出景观生态区划主要运用自上而下的划分和自下而上的组合的方法途径。其采用的技术方法主要包括空间叠加分析法、聚类分析法、主导标志法、景观制图法以及地理相关分析法和遥感（RS）、地理信息系统（GIS）和全球定位系统（GPS）等技术手段。苗鸿等在研究中对区划方法进行了总结，指出区划方法主要是指区划指标的选取和界线划定的方法。一般可分为定性分区和数量分区两大类。定性分区以专家集成为主，包括叠置法、主导因素法、景观制图法；数量分区包括多变量聚类法、多元线性判别法、模糊判别法和数字成像法。在中国生态环境胁迫过程区划研究中所采用的方法为定性分区和数量分区相结合，具体的技术手段包括叠置法、多元线性判别函数以及相关的统计分析方法等。傅伯杰等在中国生态区划研究中采用自上而下逐级划分、专家集成与模型定量相结合的方法来划分各生态区单元。刘燕华等在中国综合区划研究中提出了在区划中运用综合集成的区划方法，即利用 GIS 设计建立模型库、图形数据库，将各种类型图及等值线图按分布、类别、属性加以综合分析，可为区划研究提供较为便捷的手段。在具体工作中，需要综合采用专家个人与团体智能、理念分析、模型应用和多学科集成等方法，探索区划的综合集成方法，构建中国综合区划时空模型。

由于各种方法在区划工作中侧重点不同，从而要求在区划研究中综合运用各种技术手段。主导因素法作用是提取出最能体现区划对象差异性的因素。如在自然区划中，主导因素法通过对区域自然地理环境组成要素的综合分析，选取能反映区域分异的某种指标，作为确定区域界限的主要依据。在环境区划中用主导因素法选取反映环境地域分异主导因素的某一指标作为确定环境区界的主要依据，并且强调在进行某一级分区时必须按统一的指标来划分。在土地类型划分研究中，主导因素法或主导指标法，是建立在海拔高度、相对高度、坡度、土壤肥力、质地、水分、温度、植物产量等不同定量指标的基础上进行研究。主导因素法的核心问题是参数指标的选择，即参数标志的选择与参数极限值的确定。主导因素法是一种可以客观检查的方法，测量的参数越多且在综合分析的基础上进行选取，其客观性也越好。鉴于具有定量指标，便于进行数量对比，适于计算机及其他现代处理方法。但是如何选择参数值、确定极限值，从而达到参数规范化问题有待进一步研究。

综合法是对影响区划对象区际差异性与区内相似性的因素进行全面分析，以便保证区划工作更具有客观性。如在土地类型研究中，综合法主要着眼于土地类型各组成因素的综合研究，从各组成因素在各地段的结合方式与相互作用程度来研究由此而形成的外部总体形态和内部本质特征相一致的个体并将这些个体进行分级划分和类群归并。应用景观法研究土地类型，便于对土地类型的综合研究，掌握各要素之间的内在联系，从而反映土地类型本质特征。发生法是从发生学的观点来研究土地类型的一种方法，其着眼点在于土地类型形成与发展的共同性。根据具体的区划工作需要，综合运用这些区划技术手段有利于区划工作更符合区划对象的空间分布规律和本来属性。同时，由于区划原则是区划工作的基础，我们在选取区划方法时要能够使所用的方法贯彻区划原则。郑度等在研究中国生态地理区域系统时，就指出为贯彻相对一致性原则，可采用顺序划分法；为体现综合性原则，着重采用叠置法、类型制图法与地理相关分析法等。

此外，还有学者在区划研究工作中利用与自己区划成果较相近的区划方案作为工作基础，完成区划工作。如尹民等在中国河流生态水文分区研究中一级区直接采用全国水资源分区的结果，分别运用了叠加法和专家判别法等。

4．指标体系及区划流程

指标体系是划分区域单元及确定区域界线的依据，是由区划对象、区划尺度、区划目的和区划制定者思路等因素决定的。指标体系的研究是区划研究的核心与难点，指标的遴选将直接影响到最终的区划结果。所以，无论何种区划，其指标体系的确定和各个指标的选取都应尽可能地体现区划的目的和任务，并且要能够反映出区划对象的区际差异性和区内相似性，从而便于人们对区划对象的认识。

郑度和傅小锋在综合地理区划研究中所用的地域划分指标应是能够反映综合地理区域分异的主要特征并将其指标归纳为自然因素和人为因素两大类。其中自然因素包括环境和资源方面，而人文因素则涵盖经济和社会等方面，从四个层次建立了综合地理区划的指标体系。农村环境质量区划的指标体系是从自然环境和人类活动开发影响强度等方面，先采用层次分析法建立农村环境质量区划指标体系层次结构，再采用专家咨询法，在对专家们的意见归纳、整理的基础上，最终获得农村环境质量区划指标体系。除了以上在区划工作中常用的方法外，其他的一些区划工作往往也会根据实际区划的对象和任务，采取其他的区划指标。如罗开富在自然区划方案中，采取了多级指标、同级别不同区划指标的区划方法（在东部区采取地带性分区指标，在西康区和西北、青藏采取非地带性分区指标）。林超、冯绳武等在区划工作中采用同一级别单一指标法（如以干湿为指标划分东西两部分）。

可以看出，区划指标体系的建立体现了综合分析区划对象的各种影响因素，然后选取其中的主导因素来构建指标体系，并且在具体的操作中要做到具体问题具体分析如同级别不同区划指标运用等。

第二节　农村水环境区域化管理分区设想

一、农村水环境分区总体思路

（一）分区管理

我国的农业资源分布差异较大，呈现由东南向西北的规律性变化：光能资源由东南向西北逐渐增加；水热资源由东南向西北急剧减少；耕地、林地与内陆可养殖水域由东南向西北急剧减少等，再加上农业人口积聚程度，畜牧业用地的差异以及农民耕作习惯和农民生活习惯等对农村水环境污染源的区域分布特征起着重要的影响作用。综合考虑以上因素，农村水环境污染控制区划分是根据农业人口分布特征、农业气候资源、农业类型、农业耕作制度其分布等并与农业污染源普查相关区域划分进行衔接，划分出农村水环境管理的一级区，以识别出农村水环境污染物产生的区域背景。

（二）分类防控

农村水环境污染源包括农村生活污染、养殖业污染以及种植业污染。在各一级区内，针对不同类别污染源的特征，采用不同类型的管理政策，使农村水环境污染得到有效防控。

（三）分级控制

分级管理是在分区及分类管理的基础上，同种类型区还应根据其污染物指数的高低，进行农村水环境污染管理级别的判定，对重点控制区实行更严格的管理政策。为了便于管理，按照污染物排放量由重到轻的等级依次划分为优先控制区、重点控制区、一般控制区。其中，优先控制区需要对其污染物进行重点监控和管理，重点控制区需要对区域内的污染物进行污染防范，一般控制区则认为污染物的威胁风险较低，应加强污染防治引导。

二、农村水环境分区原则

（一）相似性和差异性原则

农村水环境污染分区主要从社会、经济、自然环境的影响因素等角度查明农业生产和农村生活污染源的状况，研究其形成地区分异的主要原因，按区内相似性和区际差异性原则进行分区划片。

（二）综合性和主导性原则

任美锷和杨纫章指出选取区划指标时，应在全面分析的基础上，找出主要矛盾和矛盾的主要方面，才能够反映区划对象的客观规律，不致走向主观臆断。因此，进行农业污染源分区研究时，要同时考虑自然环境的影响要素和人为活动的影响要素，把自然要素与资源、社会经济综合起来考虑。在选取指标的时候，要运用主导标志法选取那些最具有代表性和最能反映农业污染源区域类型特点和内在规律的因素。

（三）统一协调原则

农村水环境区域化管理可为提高农业生产和农村生活环境质量提供科学依据和有力保障。在进行分区研究时，既要考虑自然资源持续利用，又要考虑农村社会经济的可持续发展。

（四）多学科相互交融原则

以往的环境研究一般是从某一侧面反映环境规律，如自然地理学家主要从自然角度研究自然地理环境的组成、结构、发生、发展及地域分异规律等对环境造成的影响；环境化学家从人为污染物出发研究其在环境中的存在形态、迁移、转化、降解规律及污染物对人类及动植物的危害等。水环境本身是一个由社会、经济、自然环境组成的复杂系统，农业活动对水环境产生的影响方式和途径又是多变的。因此，农业污染源分区研究必须结合多学科进行综合研究，借助相关学科的理论支持，应以地域分异理论和社会—经济—自然复合生态系统理论作为农业污染源分区的主要理论基础。

三、农村水环境分区所需数据的来源

区划单元大小应根据区划的范围、任务和可操作性综合分析确定。为便于数据统计和计算简便，而且也可反映出我国农村水环境污染源的空间分布趋势和差异，本研究以县级行政单元为农村水环境污染控制区划分的基本单元。

本研究中使用的分县化肥使用量、耕地面积、畜禽养殖量以及水产养殖面积等数据由农业部分省采集（由中国农业科学院提供），将2005年全国分县行政区划图作为工作底图。在数据收集、整理与分析的过程中，存在部分县（区、市）及农垦区数据的难以获得且部分县（区、市）为非农业区，本研究将这种两种情况合并处理，统一归为无数据区域。

四、我国农村水环境管理分区技术方法

（一）数据处理方法集

综合国内外环境管理分区划分方法研究，结合本研究的实际情况，选取主成分分析法、层次分析法、聚类分析法、主导因素法、专家咨询法及GIS空间分析法等作为农村水环境管理分区的基础方法，同时把"自上而下"与"自下而上"的区划方法相结合，对农村水环境管理区进行划分。

1. 主成分分析法

主成分分析法（Principal Component Analysis，PCA），是把原来多个变量划为少数几个综合指标的一种统计分析方法，是在保证信息损失尽可能少的前提下，经线性变换对指标进行"聚集"并舍弃一小部分信息，从而使高维的指标数据得到最佳的简化。

2. 层次分析法

层次分析法，又称AHP（Analytical Hierarchy Process）方法，是美国著名运筹学家萨

蒂（T.L. Saaty）在 20 世纪 70 年代初提出的。它是一种定性分析与定量分析相结合的系统分析方法，它把一个复杂问题表示为有序的递阶层次结构，从而使复杂问题能够用简单的两两比较的形式解决。自从该方法被介绍到我国以来，以其定性与定量相结合处理各种决策因素的特点及其系统灵活简洁的优点，迅速在我国社会经济的各个领域内得到了广泛的重视和应用。层次分析法计算权重过程如下：

（1）构造判断矩阵

采用 T.L.Saaty 提出的 1~9 标度法对不同评价指标进行两两比较，构造判断矩阵，此过程将思维数量化，有关 1~9 比率标度及内容见表 4-1。

表 4-1　判断矩阵标度及其内容

等级标度	内　容
1	两个指标的重要性相等
3	一个指标的重要性稍高于另外一个
5	一个指标的重要性明显高于另外一个
7	一个指标的重要性强烈高于另外一个
9	一个指标的重要性极端高于另外一个
2，4，6，8	上述两相邻判断的中值
倒数	若指标 i 和 j 比较相对重要性用上述之一的数值标度，则指标 j 与指标 i 比较用该数值的倒数标度

（2）计算矩阵的特征值与特征向量

求解判断矩阵的最大特征值 λ_{max} 及其对应的特征向量 $X = (x_1, x_2, \cdots, x_n)$，即得到各指标相对重要性的权重排序。

（3）判断矩阵进行一致性检验

求出判断矩阵的一致性指数：

$$CI = \frac{\lambda_{max} - n}{n - 1} \qquad (4-1)$$

式中，CI —— 一致性指数。

随机一致性比率：

$$CR = \frac{CI}{RI} \qquad (4-2)$$

式中，CR —— 一致性比率；

RI —— 随机一致性指标。

随机一致性指标 RI 见表 4-2，若 CR<0.1，则认为矩阵具有满意的一致性；否则必须重新调整矩阵，直至矩阵具有满意的一致性。

表 4-2　随机一致性指标的数值

n	1	2	3	4	5	6	7	8	9
RI	0	0	0.58	0.9	1.12	1.24	1.32	1.41	1.45

（4）确定指标权重

根据特征向量 $X = (x_1, x_2, \cdots, x_n)$ 计算对应指标的权重 $W = (w_1, w_2, \cdots, w_n)$，其计算公式如下：

$$w_i = \frac{x_i}{\sum\limits_{i=1}^{n} x_i} \tag{4-3}$$

3. 聚类分析法

系统聚类的基本思想是：先将 n 个样本（或 p 个指标）各自为一类，计算它们之间的距离，选择距离小的两个样本（或指标）归为一个新类，计算新类和其他样本（或指标）的距离，再选择距离最小的两个样本（或指标）合为一类，这样每次减少一类，直至所有的样本（或指标）都成为一个类为止。

类与类之间的距离有许多定义方法，本研究采用最短距离法。设 d_{ij} 表示第 i 个样本与第 j 个样本的距离，用 G_1，G_2，…表示类，定义两类之间的距离用两类间所有样本中最近的两个样本的距离表示，类 G_u 和类 G_v 的距离用 D_{uv} 表示，则

$$D_{uv} = \min_{\substack{x_i \in G_u \\ x_j \in G_v}} \{d_{ij}\} \tag{4-4}$$

式中，$x_i \in G_u$ —— 第 i 个样本属于 G_u 类中；

　　　$x_j \in G_v$ —— 第 j 个样本在 G_v 类中；

　　　D_{uv} —— 两类中所有样本间最小的距离。

系统聚类法的基本步骤如下：

① 规定距离（欧氏距离），计算各样本两两距离，并记载在分类距离对称表中，记为 D（0），这就是第 0 步的表，每个样本为一类。d_{uv} 表示两个样本之间的距离，D_{uv} 表示每两个类之间的距离。

② 选择其中的最短距离，设为 D_{uv}，则将 G_u 和 G_v 合并成一个新类，记为 G_r，$G_r = \{G_u, G_v\}$。这就是 G_r 类，表示由 G_u 类和 G_v 类组成。

③ 计算新类 D_r 与其他类之间的距离，定义

$$D_{rk} = \min_{\substack{i=G_r \\ j=G_k}} \{d_{ij}\} = \min \left\{ \min_{\substack{i=G_u \\ j=G_k}} d_{ij}, \min_{\substack{i=G_v \\ j=G_k}} d_{ij} \right\} \tag{4-5}$$

实际上是判断 D_{uk} 和 D_{rk} 的大小，将小的距离作为新类 D_r 和 D_k 之间的距离。

④ 作 $D(1)$ 表，将 $D(0)$ 中的第 u，v 行第 u，v 列删去，加第 r 行 r 列，第 r 行 r 列元素为 D_r 与其他类的距离，这样得到一个新的距离对称表，记为 $D(1)$ 表，表示经过一次聚类后的距离表，$D(1)$ 表下注明 D_r 是包含哪两类。

⑤ 对 $D(1)$ 按从第二步到第四步的步骤重复类似 $D(0)$ 的聚类工作，可以得到 $D(2)$ 表，这就是经过二次聚类得到的一个新的分类距离对称表。

⑥ 重复聚类，直到最后只剩下两个类为止。

有关农村水环境管理区划分的系统聚类算法利用 SPSS 分析软件实现。

4. 主导因素法

主导因素法，该方法的作用显然是提取出最能体现出区划对象差异性的因素。如在自然区划中，主导因素法通过对区域自然地理环境组成要素的综合分析，选取能反映区域分异的某种指标，作为确定区域界限的主要依据。在环境区划时要主导因素法选取反映环境地域分异主导因素的某一指标来作为确定环境区界的主要依据，并且强调在进行某一级分区时必须按统一的指标来划分。在土地类型划分研究中，主导因素法或主导指标法，它是建立在海拔高度、相对高度、坡度、土壤肥力、质地、水分、温度、植物产量等不同质的定量指标基础上来进行研究的。主导因素法的核心问题是参数指标的选择，即参数标志的选择与参数极限值的确定。

主导因素法是一种可以客观检查的方法，而且测量的参数越多，并且是在综合分析的基础上进行选取，其客观性也越好。鉴于具有定量指标，便于进行数量对比，适于计算机及其他现代处理方法。但是如何选择参数值、确定极限值，从而达到参数规范化问题有待进一步研究。在本研究中利用主导因素法分析农村水环境污染的主要影响因素，选取最能代表农村水环境污染物特征的因素作为农村水环境污染控制区划分的指标。

5. 专家咨询法

专家咨询法即德尔斐法（Delphi）。它是通过征求专家意见的方法得到所需指标的分值。用各指标所得分值的算术平均值来表示专家的集中意见并根据指标分值算术平均值的大小对各状态层的指标进行排序。用各指标所得分值的变异系数来表示专家意见的协调度，变异系数越小，指标的专家意见协调程度越高。

6. GIS 空间分析法

地理信息系统（Geographical Information System，GIS）是以地理空间数据为基础，在计算机软硬件的支持下，对地学空间数据进行采集、管理、操作、分析和显示并采用空间分析和模型分析等方法，适时提供多种空间和动态的地理信息为资源环境管理、研究和决策服务而建立起来的计算机技术系统。可以把 GIS 看作是一种数据库、工具箱或者决策支持系统，它具有空间性和动态性。通过依次采用 ArcGIS 的识别叠加，字段计算及分级显示等功能，对不同类别的污染源按其污染源的风险程度进行分级。

（二）一级区划分方法

1. 一级区划分指标体系构建

（1）指标体系分析

从国内外农村水环境管理的影响因素的评价指标中，综合考虑影响农村水环境环境管理的各种因素，遵循"精练、实用、易获取、代表性强"的原则，筛选出农村人均纯收入、耕地面积、坡耕地大于 25°的耕地面积、畜禽养殖量、化肥施用量、农村人口分布、水资源量、地形因素、农业类型及其分布和耕作制度及其分布等 16 个指标（表 4-3），但 16 个指标对于农村水环境管理的实际应用，指标数仍然偏多，有必要对其进行进一步的指标筛选。指标筛选主要运用主成分分析法和专家咨询法。

表 4-3　农村水环境管理区划分指标体系框架

目标层	状态层	要素层
农村水环境管理区划分	自然资源	农村人口
		农村人均纯收入
		养殖业人均收入
		种植业人均收入
	农业开发强度	耕地面积
		坡耕地大于 25°耕地面积
		水资源量
		农业气候资源
		主要水体水质现状
		水环境功能区水质目标
	社会发展	农业耕作制度
		农业类型及其分布
		化肥施用量
		水土流失率
		畜禽养殖量
		水产养殖量

首先运用主成分分析法中的 Z-Score 法进行指标数据的标准化处理，利用 SPSS 统计软件进行主成分分析，结果如下：社会发展的主成分分析结果表明，该主成分主要取决于农村人口、农村人均纯收入两个指标；自然资源的主成分分析结果表明，该主成分主要取决于耕地面积、坡耕地大于 25° 耕地面积、水资源量、水环境功能区水质目标 4 个指标；农业开发强度的主成分分析结果表明，农业耕作制度、化肥使用量、畜禽养殖量、农业类型及其分布 4 个指标。

同时运用专家咨询法对本研究的一级区指标体系框架进行筛选。本次咨询分别向北京大学、中国农业科学院、中国科学院生态环境研究中心、中国环境科学研究院、环境保护部南京环境科学研究所、中国农业大学、北京市农林科学院的有关专家发放了 14 份咨询表，实际回收 10 份。各指标按照极重要、重要、较重要、一般重要、不重要分别给予 9、7、5、3、1 的分值。按专家咨询结果排序选取各状态层中的指标。"社会发展"前 3 位指标为：农村人口、农村人均纯收入、畜禽养殖业人均纯收入；"自然资源"前 3 位指标为：耕地面积、主要水体水质现状、水资源量、农业气候资源；"农业开发强度"前 4 位指标为：农业耕作制度、化肥使用量、畜禽养殖量、水土流失率。

（2）指标体系建立

综合考虑主成分分析和专家咨询法结果以及指标统计数据的可得性，选取农村人口、耕地面积、水资源量、农业气候资源、化肥使用量、畜禽养殖量、农业耕作制度、农业类型及其分布等作为农村水环境管理区划分的指标。

依据所建立的农村人口、耕地面积、水资源量、农业气候资源、化肥使用量、畜禽养殖量、农业耕作制度、农业类型及其分布等为核心指标的指标体系，运用专家咨询法对农村水环境管理一级区指标体系各指标按照极重要、重要、较重要、一般重要、不重要分别给予 9、7、5、3、1 的分值。

表 4-4　农村水环境管理区划分一级区指标体系专家咨询结果

状态层	要素层	专家集中意见	变异系数
社会发展	农村人口	7.6	0.1
自然资源	耕地面积	7.7	0.25
	水资源量	7.1	0.15
	农业气候资源	8.7	0.07
农业开发强度	农业耕作制度	8.8	0.19
	农业类型及其分布	8.6	0.29
	化肥使用量	7.3	0.15
	畜禽养殖量	7.7	0.09
	水产养殖量	4.3	0.22

（3）指标特征分析

A．农村人口分布

由于乡村人口数量直接影响农村生活污染源的排放，分析我国乡村人口分布情况可以为准确识别农村水环境污染源一级区提供参考。2007 年，全国总人口数为 13.2 亿，其中乡村人口数为 7.28 亿，占全国总人口数的 55.06%。

我国农村人口数量较多，且分布较为集中。河南等 11 个省的农村总人口数为 2.44 亿，占全国农村人口的 60.9%。河南、四川、山东和河北 4 省的农村人口数超过 4 000 万，湖南、安徽、江苏、广东、湖北和云南及广西 7 省区的农村人口数超过 3 000 万。这些地区地势较为平坦，水资源较为丰富，农业开发历史悠久，农业人口分布较为集中，见图 4-1。

在国土面积较为广阔的新疆、内蒙古、西藏、青海、宁夏等地区农村人口分布较少。

这些省份区域辽阔，多高山、高原和荒漠，自然条件差，农业经济基础较弱，故农村人口分布较少。

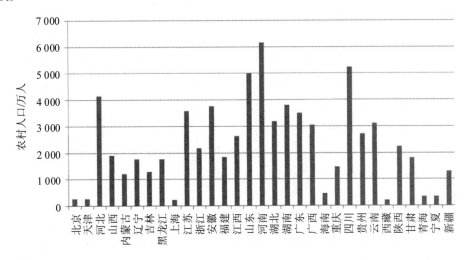

图 4-1　分省（自治区、直辖市）农村人口分布情况

B．农业气候资源

我国农业气候类型多样，水热光组合差异差异明显，气候生产潜力高低不同，农业生产的熟制以及不同种类经济林木和作物地域分布差异较大，是导致农村水污染源分布差异的重要影响因素之一。

《中国农业气候区划》将全国分为 3 个农业气候大区：

东部季风农业气候区。该区域位于我国东半部的广大区域，从大兴安岭起，沿长城，经甘肃南部和川西大雪山山脉一线以东。面积占全国的 46.2%，农业耕地占 80% 以上，人口占 90% 多，气候温暖湿润，土壤肥沃，物产丰富，是我国主要的农业区。农业气候特点为：季风活跃，气候湿润多雨，为农业生产提供了丰富的水、热、光资源，冬季受大陆气候的影响，盛行西北风，气候干燥寒冷；光、温、水资源丰富。年日照时数为 1 200～2 800 h，光资源可以充分满足作物高产的需要。≥0℃积温在 2 000～10 000℃，由北向南逐渐增多，有利于各种类型的作物和品种或不同熟制的生产。年降水量在 400～2 000 mm 以上，南方多，北方少，有利于发展各种水、旱作和多熟种植；水热同季；农业气候类型多样等。

西北干旱农业气候大区。位于我国北部与西北部，包括内蒙古、吉林、宁夏、甘肃部分地区及整个新疆。本区主要的气候特点为：太阳辐射强，日照时间长；降水少，变率大，季节分配不均；积温有效性高；风能资源丰富，沙化严重等。本区缺水牧场面积很大，内蒙古东南缘、山西北部、甘肃中部等农牧交错带农业干旱十分严重。

青藏高寒农业气候大区。东起横断山，西抵喀喇昆仑山，南至喜马拉雅山，北达阿尔金山—祁连山北麓。总面积 250 多万 km²，占我国陆地面积的 1/4 强。其主要农业气候特点是：太阳能辐射多；年均气温低，暖季温凉；水湿状况差异悬殊等。本区域是以放牧畜牧业为主的地区，天然草场面积约占土地面积的 67%。农业主要集中在水资源条件较好的一江（雅鲁藏布江）两河（拉萨河、年楚河）和黄（河）湟（水）谷地，主要种植小麦、青稞、豌豆、马铃薯等。

C. 耕作制度及其分布

我国气候、地形、土壤、作物十分复杂，人多地少等决定了耕作制度的集约性和复杂性，耕作制度的差异亦是影响农村水污染源产生差异的重要因素之一。

《中国耕作制度区划》根据热量、水分、地貌、人均耕地以及社会经济条件等，将全国分为 12 个一级区。各区主要特征如下：

青藏高原喜凉作物一熟轮歇区。农业以牧为主，主要分布于河谷与盆地，海拔大部分为 2 600～4 000 m，实行一年一熟制，主要作物是青稞、小麦、豌豆、油菜等，复种指数 90%，45%耕地实行灌溉。

北部中高原半干旱喜凉作物一熟区。地处内蒙古高原南部和黄土高原西部，海拔较高为 1 000～2 000 m，气候冷凉、干旱。农作物以春小麦、马铃薯、莜麦、胡麻等为主，一年一熟，复种指数 90%。

北部低高原易旱喜温作物一熟区。包括内蒙古高原东南部、黄土高原东部等，海拔大部分在 400～1 000 m 之间。本区以种植业为主，主要是旱作，一年一熟，复种指数为 100.8%，主要作物为小麦、玉米、谷子和高粱等，易旱多灾，水土流失严重。

东北平原丘陵半湿润喜温作物一熟区。本区是我国主要的农业与商品粮、豆基地，一年一熟，复种指数 99.7%，耕地主要分布于平原。

西北干旱灌溉一熟兼两熟区。主要包括内蒙古河套灌区，宁夏引黄灌区，河西走廊与新疆，呈块状或带状分布。属干旱荒漠气候，降水量 100～250 mm，均实行灌溉。光热资源较好，是西北地区的农产品基地。种植业是主体，作物以小麦、玉米为主。适于棉花、甜菜、瓜果等经济作物生长，大部分地区实行一年一熟，全区复种指数为 97.2%。

黄淮海平原丘陵水浇地区。该区土壤深厚、平坦、土质适于耕作，作物以小麦、玉米、大豆、甘薯、棉花和花生为主，复种指数为 149.2%。年降水量为 500～950 mm，有旱涝威胁。

西南中高原山地旱地区。本区域海拔为 500～3 000 m，耕地主要分布于山地丘陵间的平坝、川地以及坡地上，丘陵山地上坡地为旱地，农业垂直立体性强。一年两熟，复种指数为 158%。

江淮平原丘陵区。耕地主要集中在平原及部分丘陵岗地上，平原以水田为主，丘陵岗地及旱田则以小麦、油菜、蚕豆等为主的一年两熟。复种指数为 183.8%。

四川盆地水旱区。本区域人多地少，垦殖率高，平原达 60%，丘陵山地区也高达 40%，山区 5%～20%，年降水量 950～1 200 mm，粮—猪型是耕作制度特色，作物水旱并重，以水稻、小麦、玉米、薯类为主，经济作物有柑橘、甘蔗、油菜、桑蚕等。以两熟为主，复种指数为 189.1%。

长江中下游平原丘陵山地区。本区域耕地主要分布于沿长江中下游的平原区，是我国农业精华耕作地区，为商品粮、棉、油等基地。气候温暖湿润，雨量充沛（1 100～1 800 mm），土地肥沃。主要是双季稻三熟制，即绿肥—稻—稻、麦—稻—稻、油菜—稻—稻。双季稻占水田的 2/3。作物中水稻占绝对优势，占粮食播种面积的 79%，复种指数为 228.8%，居全国之首。

东南丘陵山地区。本区域地貌大部分为缓丘陵低山与山间盆地相间。热量和水分条件较好，主要为三熟制。复种指数在 150% 以上。

华南丘陵沿海平原区。本区水热条件为国内最优，适于种植晚熟型的双季稻，冬作还可种植喜温作物、热带亚热带经济作物与果木。复种指数为 181%。

D. 农业类型及其分布

农业类型是系统反映农业分布差异特征和农业生产地域综合体的地域单元。我国农业生产条件复杂，地域差异显著，类型分布多样，根据郭焕成等研究成果，将我国农业类型划分为 12 个一级类型区。

——种植业类型

本类型主要分布在黄淮海、东北、长江中下游等平原地区，在经营方式、作物结构、轮作制度、微地貌形态等方面差异较大。从经营方式上有东南部的集约型农业、西北部的粗放型农业、北方的旱作农业和南方的水田农业，及交错带的农林牧混合过渡型农业。在旱作农业区，西部祁连山以北的甘新地区只存在局部的灌溉农业，西南部青藏高原以高寒农业为特色。

——种植业为主林业为辅类型

本类型零星分布于东北大、小兴安岭东南麓、河北燕山山麓，福建、广东沿海山地丘陵及浙江、安徽、河南、湖南、云南、贵州省山地丘陵地带。农业以集约经营为主，种植业作物结构南方以水稻、蔗糖为主，北方以麦、杂粮为主，林业以用材林、经济林果为主。

——种植业为主畜牧业为辅类型

本类型多位于北方农牧交错带、南方亚热带山区及新疆天山山麓和青、藏等地。多数地区牧用地多于耕地。主要特征是：农用地比例虽少，但人均占有耕地较多；劳力投入比例低，土地畜力投入多。

——林业类型区

本类型区分布在东北大、小兴安岭的林区且以用材林为主要林种；林地面积占土地面积的 50% 强，也有少量的牧用地。

——林业为主种植业为辅类型

本类型区分布在大、小兴安岭，长白山地、东南丘陵、西南横断山区及沿秦淮一线的低山区。用地结构中以林业用地为主，林种以用材林和经济林为主。种植业北方以小麦杂粮为主，南方以稻、甘蔗类型为主，山区的河谷盆地复种指数较高。

——林业为主畜牧业为辅类型

本类型主要分布在辽宁、陕西、云南、广西和甘肃等省的山地区。林业以经济林和用材林为主。

——畜牧业类型

牧业类型主要分布于内蒙古、新疆和西藏西北部三大片区及甘肃、青海的部分地区。大体上内蒙古东部牧区畜种以马、羊和牛为主，西部牧区以养、骆驼为主，青藏高寒地区以藏羊、牦牛为主。

——畜牧业为主种植业为辅

本类型仅分布于牧农过渡带的黑龙江、内蒙古、吉林等省、区及青藏高原的东西两侧、新疆阿尔泰山地区。土地利用以牧用土地较多，畜牧业以骆驼、牛、羊的放牧业为特色，种植业以小麦（青稞）、糖料作物为主。

——畜牧业为主林业为辅

本类型分布在新疆、甘肃、青海、四川等省（区）。畜牧业以牛、羊放牧业为主，农作物以小麦、杂粮等为主。土地利用牧业为主。

——种植业、林业、畜牧业综合类型

本类型区集中分布于沿大兴安岭、锡林郭勒盟、贺兰山、哀牢山、青藏高原至横断山区呈东北西南走向一线的两侧。本类型区因用地结构、产值结构和劳动力就业结构等用地类型差异较大。

——沿海渔业类型

主要分布在东、南沿海和渤海、黄海、东海和南海海域内的各岛屿，以渔业为主。

——土地难以利用地区

分布于我国新疆、西藏、青海等西部属沙漠、戈壁、裸岩、冰川等类型区。

2．一级区划分执行标准及方法

根据专家咨询结果，将专家意见较为集中（即农村水环境管理区划分的主要影响因素）的"农业气候资源"、"农业耕作制度"、"农业类型及其分布"三个指标对农村水环境管理区进行初步划分。并按 5 分制对 3 个指标的权重再次进行专家咨询，指标分解及分值结果见表 4-5。

表 4-5　指标分解及分值结果

指标层	指标分解	分　值
农业气候资源	东部季风农业气候区	5
	西北干旱农业气候区	2
	青藏高寒农业气候区	1
农业耕作制度	复种指数 150%以上	5
	复种指数 110%～150%	3
	复种指数 110%以下	1

指标层	指标分解	分　值
农业类型	种植业类型	5
	畜牧业类型	5
	种植业与畜牧业混合类型	2
	林业等其他类型	1

将农村人口、耕地面积、化肥使用量、畜禽养殖量等指标进行均一化处理，分别确定各指标权重。

均一化处理的计算公式为：

$$S_i = \frac{H_{县域数量i}}{H_{全国数量i}} \times M_i$$

式中，S_i——某县某指标的均一化值；

$H_{县域数量i}$——某县某指标的实际数量；

$H_{全国数量i}$——某指标全国总数量和；

M_i——某指标专家咨询权重值。

依据各单元计算结果，运用聚类分析法，聚类距离采用欧氏距离，聚类方法用离差平方和法，利用 SPSS 分析软件计算出聚类分析结果，由于分区的单元数量较大，在这里就不再列出具体的聚类分析结果。同时通过地图识别和专家咨询并与全国农业污染源普查相关农业污染分区结果进行衔接，对农村水环境管理区进行划分。

（三）二级区划分方法

1. 二级区指标体系构建

指标体系是农村水环境管理区划分研究的重要依据。由于指标体系随区划对象、区划尺度、区划目的及区划研究者的不同而存在较大的差异。农村水环境污染控制区研究应选取那些最具有代表性，即最能反映其区域分异主导因素的指标。农村水环境污染源的影响因素有很多是人类无法控制的，本书在指标体系的构建中利用主导因素法与专家咨询法，结合农村水环境污染的特征并综合考虑数据的可得性，选取那些人类活动容易控制又能反映农村水环境污染物特点的因素，构建分区指标。

分别按照种植业污染源、养殖业污染源、生活污染源、综合污染源构建指标体系，其中种植业污染包括化肥中氮、磷流失污染，并以化肥施用中流失的 TN 和 TP 作为划分依据；养殖业污染包括社会分散养殖污染、规模化养殖污染和水产养殖污染等，并以畜禽粪便以及水产养殖过程中流失的 COD、TN 和 TP 的数量作为划分依据；农村生活污染包括生活垃圾和生活污水等，并以生活垃圾和生活污水中流失的 COD、TN 和 TP 作为划分指标。

2. 农村水环境污染源估算方法

本研究主要采用了数据库建库与分析、地理信息系统的空间分析等技术并结合源强估算法进行了分析。具体的方法如下所述：

源强估算法，也叫排污系数法，它是一种基于各种面源污染物的数量及其排污系数的估算方法。如在估算畜禽养殖业污染物产生量时，通过得知不同地区、不同养殖条件下单个畜禽的氮、磷产生量以及排放系数后，运用畜禽养殖的数量进行估算。

源强估算法是当前估算来自化肥流失、畜禽养殖、生活污染、水产养殖污染等面源污染最常用的方法。源强估算法具有以下几方面的特点：

不考虑面源污染的中间过程和内在机制，通过实验和调查方法，直接估算进入水体的面源污染负荷；形式简单，面源污染负荷的计算公式多依赖小区实验结果和经验参数，结构简明；参数较少，主要考虑污染物产生的因果关系，在估算过程中对其他影响因素没有过多地考虑；应用性强，面源污染调查受研究尺度、数据基础等方面的限制较少，而且方法简单易行，可广泛运用于面源污染定量研究。因此，源强估算法在面源污染定量研究中具有重要意义。

（1）等标污染负荷量计算方法

污染评价是将污染源的排污数据进行综合分析，以便比较各污染源和污染物的危害程度，提出总污染负荷、重点污染源、主要污染物，为污染源的科学管理，实现污染物浓度控制和排放总量控制提供决策依据。采用等标污染负荷法对污染源进行评价，用污染物的排放量除以环境中污染物的限量标准，把污染物的排放量转化为"污染物全部稀释到评价标准所需的介质量"。它可以使同一污染源所排放污染物之间、不同污染源之间在对环境的潜在影响上进行比较成为可能。这个计算结果不但反映了污染物在量上对环境的影响，也反映了污染物在质上对环境的影响。这大大增强了污染源评价的科学性，也给污染源科学管理带来很大方便。目前，国内一般采用"等标污染负荷"方法进行污染综合评价。其方法的主要内容是根据污染源调查材料浓度或总量，经过标化处理，将其转化为同一尺度上可以相互比较的量，按值大小排列，确定主要污染物，重点污染和总污染负荷。主要确定三个特征数，即等标污染指数、等标污染负荷和污染负荷比。

本研究利用等标污染负荷量法对全国范围的农业和农村污染源进行估算，识别农业和农村污染的优先控制区域和类型，以期为国家制定区域化的农业污染管理政策奠定基础。

等标污染负荷量法主要确定三个特征数，即等标污染负荷、等标污染指数和污染负荷比。评价因子为 COD、TN、TP。等标污染负荷主要反映污染源本身潜在的污染风险，用污染物的排放量除以环境中污染物的限量标准，把污染物的排放量转化为"污染物全部稀释到评价标准所需的介质量"。这种方法可以使同一污染源所排放污染物之间、不同污染源之间在对环境的潜在影响上进行比较成为可能。把农业非点源污染流失到水环境中污染物全部稀释到水环境标准所需的水资源量的和，该计算结果不但反映了污染物在量上对环境的影响，也反映了污染物在质上对环境的影响。从而大大增强了对污染源潜在风险评价的科学性，也给污染源科学管理带来很大的方便。其计算公式如下：

$$P_{ij} = \frac{C_{ij}}{C_{oi}} \times Q_{ij} = \frac{M_{ij}}{C_{oi}} \tag{4-6}$$

式中，P_{ij} —— 第 j 个污染源的第 i 种污染物的等标污染负荷，m^3/a；

　　　C_{ij} —— 该污染源中第 i 种污染物的排放浓度；

　　　C_{oi} —— 第 i 种污染物的评价标准，文中采用《地表水环境质量标准基本项目标准限值》（GB 3838—2002），根据各省水环境总体质量状况确定；

　　　Q_{ij} —— 第 j 个污染源含 i 污染物的介质排放量，m^3/a；

　　　M_{ij} —— 第 j 个污染源第 i 种污染物流失量，t/a。

第 j 个污染源有 n 个污染物，其源内的等标污染负荷为：

$$P_j = \sum_{i=1}^{n} P_{ij} \tag{4-7}$$

某地区有 m 个污染源，则该地区等标污染负荷为：

$$P = \sum_{j=1}^{m} P_j = \sum_{j=1}^{m} \sum_{i=1}^{n} P_{ij} \tag{4-8}$$

（2）等标污染指数计算方法

指所排放的某种污染物浓度超过该种污染评价标准的倍数，反映了污染物浓度与评价标准的关系，但不涉及排放总量关系。计算公式如下：

$$N_{ij} = \frac{C_{ij}}{C_{oi}} = \frac{P_{ij}}{Q_{ij}} \tag{4-9}$$

式中，N_{ij} —— 第 j 个污染源的第 i 种污染物的等标污染指数；

　　　Q_{ij} —— 第 j 个污染源含 i 污染物的介质排放量，m^3/a。

由于全国各县市的水资源总量差异很大，为了在不同地区展开比较和增加比较的客观性，我们假定各县市农业非点源污染排放的污染物均匀稀释到该地区的水环境中。则有公式如下：

某地区污染物等标污染指数=该地区污染源的等标污染负荷/该地区水资源总量

（3）污染负荷比计算方法

污染负荷比是一个量纲一数，可以用来确定污染源和各种污染物的排序。计算公式如下：

$$K_{ij} = P_{ij} / \sum_{i=1}^{n} P_{ij} \tag{4-10}$$

式中，K_{ij} —— 第 j 个污染源内，第 i 种污染物的污染负荷比。

该地区第 j 个污染源的污染负荷比为：

$$K_j = \sum_{i=1}^{n} P_{ij} / P \tag{4-11}$$

该地区 i 污染物的污染负荷比：

$$K_i = \sum_{j=1}^{m} P_{ij} / P \qquad (4\text{-}12)$$

K_{ij} 中最大值表示污染源内的主要污染物，依值从大到小，依次递减；K_j 中最大值表示该地区内主要污染源，其值从大到小，可以确定重点污染源；K_i 中最大值表示该地区主要污染物，根据其值从大到小排序可以确定该地区主要污染物。

（4）农村水环境污染源等标污染指数计算

① 种植业污染流失量的估算

种植业流失量的测定是在参考第一次全国污染源普查系数的基础上，核算一级区中各区的种植业 TN、TP 的流失系数，见表 4-6。

表 4-6　不同区域种植业 TN、TP 流失系数

区域名称	地表径流流失系数/%		地下淋溶流失系数/%	
西北控制区	TN	0.293	YN	0.762
	TP	0.215	—	—
东北控制区	TN	0.340	TN	0.504
	TP	0.130	—	—
黄淮海控制区	TN	0.867	TN	1.500
	TP	0.360	—	—
长江中下游控制区	TN	1.263	—	—
	TP	0.723	—	—
东南控制区	TN	1.099	—	—
	TP	0.485	—	—
青藏高原控制区	TN	0.261	—	—
	TP	0.144	—	—

种植业污染流失量估算：在种植业中对水环境 TN、TP 含量影响最大的是化肥使用量，本研究中采用各县（区、市）的化肥使用量作为种植业污染主要计算指标。根据各县的化肥使用量以及化肥的流失系数，利用源强估算法计算出各县的种植业污染指数。

② 畜禽养殖污染源产生量的估算

不同畜禽养殖类型，其排泄量有较大差异；不同畜禽其生长周期也有一定差异，根据不同畜禽的生长周期及其粪便产生量，可以计算出畜禽每年废弃物的排放量。畜禽粪便以及氮磷含量发生量因畜禽品种、养殖场的规模、饲养管理工艺、气候、季节等的不同会有很大差别，如牛粪尿排泄量明显高于其他畜禽粪尿排泄量；夏季由于畜禽饮水量的增加，禽粪的含水率显著提高等。

目前，许多学者对各种畜禽的粪尿发生总量和氮、磷产生系数都有报道，但是变异很大，牲畜日排粪、尿量因品种、年龄、体重、饲料、地区、季节等不同而有差异。另外取

样方式和样品的含水量等影响也很大。武淑霞基于几百个测定值及大量的文献资料对主要畜禽的个体排放量进行汇总，并去特异值，得到了各畜禽个体的污染物排放量。

第一次全国污染源普查对不同地区、不同养殖规模的猪和牛的污染物排泄量进行了系数的测算。本书结合第一次全国污染源普查结果、全国规模化畜禽养殖业污染情况调查结果以及相关文献的成果，通过对数据的分析并结合专家咨询的方法确定系数，对各个地区不同养殖规模的畜禽污染物进行平均化处理，结合采用文献调研法确定最终的畜禽养殖污染物排放的系数。在全国污染源普查中没有对羊进行排污系数测算，本研究对羊的污染物系数采用文献调研法获取，所得系数见表4-7。

表4-7 不同地区畜禽污染物年流失系数　　　　　　　　　单位：kg/（a·头）

地区	污染物	猪	牛	羊
黄淮海控制区	COD	12.90	59.3	1.10
	TN	0.82	6.50	0.57
	TP	0.16	1.02	0.11
东北控制区	COD	16.10	43.96	1.14
	TN	0.88	8.20	0.59
	TP	0.25	1.12	0.12
长江中下游控制区	COD	26.80	56.80	1.19
	TN	0.92	2.70	0.62
	TP	0.37	1.22	0.12
东南控制区	COD	12.30	62.70	1.06
	TN	0.88	5.73	0.55
	TP	0.22	1.33	0.11
青藏高原控制区	COD	13.90	31.50	1.10
	TN	0.89	5.95	0.57
	TP	0.15	1.60	0.11
西北控制区	COD	15.38	30.66	1.01
	TN	0.65	2.10	0.52
	TP	0.25	1.13	0.10

以县（区、市）为单位，根据畜禽养殖量和各区域的畜禽污染物产生系数，利用源强估算法计算出各县（区、市）畜禽养殖业污染指数。

③ 生活污染产生量的估算

根据相关研究结果及全国第一次污染源普查相关结果表明，农村生活污染与当地的人口密度和收入水平密切相关。由于我国城乡二元结构和各地区经济发展水平的差异，导致我国农村地区的人口具有较大的流动性。通过对农村地区的实地调查和相关文献研究结果表明，人均GDP为评价人口流动较好的指标，根据各县（区、市）人均GDP的情况，将全国两千多个县（区、市）按人均GDP大于8 000元，4 500～8 000元，小于4 500元分为三类地区，即高、中、低三类。不同 GDP 区域的人口计算参数不同，根据实地调查，在人均 GDP 较高的地区，农村人口不仅不外流，还有大量的外地人口进入，在本文计算中采取当地人口的 1.25 倍作为该地区人口的数量；在人均 GDP 中等地区，人口保持相对稳定，农村人口约 5%外流，在计算中采取当地人口的 0.95 倍作为该地区人口的数量；在人均 GDP 较低的地区，农村人口约有 20%外流，在计算中采取当地人口的 0.8 倍作为该地区人口的数量，具体情况见表 4-8。

表 4-8　不同 GDP 区域的人口计算参数

区　域	农村人口数量
人均 GDP 高的区域	农业人口×1.25
人均 GDP 中等的区域	农业人口×0.95
人均 GDP 低的区域	农业人口×0.8

结合实地调查和相关文献研究资料，确定生活污染物的 COD、TN、TP 发生量的参数见表 4-9，作为评价生活污染物的排污系数。

表 4-9　农村生活污染物的排污系数　　　　单位：kg/（a·人）

污染源	农村生活污水	农村生活垃圾
TN	5.00	0.042 5
TP	0.44	0.012 0
COD	5.84	

农村生活污水、生活垃圾污染物产生量及人粪尿的计算公式如下：

生活污水污染物产生量用公式（4-13）计算。

$$W_c = NF_c / 1\,000 \qquad\qquad (4\text{-}13)$$

式中：W_c —— 农村生活污水污染物年产生量，t/a；

　　　N —— 农村人口数，人；

　　　F_c —— 农村生活污水污染物年产生系数，kg/（人·a），对应系数取值见系数表 5.3.2.3-1。

生活垃圾污染物产生量用公式（4-14）计算。

$$G_c = NK_c / 1\,000 \qquad\qquad (4\text{-}14)$$

式中：G_c —— 农村生活垃圾污染物年产生量，t/a；

　　　N —— 农村人口数，人；

　　　K_c —— 农村生活垃圾污染物年产生系数，kg/（人·a），对应系数取值见系数表 3.3.4-2。

人粪尿污染物产生量用公式（4-15）计算。

$$M_c = NH_c/1\ 000 \qquad\qquad (4\text{-}15)$$

式中：M_c——农村人粪尿污染物年产生量，t/a；

　　　N——农村人口数，人；

　　　H_c——农村人粪尿污染物年产生系数，kg/(人·a)，对应系数取值见系数表3.3.4-2。

④ 水产养殖污染源流失量的估算

水产养殖的主要污染途径为饲料、化肥、有机肥、药物等，根据中国科学院土壤研究所在江苏宜兴所做的调查显示：平均每公顷鱼塘全年投放饲料 10～31 t，化肥（主要为尿素）0.23～1.5 t，有机肥（包括人粪尿、畜禽排泄物等）7.5～75 t，药物（包括农药）30～390 kg，石灰 150～3 900 kg，平均每公顷鱼塘投放鱼苗 2.3～6 t，成鱼产量约为 3.8～12 t。养殖池塘经过一段时间后，水质逐渐恶化，主要表现在水体中 TN、TP、BOD、COD 等指标明显增高，喜欢生活在高有机物含量水体中的藻类形成优势属种，剩余饲料和鱼粪便逐渐积累，使水体呈现富营养化状态。根据相关研究可知，在正常的投入平均管理水平下，每公顷鱼塘每年向环境排放 COD 72.5 kg，TN 101 kg，TP 11 kg。根据全国不同县市的水产养殖面积及其污染物流失系数，利用源强估算法计算出各县市的水产养殖业污染物指数。

3．二级区划分执行标准及方法

（1）种植业污染控制区划分标准及方法

根据计算出的种植业的污染指数，运用系统聚类分析法，利用 SPSS 分析软件计算出聚类分析结果。在进行聚类分析时，以一级区的划分为基础，对不同的大区根据种植业污染指数进行聚类，根据聚类结果划分为不同的环境管理区。为了确保最后的分区能准确地反映农村水环境污染源的特征，在这里采用聚类分析和专家咨询相结合的方法，计算出种植业污染控制区划分的节点，见表4-10。

表 4-10　种植业污染控制区等标污染指数节点

名称	县域数量/个	等标污染指数节点		
		一般控制区	重点控制区	优先控制区
东北控制区	320	0.54	1.50	≥1.50
长江中下游控制区	416	0.49	1.30	≥1.30
东南控制区	915	0.37	1.39	≥1.39
黄淮海控制区	561	3.18	10.80	≥10.80
青藏高原控制区	158	0.04	0.60	≥0.60
西北控制区	486	0.94	8.70	≥8.70

（2）养殖业污染控制区划分标准及方法

利用源强估算法计算出畜禽养殖和水产养殖产生的 COD、TN 和 TP 的污染指数，运用聚类分析法，聚类距离采用欧氏距离，聚类方法用离差平方和法，利用 SPSS 分析软件计算出聚类分析结果。在进行聚类分析时，以一级区的划分为基础，对不同的大区根据养殖业污染指数分别进行聚类，在各一级区内根据聚类结果划分为不同的环境管理区。为了确保最后的分区能准确地反映农村水环境污染源的特征，采用聚类分析和专家咨询相结合的方法，计算出养殖业污染控制区划分的节点，见表 4-11。

表 4-11　养殖业污染控制区等标污染指数节点

名称	县域数量/个	等标污染指数节点		
		一般控制区	重点控制区	优先控制区
东北控制区	320	2.54	8.00	≥8.00
长江中下游控制区	416	1.15	4.22	≥4.22
东南控制区	915	0.80	2.50	≥2.50
黄淮海控制区	561	3.18	11.79	≥11.79
青藏高原控制区	158	0.61	1.80	≥1.80
西北控制区	486	3.48	18.00	≥18.00

（3）生活污染控制区划分标准及方法

利用源强估算法计算出农村生活所产生的 COD、TN 和 TP 的污染指数，运用聚类分析法，聚类距离采用欧氏距离，聚类方法用离差平方和法，利用 SPSS 分析软件计算出聚类分析结果。在进行聚类分析时，以一级区的划分为基础，对不同的大区根据生活源污染指数分别进行聚类，在各一级区内根据聚类结果划分为不同的控制区。为了确保最后的分区能准确地反映农村水环境污染源的特征，本研究采用聚类分析和专家咨询相结合的方法，计算出生活污染控制区划分的节点，见表 4-12。

表 4-12　生活污染控制区等标污染指数节点

名称	县域数量/个	等标污染指数节点		
		一般控制区	重点控制区	优先控制区
东北控制区	320	0.38	1.57	≥1.57
长江中下游控制区	416	0.48	1.20	≥1.20
东南控制区	915	0.31	1.03	≥1.03
黄淮海控制区	561	2.03	6.18	≥6.18
青藏高原控制区	158	0.06	0.25	≥0.25
西北控制区	486	0.90	9.00	≥9.00

（4）农村水环境污染综合控制区划分标准及方法

根据源强估算法，计算出种植业污染源、养殖业污染源和生活污染源产生的 COD、

TN、TP 综合污染指数。然后运用聚类分析法，聚类距离采用欧氏距离，聚类方法用离差平方和法，利用 SPSS 分析软件计算出聚类分析结果。在进行聚类分析时，以一级区的划分为基础，对不同的大区根据种植业污染指数进行聚类，根据聚类结果划分为不同的控制区。为了确保最后的分区能准确地反映农村水环境污染源的特征，在这里采用聚类分析和专家咨询相结合的方法，计算出种植业污染源分区的节点，见表 4-13。

表 4-13　综合污染控制区等标污染指数计算结果

名称	县域数量/个	等标污染指数节点		
		一般控制区	重点控制区	优先控制区
东北控制区	320	3.77	16.4	≥16.40
长江中下游控制区	416	2.00	6.33	≥6.33
东南控制区	915	1.83	5.80	≥5.80
黄淮海控制区	561	9.32	30.25	≥30.25
青藏高原控制区	158	1.53	2.45	≥2.45
西北控制区	486	4.70	28.74	≥28.74

第三节　我国农村水环境管理分区方案

一、一级区划分方案

（一）划分结果

依据农村水环境管理一级区划分方法,将全国农村水环境污染源划分为 6 个一级区(地图 1),分别为东北控制区、西北控制区、青藏高原控制区、黄淮海控制区、长江中下游控制区、东南控制区，各一级区包含的县（区、市）个数见表 4-14。

表 4-14　农村水环境管理区一级区划分结果

名称	县域数量/个
东北控制区	320
长江中下游控制区	416
东南控制区	915
黄淮海控制区	561
青藏高原控制区	158
西北控制区	486

（二）具体分区情况

1. 东北控制区

本区主要包括黑龙江、吉林、辽宁三省的全部以及内蒙古东北部的部分区域，共计 320 个县（区、市）。

（1）气候资源

东北地区处于亚洲大陆东部边缘带，是全国热量资源较少的地区，≥0℃积温 2 500～4 000℃，无霜期 90～180 d；夏季气温高，冬季漫长气候严寒，春、秋季时间短；年降水量为 400～1 000 mm，由东向西减少。一年有两个汛期，春汛和夏汛，春汛是由于东北冬季的季节性积雪融水补给而形成的，而夏汛则是我国东部的锋面雨带移到这儿形成丰富降水导致的。

（2）种植业发展基础

受气候、地貌的影响，区域生境条件多样，具有突出的区域资源组合优势。水资源较丰富，耕地资源丰富且土壤肥沃，林地和草地资源丰富。东北平原地势平坦，农业人口主要分布于平原，平原辽阔，土地肥沃，三江平原、大小安岭两侧和松嫩平原北部、辽河平原有大量的宜农地，适宜发展种植业，其中三江平原和松嫩平原已经发展成为我国重要的商品粮基地。种植耕作制度为一年一熟，复种指数为 99.7%。

本区种植业分布情况为：黑龙江、吉林、辽宁东部旱地及水田区；松嫩平原旱地区；吉林、黑龙江西部旱地区；松辽平原旱地及水田区；辽西丘陵旱地区；辽东半岛旱地果林区。

（3）畜牧业及水产养殖业发展基础

该区草资源丰富，草质良好，草饲料价格低于全国平均水平，畜牧业生产较为发达，是我国肉牛、奶牛、生猪的优势主产区，猪、牛肉等畜禽产量较高。本区水面辽阔，水域类型复杂多样，适于发展内陆渔业生产。

本区养殖业主要分布于内蒙古高原区、呼伦贝尔高原区、大兴安岭南部草原及草山牧区、吉林省中西部平原区、黑龙江省松花江下游区以及完达山南麓低山平原区、黑龙江省西南部的松嫩平原区中部和西部区、辽宁省南部黄渤滨海地带、辽宁西部低山丘陵区。

2. 西北控制区

本区主要包括新疆、甘肃、宁夏的全部，内蒙古、陕西、山西的大部分区域，青海、部分区域等共计 486 个县（区、市）。

（1）气候资源

该区域日照长、辐射强、太阳能资源非常丰富。太阳辐射量一般达 5 400～6 300 MJ/（$m^2 \cdot a$）；全年日照一般达 2 500～3 000 h，甘肃与新疆毗邻处的星星峡日照达 3 549 h；植物光合生产潜力较高，有利于太阳能的利用。

昼夜温差大，热量资源独特。在塔里木盆地和河西走廊西南部的暖温带内，≥10℃期间积温为 4 000～4 500℃，无霜期在 200～220 d 以上，农作物可以一年两熟，并可种植长绒棉，盛产瓜果。其他地区≥10℃积温为 1 700～3 500℃，无霜期为 100～200 d，主要农作物春麦、糜、谷、土豆、胡麻等，一年一熟。

水资源极端缺乏。年降水量一般在 400 mm 以下，并从东向西减少，苏尼特左旗—百灵庙—鄂托克旗—盐池一线以东年降水量为 300～400 mm，属半干旱地区，可勉强进行旱作农业，产量很不稳定，并易形成严重的沙漠化问题；该线与贺兰山一线之间，年降水量为 200～300 mm，天然植被为荒漠草原，农业必须灌溉；贺兰山以西的广大荒漠地区年降水量不足 200 mm，干燥度大于 2.0，种植业主要分布在河滩地。

（2）种植业发展基础

由于该区域水资源缺乏，农业人口分布较少。属于干旱半干旱区域，荒漠地区分布较广，不适合农业耕作。苏尼特左旗—百灵庙—鄂托克旗—盐池一线以东，属半干旱地区，可勉强进行旱作农业，苏尼特左旗—百灵庙—鄂托克旗—盐池一线与贺兰山一线之间，年降水量更少，农业必须进行灌溉，贺兰山以西的广大荒漠区，种植业主要分布在河滩地。塔里木盆地和河西走廊西南部的暖温带内，可以一年两熟，其他大部分地区一年一熟，复种指数为 90%。

本区种植业重点分布区域：大青山以北旱地区、内蒙古河套平原灌耕区、晋陕宁山地丘陵旱地、晋东南高原盆地旱地、汉中盆地水田旱地、宁夏平原灌耕地与水田区、河西走廊灌耕区、克拉玛依山地丘陵灌耕区、伊犁河谷灌耕与水田区、天山北麓及准噶尔盆地灌耕区、哈密北部灌耕地区、吐鲁番—哈密盆地灌溉耕地瓜果区、塔里木盆地灌溉耕地、帕米尔高原东缘灌耕地、叶尔羌河—喀什地区灌溉耕地、柴达木盆地灌耕地等。

（3）畜禽养殖业发展基础

本区草原主要为草甸草原、干旱草原、荒漠草原、高寒草甸、山地草原和山地荒漠等。植被由东向西为草原、荒漠草原、荒漠。该区域天然草原和草山草坡面积较大，饲料和农作物秸秆比较丰富，且该区域的新疆、甘肃、陕西和宁夏的部分县市在《肉牛优势区域布局规划（2008—2015）》中被确定为肉牛优势发展区域之一。

本区养殖业重点分布区域：大青山以北草原草山牧地区、鄂尔多斯高原草原牧地区、阿拉善高原荒漠草原牧地区、河西走廊草原牧地区、克拉玛依山地丘陵草山草原牧地、伊犁河谷草原牧地区、哈密北部山地丘陵草原牧地、塔里木盆地草原牧地、帕米尔高原东缘山地草原牧地、叶尔羌河—喀什地区草原牧地区、柴达木盆地草原牧地等。

3．黄淮海控制区

本区是黄河、淮河、海河等河流冲积成的广阔平原，主要包括山东、河南、天津的全部，安徽、江苏、河北及北京的部分地区，共计 561 个县（区、市）。

（1）气候资源

热量资源较丰，可供多种类型一年两熟种植。≥0℃积温为 4 100～5 400℃，≥10℃积温为 3 700～4 700℃，不同类型冬小麦以及苹果、梨等温带果树可安全越冬。

降水量不够充沛，但集中于生长旺季，地区、季节、年际间差异大。年降水量为 500～900 mm。黄河以南地区降水量为 700～900 mm，基本上能满足两熟作物的需要。

旱涝灾害频繁，限制资源优势发挥。本区灾害以旱涝为主，其中旱灾最为突出，又以春旱、初夏旱、秋旱频率最高。夏涝主要在低洼易渍地，危害重。

（2）种植业发展基础

该区域平原范围广阔，农业人口密集，土层深厚，土质肥沃，垦殖指数达 149.2%。水浇地以一年两熟为主，旱地则以两年三熟为主。主要粮食作物有小麦、水稻、玉米、高粱、谷子和甘薯等，经济作物主要有棉花、花生、芝麻、大豆和烟草等季后型气候使平原农业得以长期维持，同时又造成频繁的旱涝灾害。黄淮海平原从北到南，年平均降水量 500～800 mm。从年平均值看，能够维持天雨型农业（即依靠降水进行农业生产）。但是，黄淮海平原的降水主要受太平洋季风的强弱和雨区进退的影响，地区上分布不均匀，季节间和年际间变化更是剧烈。季节间的先旱后涝，涝后又旱，年际间的旱涝，多年间的连旱连涝，是长期以来农业生产极不稳定的基本原因。

本区种植业重点分布区域：伏牛山旱地区、燕太山地林果地、京津塘平原旱地区、太行山东麓平原旱地区、冀鲁豫低洼平原区、东部沿海平原旱地区、鲁西北平原旱地区、鲁中丘陵旱地果林区、沂蒙山地旱地区、胶东丘陵旱地区、苏北平原旱地区、皖北平原旱地区、豫东平原旱地区、南阳盆地旱地水田区等。

（3）畜禽养殖业发展基础

该区域饲料资源丰富，饲草主要来源于草地、秸秆饲料、青饲料饼等。主要地方良种有鲁西黄牛、南阳牛、深州猪、北京鸭等。牛肉、猪肉、蛋类等产量较高。

本区养殖业重点分布区域：坝上高原牧区、燕山及太行山山地丘陵区、天津北部山地丘陵牧区、天津中部和南部平原牧区、天津东部滨海滩涂渔牧区、河北滨海水产养殖区、豫西黄土丘陵牧区等。

4. 长江中下游控制区

本区包括湖北、上海、湖南、江西、安徽、江苏、浙江等省的大部分地区，共计 416 个县（区、市）。

（1）气候资源

该区域属于北亚热带和中亚热带，年降雨量 800～2 000 mm，集中于春、夏两季，无霜期 210～300 d。年均温 14～18℃，最冷月均温 0～5.5℃，绝对最低气温-10～-20℃，最热月均温 27～28℃。

（2）种植业发展基础

该区域地势低平，平原广布，土地肥沃，农业发达，粮食、经济作物等在全国均有突出的重要地位，是全国首要的商品粮生产基地。本区农业经营比较集约，绝大部分耕地实行一年两熟，部分实行双季稻加冬作的三熟制，全区平均复种指数达 223%。

本区域种植业重点分布区为：两湖平原水田棉田区、鄱阳湖和皖中沿江平原水田旱地区、皖中丘陵旱地水田区、皖南山地种植区、苏中平原水田旱地区、苏沪杭平原水田旱地区等。

（3）畜禽养殖业发展基础

境内多丘陵和平原，农业人口密度较大。该区是气候温暖湿润，雨量充沛（1 100～1 800 mm），复种指数为228.8%，为全国之冠，农林渔比较发达、农业生产水平较高。本区畜牧业发展良好，由于水域面积广，可养水面多，水质肥沃，养殖条件较好，水产养殖发展良好。

本区域养殖业重点分布区域：两湖平原养殖区、鄱阳湖和皖中平原淡水养殖区、苏沪杭淡水养殖区、鄂西南牧产区、湖南长衡丘陵盆地养殖区、雪峰山山地牧区、武陵山牧区、赣西北及东北丘陵山地畜产区、赣中西北及中东部丘陵牧区等。

5．东南控制区

本区包括贵州、广西、广东以及福建的全部，甘肃、陕西、安徽和江西的局部地区以及湖北、湖南、浙江、云南和四川的大部分地区，共计915个县（区、市）。

（1）气候资源

本区处于热带和亚热带范围，高温多雨，水热资源丰富，年降雨量在800～2 000 mm，但降雨季节分配不均匀，雨季降水强度大，引起山区严重水土流失和谷底平原洪涝成灾，而旱季又缺水，冬春干旱。

（2）种植业发展基础

本区农、林在全国占有重要地位，但本区山多田少，人多地少，大多为丘陵和山地，平原盆地有限且多数丘陵山坡较为陡峻，因而可耕地面积不广。

本区种植业重点分布区域：皖浙赣丘陵山地水田区、浙闽沿海平原丘陵水田区、闽西山地水田区、闽南沿海水田区、赣南山地丘陵水田区、桂粤北部山地水田区、湘赣山地丘陵水田区、湘西山地水田区、黔桂及黔中丘陵水田区、川黔山地旱地区、川西南旱地区、滇南水田旱地区、滇中水田旱地区、滇西北山地旱地区、滇东南水田旱地区、桂西南水田旱地区、雷州半岛水田旱地区、海南岛水田旱地区、珠江三角洲水田区、粤东沿海水田蔗田区等。

（3）畜禽养殖业发展基础

本区草地主要是草山、草坡，产草量高，是我国重要的畜产品生产基地之一，牛、猪、羊等产量较大，该区河流、湖泊、水库、池塘、稻田等水面众多，鱼类区系复杂，鱼的种类很多，水产养殖在全国也占有重要地位。

本区养殖业重点分布区域：浙闽沿海平原水产区、桂粤北部草山牧地区、湘赣草山牧地区、湘西草山牧地区、黔桂草山牧地区、川黔草山牧地区、川西南草山牧地区、滇东南草山牧地区、珠江三角洲淡水养殖区、粤东沿海淡水养殖区等。

6．青藏高原控制区

本区包括西藏的全部，青海大部、甘肃西南部、云南西北角及四川的西部，共158个县（区、市）。

（1）气候资源

本区地势高，大部分地区热量不足，最热月平均温度低于10℃甚至低于6℃，无绝对无霜期，谷类作物难以成熟，只宜放牧。但本区光能资源丰富，是全国太阳辐射量最多的地区，日照时间长，气温日较差大，因而植物光合作用强度大，净光合效率高。

（2）种植业发展基础

本区农作物以青稞、小麦、豌豆、马铃薯、油菜等耐寒性强的作物为主，实行一年一熟制，复种指数为90%。东部及南部海拔4 000 m以下的地区可种植耐寒喜凉作物，最南部边缘河谷地带可种玉米、水稻等喜温作物。

本区种植业重点区域主要集中在水利条件较好的一江（雅鲁藏布江）两河（拉萨河、年楚河）和黄（河）湟（水）谷地。

（3）畜禽养殖业发展基础

本区牧场广阔，天然草场约占全区土地总面积的60%，其中高原东部和东南部半湿润地区以草甸为主，覆盖度大，产草量高，为优良牧场。西北部半干旱和干旱地区的草原和荒漠草原，覆盖度较低，耐牧性也较差。牲畜以耐高寒的牦牛、藏绵羊和藏山羊为主三大畜种。

本区养殖业重点分布区域：藏西北高寒荒漠草原牧地区、雅鲁藏布江河谷草原牧地区、川藏高寒草原牧地区、川西北山地草原牧地区等。

二、二级区划分方案

（一）划分结果

1．种植业

依据种植业二级区划分方法及其计算结果，按照污染优先控制区、重点控制区、一般控制区划分为三类并结合GIS空间分析功能划分出最终的结果（地图2）。

2．养殖业

依据养殖业污染源二级区划分方法及其计算结果，为了便于管理，按照污染源排放量由重到轻的等级依次命名为优先控制区、重点控制区、一般控制区，具体的结果见地图3。

3．生活源

依据生活源二级区划分方法及其计算结果，为了便于管理，按照污染源风险程度由重到轻的等级依次命名为优先控制区、重点控制区、一般控制区，具体的结果见地图4。

4．综合管理分区

为了便于管理，按照污染源排放量由重到轻的等级依次命名为优先控制区、重点控制区、一般控制区（以下几种控制区划分的方法同上，不再重述），优先控制区需要对其污染源进行重点监控和管理，重点控制区需要对区域内的污染物进行污染防范，一般区则认为污染物的威胁风险较低，应加强污染防治引导。

依据综合源二级区划分方法及其计算结果，按照污染优先控制区、重点控制区、一般控制区划分为三类，并结合 GIS 空间分析功能划分出最终的结果（地图 5）。

（二）二级区划分特征分析

1．种植业控制区划分特征分析

（1）东北控制区

该区域优先控制区主要包括吉林省的西北部，辽宁省的大部分地区，内蒙古的东部以及黑龙江的局部地区，共计 76 个县（区、市），主要分布在松嫩平原以及辽河平原的部分区域。重点控制区主要包括黑龙江省的大部分区域，内蒙古、吉林和辽宁的局部地区，共计 76 个县（区、市）。主要分布于三江平原及大、小兴安岭两侧。一般控制区共计 134 个县（区、市），该区的种植业对水环境产生的污染威胁较小。无数据区域主要包括非农业以及数据缺失的县（区、市），共计 34 个县（区、市），见地图 6。

该区松嫩平原是东北区自然条件优越，农业生产水平较高的地区，耕地面积大（ $1\,130 \times 10^4\ hm^2$ ）占东北区耕地总面积的半数以上，农村人口人均耕地 $0.45\ hm^2$ ，耕地中黑土、黑钙土、草甸土约占 83%，土壤自然肥力高。中温带半湿润气候适宜于一年一熟的喜凉作物和中、早熟的喜温作物生长。作物以玉米为主，产量占东北平原农业生产区玉米总产量的 64% 左右，其次为水稻、小麦和大豆，产量分别占东北区水稻、小麦和大豆总产量的 23%、25% 和 32%。松嫩平原也是甜菜、奶类的生产区，产量分别占东北区的 64%、58%。可见松嫩平原是东北区的农业重要基地，在全国也具有重要地位。该区降水量丰富，地带性植被是森林草原，是著名的黑土带，开发历史较久，是重要的商品粮、经济作物产区，具有农业综合发展的条件。但这里水土流失比较严重，部分地区涝害严重。本区土壤的自然肥力较高，但长期以来只用不养，地力下降。黑土带土壤侵蚀较重，土壤有机质含量逐渐减低。辽河平原是东北地区重要的水稻产区。

（2）西北控制区

优先控制区主要分布在山西、宁夏等共计 40 个县（区、市），重点控制区主要分布在内蒙古、陕西、山西、甘肃、宁夏等共 134 个县（区、市）。一般控制区主要分布在山西的大部分区域、河北和甘肃以及内蒙古的局部区域，共计 296 个县（区、市）。无数据区域为非农业地区或者是数据缺失的县（区、市），共计 16 个县（区、市），见地图 7。

优先控制区的县（区、市）在西北控制区呈散装分布状态，主要分布在河流谷地以及山麓附近。这些地区水资源条件较好，有利于发展灌溉农业，种植业较为发达，化肥施用量及其流失量在西北控制区较其他地方多。

（3）黄淮海控制区

优先控制区主要分布在河北的大部分区域，河南、江苏、山东及安徽等的局部区域，共计 134 个县（区、市）。重点控制区主要分布在河南、陕西、安徽、江苏及山东等的部分区域共 222 个县（区、市）。一般控制区主要分布在陕西、河南、山东、安徽及江苏等均有分布，共计 181 个县（区、市）。无数据区域为非农业地区或者是数据缺失的县（区、市），共计 24 个县（区、市），见地图 8。

该区域种植业污染优先控制区主要分布于海河平原和黄泛平原（由黄河冲击而成），两平原土层深厚，土质肥沃，人口密度大，复种指数高，化肥使用量及其流失量在黄淮海控制区内较其他地方高。

（4）长江中下游控制区

优先控制区主要分布于安徽和江苏，其次湖北、湖南、江西与浙江等局部地区均有分布，共计 92 个县（区、市）。重点控制区主要分布于湖南、江西，其次湖北、安徽、江苏及浙江等局部地区均有分布，共计 135 个县（区、市）。一般控制区主要分布于江西，湖北、湖南、安徽及江苏等省局部地区均有分布，共计 124 个县（区、市）。无数据区域为非农业区或数据缺失的县（区、市），共计 65 个，见地图 9。

（5）东南控制区

该区域种植业污染源优先控制区分布较为零散，主要分布于四川、重庆、云南、贵州、广西、广东等，共计 168 个县（区、市）。重点控制区主要分布于福建，在云南、四川等地亦有零星分布，共计 336 个县（区、市）。一般控制区主要分布于云南、贵州，在四川西北部、广西西北部以及福建的南部沿海区域亦有分布共计 369 个县（区、市）。无数据区域为非农业县（区、市）或数据缺失的县（区、市），共计 42 个县（区、市），见地图 10。

该区地形以山地和丘陵为主，平原分布较为分散。优先控制区主要分布于四川成都平原及沿海平原地区等，这些县（区、市）的化肥使用量及其流失量较其他地方高。

（6）青藏高原控制区

该区种植业污染源优先控制区主要分布于云南、四川等局部区域，共计 10 个县（区、市）。重点控制区则主要分布于云南、四川等，共计 33 个县（区、市）。一般控制区主要分布于青海、西藏等共计 90 个县（区、市）。无数据区域为非农业区或缺乏数据的部分县（区、市），共计 25 个，见地图 11。

优先控制区主要分布于青藏高原的边缘，是喜凉作物单产最高地区，故其化肥使用量及其流失量在青藏高原控制区较其他地方要高。

2. 养殖业污染源控制区特征分析

（1）东北控制区

该区域优先控制区在黑龙江、吉林、辽宁、内蒙古等地均有分布，共计 97 个县（区、市）。重点控制区主要分布于黑龙江与内蒙古，在吉林和辽宁局部地区有分布，共计 77 个县（区、市）。一般控制区主要分布于内蒙古、黑龙江、吉林，则辽宁境内较少，共计 112 个县（区、市）。无数据区域主要包括非农业以及数据缺失的县（区、市），共计 34 个县

（区、市），见地图 12。

（2）西北控制区

优先控制区集中分布于宁夏、河北、山西，在内蒙古、甘肃等局部地区有分布，共计 59 个县（区、市）。重点控制区集中分布于内蒙古、甘肃、山西及河北，在青海、陕西等有零星分布，共计 162 个县（区、市）。一般控制区集中分布于新疆、青海、陕西等，在内蒙古、山西及河北等呈零星分布，共计 248 个县（区、市）。无数据区域为非农业地区或者是数据缺失的县（区、市），共计 17 个县（区、市），见地图 13。

（3）黄淮海控制区

优先控制区集中分布于河北、天津，在河南、江苏及安徽等局部地区有零星分布，共计 88 个县（区、市）。重点控制区则集中分布于河南、山东，在河北、安徽、江苏、北京等局部地区有分布，共计 251 个县（区、市）。一般控制区主要分布在陕西、河南、山东、安徽及江苏等均有分布，共计 199 个县（区、市）。无数据区域为非农业地区或者是数据缺失的县（区、市），共计 23 个县（区、市），见地图 14。

（4）长江中下游控制区

优先控制区集中分布于湖北、湖南，在江西、安徽和江苏等局部地区均有分布，共计 97 个县（区、市）。重点控制区集中分布于江西、安徽，在湖北、湖南、浙江等局部地区均有分布，共计 131 个县（区、市）。一般控制区分布较为分散，在江西、湖北、湖南、安徽及江苏等省局部地区均有分布，共计 129 个县（区、市）。无数据区域为非农业区或数据缺失的县（区、市），共计 59 个，见地图 15。

该区域水系发达，低山丘陵较多，养殖业污染源重点控制区除了呈现沿大城市周边分布的特征外，在汉江水系、洞庭湖以及鄱阳湖水系等均呈现养殖业污染源产生量及其流失量较高的现象。

（5）东南控制区

该区域优先控制区集中分布于四川，在云南、贵州、重庆、湖北、湖南、广西及福建等呈零散分布，共计 114 个县（区、市）。重点控制区主要分布于云南、四川、广西、贵州等，共计 435 个县（区、市）。一般控制区主要分布于广东、福建等共计 324 个县（区、市）。无数据区域为非农业区或数据缺失的县（区、市），共计 42 个，见地图 16。

（6）青藏高原控制区

该区优先控制区主要分布于青海、四川西北部，在西藏、云南等局部地区有分布，共计 34 个县（区、市）。重点控制区则主要分布于云南、四川、青海等，共计 58 个县（区、市）。一般控制区主要分布于青海、西藏等共计 64 个县（区、市）。无数据区域为非农业区或缺乏数据的部分县（区、市），共计 2 个，见地图 17。

3. 生活污染源控制区特征分析

（1）东北控制区

该区域优先控制区集中分布在辽宁省，在吉林、内蒙古、黑龙江等局部地区有分布，共计 73 个县（区、市）。重点控制区集中分布于黑龙江与吉林，在内蒙古和辽宁局部地区有分布，共计 100 个县（区、市）。一般控制区主要集中分布于内蒙古与黑龙江，则吉林和辽宁境内较少，共计 96 个县（区、市）。无数据区域主要包括非农业以及数据缺失的县（区、市），共计 51 个县（区、市），见地图 18。

东北控制区处于温带和暖温带范围，有大陆性和季风型气候特征。10℃以上活动积温由南向北递减，年降水量 350～700 mm，由东南向西北递减，干燥度由东南向西北递增。因此该区域农业人口主要集中于辽河平原，其农村生活污染产生量及其流失量在该区较其他地方高。

（2）西北控制区

该区域优先控制区集中分布于河北、山西等，共计 35 个县（区、市）。重点控制区集中分布于甘肃、山西、河北等，在内蒙古、陕西及宁夏等有零星分布，共计 187 个县（区、市）。一般控制区集中分布于新疆、青海、宁夏等，在内蒙古、陕西、甘肃等呈零星分布，共计 235 个县（区、市）。无数据区域为非农业地区或者是数据缺失的县（区、市），共计 29 个县（区、市），见地图 19。

（3）黄淮海控制区

该区域优先控制区集中分布于河北、天津，在河南、山东等局部地区有零星分布，共计 128 个县（区、市）。重点控制区集中分布于河南、山东、安徽等，在共计 219 个县（区、市）。一般控制区主要分布在陕西、河南、山东、安徽及江苏等均有分布，共计 169 个县（区、市）。无数据区域为非农业地区或者是数据缺失的县（区、市），共计 45 个县（区、市），见地图 20。

（4）长江中下游控制区

该区域优先控制区集中分布于安徽、江苏南部，在湖北、湖南、江西等局部地区均有分布，共计 102 个县（区、市）。重点控制区集中分布于江西、湖北、湖南，在浙江、安徽、江苏等局部地区均有分布，共计 138 个县（区、市）。一般控制区分布较为分散，在江西、湖北、湖南、安徽及江苏等省局部地区均有分布，共计 114 个县（区、市）。无数据区域为非农业区或数据缺失的县（区、市），共计 62 个，见地图 21。

（5）东南控制区

该区域优先控制区分布较为零散，在四川、重庆、云南、广西、广东、福建、浙江等，共计 109 个县（区、市）。重点控制区集中分布于四川、重庆、广西、福建及广东等，在云南、贵州等呈零星分布，共计 413 个县（区、市）。一般控制区主要分布于云南和福建等，在四川、贵州及广西等局部地区有分布，共计 328 个县（区、市）。无数据区域为非农业区或数据缺失的县（区、市），共计 65 个，见地图 22。

（6）青藏高原控制区

该区优先控制区主要分布于云南西北部、四川西南部，共计 15 个县（区、市）。重点控制区则主要分布于云南、四川、青海等，共计 41 个县（区、市）。一般控制区主要分布于青海、西藏和四川等，共计 87 个县（区、市）。无数据区域为非农业区或缺乏数据的部分县（区、市），共计 15 个，见地图 23。

4. 综合源控制区特征分析

（1）东北控制区

该区域综合污染源优先控制区主要分布于辽宁的东北部、吉林的中部、黑龙江的西南部以及内蒙古的东南部，共计 46 个县（区、市）。重点控制区在黑龙江、内蒙古、吉林和辽宁均有分布，共计 116 个县（区、市）。一般控制区集中分布于黑龙江，在内蒙古、吉林、辽宁均呈分散分布，共计 124 个县（区、市）。无数据区域主要包括非农业以及数据缺失的县（区、市），共计 34 个县（区、市），见地图 24。

（2）西北控制区

该区域综合污染源优先控制区主要分布于宁夏、河北、山西及内蒙古等，共计 66 个县（区、市）。重点控制区主要分布在内蒙古、山西、甘肃等共 187 个县（区、市）。一般控制区主要分布于新疆、内蒙古、陕西等，共计 217 个县（区、市）。无数据区域为非农业地区或者是数据缺失的县（区、市），共计 16 个县（区、市），见地图 25。

（3）黄淮海控制区

该区域优先控制区主要分布在河北的大部分区域，河南、江苏、山东及安徽等的局部区域，共计 112 个县（区、市）。重点控制区主要分布在河南、陕西、安徽、江苏及山东等的部分区域共 238 个县（区、市）。一般控制区主要分布在陕西、河南、山东、安徽及江苏等均有分布，共计 188 个县（区、市）。无数据区域为非农业地区或者是数据缺失的县（区、市），共计 23 个县（区、市），见地图 26。

（4）长江中下游控制区

该区域综合污染源优先控制区主要分布于安徽和江苏，其次为湖北、湖南、江西及浙江等局部地区均有分布，共计 105 个县（区、市）。重点控制区主要分布于湖南、江西，其次为湖北、安徽、江苏及浙江等局部地区均有分布，共计 135 个县（区、市）。一般控制区主要分布于江西，湖北、湖南、安徽及江苏等省局部地区均有分布，共计 119 个县（区、市）。无数据区域为非农业区或数据缺失的县（区、市），共计 57 个，见地图 27。

（5）东南控制区

该区域种植业污染源优先控制区分布较为零散，主要分布于四川、重庆、云南、贵州、广西、广东等，共计 109 个县（区、市）。重点控制区在四川、云南、贵州、广西、广东及福建等均有分布，共计 432 个县（区、市）。一般控制区在四川、云南、贵州、广西、广东及福建等呈分散分布，共计 332 个县（区、市）。无数据区域为非农业县（区、市）或数据缺失的县（区、市），共计 42 个县（区、市），见地图 28。

（6）青藏高原控制区

该区域综合污染源优先控制区分布于青海、云南、四川等局部区域，共计 23 个县（区、市）。重点控制区则主要分布于云南、四川、青海等，共计 42 个县（区、市）。一般控制区主要分布于青海、西藏、云南、四川等共计 91 个县（区、市）。无数据区域为非农业区或缺乏数据的部分县（区、市），共计 2 个，见地图 29。

三、农村水环境管理区总体特征

通过污染源等标污染负荷计算得出，六大区域均以养殖业污染为主（表 4-15），除黄淮海控制区外，其他区域养殖业污染源负荷均在 50%以上。

东北控制区、青藏高原控制区、西北控制区均以养殖业污染为主。青藏高原控制区养殖业污染负荷为 87%、东北控制区养殖业污染负荷为 74%、西北控制区养殖业污染负荷为 61%，这三个区域养殖业较为发达，是较典型的以养殖业污染为主的区域。

黄淮海控制区养殖业污染源负荷为 41%、种植业污染源负荷为 38%，该区域农村水环境以养殖业和种植业污染为主，呈现出种植业和养殖业污染复合的特征。长江中下游控制区养殖业污染负荷为 53%、种植业污染源负荷为 24%、农村生活污染源负荷为 23%；东南控制区养殖业污染源负荷为 55%、种植业污染源负荷为 26%、农村生活污染源负荷为 20%。长江中下游控制区和东南控制区均呈现养殖业污染、种植业污染和农村生活污染三种污染源复合污染的特征。

表 4-15　不同区域污染源负荷比

	养殖业污染源	种植业污染源	生活污染源	合计
东北控制区	75%	13%	12%	100%
西北控制区	61%	19%	20%	100%
黄淮海控制区	41%	38%	21%	100%
长江中下游控制区	53%	24%	23%	100%
东南控制区	55%	26%	20%	100%
青藏高原控制区	87%	7%	6%	100%

第四节　农村水环境区域化管理政策设计总则

一、设计原则

根据种植业、养殖业、农村生活污染源等不同类型水污染源分布特征、属性差异和产生的不同水污染问题，明确政策实施的调控对象和重点内容，建立农村水污染分类控制体系，体现对不同类型农村污染源控制管理的差异性，提高政策实施效能。

（一）因地制宜

研究充分考虑了制定水环境管理分类政策，体系的，充分考虑产业的区域分布特征，以及自然、社会、经济等各方面因素，基于现有研究基础，提出标准、制度、税收、补贴等差异化的政策体系。

（二）结构清晰

政策方案的结构力求突出分区、分类政策的指导思想，针对不同的农村水环境污染源分区，制定分类环境管理政策，保证政策的针对性和可实施性。

（三）内容广泛

政策体系设计从行政管理、产业监管、经济刺激、技术扶持等多角度着手，涉及农村生活源、种植业污染源、畜禽养殖污染源、水产养殖污染源等各个污染源类型，形成较为完备的政策体系。

（四）便于操作

政策体系在分析国内外相关研究基础、我国政策空缺和需求的基础上，针对性地提出各类型区的防治政策，与空间和类型关联性较强，兼顾考虑政策的执行性。

二、设计目标

与分区分类管理方案对接，提出一套适合于我国农村水环境管理的分类政策体系，囊括生活源、种植业源、养殖业源的水环境管理政策，为我国"十二五"期间农村水环境分区分类政策体系建设提供翔实的案例参考，为分区、分类政策研究提供技术借鉴，为地方层面环境管理部门提供政策参考。

三、设计思路

立足于农村水环境污染源类型区划分方案，提出针对各类型区的农村种植业、养殖业、生活污染源的政策体系。政策体系方案中将充分考虑农业人口分布、农业自然资源因素、地形因素、农业类型及其分布和耕作制度及其分布等，并以传统行政管理、产业引导、经济刺激、技术支持政策为基本框架。种植业污染源政策中重点考虑针对农药、化肥、农膜的环境管理政策，养殖业污染源政策中重点考虑粪便、污水、饲料、鱼饵的环境管理政策，生活源政策中重点考虑污水设施设备的管理政策。

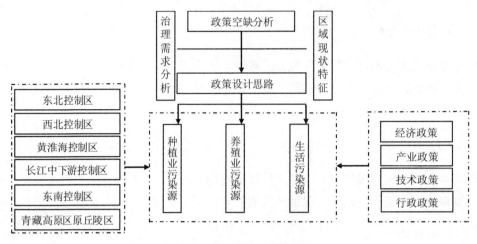

图 4-2　体系设计技术路线图

第五节　农村水环境区域化管理政策

一、东北控制区

（一）区域特征识别

本区域包括辽宁、吉林、黑龙江及内蒙古东部三市一盟，土地总面积 124 万平方公里，人口 1.21 亿，是中国第二阶梯的经济大区。

1. 自然特征

东北地区处于亚洲大陆东部边缘带，位于东经 115°30′—135°20′，北纬 38°43′—53°30′，地跨暖温带、中温带和寒温带，属于温带大陆性季风气候。本地区热量资源较少，≥0℃积温 2 500～4 000℃，无霜期 90～180 d；冬季寒冷漫长，夏季湿热短促；年降水量 400～1 000 mm，自东向西逐渐减少。

东北地区孕育着丰富的森林，总蓄积量约占全国的 1/3，是全国最主要的林业生产基地。矿产资源同样丰富，主要矿产有煤、石油、铁、锰、铜、钼、铅、锌、金以及稀有元素等，其中铁矿储量约占全国的 1/4，石油约占全国探明储量的 50%。东北地区自南向北跨暖温带、中温带和寒温带，热量显著不同，自东向西经过湿润区、半湿润区和半干旱区，降水量存在明显差异，水热条件的纵横交叉，形成了东北地区农业体系和农业地域分异的基本格局，是综合性大农业基础的自然条件。

2. 种植业生产特征

与周边地区相比，本区具有明显的自然区位优势。水资源比较丰富，耕地面积大且土壤肥沃，耕地大面积分布在辽河平原、三江平原、松嫩平原，还有一些分布于山前台地及山间盆地和谷地，是我国重要的粮食、大豆生产基地，种植制度为一年一熟制，复种指数99.7%，是全国最大的商品粮基地，商品率达60%以上。

南部湿润复合农业区，包括辽东半岛以及辽河三角洲等地区，全区处于暖温带湿润、半湿润地区，水热资源丰富，是东北农业自然条件最好的区域，主要生产水稻、水果及海产品。

三江平原以农为主的农林综合农业区，处于中温带，水热条件好，三面环山，地势平坦，农业机械化水平较高，主要生产玉米、大豆、水稻、高粱等。

中部平原农牧结合农业区，该地区处于温带半湿润地区，耕地集中连片，黑土层较厚，农业生产机械化程度及商品率较高，本区生产玉米、大豆、水稻、春小麦、甜菜、亚麻等，是我国重要的粮、糖、麻生产基地。

3．养殖业生产特征

东北地区土地广阔，人口密度低，水资源、森林及草原资源丰富，牧草质量好，区位优势明显，适于养殖业生产发展。东北地区的丰富资源，使其成为我国养殖业优势主产区，猪、牛、羊等牲畜存栏数量大，肉、蛋、奶等副产量较高，在全国范围内处于重要地位。此外，本区水域辽阔，水体类型复杂多样，推动了内陆水产养殖业生产发展。

西部半干旱农业区，主要由东三省西部地区及内蒙古三市一盟构成。本区植物资源丰富，地域辽阔，温性草甸草原、温性草原及低地草甸草原广泛分布，草原面积占整个东北地区的67.4%。丰富的牧草资源，良好的地域环境，使东北地区成为我国养殖业及副产品主要生产基地。

东北地区具有广阔的草原、森林资源，是养殖业生产发展的优势区域。养殖产生大量的动物粪便，由于缺少有效的利用及处理措施，导致其成为农村水环境污染的一个重大来源。本区养殖业主要分布于内蒙古高原区、呼伦贝尔高原区、大兴安岭南部草原及高山牧区、吉林省中西部平原区、黑龙江省西南部的松嫩平原区、松花江下游区以及完达山南麓低山平原区，辽宁省南部黄渤滨海地带、西部低山丘陵区。

（二）区域农村水环境问题特征分析

1．总体特征识别

随着农业的生产发展，对环境造成的影响日趋严重，特别是对农村水环境的污染。根据东北地区人口、经济发展及农业基本格局，农村水环境污染重点区域主要集中在农业生产强度较高的地区：南部湿润复合农业区、三江平原农业区、中部平原农牧结合农业区、西部半干旱农业区。

区域重点污染源为养殖业，其次为种植业污染源。养殖业重点控制区包括97个区县，种植业重点控制区包括77个区县，见表4-16。种植业、畜禽和水产养殖业集约化生产规模较大，治理区域相对集中。

表 4-16 东北平原丘陵区各类污染源控制区县

污染源	控制级别	区县个数	集中分布区
种植业	优先控制区	77	吉林省的西北部，辽宁省的大部分地区，内蒙古的东部以及黑龙江的局部地区。主要分布在松嫩平原以及辽河平原的部分区域
	重点控制区	77	黑龙江省的大部分区域，内蒙古、吉林和辽宁的局部地区，主要分布于三江平原及大小兴安岭两侧
	一般控制区	134	—
养殖业	优先控制区	97	控制区主要分布于黑龙江与内蒙古，在吉林和辽宁局部地区，大兴安岭两侧以及辽河平原区等
	重点控制区	77	主要分布于内蒙古、黑龙江、吉林，则辽宁境内较少
	一般控制区	112	—
生活源	优先控制区	73	集中分布在辽宁省，在吉林、内蒙古、黑龙江等局部地区也有分布
	重点控制区	100	集中分布于黑龙江与吉林，内蒙古和辽宁分布较少
	一般控制区	96	—
综合源	优先控制区	46	主要分布于辽宁的东北部、吉林的中部、黑龙江的西南部以及内蒙古的东南部
	重点控制区	116	黑龙江、内蒙古、吉林和辽宁均有分布
	一般控制区	124	—

2. 种植业污染原因分析

通过污染负荷比计算，该区域种植业污染负荷比为 13%。种植业重点控制区域包括吉林省的西北部，辽宁省的大部分地区，内蒙古的东部以及黑龙江的局部地区，主要分布在三江平原区、松嫩平原区、辽河平原区、内蒙古东部平原区及大、小兴安岭两侧。化肥施用量低于全国平均水平，种植业 TN、TP 流失量相对较低。

种植业污染风险较高：经过该区域的污染负荷比计算，种植业污染重点控制区主要分布于吉林省中部、辽宁省的辽河平原区域等，这些区域位于半湿润气候区，耕作方式粗放，其施肥量较其他区域高。相关研究表明，当施氮量为 247.5～330 kg/hm^2·季，渗漏水中硝态氮的含量为 11～15 mg/L，易造成水体的污染。目前东北平原丘陵山地区施氮量为 165 kg/hm^2·季，因此可以推断出目前东北区种植业不构成对水体的污染。但随着粮食单产进一步提高的需求越来越强，化肥的施用量势必增加，在中、高肥力的土壤上平均施肥量将会超过 247.5～330 kg/hm^2·季造成水体污染。

黑土流失较为严重，其大量养分被带入水体：东北地区森林资源丰富，土壤肥沃，但近年来东北中部地区黑土有机质含量由开垦初期的 70～100 g/kg 下降到 20～50 g/kg，据 1999 年全国第二次土壤侵蚀遥感调查统计，东北黑土区土壤侵蚀面积为 74 326.2 km^2，占全区土地总面积的 36.7%，在黑土区 49 个市县中都有分布。不仅中西部水土流失十分严重，在东部半山区，由于森林植被的破坏，水土流失也十分严重。其中黑土区的侵蚀主要包括风蚀和水蚀，风蚀占面积占 20%，水蚀占 80%。由于地理和自然环境的限制，本区普遍种植一季作物，水土流失现象严重，土壤侵蚀不仅使土地耕层变薄影响作物生长，而且使携带化肥、农药的土壤颗粒在侵蚀的作用下进入地表水体，大量的化肥及农药进入水体将对其造成污染。此外，由于水蚀造成河流下游的河道、水库淤积，导致防洪抗旱能力减弱。

3. 养殖业污染原因分析

通过污染负荷比计算，该区域养殖业污染负荷占 74%，是该区域应重点控制的污染源类型。养殖业重点控制区域主要分布于大兴安岭两侧以及辽河平原区等，这些地区草资源丰富，草地质量好，畜禽产量较高。

局部区域养殖总量超越了环境承载能力：近 20 年来，东北地区的经济发展遇到了矿业资源枯竭、地方经济增长乏力和产业竞争力下降等一系列问题。国家和地方政府提出了以产业转型为核心的振兴东北经济的发展战略，其中畜禽养殖业作为农业和农村经济调整的关键性产业，被地方政府提到战略性地位，提出了"畜牧倍增"、"以粮换肉"和"主副换位"的发展规划，大大推动了该区域的养殖业发展。畜禽养殖业以前所未有的速度大规模发展，并逐步向城郊区域发展，使养殖业与种植业脱离，养殖场产生大量的畜禽有机肥没有足够土地消纳，成为生态环境恶化的污染源。

养殖废弃物综合利用率偏低：随着化肥工业的迅速发展，广大农民改变了传统的种植业生产方式，畜禽有机肥越来越多地被使用方便、干净的化肥所取代，单位耕地上有机肥的施用量大幅度减少，畜禽粪便的利用率越来越低。其最根本的原因是目前垦区畜禽废弃物的处理和综合利用模式太少，没有为养殖户及养殖场带来直接的附加效益，养殖户和养殖场对处理与利用畜禽废弃物无动力，且畜禽废弃物的处理投资大、效益差，因此部分养殖业主不加任何处理就把污水直接放入河流、湖泊或农田，从而导致了河水、湖泊和地下水的污染。在该区域农业污染源中，养殖业污染负荷高达 74%，成为该区域农村水环境重要污染源之一。

养殖业管理政策措施不完善：畜禽养殖污染没有被纳入水污染、大气污染及固废污染等重点防治内容，对畜禽粪便的处理、排放及综合利用缺少相关的政策依据，造成了部分地区畜禽生产企业随意堆放、丢弃畜禽粪便现象。另外，畜禽养殖业对于保障城市副食品供应的意义重大，关系到地方经济发展，不可能简单地对其实施"关、停"。因此，需要对养殖业制定考虑周密、切实可行的管理措施和政策。

4. 生活污染原因分析

区域内人口分布与生产、经济发展格局高度耦合，绝大部分人口聚集在平原区，形成了哈大齐、吉中、辽中及大连四个主要人口集聚地区。该区域的农村村落规模通常较小，村落间的距离较远。由于地区差异，各地经济发展水平不同，目前大部分农村尚没有污水、垃圾处理设施。该区域地理、气候与经济发展特征决定冬季低温是影响农村污水垃圾处理技术效能的重要因素。

该区域农村生活污染负荷比为 12%，相对于养殖业污染和种植业污染负荷比较低。生活污染重点控制区共有 73 个县（市、区），主要分布于吉林省中部和辽宁省的大部分区域。

（三）农村水环境管理政策设计

1. 农村水环境管理政策框架设计

该区域农村水环境管理政策目标为"保障农产品安全、保护农村饮用水源地、预防畜禽养殖污染扩散"，政策体系以产业引导和行政干预为主，辅以必要的经济政策，重点针对养殖业污染源，其次为种植业污染源，政策体系以环境友好型产业引导和环境经济政策为主，政策要点包括：

（1）养殖业源

规章、标准、规范的系统化养殖业行政管理政策；辽宁中部、内蒙古东北部区域差异化环境监管政策；规模化奶牛、肉牛养殖企业的环境准入政策和废弃物资源化利用环保产业扶持政策；规模化养殖场（小区）、散养密集区域要采用"共建、共享、共管"、养殖专业户入区入园的养殖业分类管控环境技术政策；内蒙古高原、呼伦贝尔高原、大兴安岭那不草原及高山牧区、松嫩平原、松花江下游及完达山南麓平原鼓励激励型环境经济政策。

（2）种植业源

吉林省的西北部、辽宁省的大部分地区、内蒙古的东部和黑龙江的局部地区等种植业优势区域的测土配方施肥技术政策；松嫩平原、辽河平原部分区域、三江平原及大小兴安岭两侧区域实施种植业废弃物综合利用产业的税收、贷款优惠政策；优先控制区、重点控制区、一般控制区差异化的环境技术政策；松辽流域黑土地土壤环境优先保护区域政策；转变农业生产方式的技术引导政策。

（3）生活源

优先控制区和重点控制区"以奖促治"政策，针对村庄布局、人口密度、自然地形的差异化环境技术政策。

2. 种植业环境管理政策

（1）严格实施测土配方施肥技术政策

根据东北控制区内优势种植业分布情况，重点针对吉林省的西北部、辽宁省的大部分地区、内蒙古的东部和黑龙江的局部地区的大豆、玉米、马铃薯、水稻等农作物种植区，实施测土配方施肥政策。对于种植业源的 77 个优先控制区县，结合种植业源主要污染物总量减排工程，积极整合财政、环保、农业、发改等涉农专项资金，采取对农户资金补贴等奖励性措施，推动"减农药、减化肥"工程实施。同时，严格执行《测土配方施肥技术规范》（农发[2011]3 号）规定，结合农业、环保科研技术院所技术下乡的形势，实行点对点技术扶持，规范技术管理，科学测定土壤肥料需求，合理、精准、适时施肥，提高肥料利用率，从而减少化肥的流失量。

（2）实施种植业废弃物综合利用产业的税收、贷款优惠政策

东北控制区内种植业产业化、集约化发展特征明显，便于实现种植业废弃物的统一收集、统一处理，因此重点针对松嫩平原、辽河平原部分区域、三江平原及大小兴安岭两侧

区域实施种植业废弃物综合利用产业的税收、贷款优惠政策。一是采用贴息贷款的方式，在农业扶贫工程、总量减排工程、农村清洁工程中优先安排秸秆气化、秸秆板材生产、有机肥生产等项目，推动专业化环保企业的发展，加快综合利用设施建设和产业规模，源头削减种植业面源污染物的产生量；二是联合环保、工商、税务、农业等部门出台政策，采用财政补贴的方式，对于从事秸秆回收和综合利用、有机肥生产运输的企业（合作社），降低其生产成本，保障其长期运行。

（3）推行差异化的环境管理模式

基于东北控制区分级管理区划，实施地区差异化环境技术政策，优化污染防治技术手段。对于优先控制区内的 77 个区县，关键在治理，通过采取合理施肥、生物农药、轮作等生产控制措施，减少化学农药、化肥对农村水环境的污染；对于重点控制区内的 77 个区县，采取"防"、"治"结合的技术路线，统筹安排区域内种植业面源污染防治工程，优化前置库、植被缓冲带、生态沟渠等缓冲设施布局，同时，继续营建农田防护林，建造梯田和进行农田水利建设。通过加密农田防护林网和加宽防护林带，改善局地小气候，减轻风力作用对土壤的侵蚀，提高农田土壤涵养水分的能力推动复合肥、有机肥及生物农药的使用，减弱其对水体的影响；对于一般控制区内的 134 个区县，关键在预防，推行缓控（释）肥料、生物农药、低度低残留农药的施用，培肥农田地力，改善农田生态环境，促进种植业健康、可持续的发展。

（4）实施黑土地生态环境综合治理

该区域土地流失特别是黑土地的水土流失较为严重，将耕地中的肥料和有机质大量带走，严重污染水体。应采取生物和农艺措施相结合，改顺坡和斜坡为等高耕作；采取以保持水土、减低生产投入、持续利用土地为目标的耕作技术体系以减少水土流失量。根据黑土地的退化程度，对进行保护的农田注明保护的等级，以便因地制宜地制定保护措施，加大封山育林、退耕还林力度，对 10°～20° 的坡耕地应该因地制宜种灌木、牧草等。对疏林、沙荒地要严格控制乱砍滥伐和开荒种地，在坡顶及陡坡面植被严重破坏区应进行封育。

（5）实施转变农业生产方式的环境技术政策

在农业耕作技术上，改以往的粗放型的农业生产方式为依靠科技提高农业生产率的精密型的生态农业生产；改变原来的不合理耕作习惯，加强农业科学技术的推广。改变原来粗犷经营方式，注意养地培肥，注重有机肥的施用和农作物秸秆还田，改变原来单一种植为多种作物轮作、轮耕制度；坡耕地采用横垄进行等高种植，且改良耕翻制度，整种植业结构，耕作中尽量避免在春季起垄，改在上年的秋天进行并及时镇压，防止风蚀。推广使用生物杀虫剂，提高粮食作物的品质；积极推广绿肥和农家肥，提高化肥的使用效率。改革耕作制度，加强黑土区的农田水利建设，提高黑土区农业抵抗旱灾和涝灾的能力。

3. 养殖业环境管理政策

（1）制定系统化养殖业行政管理制度

基于现实行的环境管理政策，从规章、标准、规范层面构建东北控制区养殖业环境法规标准体系政策。一是建立各级地方人民政府畜禽养殖污染防治管理办法，强化综合利用与污染治理，提出鼓励、奖惩措施，明确法律职责。二是基于国家层面的技术规范、技术标准、技术政策，出台针对各行政区域的环境技术管理文件，重点出台畜禽养殖业污染物排放标准、畜禽养殖业污染防治技术规范、畜禽养殖污染防治技术政策，加强技术引导，规范技术管理。三是逐步建立畜禽养殖废弃物综合利用和污染治理相关项目管理体系，重点发布农村环境综合整治项目、标准化养殖场（小区）和清洁能源项目的管理方案、项目验收办法、考核评估办法。

（2）区域差异化环境监管政策

东北控制区养殖业规模化、集约化生产特征明显，要逐步建立基于污染物总量控制的"产业规划环评、项目建设环评和项目后评价"全过程、差异化的环境准入和管理政策。一是对于优先控制区内的 97 个区县，实行严格的总量减排环境管理制度，尝试建立针对畜禽养殖业整体规模、产业分布、转型升级及环境预防控制措施方面的总量环境准入制度，合理控制区域畜禽养殖业的总体规模，使畜禽养殖业规模、布局等与区域资源环境承载能力相适应，同时合理设计区域、行业产业结构，形成产业链，促进循环经济发展。二是优先控制区和重点控制区内的 174 个区县，采取防治结合的管理政策路线，通过强化要严肃查处"未批先建"、"批小建大"以及超期试生产、未落实"三同时"措施等畜禽养殖场建设项目的环境违法行为，并实行挂牌督办和媒体曝光，对万头以上生猪养殖场建设项目，全面推行建设项目工程环境监理制度，督促规模化养殖场（小区）依法落实各项污染防治和生态保护措施。完善建设项目环保跟踪检查制度，实行省市县三级环保部门联动的检查机制，对违法违规的建设行为及时查处和纠正。三是一般控制区内的 112 个区县，应采取"预防为主"的环境监管政策，重点从优化产业布局层面设计政策体系，各区县在编制畜禽养殖业产业规划和开展工程项目建设时，应根有相关要求开展环境影响评价，科学分析畜禽养殖场（小区）建设项目和规划与区域产业政策、环境功能区划和土地利用总体规划、清洁生产、污染物达标排放、排污总量控制等要求的相符性。

（3）养殖业分类管控环境技术政策

对于规模化养殖场（小区），要严格落实国家有关环境管理制度和规定，按照畜禽养殖污染防治和总量减排要求，配套建设废弃物综合利用和污染治理设施，并确保设施的稳定运行。养殖场（小区）周边消纳土地充足的，积极倡导"种养结合、以地定畜"理念，通过自行配套土地或者签订消纳利用协议等方式，采取堆沤、沼气处理、生产有机肥等措施，将粪污处理后就近还田利用；周边消纳土地不足的，要强化工程处理措施，粪污应优先进行干湿分离，固体部分用于有机肥生产，液体部分经处理后达标排放。畜禽养殖粪污还田利用，应执行《农田固体废物污染控制技术规范》《畜禽养殖业污染物排放标准》等相关要求，有效减少和防范环境风险。大力推广清水养殖技术及池塘循环水养殖技术，科学合理地投放饲料和药物，减少污染物排放，防止水环境污染。

散养密集区域要采用"共建、共享、共管"的模式，建设污染防治设施，或者依托现有规模化养殖场（小区）的治污设施，实现养殖废弃物的统一收集、集中处理。

养殖专业户要逐步入区（标准化养殖小区）、入园（生态农业园区）经营，实现集约化发展，推行废弃物的统一收集、集中处理。对于短期内不能入区、入园经营的养殖户，通过建设小型沼气和堆肥设施等措施，利用周边耕地、林地、草地、园地等消纳粪污，实现粪便和污水就近资源化利用。

（4）鼓励激励型环境经济政策

实施扶持畜禽养殖废弃物综合利用、产品销售和使用的经济激励政策。利用信贷、补贴、税收等经济手段，引导、激发畜禽养殖企业和社会各界力量大力开展畜禽养殖废弃物综合利用。重点制定针对沼气池、沼渣收集、沼气发电、粪便收集、有机肥加工、污水处理等畜禽粪污收集、处理、处置设施建设和设备购置的贴息或低息贷款政策；工商、税务、交通、农业部联合研究制定有机肥运输、流通、批发、零售企业所得税和增值税优惠政策；制定针对购买有机肥和使用沼气的农户的财政直接补贴政策；制定针对采用生态养殖模式、环境友好型管理方式，改进污染治理工艺的养殖单元的优惠政策。研究引入 BOT、CDM 项目运行管理机制，保障设施后续运营，延长项目生命周期。对因城乡发展规划或重大产业布局优化调整导致的畜禽养殖企业搬迁和关闭，制定相应的补偿标准；完善畜禽养殖企业污染退出补偿机制，对污染严重，自愿退出行业生产的养殖场（小区），制定一次性生产损失补偿标准；对因清理整治畜禽散养密集区造成的村民经济损失，制定针对养殖户的补偿标准。

4．生活源环境管理政策

（1）优先控制区和重点控制区"以奖促治"政策

对于优先控制区和重点控制区的 173 个区县，通过农村环境综合整治项目，优先采用农村环境连片治理方式，开展集中连片和分散连片治理相结合的模式，对突出的农村生活源污染进行治理，统筹安排项目布局，加快治污设施建设进程。采用财政补贴的方式，对农村污水处理设施运行维护管理进行补贴。采用贷款优惠的方式，推动设施运行管理专业技术服务企业发展，促治农村环保工程设施长效运营。

（2）村庄布局、人口密度、自然地形的差异化环境技术政策

东北控制区农村生活污水连片处理技术模式选取需综合考虑村庄布局、人口规模、地形条件、现有治理设施等，结合新农村建设和村容村貌整治，参照《农村生活污染防治技术政策》（环发[2010]20号）、《农村生活污染控制技术规范》（HJ 574—2010）等规范性文件。对于村庄布局紧凑、人口居住集中的平原地区，适宜建设污水处理厂（站）或大型人工湿地等集中处理设施，其中人口规模大于 30 000 人的地区，适宜建设活性污泥法、生物膜法等工艺的市政污水处理设施，人口规模小于 30 000 人的地区，适宜建设人工湿地等处理设施；对于布局分散且单村人口规模较大的地区，适宜在单村建设氧化塘、中型人工湿地等处理设施；布局分散且单村人口规模较小的地区，适宜建设无（微）动力的庭院式小型湿地、污水净化池和小型净化槽等分散处理设施；土地资源充足的村庄，可选取土地渗

滤处理技术模式；山区地区村庄宜依托自然地形，采用单户、联户和集中处理结合的技术模式，合理利用现有沟渠和排水系统进行污染治理。

二、西北控制区

（一）区域特征识别

该区域位于我国北部与西北部，包括内蒙古、宁夏、甘肃部分地区及整个新疆。

1. 自然特征

该区域属干旱荒漠气候，太阳辐射强，日照时间长；降水量 100～250 mm，变率大，季节分配不均；积温有效性高；光热资源较好，风能资源丰富，沙化严重等。

2. 种植业生产特征

西北控制区是全国农业经济发展最为落后的地区，但同时农业生产在区域国民经济中占据主导地位。西北控制区虽然拥有全国 4.13% 的耕地，人均占有耕地 4.63 亩（按农村人口计），远高于全国平均 1.63 亩/人的水平，但农业总产值却只有全国的 2.39%，农牧民人均纯收入（1 781.3 元/人）也大大低于全国水平（2 090 元/人）；农业结构层次也低于全国水平，更低于东部的山东和中原的河南等省，具体表现在种植业比重过高，林牧业比重偏低。

农业产业结构有了较大幅度的调整，优势资源和优势产业显化。粮、棉、油、糖、畜已成为西北控制区农业的主导产业和支柱产业。统计资料显示，2007 年西北控制区部分农产品产品在全国已占有绝对优势，如皮棉产量已占全国的 25.65%，糖用甜菜占 34.09%，畜毛产量占 20.8%，果品也占有重要地位，新疆维吾尔自治区的葡萄已占全国的 24.51%。

北部中高原半干旱喜凉作物一熟区，地处内蒙古高原南部和黄土高原西部，海拔较高为 1 000～2 000 m，气候冷凉、干旱。农作物以春小麦、马铃薯、莜麦、胡麻等为主，一年一熟，复种指数 90%。

北部低高原易旱喜温作物一熟区，包括内蒙古高原东南部、黄土高原东部等，海拔大部分在 400～1 000 m。本区以种植业为主，主要是旱作，一年一熟，复种指数为 100.8%，主要作物为小麦、玉米、谷子和高粱等，易旱多灾，水土流失严重。

西北干旱灌溉一熟兼两熟区，主要包括内蒙古河套灌区，宁夏引黄灌区，河西走廊与新疆，呈块状或带状分布。是西北地区的农产品基地，种植业是主体，作物以小麦、玉米为主。适于棉花、甜菜、瓜果等经济作物生长，大部分地区实行一年一熟，全区复种指数为 97.2%。

3. 养殖业生产特征

西北控制区是我国五大牧区的一部分，畜禽养殖业在农业中占有重要地位。目前其畜牧业发展的现状和重点是：

草场面积广阔，发展潜力巨大。全区有可利用的草场面积 7.2 亿亩，其中夏牧场 1.56

亿亩，春秋牧场 2.43 亿亩，冬牧场 2.1 亿亩，全年牧场 1.11 亿亩。饲养成本低廉，农区饲草、粮食丰富，牧区以提高牲畜品质为主，加大品种改良力度，个体生产性能和出栏率稳步提高。着力发展以牛、羊为主的养殖业，在加快发展数量的同时，改良品质，提高个体产肉、毛的生产性能。

超载严重，草场退化。经过草场资料调查，全部按羊单位计算，夏牧场有 900 万个羊单位的载畜潜力，其他类型的草场均超载，其中超载最严重的是春秋牧场、冬牧场和全年放牧草场，都已超载 500 万个以上的羊单位，草场退化面积达 1.2 亿亩。

注重产业集聚与规模化效益。甘肃省河西走廊已经注意到肉食品加工的规模化，将以河西现有的 24 个万头猪厂为基础，以张掖临泽新华猪产业有限责任公司、酒泉东方副食品集团公司和武威肉联厂为依托，组建年屠宰 100 万头生猪、加工 25 万 t 熟肉制品的加工企业集团，带动河西走廊畜牧业的发展。新疆和柴达木盆地，都要根据规模化养畜的能力的提高，建立与之相适应的肉食品加工企业。

（二）区域农村水环境问题特征分析

1. 总体特征识别

从各类污染源负荷特征来看，该区域养殖业污染负荷为 61%、种植业污染负荷为 19%、农村生活污染负荷为 20%。该区域应重点控制养殖业污染源，其次为农村生活污染。养殖业优先控制区县数量为 59 个，农村生活污染优先控制区县数为 39 个，见表 4-17。牛、羊散户养殖比例较大，种植业 TN、TP 流失系数相对较低，生态系统脆弱，多为草原生态系统。

表 4-17　西北干旱区各类污染源控制区县

产业类型	控制级别	区县个数	集中分布区
种植业	优先控制区	40	山西、宁夏等
	重点控制区	134	内蒙古、陕西、山西、甘肃、宁夏等
	一般控制区	296	
养殖业	优先控制区	59	宁夏、河北、山西，在内蒙古、甘肃等局部地区
	重点控制区	162	集中分布于内蒙古、甘肃、山西及河北，在青海、陕西等有零星分布
	一般控制区	248	—
生活源	优先控制区	39	集中分布于河北、山西等
	重点控制区	187	集中分布于甘肃、山西、河北等，在内蒙古、陕西及宁夏等有零星分布
	一般控制区	235	—
综合源	优先控制区	66	要分布于宁夏、河北、山西及内蒙古等
	重点控制区	187	主要分布在内蒙古、山西、甘肃等
	一般控制区	217	—

2. 养殖业污染原因分析

西北地区是我国重要的畜牧业养殖基地，草原畜牧业是该区域养殖业的主要特点。该区域天然草原和草山草坡面积较大，饲料和农作物秸秆资源较为丰富，是我国传统的肉羊生产区域并在近年来成长为我国重要的肉牛生产区。通过该区域养殖业污染负荷计算，养殖业污染负荷比重较大的区域，主要集中在贺兰山以东，主要有呼伦贝尔草原、锡林郭勒草原等；天山、阿尔泰山，夏季牧场在林带以上，冬季牧场在山麓地带等。

该区域年降水量较少，地表径流较少。由畜禽养殖造成的水体污染，主要集中于山麓或绿洲区等，并由过度放牧引起的草地退化和土地沙化，导致部分区域水体萎缩或水质恶化。由于牧区的生产方式落后，主要靠天养畜，对草场利用多、建设少，因此草场退化和土地沙漠化现象十分严重。

3. 种植业污染原因分析

种植业污染集中于水浇地和灌溉农业区：由于降水稀少，不能满足作物生长的需要，发展"灌溉农业"成为其特色，种植业主要分布在有河水、高山冰雪融水或地下水可以灌溉的绿洲地区。主要分布情况为：河套平原、宁夏平原，引黄河水灌溉、盛产水稻、小麦、瓜果、甜菜；河西走廊，利用祁连山雪水灌溉，西北重要的粮、棉、瓜果之乡；新疆的绿洲农业，通过修建灌渠、坎儿井等。因地制宜地选择地面节水灌溉技术、地上节水灌溉技术、地下节水灌溉技术等。

该区域种植业污染的优先控制区主要分布在宁夏河套等灌溉区，以及黄土高原区的西南边缘，重点控制区则主要分布于西北内陆部分绿洲灌溉区、长城沿线区域等。该区种植业以灌溉农业、绿洲农业为主，种植业带来的水体污染主要是通过农田灌溉退水、由于耕作方式不当带来的水土流失等造成水体污染。

该区域整体上处于干旱半干旱区，降水量较少，一般旱地作物产量不高，其肥料施用量不会超过 $225 \, kg/km^2$ 的安全上限，旱地肥料使用不会造成水体污染。但是高产水浇地和灌溉农业区如果在生产上采用大水漫灌或每次灌水较大会发生肥料的流失，从而造成对水体的污染，且从本区相关研究可以看出，尽管本区肥料使用量不超过安全使用上限，但其淋失的累计效应比较大，而长期过量或不平衡使用肥料将导致氮、磷在土壤深层的严重积累，土壤氮、磷残留率过高，给氮、磷流失创造了物质条件，存在潜在污染水体的可能。

农业生产方式粗放，易造成农田养分进入水体。农民在农业生产中大量使用粗放性与攫取性生产技术，同时许多坡耕地都是在水土保持条件下耕作，单纯强调产值和利润，不断增加化肥和农药施用量，导致种植业带来的水体污染严重。

种植业造成的水土流失严重：该区域黄土高原覆盖范围广，暴雨频繁，具有侵蚀模数大和含沙量高的特点及农民不合理的耕作方式，导致该区是水土流失的重点地区。

4. 农村生活污染原因分析

西北地区气候干旱，平均气温较低，农村人口少，分布较为分散，农村居民生活用水量偏少。农村生活垃圾随意丢弃，生活污水排放较为粗放。大部分村庄居民使用旱厕，没有淋浴等耗水量较大的卫生设施。经济条件好、人口集中的村庄的家庭也具有冲水马桶、洗衣机、淋浴间等卫生设施，接近城市的用水习惯。农村生活污水排放具有分散、水质和水量波动大的特点。

（三）农村水环境管理政策设计

1. 农村水环境管理政策框架设计

养殖业污染控制是该区域农村水污染防治的重点，其次为农村生活污染防治。其中养殖业重点控制县（市、区）为 59 个，一般控制区为 162 个。政策体系以农业污染治理补贴政策和资源化利用的环境技术政策为主，政策要点包括：

（1）养殖业

转变畜牧业生产方式的环境技术政策；适度规模化养殖的产业引导政策；开展散养密集区养殖污染综合整治。

（2）种植业

推广河套平原、宁夏平原、河西走廊、新疆盆地水浇地和灌溉农业区节水灌溉技术；推广适用于干旱地区的秸秆氨化、饲草青贮、配合饲料废弃物综合利用技术；针对区域是宁夏、新疆、内蒙古等省份建立规章、标准、规范的系统化环境技术管理体系。

（3）生活源

结合生态移民工程实施农村"以奖促治"政策；推行四格式化粪池、人工湿地等"三低一易"型农村生活污水分散处理技术模式。

2. 养殖污染控制

（1）积极引导转变畜牧业生产方式

要转变畜牧业生产方式，变游牧生产方式为计划轮牧，并逐步过渡到半定居和定居轮牧。要以围栏封育为前提，推行划区轮牧、打草场轮刈、冬春补饲等方式，引导牧民从靠天养畜、逐水草而居的游牧畜牧业向定居畜牧业的转变。要顺应自然规律，根据草场季节不平衡的特点，发展季节畜牧业。减少畜牧业对草原和土地以及农村水体带来的破坏。

（2）推广适用于干旱地区的养殖废弃物综合利用技术

农区要大力推广秸秆氨化、饲草青贮、配合饲料及科学饲管技术，要积极推广畜牧业养殖小区。要积极扶持、培育家庭牧场和养殖大户，提高家庭养殖水平，尽快实现畜牧业从粗放经营向集约经营的转变。推广节水饲养、干清粪、废水农田回用技术，提高废水综合利用率。配套相应的畜禽粪便处理设施，确保畜禽粪便不进入水体。

（3）适度推进规模化养殖

选择水土条件较好地段，建立人工饲草饲料基地和各种良种牲畜生产基地。充分发挥饲料资源丰富的优势，大力推广规模化、标准化养殖技术并配套相应的畜禽粪便污染处理设施。通过推广规模化养殖场（小区），废弃物处理后就地综合利用，减少分散养殖带来的环境污染。

（4）采取"防"、"治"结合的方式防治污染

在养殖密集区，一方面要积极引导进行综合利用，提倡农牧结合、种养平衡一体化，通过综合利用增加收益。从源头及生产过程减少排放，减少治理成本，提高环境效益和社会效益；另一方面，要严格规模化畜禽养殖场的环境管理，严格执行相关畜禽养殖管理办法，采取切实有效的污染防治手段，实现达标排放。

（5）运用经济手段调整畜禽粪便环境污染

畜禽粪便是我国农业生产中宝贵资源，应调整现行的一些农村优惠政策，鼓励综合利用，促进畜禽粪便资源化。应取消化肥生产用电价格优惠政策，提高化肥销售价格；增加对有机肥的生产优惠和使用方面的推广补贴；开征畜禽养殖排污费；增加政府在畜禽养殖环境管理方面的投入，可将过去的生产鼓励性补贴改为综合利用及环境保护补贴，确保综合利用及环境保护投资的落实。

3. 种植业污染控制

（1）推广水浇地和灌溉农业区节水灌溉技术

在河套平原、宁夏平原、河西走廊、新疆的绿洲农业区等制定合理的灌溉定额和控制大水漫灌，该区域与控制肥料用量相比，控制水的用量和灌溉方式更为重要。因地制宜，合理选择地面灌溉节水技术、地上节水灌溉技术及地下节水灌溉技术，减少因农田退水带来的水体污染及水资源的浪费。

（2）开展流域综合整治，减少化肥流失量

在新疆的塔里木河，河西走廊的黑河、石羊河及疏勒河等内陆河流域开展综合整治，应采取小流域综合治理的模式，水平梯田，种草种树，等高耕作，淤地坝，草田轮作间作等。对陡坡耕地，坚决退耕还林还草。在土地荒漠化的区域，要严禁乱砍滥伐、乱采滥挖和乱耕，减少当地的种植业带来的化肥流失造成的水体污染。

（3）引导种植业生态转型

针对该区域部分地区如黄土高原是水土流失是造成种植业污染的重要原因，在该区域应进行水土保持性生态农业建设。在该区域确定自给性农业、水土保持性林业和商品性牧果业的发展战略。所谓自给性农业，是在水土流失严重的区域如黄土高原做到粮食自给即可，不提倡提供商品粮；水土保持性林业，指在水土流失严重的区域，应建造水土保持林；商品性牧果业，指水土流失严重的区域，应向国家提供畜牧和果品商品。实行工程措施和生物措施相结合的方法，侧重水土流失治理，该区域种植业应以林草为主体，实行梁、峁、沟综合治理，宜农则农，宜牧则牧，宜林则林，还可以林粮间作，草田轮作。实行农、林、牧结合之路，走生态农牧发展模式。

（4）利用税收手段扶持种植业污染治理

在农产品市场化程度较高的区域，对农业生产资料产品如化肥等的使用征收污染税，从而达到控制高污染的农业生产资料使用。对使用低污染的农业生产资料如农家肥、生物农药产品等进行补贴。通过税收手段，可以达到有效控制种植业生产过程中产生的农业面

源污染，同时还能刺激农户使用无公害、环保友好的农业生产行为。

（5）推广保护性耕作技术

针对该区域部分地区因农业生产导致的水土流失严重，应在该区域推广保护性耕作技术。保护性耕作技术主要是通过保护土壤的表面来减轻土壤侵蚀，提高农作物对营养元素和农业化学物质的利用率，减少农业生产过程中的流失性污染，如氮、磷等。其主要的核心技术有少耕、免耕、缓坡地等高耕作、沟垄耕作、残茬覆盖耕作、秸秆覆盖等农田土壤表面耕作技术及其配套的专用机具等；其配套技术有绿色覆盖种植、作物轮作、带状种植、多作种植、合理密植、沙化草地恢复以及农田防护林建设等。利用保护性农田耕作技术可以有效减少农业非点源污染。

4．农村生活污染控制

西北大部分区域干旱缺水，日照时间长，生活污水处理应尽量与资源化利用结合，尽量将处理的污水回用于农业或用作景观用水，实现水资源的循环利用。

污水处理设施应因地制宜，结合当地环境条件，尽可能选用荒地、洼地等，少占良田、缩短排水管道、降低管道埋深和减少土方工程量，应根据污水特点、处理规模和处理水质要求，选用适合当地农村特征并与当地经济技术相适应的污水处理技术及工艺。农村污水处理技术不仅出水水质要满足相关排放要求，还要注意景观美化、环境协调、无二次污染、易于维护管理等。

西北地区农村污水处理工艺应根据以下不同处理要求进行选择：以村容村貌整治、农用为目的，以去除 COD 为主。对位于饮用水水源地保护区、风景或人文旅游区、自然保护区、黄河等重点流域等环境敏感区的村庄，其污水处理设施应同时具备 COD、TN 和 TP 的去除能力，以防止区域内水体富营养化，以保护当地水环境，出水可直接排放到附近水体或回用。对于居住人口密度较低的区域，应选取能耗低、操作简单的污水处理方式，处理规模可根据村落规模来建设，同时，考虑到西北地区冬天气温较低，容易结冰的特点，其分散式污水处理方式可以采取潜流式人工湿地和毛细管土地渗滤法等在低温环境下运行效果较好的污水处理方式。

三、黄淮海控制区

（一）区域特征识别

本区是黄河、淮河、海河等河流冲积成的广阔平原，主要包括山东、河南、天津的全部，安徽、江苏、河北及北京的部分地区，共计 561 个县（市、区）。

1．自然特征

气候资源：热量资源较丰，可供多种类型一年两熟种植。$\geqslant 0\,℃$ 积温为 $4\,100\sim5\,400\,℃$，$\geqslant 10\,℃$ 积温为 $3\,700\sim4\,700\,℃$，不同类型冬小麦以及苹果、梨等温带果树可安全越冬。降水量不够充沛,但集中于生长旺季,地区、季节、年际间差异大。年降水量为 500～900 mm。黄河以南地区降水量为 700～900 mm,基本上能满足两熟作物的需要。旱涝灾害频繁,限制资源优势发挥。本区灾害以旱涝为主,其中旱灾最为突出,又以春旱、初夏旱、秋旱频率最高。夏涝主要在低洼易渍地,危害重。

2. 种植业生产特征

该区域平原范围广阔,农业人口密集,土层深厚,土质肥沃,垦殖指数达 149.2%。水浇地以一年两熟为主,旱地则以两年三熟为主。主要粮食作物有小麦、水稻、玉米、高粱、谷子和甘薯等,经济作物主要有棉花、花生、芝麻、大豆和烟草等季后型气候使平原农业得以长期维持,同时又造成频繁的旱涝灾害。黄淮海平原从北到南,年平均降水量从 500 mm 到 800 mm。从年平均值看,能够维持天雨型农业(即依靠降水进行农业生产)。但是,黄淮海平原的降水主要受太平洋季风的强弱和雨区进退的影响,地区上分布不均匀,季节间和年际间变化更是剧烈。季节间的先旱后涝,涝后又旱,年际间的旱涝,多年间的连旱连涝,是长期以来农业生产极不稳定的基本原因。

本区种植业重点分布区域:伏牛山旱地区、燕太山地林果地、京津塘平原旱地区、太行山东麓平原旱地区、冀鲁豫低洼平原区、东部沿海平原旱地区、鲁西北平原旱地区、鲁中丘陵旱地果林区、沂蒙山地旱地区、胶东丘陵旱地区、苏北平原旱地区、皖北平原旱地区、豫东平原旱地区、南阳盆地旱地水田区等。

3. 养殖业生产特征

该区域饲料资源丰富,饲草主要来源于草地、秸秆饲料、青饲料饼等。主要地方良种有鲁西黄牛、南阳牛、深州猪、北京鸭等。牛肉、猪肉、蛋类等产量较高。

本区养殖业重点分布区域:坝上高原牧区、燕山及太行山山地丘陵区、天津北部山地丘陵牧区、天津中部和南部平原牧区、天津东部滨海滩涂渔牧区、河北滨海水产养殖区、豫西黄土丘陵牧区等。

(二)区域农村水环境问题特征分析

1. 总体特征识别

该区域应重点控制养殖业污染和种植业污染,应兼顾农村生活污染治理。种植业污染源优先控制区包括 134 个县(市、区),养殖业污染源优先控制区包括 88 个县(市、区),见表 4-18。规模化生猪、奶牛养殖污染严重,散养密集区污染治理滞后,种植业 TN、TP 流失系数较低。

2. 种植业污染原因分析

种植业污染优先控制区主要分布于海河平原和黄泛平原,两平原土层深厚,土质肥沃,人口密度大,复种指数高,化肥使用量及其流失量在黄淮海平原丘陵区内较其他地方高。

表 4-18　黄淮海平原丘陵区各类污染源控制区县

产业类型	控制级别	区县个数	集中分布区
种植业	优先控制区	134	主要分布在河北的大部分区域，河南、江苏、山东及安徽等的局部区域
	重点控制区	222	主要分布在河南、陕西、安徽、江苏及山东等的部分区域
	一般控制区	181	—
养殖业	优先控制区	88	集中分布于河北、天津，在河南、江苏及安徽等局部地区有零星分布
	重点控制区	251	集中分布于河南、山东，在河北、安徽、江苏、北京等局部地区
	一般控制区	199	—
生活源	优先控制区	128	集中分布于河北、天津，在河南、山东等局部地区有零星分布
	重点控制区	219	集中分布于河南、山东、安徽等
	一般控制区	169	—
综合源	优先控制区	112	主要分布在河北的大部分区域，河南、江苏、山东及安徽等的局部区域
	重点控制区	238	主要分布在河南、陕西、安徽、江苏及山东等的部分区域
	一般控制区	112	

化肥超量施用。黄淮海地区是中国粮食主产区和农业发展的核心区，是粮食和蔬菜的高产区。该区域平原高产区肥料使用量较大，化肥施用量超过化肥安全施用上限，尤其是小麦、玉米两熟区，农田集约化程度高，化肥等农资投入量大。化肥的大量使用，虽然提高了农作物产量，但有相当一部分化肥不能被农作物吸收，随水流入水体，造成地表水和地下水污染。

土壤中残留的肥料量大。土壤中残留肥料较多，灌溉次数较多，化肥的利用率不断下降，使得土壤中肥料淋溶污染水体的威胁较大。

化肥以淋失为主。在正常年份情况下，该区域的降雨很少产生径流。该区域种植业淋失系数较大，种植业污染主要是以化肥淋失的方式为主，该区域种植业污染防控的重点是防止化肥淋失对地下水造成的污染。

3. 养殖业污染原因分析

该区域是我国畜禽养殖的重点地区，其发展速度在全国处于前列。本区养殖业优先控制区集中分布于河南、山东、天津周边的区县，主要是因为京津地区人口集中，对畜产品的需求量大，其畜禽养殖业污染源产生量及其流失量在黄淮海平原丘陵区内较其他地方高。

畜禽养殖业迅猛发展，导致了畜禽粪便的污染负荷超过工业和生活污水的总和，成为该区域的污染大户。特别是畜禽养殖的集约化、集中化，该模式下的畜牧生产距离农田远、运输成本高，产生的粪便不能以资源的形式作为生产要素投入到农业之中，变成污染物对环境产生负面影响。

此外，由于大部分规模化畜禽养殖场缺乏必要的污染治理设施，畜禽粪便在堆放及清粪冲洗过程中极易进入水体中。

4. 生活污染原因分析

近年来，随着黄淮海平原丘陵区新农村建设的推进，农民生活水平日益提高，农村生活日渐城市化，部分发达地区农村的用水量已接近城市居民用水量。农村地区用水类型包括自来水、井水和河水等。生活污水主要来自农家的厕所冲洗水、厨房洗涤水、洗衣机排水、淋浴排水及其他排水等。该区域农村生活污水水质随污水来源、有无水冲厕所、季节用水特征等变化。通过污染负荷比计算，在农业污染源中，该区域农村生活污染负荷比为21%，重点控制区主要分布于河北、天津、山东、河南等区域。

（三）农村水环境管理政策设计

1. 农村水环境管理政策框架设计

该区域应重点控制养殖业污染和种植业污染，其污染负荷比分别为41%和38%。其中养殖业污染优先控制区包括88个县（市、区），种植业优先控制区包括134个县（市、区），政策要点包括：

（1）养殖业

探索建立饮用水水源地养殖业污染退出补偿机制。针对坝上高原牧区、燕山及太行山山地丘陵区、天津北部山地丘陵牧区、天津中部和南部平原牧区、天津东部滨海滩涂渔牧区、河北滨海水产养殖区、豫西黄土丘陵牧区等区域的散养密集区域连片治理试点工程；强化大型规模化养殖场日常环境监管，严格执行《畜禽养殖业污染物排放标准》。

（2）种植业

强化针对是京津农村饮用水水源地的环境综合管理；实施河流汇水区生态拦截坝和植被缓冲带工程综合控制农药化肥淋失量；建立合理耕作制度，养分平衡施用。

（3）生活源

新农村社区、旅游景点区等推行"户保洁、村集中、镇转运、县处理"的垃圾处理模式；推行化粪池、厌氧沼气净化池等越冬型、地埋式污水处理技术模式。

2. 养殖业污染控制

政府相关部门加强对畜禽养殖污染的管理。在区域内定期进行拉网式检查，彻底排查区域内畜禽粪污的处理情况及污染程度。依据现有的法律法规，坚决制止养殖场污染和破坏环境的行为。

建立健全区域养殖业污染物防治法规。该区域除了应加强贯彻《畜禽养殖业污染物排放标准》《畜禽养殖污染防治管理办法》《畜禽养殖业污染防治技术规范》等相关管理规定外，还应针对本区域畜禽养殖集约化、集中化，畜禽粪便利用低等特点制定具有本区域特色的养殖业污染防治管理规定，使该区域养殖业污染监督管理工作更切合实际。

完善畜禽养殖污染防治的补贴政策。畜禽养殖业是弱势行业，利润微薄。因此，对畜禽养殖污染防治应采用补贴方式，引导畜禽养殖户采用适宜的治理技术和模式，主动防治畜禽养殖污染。对需要治理的养殖场给予适当的资金支持；对使用沼气技术处理畜禽粪便的养殖场给予一定的政策倾斜；对畜禽粪便深加工企业给予政策性补贴；对使用有机肥的农户给予一定的经济补贴，制定鼓励生产、使用有机肥的优惠政策。

引导养殖户综合运用产前、产中和产后治理技术。积极引导养殖户开展综合利用，提倡农牧结合、种养平衡一体化，通过综合利用增加效益，从源头以及生产过程减少畜禽粪便对环境的污染。各养殖户在畜禽养殖过程中要结合自身养殖情况，综合运用产前、产中和产后治理技术防止畜禽养殖污染，避免走"先发展、后治理"的老路。

3．种植业污染控制

控制灌溉用水量，大力发展节水技术。化肥的淋失是随着灌溉水或降水的下渗而发生的。推广节水技术，减少灌溉量，杜绝农田灌溉出现大水漫灌的现象是该区域防治种植业污染的重要手段之一。

建立合理的耕作制度。比如秸秆还田、合理的水氮组合，可以降低农田氮素的累积以及对水体的污染。在当季作物生长期间，土壤中硝态氮淋失深度和淋失量与化肥施用量、施肥技术、地面接水量和土壤质地关系密切。

推广测土配方施肥技术，减少施肥量。大量研究表明，肥料的利用率与施肥量呈明显的负相关关系，且肥料的利用率也与土壤肥力有关。因此，应根据土壤养分和作物需求情况，采用适当的施肥量，保证较高的肥料利用率，是减少潜在污染的有效途径之一。

养分的平衡施用。各种养分之间的平衡施用有利于作物对不同养分的均衡吸收，尽量防止养分限制因子的出现，使各种养分效益得到最大限度的发挥，再加上肥料深施、覆土等适当的施肥方法的运用，因而有利于提高肥料利用率。

4．农村生活污染控制

（1）农村生活垃圾治理

该区域主要是以典型种植业为主的村落，在当前的情况下，生活垃圾成分较为简单。由于村落的人口分布成斑块状，村民相互间联系较为紧密，比较熟悉情况，更容易合作交流。因此，这类农村的生活垃圾处置方案以村级为单位，采取村内分类收集，就地处理的模式，从卫生填埋和废品回收循环利用为主逐步转变为分类利用的资源化利用模式。在新农村集中建成社区、旅游景点区等经济条件好的村庄适宜采用"户保洁、村集中、镇转运、县处理"的垃圾处理模式。

（2）农村生活污染治理

该区域属严重缺水地区，污水处理应尽量与资源化利用结合。根据区域的经济发展水平及环境条件，农村污水处理实用技术包括：化粪池、污水净化沼气池、普通曝气池、序批式生物反应器、氧化沟、生物接触氧化池、人工湿地、土地处理、稳定塘等技术。

本区域冬季较寒冷，农村生活污水处理设施应为地埋式或进行其他保温处理。地埋式设施应安装在冻土层以下。在居住分散、地形复杂、不便于管道收集的地区可采用单户或多户分散处理方式；新建村庄及旅游度假村、民俗村等可建立污水处理站进行集中处理。

　　农村生活污水排放系统，在地下水位较浅、水源保护地和重点流域保护区域严禁采用渗水井、渗水坑等排水方式，防止地下水受到污染。

四、长江中下游控制区

（一）区域特征识别

　　该区域包括湖北、上海、湖南、江西、安徽、江苏、浙江等省的大部分地区，共计 416 个区县。长江中下游平原是中国三大平原之一。位于湖北宜昌以东的长江中下游沿岸，是由两湖平原（湖北江汉平原、湖南洞庭湖平原总称）、鄱阳湖平原、苏皖沿江平原、里下河平原（皖中平原）和长江三角洲平原组成，面积约 20 万 km^2。

1. 自然特征

　　两湖平原包括湖南的北部和湖北的南部。是云梦泽被长江及其支流冲刷下来的泥沙所填平。面积 5 万 km^2，分为江汉平原和洞庭湖平原两部分。平原上水网密布，素称“鱼米之乡”。

　　鄱阳湖平原位于江西北部至安徽西南边缘，面积达 2 万 km^2。地势低平，海拔在 50 m 以下，水网稠密，地表覆盖为红土及河流冲积物。皖中平原位于安徽中部的长江沿岸以及巢湖附近，面积较小。

2. 种植业生产特征

　　长江中下游平原水源充足，地形平坦，气候适宜，雨热同期，适宜水稻生长，土壤较贫瘠，水土流失，植被破坏严重，洪涝灾害频发。

　　该区域多丘陵和平原，农业人口密度较大。该区是我国农业精华区，为商品粮、棉、油、麻、桑等基地。气候温暖湿润，雨量充沛（1 100～1 800 mm），土地肥沃，复种指数为 228.8%，为全国之冠，农林渔比较发达、农业生产水平较高。

　　气候大部分属北亚热带，小部分属中亚热带北缘。农业一年二熟或三熟，集中于春、夏两季。地带性土壤仅见于低丘缓冈，主要是黄棕壤或黄褐土。南缘为红壤，平原大部为水稻土。长江中下游平原丘陵山地区农业发达，是我国农业精华耕作地区，为商品粮、棉、油等基地。作物中水稻占绝对优势，占粮食播种面积的 79%。主要是双季稻三熟制，即绿肥—稻—稻、麦—稻—稻、油菜—稻—稻。双季稻占水田的 2/3。

3. 养殖业生产特征

　　水产养殖业高度发达，养殖种类广泛。区域内河汊纵横交错，湖荡星罗棋布，湖泊面积 2 万 km^2，相当于平原面积的 10%。两湖平原上，较大的湖泊有 1 300 多个，包括小湖泊，共计 1 万多个，面积 1.2 万多 km^2，占两湖平原面积的 20% 以上，是中国湖泊最多的地方。有鄱阳湖、洞庭湖、太湖、洪泽湖、巢湖等大淡水湖，与长江相通，具有调节水量、削减洪峰的天然水库作用，产鱼、虾、蟹、莲、菱、苇，还有中华鲟、扬子鳄、白鳍豚等世界珍品，水产在中国占重要地位。

（二）区域农村水环境问题特征分析

1. 总体特征识别

该区域应重点控制养殖业和种植业污染源，且应兼顾农村生活源治理。养殖业优先控制县包括 97 个区县，种植业优先控制区包括 92 个区县，见表 4-19。水产养殖与畜禽养殖污染并存。养殖业对水体污染贡献较重，汉江水系、洞庭湖以及鄱阳湖水系湖泊富营养化严重。局部地区特别太湖流域周边等农村生活产生的污染较为严重。平原河网水质较差。水系发达，低山丘陵较多，洪涝灾害严重，水环境污染因素复杂。

表 4-19　长江中下游平原丘陵区各类污染源控制区县

产业类型	控制级别	区县个数	集中分布区
种植业	优先控制区	92	主要分布于安徽和江苏，其次湖北、湖南、江西与浙江等局部地区均有分布
	重点控制区	135	主要分布于湖南、江西，其次湖北、安徽、江苏及浙江等局部地区均有分布
	一般控制区	124	—
养殖业	优先控制区	97	集中分布于湖北、湖南，在江西、安徽和江苏等局部地区均有分布
	重点控制区	131	集中分布于江西、安徽，在湖北、湖南、浙江等局部地区均有分布
	一般控制区	129	—
生活源	优先控制区	102	集中分布于安徽、江苏南部，在湖北、湖南、江西等局部地区均有分布
	重点控制区	138	集中分布于江西、湖北、湖南，在浙江、安徽、江苏等局部地区均有分布
	一般控制区	114	—
综合源	优先控制区	105	主要分布于安徽和江苏，其次为湖北、湖南、江西及浙江等局部地区均有分布
	重点控制区	135	主要分布于湖南、江西，其次湖北、安徽、江苏及浙江等局部地区均有分布
	一般控制区	119	—

2. 种植业污染原因分析

种植业重点控制区域主要分布于江汉平原等地形平坦，土质较好，适合于耕作的区域，如安徽、江苏、浙江省大部分地区以及湖北、湖南、江西等局部地区。

该区域农业自然资源丰富，水土资源相对协调，除山区外，该区域农业发达，肥料投入较高。本区是我国粮棉生产基地，耕作管理精细，粮食单产高。人均耕地虽少，但本区的耕地复种指数、粮食单产、人均粮食等指标皆居各区之首，是农业生产集约化程度最高、农村经济较为发达的区域。人口密集，劳动力充足，农业发展历史悠久，土地开发利用程度高。耕地以水田为主，农作物以水稻、小麦、棉花、油菜等为主，粮食产量水平远高于全国平均水平，是我国重要的商品粮、油生产基地。

该区域种植业 TN、TP 流失系数相对最高，化肥施用量较大，降水量较大，降雨频次较多，属于高肥高水区，种植业对水体带来的污染较大。

漏水漏肥现象严重。该区域灌溉方式是大水漫灌为主，农田水利建设没有受到足够的重视，水渠、田埂因长年失修而漏水，且本区水道多交错于农田中，肥料很容易随农田漏水、排水通过水道流入河流、池塘、湖泊中。

水土流失严重。红壤在该区域分布较为集中，红壤退化较为严重，主要是由乱垦滥伐、长期施用化肥等因素引起的。

3. 养殖业污染原因分析

该区域养殖业重点控制区包括 97 个县（市、区）。通过污染负荷比计算发现，养殖业污染源重点控制区除了呈现沿大城市周边分布的特征外，在汉江水系、洞庭湖以及鄱阳湖水系等均呈现养殖业污染源产生量及其流失量较高的现象。

养殖业污染物产生量大，流失风险较高。该区域是我国经济较为发达的地区之一，分布着上海、南京、镇江等大城市，对畜禽产品的需求量较大，因此该区域的养殖业得到了快速发展。但养殖业污染物产生量较大，处理设施较为匮乏。该区域降水丰富，地表径流量较大，畜禽养殖业污染物较易进入水体。水产养殖带来的污染风险亦较高，该区域水资源总量丰富，湖泊、水库、河流、池塘的面积较大，是全国淡水水面养殖基地，部分县市水域面积高达 40%～50%，是著名的水网地带和淡水养殖基地，部分水域水产养殖方式粗放，造成大量的污染物直接进入水体。

畜禽粪便的利用率低。该区域人口密集，耕地数量较少，土地消纳畜禽粪便的能力有限，且随着该区域经济发展和产业结构的调整，从事农业特别是传统种植业的人口大量减少，且在比较利益的驱动下，农村投向耕地的劳动力明显减少，缺乏有力机构将农民组织起来施用畜禽粪便。因而，在很大程度上改变了传统的种植业生产方式，农民主要施用方便干净的化肥，单位耕地上有机肥的施用量大幅减少。

4. 生活污染原因分析

（1）污染数量庞大，成分日趋复杂

该区域农村经济较为发达，农民人均收入相对较高，农民消费方式发生了重大变化，工业产品在农民生活中日益增多，如包装废弃物、一次性尿不湿、一次性垃圾塑料瓶、泡沫等不易分解成分占很大比例，使得塑料和电子等产品产生的难以降解的废品占比例越来越大。同时，农村生活污水和垃圾的产生量也逐年增加。

（2）随意倾倒，难以收集处理

部分村庄村民居住分散，绝大部分农村地区没有专门的垃圾收集、运输、填埋及处理系统。柴草乱堆、污水乱流、粪土乱丢、垃圾乱倒等问题普遍存在，造成了农村生活垃圾的难以收集与处理。

生活污水和垃圾产生量大，成分日趋复杂。如同时也是农村居民点密集区，但各村庄人口密度差异大。重点控制区集中分布于安徽、江苏南部、湖北、湖南、江西等局部地区。

（三）农村水环境管理政策设计

1. 农村水环境管理政策框架设计

该区域重点控制区为养殖业污染和种植业污染，应兼顾农村生活污染治理。其中养殖业重点控制区包括 97 个县（市、区），种植业污染重点控制区包括 92 个县（市、区），政策要点包括：

（1）养殖业

针对优先控制区、重点控制区、一般控制实施差异化环境准入政策；制定财税政策推进专业化处理机构发展；加强饮用水水源地、人口稠密区、环境敏感区的产业规划环境管理，合理布局畜禽养殖场；大力推行清水养殖、池塘循环水养殖、养殖池塘—湿地系统等清洁养殖技术模式。

（2）种植业

符合产业政策的有机肥料、绿色农药、秸秆制板面、沼气工程等农业生产废弃物收集、运输、综合利用专业化企业给予一次性补贴；针对江汉平原、湖南洞庭湖平原、鄱阳湖平原、苏皖沿江平原、里下河平原和长江三角洲平原实行农田水网地区农村环境集中连片整治。

（3）生活源

支持从事农村污水处理设施、沼气池运行维护给予适当补贴；引入 BOT、CDM 项目运行管理机制，保障运行效应；采用户分类、村收集、镇转运、县处理的城乡一体化生活垃圾管理模式，加快系统建设进程。制定农村生活污水、生活垃圾、畜禽养殖污染防治工程技术规范，项目建设投资参考标准、验收管理办法等规范性技术文件。

2. 种植业污染环境管理政策

该区域普遍存在氮、磷大量超施，造成农田氮、磷含量超标，易造成水体污染。因此应推广平衡施肥、配方施肥，较少化肥的无效用量。同时改进施肥技术，推广深层施肥和分次施肥，提高肥料利用率，进而减少用肥总量，尽可能地减少产生污染源的机会。

实行作物养分综合管理，鼓励实施秸秆、畜禽粪便等有机肥还田。综合该区域河流、池塘、湖泊等水域环境综合整治，充分利用河底肥泥，是作物养分综合管理的一项重要措施，但必须要注意泥内是否有污染。

水土流失治理。加大封山育林和退耕还林力度，大力改造坡耕地，恢复林草植被，提高植被覆盖率。对山丘中上部，通过发展水源涵养林、经济林等减少地表径流，防止土壤侵蚀，避免因土壤流失将养分带入水体。对山丘中下部实施坡耕地梯田化，配置坡面截水沟、蓄水沟等工程措施，减少土壤中的养分进入水体。

倡导农业节水。推广控水灌溉技术，加强农田水利建设，减少农田养分随水进入江河。该区域是以水稻为主要作物，需要大量灌溉用水。本区的灌溉方式主要以大水漫灌为主，从而使水在从水库到农田的输水过程中以及在田地的用水过程中流失，低效率的水分利用伴随着低效率的肥料利用，大量溶于水中的肥料养分随水流失。若推广水稻湿润灌溉技术，不仅可以节约大量水资源，而且可以减少肥料随水流入环境的量，从而保护水质。此外，为减少农田排水和漏水中养分直接流入河流，建议根据当地实际情况在农田排水口设立水分循环设施，使原本要排出的水分得到重复利用。既可以提高水分利用率，又使排水中养分被作物吸收，减少养分直接排入河流、湖泊中的量。科学制定节水灌溉定额，通过科普宣传、技术指导、价格机制、加强管理等综合性措施，全面普及水稻浅水灌、湿润灌等节水灌溉技术，减少化肥和农药流失。

因地制宜，建设生态拦截沟，有效减少氮磷流失进入水体的风险。根据当地农田沟渠众多、沟渠中水流速度不快、人多地少的实际条件，充分利用现有的自然资源条件，对农田区排水沟渠进行一定的工程改造，建成生态拦截型沟渠系统，使之在具有原有的排水功能基础上，增加对农田排水中所携带氮磷养分的去除、降解生态功能，可以有效减少农田氮磷流失进入水体的风险。

大力发展生态农业。提高农业规模化、产业化水平，大力发展高效、生态安全农业，重点发展无公害、绿色、有机农产品。推广使用生物有机肥料和低毒、低残留农药，控制农业面源污染。

3. 养殖业污染环境管理政策

建立健全区域养殖业污染物防治法规。该区域除了应加强贯彻《畜禽养殖业污染物排放标准》《畜禽养殖污染防治管理办法》《畜禽养殖业污染防治技术规范》等相关管理规定外，还应针对本区域畜禽污染物产生量大，水产养殖面积大，径流量大，畜禽粪便污染物容易进入水体等特点制定具有本区域特色的养殖业污染防治管理规定，使该区域养殖业污染监督管理工作更切合实际。

加大畜禽粪便的资源化利用力度。对于分散养殖户应鼓励其充分利用沼气等分散处理方式，实现畜禽粪便的资源化利用。对于规模化畜禽养殖户，由于受本区域土地少、劳动力缺乏等因素制约，削减了其畜禽粪便的还田能力。应鼓励在本区建设有机肥生产厂，国家和地方政府应加大对有机肥生产厂家的扶持力度。畜禽养殖业采用干清粪作业，减少污水和粪便流失。充分利用本区高温期较长的特点，修建秸秆、粪便、生活垃圾等固体废弃物发酵池，处理有机垃圾等废弃物，生产沼气和有机肥。

加强畜禽场的规划和管理，合理布局畜禽养殖场。适度规模、合理规划是防止养殖业污染的重要途径。畜禽养殖场的选址应进行总体布局，在人口稠密区和环境敏感区应严格限制发展畜禽养殖场，对已有的养殖场应加强污染治理并逐步进行搬迁。推进规模化养殖，逐步完善和配套大型畜禽养殖场畜禽粪便的综合治理措施，实现畜禽粪便的无害化处理。

水产养殖管理。大力推行清洁水产养殖，合理布局，推广池塘循环水养殖技术，构建养殖池塘—湿地系统，实现养殖水的循环利用，减少污染物排放。逐步取消太湖围网养殖，发展生态养殖，防止水产养殖污染物超过区域环境承载力，在环境敏感的水域禁止开展水产养殖。

增加环保投入，提高畜禽污染物的治理及管理能力。畜牧业作为弱势产业，本身的经济实力薄弱，其环境保护具有明显的外部性，因此国家、县（市、区）等各方面应采取一定的投融资策略，加大环保投资力度，提高畜禽污染物的治理能力。同时应加强对畜禽污染物排放的监督和管理能力建设，做好畜禽粪便污染物排放的管理工作。

4．生活污染环境管理政策

合理选择生活污水处理技术模式。因地制宜，合理选择生活污水处理模式。区域经济条件较好的村庄多依水而建，周围往往有多个池塘，池塘往往成为受纳水体，这些地区可考虑采用好氧生物处理技术或者土地处理技术或者利用现有的池塘采用多塘技术。经济条件较差的村庄，用水量较少，这些地区农村大部分采用旱厕或有家禽蓄养，且村民有利用厩肥施用农田和菜地的习惯，这些农村污水很少外排，这些地区排放的少量污水可考虑采用化粪池或厌氧生物膜反应池进行简单的处理。农村污水处理技术的选择与组合，要因地制宜，根据各单项技术的特点和适用范围，结合当地地形气候、土地资源等环境条件进行选配。

探索市场化投入和运行机制。该区域经济条件较好，应拓宽融资渠道，按照"谁投资、谁受益"的原则，制定优惠政策，运用市场机制吸引各类社会资金参与农村环卫基础设施建设，可选择条件较为成熟的乡镇开展实行专业公司或经营户管理方式。

五、东南控制区

（一）区域特征识别

该区域包括贵州、广西、广东以及福建的全部，甘肃、陕西、安徽和江西的局部地区以及湖北、湖南、浙江、云南和四川的大部分地区，共计 915 个区县。

1．自然特征

水文特征：湘江、赣江、闽江、珠江及其支流。多为外流河，水量大汛期长，含沙量小，无结冰期。农村地区水网相对密集，尤其是珠江流域和湘江流域，水产养殖业较为发达。

气候条件：区域跨中亚热带和南亚热带，江南丘陵和闽浙丘陵属于中亚热带，降水充沛，热量丰富，年均温 16～20℃，年降水量 1 200～1 600 mm，具春多雨、夏酷热的气候特征。

地形地貌：东南山地丘陵区域地形多样，以低山丘陵为主,其面积约为总面积的 70%～

80%，西部雪峰山，东部台湾海峡，南部有珠江三角洲。主要山岭有：黄山、九华山、衡山、丹霞山、武夷山、南岭等，山地坡度一般较大，多在 20°以上，丘陵岗地的坡度虽然较小，多在 5%～8%，但绝大多数被开垦为坡耕地，成为土壤侵蚀的主要策源地。山丘盆谷交错分布，丘陵多呈东北—西南走向，丘陵与低山之间多数有河谷盆地，适宜发展农业。

经济水平：该区域整体经济实力较强，经济较为发达，第一、二、三产业均在国内处于领先低位，农业总产值比重占到全国 30%以上。2010 年区域内广东省、福建省、浙江省、湖北省、湖南省 GDP 总量均位于全国前 15 位，各省人均 GDP 平均水平约为 26 000 元。

人口特征：人口密集度较高，尤其浙江、广东两省的人口密度约为 500 人/km² 和 450 人/km²。各省农村人口数量均处于全国平均水平，总量约为全国农村人口的 1/4。

2．种植业生产特征

总体而言，该区域高温多雨，水资源和生物资源丰富，大部分区域为山地丘陵，宜农的平原盆地有限，农业生产水平差别很大，复种指数三角洲地区高达 250%，滇南仅 134%。平原为水稻的主要种植区，少量的旱地多在河流洲滩地上，大片的荒草地主要分布在丘陵低山上，针、阔叶林地多在较高的山地上。

本区种植业重点分布区域：皖浙赣丘陵山地水田区、浙闽沿海平原丘陵水田区、闽西山地水田区、闽南沿海水田区、赣南山地丘陵水田区、桂粤北部山地水田区、湘赣山地丘陵水田区、湘西山地水田区、黔桂及黔中丘陵水田区、川黔山地旱地区、川西南旱地区、滇南水田旱地区、滇中水田旱地区、滇西北山地旱地区、滇东南水田旱地区、桂西南水田旱地区、雷州半岛水田旱地区、海南岛水田旱地区、珠江三角洲水田区、粤东沿海水田蔗田区等。

粮油经济作物：东南丘陵山间盆地和河谷平原多辟为农田，耕作制度可采用麦稻稻、油稻稻、肥稻稻等一年三熟，是中国重要的粮油产区，主要作物有水稻，柑橘、油菜、茶叶、樟树、油茶、甘蔗等。华南丘陵还可因地制宜发展龙眼、菠萝、荔枝、芒果。

林业：东南丘陵气候上地是中国林、农、矿产资源开发、利用潜力很大的山区。整个区域森林覆盖率都比较高，林木尤以杉木、马尾松、毛竹为多，是中国重要林特产品生产基地。

3．养殖业生产特征

该区域草地主要是草山、草坡，产草量高，草质差，青草期短，牧业产值占农业总产值的 15%左右。养殖种类以生猪和肉鸡为主，规模化程度较高，分布区域较广，以广东、福建省畜禽养殖尤为突出，如广东省统计数据显示，2007 年，肉类总产量 385.7 万 t，比上年增长 0.9%；出栏肉猪 3 213.9 万头，下降 6.7%；出栏家禽 10.2 亿只，出栏肉牛 45.9 万头，出栏肉羊 41.6 万只，出栏肉兔 282.4 万只，禽蛋产量 29.8 万 t，奶类产量 13.0 万 t。畜牧业产值 775.6 亿元，占农林牧渔业总产值的 27.5%。

本区养殖业重点分布区域：浙闽沿海平原水产区、桂粤北部草山牧地区、湘赣草山牧地区、湘西草山牧地区、黔桂草山牧地区、川黔草山牧地区、川西南草山牧地区、滇东南草山牧地区、珠江三角洲淡水养殖区、粤东沿海淡水养殖区等。

此外，该区河流、湖泊、水库、池塘、稻田等水面众多，鱼类区系复杂，鱼的种类很多，社会经济条件发展较好。水产养殖区集中分布在福建、广州、广西沿海地区。

（二）区域农村水环境问题特征分析

1. 总体特征识别

通过污染负荷比计算，该区域应重点控制养殖业污染，其次为种植业污染，同时应兼顾农村生活的治理。其中养殖业优先控制区包括 114 个县（市、区），种植业优先控制区包括 168 个县（市、区），生活源优先控制区包括 109 个县（市、区），见表 4-20。种植业TN、TP 流失系数相对较高，山地水土流失严重。

表 4-20 东南山地丘陵区各类污染源控制区县

产业类型	控制级别	区县个数	集中分布区
种植业	优先控制区	168	分布较为零散，主要分布于四川、重庆、云南、贵州、广西、广东等
	重点控制区	336	主要分布于福建，在云南、四川等地亦有零星分布
	一般控制区	369	—
养殖业	优先控制区	114	集中分布于四川，在云南、贵州、重庆、湖北、湖南、广西及福建等呈零散分布
	重点控制区	435	主要分布于云南、四川、广西、贵州等
	一般控制区	324	—
生活源	优先控制区	109	分布较为零散，在四川、重庆、云南、广西、广东、福建、浙江等
	重点控制区	413	分布于四川、重庆、广西、福建及广东等，在云南、贵州等呈零星分布
	一般控制区	328	—
综合源	优先控制区	109	分布较为零散，主要分布于四川、重庆、云南、贵州、广西、广东等
	重点控制区	432	在四川、云南、贵州、广西、广东及福建等均有分布
	一般控制区	332	—

2. 种植业污染原因分析

种植业污染源优先控制区县数量为 134 个。种植业重点控制区主要分布于四川成都平原及沿海平原地区等，包括四川、重庆、云南、贵州、广西、广东省，这些县（市、区）的化肥使用量及其流失量较其他地方高。

该区域主要为山地丘陵区，喀斯特地貌分布广泛，大部分地区土层薄、耕地坡地较大、土壤贫瘠分布较为零散，且降水较为频繁，地表径流量较大，化肥的使用量较大，淋失系数较高。

土壤蓄水能力较差，水土流失严重。大量开垦陡坡，以致陡坡越开越贫，越贫越垦，生态系统恶性循环；乱砍滥伐森林，甚至乱挖树根、草坪，树木锐减，使地表裸露，这些都加重了水土流失。

3．养殖业污染原因分析

养殖业污染源重点控制区县数量为 114 个。该区域大多数为丘陵山区，是我国传统的生猪养殖区，且农作物副产品资源丰富，草山草坡较多，青绿饲草资源较为丰富，是我国新型的肉牛和肉羊产区。畜禽养殖污染源集中分布于广东、福建省，以规模化生猪、肉鸡污染为主，水产养殖污染集中分布于福建、广东、广西省（区）。

农牧业严重分离脱节。畜禽养殖业经营方式由农户分散饲养向集约化养殖场转变。随着畜牧业的商化、专业化和社会化程度不断提高，饲养规模越来越大，单位面积土地的载畜越来越高，使当地环境所承受的污染负荷越来越大。畜禽场由农村、牧区向城郊转移。随着城市化进程的加快，城市人口的迅速膨胀和高度，对畜禽产品的需求高度增长，为便于运输、加工和销售，畜禽养殖场多设城市近郊，使农牧脱节，导致养殖废弃物局部集中，找不到出路，产生污染。

畜禽粪便处理设施不健全。目前，该区域畜禽饲养呈现规模化集中饲养与分散小规模家庭饲养并存的局面。大中型畜禽饲养场的饲养情况是，牛饲养以集中饲养为主，而生猪和家禽饲养以分散小规模家庭饲养为主，而且大中型饲养场平均规模也偏小。小规模的分散饲养对于污染治理极为不利，一般来说，小型或家庭饲养限于条件，不可能建立污染处理设施进行粪便处理，大多数污染物均直接或间接地冲刷入地表水环境。而大中型饲养场布局多从生产、销售、运输等经济利益的角度出发，而较少考虑其对周围生态环境的影响。

畜禽粪便的处理利用率低。目前普遍采用的是畜禽粪便处理利用方式主要有：禽粪干燥法、发酵法、畜粪尿沤制产沼法和堆制还田法等，上述方法尽管利用了部分粪尿，不同程度地减轻了养殖业污染，但难以从根本上实现畜禽粪尿的无害化和资源化。最根本的原因是目前的综合利用或污染治理不能为养殖场带来直接的附加效益，养殖户治污无动力。在广大农村，有机肥越来越多地被化肥所取代，畜禽粪便的利用率越来越低。

4．生活污染原因分析

该区域山地和丘陵地形多、雨水汇集快，地区差异较大，且少数民族众多，人们的生活习惯和风俗文化不尽相同。村落受地形影响，一般沿河流、公路等布置。农户厨房用水目前一般排向房屋外周边的明沟。生活垃圾一般堆放于门前或庭院中。该区域降水量较为丰富，易形成地表径流，农村生活废水及垃圾易随水流入水体中。

（三）农村水环境管理政策设计

1．农村水环境管理政策框架设计

通过污染负荷比计算，该区域应重点控制养殖业污染，其次为种植业污染。其中养殖业污染重点控制区包括 114 个县（市、区），种植业污染重点控制区包括 168 个县（市、区），政策要点包括：

（1）养殖业

福建、浙江、广东等经济发达省份的农村地区实施排污收费制度；对福建、浙江、广东、安徽、湖南、湖北等省份实行总量控制约束政策；开展福建、广东、浙江等省份水产清洁养殖试点工程。

（2）种植业

实施坡耕地的梯田改造工程，减少暴雨径流造成的农药化肥流失；实施局部区域的农药化肥施用管控政策，限制化肥、农药施用量；建设前置库、植被缓冲带、生态沟渠等山地型河流农业面源缓冲设施。

（3）生活源

浙江、广东、湖北、福建等经济发达省份开展整乡推进、整县推进的农村环境综合整治；严格农村环保项目验收、评估制度管理。

2．种植业污染控制政策

（1）提高农药利用效率，推广病虫害生物防治技术

建立病虫鼠草害动态监测系统，并完善其进行实时预报系统，积极推广病虫鼠草害生物防治技术，建立多元化、社会化病虫害防治专业服务组织，实行统一防治、承包防治等措施，提高防治效果和农药利用效率。

（2）采用合理的耕作方式

在坡度较大的地区，易发生化肥径流流失，应采取保护性耕作（免耕或少耕）以减少对土壤的扰动，还可以利用秸秆还田减少径流流失。在以渗漏为化肥主要流失方式的平原地区，可采取耕作破坏土壤大孔隙，或控制排水保持土壤湿度，避免土粒干燥产生大孔隙引起渗漏。

（3）采用合理的灌溉方式

对旱作田块应大力发展沟灌和畦灌，提高田间水利用率，提倡采用灌溉、喷灌等先进灌溉方式，尽量减少大水漫灌，对水田要加强田间水管理，尽量减少农田水的排放。

（4）采用适宜的轮作制度

适宜的轮作制度可提高化肥的利用率，减少流失。如豆科作物与其他作物轮作，可节省化肥用量；深根作物与浅根作物轮作可充分利用土壤中的养分。

（5）循环利用

有条件的地区可利用田间渠道、靠近农田的水塘和沟渠等暂时接纳富营养的农田排水，灌溉时再使用，实现循环利用。

3．养殖业污染控制政策

由于该区域大多数处于喀斯特区域，且位于江河源头的上游区，畜禽养殖废弃物更易造成地表水和地下水的污染。因此在本区应实行更严格的污染防治措施。

（1）划分污染源，实施总量控制

以地定养，实施畜禽养殖污染总量控制，划定禁养区、限养区和适养区；在重点区域、流域、生态敏感区，控制新建规模化养殖场。严格按照建设项目有关规定实施污染治理，严格环境管理，要求规范养殖场配套建设污染处理设施，对污染物进行综合整治，实现达标排放，推行清洁生产和生态化养殖，实现畜禽粪便的减量化、无害化、资源化和生态化的目标。

（2）建立健全区域养殖业污染物防治法规

该区域除了应加强贯彻《畜禽养殖业污染物排放标准》《畜禽养殖污染防治管理办法》《畜禽养殖业污染防治技术规范》等相关管理规定外，还应针对本区域喀斯特地貌分布广泛，畜禽粪便易造成污染等特点制定具有本区域特色的养殖业污染防治管理规定，使该区域养殖业污染监督管理工作更切合实际。

（3）合理规划，分类控制的政策

制定并实施本区内各县（市、区）畜禽养殖污染防治规划，综合考虑经济发展、社会需求，环境承载能力，制定切实可行的养殖规划。严格控制畜禽养殖污染，发展与农业产业化相结合的现代化规模化养殖。对于规模化畜禽养殖场监督其实施畜禽粪便的污染物处理；对于农户散养，鼓励其采用沼气池等分散处理方式，实现畜禽粪便的资源化利用，实行土地消纳，降低污染。

（4）以地养牧，农牧结合

根据物质循环、能量流动的生态学原理，将畜牧业回归农村，促进种植业与畜牧业紧密结合，以农养牧、以牧促农，实现生态系统的良性循环，是我国解决畜禽养殖污染的主要途径之一。加强农牧结合，既可减轻畜禽粪便对环境的污染，又可为绿色食品以及有机食品的生产提供基础保障，进而提高产品质量和经济效益，这是我国农业发展的主要方向。

（5）实现畜禽粪便的肥料化或能源化

通过建立有机肥厂的方式，消纳多余的畜禽粪便，或者进行厌氧发酵产生沼气，为生产生活提供能源，同时沼渣和沼液又是很好的肥料和饲料。另外将畜禽粪便直接投入专用炉中焚烧，供应生产用热等。

（6）制定优惠的扶持政策

对为了削减污染符合总量控制而关闭的养殖场应给予政策性补贴，对积极开展污染治理的企业给予一定的资金支持；制定鼓励生产、使用有机肥的优惠政策及限制化肥使用的政策，国家应在资金、税收等方面扶持粪便无害化处理厂和肥料加工厂；增加政府在畜禽养殖业环境管理方面的投入，将过去的生产鼓励性补贴改为环境保护补贴，确保环保投资的落实。

（7）加强畜禽养殖环境管理

采取以疏为主、疏堵结合的方式，既要积极引导开展畜禽粪便的综合利用，提倡农牧结合、种养平衡一体化，通过综合利用增加效益，从源头及生产过程减少污染物排放，节约治理成本，实现环境、经济、社会效益的全面提高，又要建立严格的法规和标准，强制养殖场采取有效的污染防治措施，实现达标排放。

4．生活源污染控制政策

加大对农村农活垃圾、污水连片整治资金支持。在归纳总结浙江、湖南、湖北、广东、福建农村环境连片整治工作经验基础上，在其他省份选择试点地区逐步推广。依据自然特征和污染特征属性，分别实施集中连片与分散连片整治工程，适当开展整乡推进、整县推进，实现省、市、县三级财政资金配套政策，鼓励农民投工投劳。

实施污水处理设施运行、垃圾分类收集处理补贴政策。在珠江三角洲地区、长株潭城市群、太湖流域周边农村地区，将农村污水处理设施运行、维护、管理费用纳入财政支付范畴。或实行适当的财政补贴制度，用于支付或补贴电费、征地费、人员工资和维护费用，保障治污设施稳定运行。制定农村生活垃圾分类补贴政策，对于实行垃圾分类、资源化利用的村庄农户进行补贴或奖励，可补贴一定额度现金，亦可进行生活物资（如肥料、洗衣服、洗洁剂、卫生纸等），促进农村垃圾分类与资源化利用。

因地制宜推广适用技术模式。农村污水处理宜根据排水要求选择技术及其适宜的组合工艺。农村污水治理按规模可分为散户（单户或多户）和村庄污水治理，在进行技术选择时宜根据污水处理规模选择适宜的技术。对于便于统一收集污水的村落，经技术经济和环境评价后，宜采用村落集中处理污水。在广东、广西、浙江省的水网密集农村地区因采用达标排放的处理模式，根据该区域农村的经济和技术特征，推荐使用人工湿地、土地渗滤、厌氧生物膜技术、生物接触氧化池、氧化沟活性污泥法、生物滤池等农村生活污水处理技术。

六、青藏高原控制区

（一）区域特征识别

该区域包括西藏全部地区，甘肃西南部、云南西北部、四川西部，以及青海大部分地区，共 158 个县（市、区）。东起横断山，西抵喀喇昆仑，南至喜马拉雅，北达阿尔金山—祁连山北麓，覆盖国土面积约 240 万 km^2。

1．自然特征

水文水利：青藏高原是亚洲许多大河的发源地，长江、黄河、澜沧江、怒江、森格藏布河、雅鲁藏布江以及塔里木河等都发源于此，水力资源丰富。区域内部湖泊、沼泽众多，如班公错、郭扎错、鲁玛江冬错、拉昂错、玛旁雍错、昂拉仁错、扎布耶茶错、塔若错、扎日南木错、当惹雍错、昂孜错、格仁错、错鄂、阿牙克库木湖、色林错、乌兰乌拉湖、纳木错、普莫雍错、羊卓雍错、阿其克库勒湖、鲸鱼湖等，这些湖泊主要靠周围高山冰雪融水补给。著名的青海湖位于青海省境内，为断层陷落湖，面积为 4 456 km^2，高出海平面

3 175 m，最大湖深达 38 m，是中国最大的咸水湖。其次是西藏自治区境内的纳木错，面积约 2 000 km²，高出海平面 4 650 m，是世界上最高的大湖。

气候条件：由于海拔较高，气压较低，地形的复杂和多变，青藏高原气候本身随地区的不同而变化很大，年平均气温低，暖季温凉，最热月平均气温不高，积温少。空气比较干燥、稀薄，太阳辐射比较强，为我国辐射能的高值区。总的来说高原上降雨比较少，但水湿状况差异悬殊，藏东南的巴昔卡、前门里一带年降水量多达 3 000~5 000 mm，属潮湿气候，而喜马拉雅山脉北坡的雅鲁藏布江河谷，年降水量仅 400 mm 左右，属半干旱气候。

地形地貌：青藏高原实际上是由一系列高大山脉组成的高山，如昆仑山脉、喀喇昆仑山脉、唐古拉山脉、横断山脉、冈底斯山、念青唐古拉山、喜马拉雅山脉等，高原内部被山脉分隔成许多盆地、宽谷。高原上的山脉主要是东西走向和西北—东南走向的，相对于高原外的地面陡然而起，上升很多，自北而南有祁连山、昆仑山、唐古拉山、冈底斯山和喜马拉雅山。这些大山海拔都在 5 000~6 000 m 以上，其中南部的喜马拉雅山脉中的许多山峰名列世界前十位，珠穆朗玛峰是世界上最高的山峰。同时高原内部除平原外还有许多山峰，高度悬殊。喜马拉雅山脉在不稳定的结构地形推挤下，到现在仍在往上升，每年上升 1 cm 左右。

经济水平：国家统计局公布的统计数据显示，2010 年青藏高原区内的各省（四川省）GDP 总量排名均处于全国低位，其中云南 7 220 亿元（GDP 总量排 24 位）、甘肃 4 100 亿元（GDP 总量排 24 位）、青海 1 350.43 亿元（GDP 总量排 30 位）、西藏 507.46 亿元（GDP 总量排 31 位）。实施西部大开发战略以来，青藏高原区域产业结构发生了明显变化，第一产业比重显著下降，第二产业比重持续提升。区域内各省之间产业结构分异特征显著，青海工业比重偏高，第三产业发展相对滞后；西藏第三产业比重高，但内部结构不合理，产业层次整体偏低；四川、云南、甘肃等地州也存在类似的问题。

人口特征：据不完全统计青藏高原区域总人口约 1 238.9 万人，人口密度为 5.0 人/km²，不足全国平均水平的 1/25（137 人/km²）。人口密度东南高、西北低，人口相对集中分布于自然条件较好的城镇和河谷地带。河湟谷地、柴达木盆地、藏南谷地和川滇藏接壤地区 4 个区域集中了高原人口的 80%以上和经济总量的 90%以上，而其行政地域面积只占高原的 1/3 左右，西藏总人口中 80%的人口分布在雅鲁藏布江流域和藏东三江流域；青海省人口相对集中分布于湟水和黄河谷地，河湟地区人口密度较高，占青藏高原的 42%，达到 206 人/km²。与此同时，人口增速较快，1990 年人口数为 916 万，到 2007 年仅 17 年时间，人口增加了 40%，达到 1 230 万人，年均增长率 2%，远高于全国的平均水平。

2. 种植业生产特征

区域内种植业主要集中在水利条件较好的一江（雅鲁藏布江）两河（拉萨河、年楚河）和黄（河）湟（水）谷地等 4 200 m 以下的河谷，东起青藏高原边缘的丽江，西抵日喀则，南自江孜，北达柴达木盆地，以种植青稞、小麦、豌豆、马铃薯、圆根、油菜等耐寒种类为主。雅鲁藏布江河谷纬度低，冬季无严寒，小麦可安全越冬。加以光照条件好，春夏温度偏低，延长了小麦生长期，拉萨冬小麦亩产有 1 638 斤的纪录。

3. 畜牧业生产特征

该区是畜牧业为主的地区，天然草场面积约占土地总面积的 67%。青藏高原空气稀薄，高寒缺氧，家畜以对高原生活环境适应能力较强的牦牛、藏羊、藏马、藏猪等为主，黄牛、骡、驴、骆驼等也有分布。

（二）区域农村水环境问题特征分析

1. 总体特征识别

通过污染负荷比计算，该区养殖业污染负荷比为 87%，为重点污染控制类型。该区养殖业污染源重点控制区主要分布于青海、四川西北部，在西藏、云南等局部地区有分布，控制区则主要分布于云南、四川、青海等，见表 4-21。

表 4-21 青藏高原区各类污染源控制区县

产业类型	控制级别	区县个数	集中分布区
种植业	重点控制区	10	主要分布于云南、四川等局部区域
	控制区	33	主要分布于云南、四川等
	一般区	25	—
养殖业	重点控制区	34	主要分布于青海、四川西北部，在西藏、云南等局部地区也有分布
	控制区	58	主要分布于云南、四川、青海等
	一般区	34	—
生活源	重点控制区	15	主要分布于云南西北部、四川西南部
	控制区	41	主要分布于云南、四川、青海等
	一般区	87	—
综合源	重点控制区	23	分布于青海、云南、四川等局部区域
	控制区	42	主要分布于云南、四川、青海等
	一般区	91	—

2. 养殖业污染原因分析

该区养殖业是最重要的污染源，通过控制养殖业污染，是保护该区域农村水体的重要途径之一。

草场退化严重，生态功能受到削弱。草原是西藏农牧民赖以生存和发展的重要自然基础和物质条件，由于成沙的地质基础和寒冷干燥的气候，使青藏高原区的生态环境非常脆弱，过度放牧活动，很容易打破它的生态平衡。目前该区已经出现了大量的草地退化现象，且长期偷猎乱捕和乱采滥伐致使草地退化越来越严重。草原的退化必然会导致该区域水体的萎缩及水质的恶化。

青藏高原地区除了在牧区养殖的牲畜，近年来部分畜禽养殖业从农户的分散养殖转向集约化、规模化养殖，多数养殖场缺乏必要的污染防治措施，往往直接将牲畜的粪便等倾倒入附近的水体，畜禽类的污染面明显扩大，加大了对水环境污染的威胁。

3．种植业污染原因分析

由于该区域农业生产水平较低，肥料使用量不高，种植业需要重点控制的区域较少。本区种植业主要集中在水利条件较好的一江（雅鲁藏布江）两河（拉萨河、年楚河）和黄（河）湟（水）谷地，主要种植豌豆、小麦、青稞、马铃薯等。东起青藏高原边缘的丽江，西抵日喀则，南自江孜，北达柴达木盆地，都是我国一季西凉作物单产最高的地区。在青藏高寒区的西北部因自然条件恶劣，基本上还是无人区。

4．农村生活污染原因分析

该区域气候严寒，农村人口分布较少且较为分散。农村生活带来的污染问题不突出，除游牧民定居点、县城周边的城乡结合部等部分村民集中区，农村生活污染问题较为显著外，其他区域无农村生活污染问题。

（三）农村水环境管理政策设计

1．农村水环境管理政策框架设计

通过污染负荷比计算，该区域养殖业污染负荷比为 87%，种植业污染和农村生活污染问题不是很突出。其中养殖业污染重点控制区包括 34 个县（市、区），控制区包括 58 个县（市、区），政策要点包括：

（1）养殖业

针对区域是青藏高原东南部大渡河地区、怒江上游地区、澜沧江上游地区和金沙江上游地区实施"以地定畜"的源头管控政策；划定禁牧区，开展禁养区生态环境治理与环境保护工程建设。针对青海草原、西藏东北部的安多地区及藏北高原南端推行粪便脱水机、户用堆肥设备、粪便燃料压块成型机等养殖废弃物分散处理技术模式。

（2）种植业

实施一江两河、藏东南、滇西北、河湟谷地地区"以奖代补"政策，促进有机农业发展；推行农业清洁生产技术；合理制定轮牧、休牧方案。

（3）生活源

针对拉萨、灵芝、青海、西宁旅游景区周边农村地区实施"以奖促治"政策，逐步解决人畜混居、污水横流等突出环境问题。

2．养殖业污染控制

高原边远牧区草场超载过牧退化严重，除合理确定载畜量外，必须加强草场建设，积极推行实施农牧结合或农牧区结合共同发展的方针，以充分利用农区饲料、减轻牧区饲草来源压力，以恢复改善草场生态环境。

提高牲畜质量，调整畜群结构，发展效益高、对水环境影响较小的畜种。鼓励引导牧民调整畜群结构，实现畜禽养殖与水环境保护的效益最大化。

加大畜禽粪便污染污染物处理的力度。对畜禽粪便污染控制管理与技术进行补贴，一方面，利用政府农机具补贴政策推广畜禽粪便处理机可有效解决畜禽粪便污染问题，并通过再加工服务于生产，从而改善农业生态环境；另一方面，政府通过投资或提供无息低息贷款等优惠政策，支持和鼓励兴建畜禽粪便处理加工厂和复合有机肥生产，对治理畜禽粪便污染、开发商品有机肥的企业，实行诸如免税、贷款及平价用电等方面的优惠政策。

3. 种植业污染控制

"一江（雅鲁藏布江）两河（拉萨河、年楚河）"地区种植业污染防治是在提高水利灌溉效率的基础上，减少对荒地开垦需求。且通过人工草场建设、防护林体系建设，减轻对天然植被破坏，从而遏制荒漠化和水土流失。在该区域严格控制化肥、农药的使用量，减少农用化学品对水环境的污染。

黄（河）湟（水）谷地，除重视加强中低产田改造、强化农林牧结合、发展农村二、三产业外，特殊的生态环境客观决定了其开发利用必须与荒漠化土地综合整治、草原退化治理以及水土保持生态工程建设相结合，争取经济效益与生态效益目标的一致统一。

4. 农村生活污染控制

生活污染治理。加强游牧民定居点垃圾收集与处理。要因地制宜处理游牧民定居点生活垃圾。对于城市和县城周边的游牧民定居点，可纳入市县处理系统统一处理；对于边远山区等交通不便的游牧民定居点，可采用适合当地特点的综合处理模式。加强对游牧民定居点地区电子废弃物的分类、回收与处置。

综合处理游牧民定居点生活污水。采取集中或分散处理方式，处理农村生活污水。在人口集中、排污量大、污染比较严重的地区，实行污水集中处理；在人口密度较低、环境容量相对较高的区域，可建设净化沼气池、人工湿地等进行处理；有条件的地区，可将农村净化沼气池建设与改厕、改厨、改圈结合，提高定居点生活污水处理率。

第六节　农村水环境区域化管理政策集成

一、东北控制区管理政策

东北控制区农业生产集约化、规模化水平较高，便于对农业废弃物实施统一集中管理，技术模式的选取必须考虑气候寒冷的典型特征。针对该区域的农村水环境管理政策建议如下：

一是针对秸秆、畜禽粪便收集综合利用和处理的产业机构的扶持政策，政策针对区域是吉林省的西北部、辽宁省的大部分地区、内蒙古的东部和黑龙江的局部地区。具体政策包括：对企业（合作社）的贴息贷款政策，支持综合利用和污染治理设施建设；对企业（合作社）运行费用补贴，按照秸秆每吨 10 元，畜禽粪便每吨 20 元进行补贴，保障长效运行。

二是针对黑土地的环境保护，政策针对区域是吉林省西北部、辽宁省大部分地区、内蒙古东部和黑龙江局部地区。具体政策包括制定科学、系统的黑土地保护规划，统筹安排、合理实施保护工程；实施黑土地生态保护补偿政策。

三是针对"三品"基地建设和有机肥生产施用的补贴政策。政策针对区域是松嫩平原、辽河平原部分区域、三江平原及大小兴安岭两侧区域的有机食品、绿色食品、无公害食品基地。政策重点包括：实施"三品"几点建设财政补贴政策，对取得"三品认证"的企业给予 20 万～30 万元奖励性补贴；对于施用、生产、运输有机肥的企业和个人给予适当贴性。

四是针对气候寒冷区域的环境技术政策。政策针对区域是东北控制区内冬季气候寒冷区域，具体政策包括：推行化粪池、厌氧生物膜法、生物接触氧化池等越冬型生活污水处理技术，保证冬季污水处理设施政策运行；推行生活垃圾气化、分类堆肥等资源化利用技术，适当给予补贴；推行干清粪＋干粪堆肥＋污水综合利用的养殖污染防治技术，提高粪便综合利用率。

二、西北控制区管理政策

西北控制区经济欠发达，多为丘陵山区，农业以小规模生产经营为主，产业化、现代化相对滞后。针对该区域的农村水环境管理政策建议如下：

一是推行节水灌溉技术，政策针对区域是大青山以北旱地区、内蒙古河套平原灌耕区、晋陕宁山地丘陵旱地、晋东南高原盆地旱地区、汉中盆地水田旱地区、成都平原水田区、宁夏平原灌耕地与水田区、河西走廊灌耕区、克拉玛依山地丘陵灌耕区、伊犁河谷灌耕与水田区、天山北麓及准噶尔盆地灌耕区、哈密北部灌耕地区、吐鲁番—哈密盆地灌溉耕地瓜果区、塔里木盆地灌溉耕地、帕米尔高原东缘灌耕地、叶尔羌河—喀什地区灌溉耕地、柴达木盆地。政策要点包括：以国家和地方财政投入为主，通过中低产田改造等项目支持，实施大田灌溉系统改造工程，推广滴灌、喷灌、微灌等节水灌溉方式；实施财政补贴等优惠措施引导农户采用节水灌溉技术，提高用水效益，减少污染物排入水体。

二是推行四格式化粪池、人工湿地等"三低一易"型农村生活污水分散处理技术模式，政策针对区域是内蒙古高原、大兴安岭南部与阴山山地、鄂尔多斯高原与河套平原、西辽河平原与燕山北侧黄土丘陵台地、阿尔泰山与邻近山地、准噶尔盆地、天山山地、塔里木盆地、阿拉善高原与河西走廊。政策要点包括：在布局分散且单村人口规模较大的地区，单村建设氧化塘、中型人工湿地等处理设施；在布局分散且单村人口规模较小的地区，建设无（微）动力的庭院式小型湿地、污水净化池和小型净化槽等分散处理设施。土地资源充足的村庄，可选取土地渗滤处理技术模式。

三是建立规章、标准、规范的系统化环境管理政策，政策针对区域是宁夏、新疆、内蒙古等省份，政策要点包括：建立各级地方人民政府畜禽养殖污染防治管理办法，强化综合利用与污染治理，提出鼓励、奖惩措施，明确法律职责；颁布实施针对各行政区域的生活污水、生活垃圾、畜禽养殖业污染物排放标准、技术规范、技术政策；建立综合利用和污染治理项目管理方案、项目验收办法、考核评估办法。

四是结合生态移民工程实施农村"以奖促治"政策，政策生态移民专项资金、中央农村环保专项资金等涉农资金，配套建设移民新村的生活垃圾、生活污水集中处理设施。

三、黄淮海控制区管理政策

黄淮海控制区涉及黄海、淮海和海河流域，降雨量适中，自然地形复杂，是我国种植业、养殖业高度密集区域，针对该区域的农村水环境管理政策建议如下：

一是强化饮用水水源地农村环境综合管理，政策针对区域是京津农村饮用水水源地，政策要点包括：加快划定农村饮用水水源地保护区；实施饮用水水源地环境综合整治工作，清理排污口、垃圾堆、粪堆等点源；实施饮用水水源地污染退出补偿机制，对农户搬迁、畜禽养殖场搬迁给予一定补偿。

二是实施农药化肥综合控制措施。政策针对区域是伏牛山旱地区、京津唐平原旱地区、太行山东麓平原旱地区、冀鲁豫低洼平原区、东部沿海平原旱地区、鲁西北平原旱地区、沂蒙山地旱地区、胶东丘陵旱地区、苏北平原旱地区、皖北平原旱地区、豫东平原旱地区等。政策要点包括推广测土配方施肥技术，实施精细化、精准化肥料和农药施用管控，从源头减少农药、化肥进入环境系统；局部水流汇集区建设生态拦截坝和植被缓冲带，吸附水体中残留的农药化肥，减少农药化肥进入河流湖库。

三是针对养殖场实施系统化环境监管措施。政策针对区域是坝上高原牧区、燕山及太行山山地丘陵区、天津北部山地丘陵牧区、天津中部和南部平原牧区、天津东部滨海滩涂渔牧区、河北滨海水产养殖区、豫西黄土丘陵牧区等，政策重点包括：选取具备一定治理基础的散养密集区域，实施连片治理试点工程，实现区域内粪便集中收集、统一处理；对于大型规模化养殖场，严格执行《畜禽养殖业污染物排放标准》，强化日常监察执法。

四、长江中下游控制区管理政策

长江中下游控制区农田水网密集，化肥农药施用强度较高。传统种植业、规模化养殖发展迅速，集约化程度较高，人口密度相对较大。针对该区域的农村水环境管理政策建议如下：

一是实施严格的环境准入政策。政策要点包括：对于优先控制区内的 97 个区县，实行严格的总量减排环境管理制度，合理控制区域畜禽养殖业的总体规模，合理设计区域、行业产业结构，形成产业链，促进循环经济发展；重点控制区内的 131 个区县，采取防治结合的管理政策路线，通过完善建设项目环保跟踪检查制度，实行省市县三级环保部门联动的检查机制，严肃查处"未批先建"、"批小建大"以及超期试生产、未落实"三同时"措施等畜禽养殖场建设项目的环境违法行为；对万头以上生猪养殖场建设项目，全面推行建设项目工程环境监理制度，督促规模化养殖场（小区）依法落实各项污染防治和生态保护措施。

二是推动专业化环保服务机构建设。政策要点包括对符合产业政策的有机肥料、绿色农药、秸秆制板面、沼气工程等农业生产废弃物收集、运输、综合利用专业化企业给予一次性补贴，同时支持建立区域性农业生产废弃物综合利用和污染治理中心；支持从事农村污水处理设施、沼气池运行维护的专业技术服务团队，对其运行给予适当补贴；引入 BOT、CDM 项目运行管理机制，保障运行效应。

三是实行农田水网地区农村环境集中连片整治，政策针对区域是江汉平原、湖南洞庭湖平原、鄱阳湖平原、苏皖沿江平原、里下河平原和长江三角洲平原的农村地区。政策要点是重点采用生活污水处理厂（站）、大型人工湿地、生态景观绿地系统等集中治理模式，统筹连片生活污水处理项目布局，加快治污设施建设；采用户分类、村收集、镇转运、县处理的城乡一体化生活垃圾管理模式，加快系统建设进程。

四是加快环境技术管理体系建设，政策要点包括制定农村生活污水、生活垃圾、畜禽养殖污染防治工程技术规范、项目建设投资参考标准、项目验收管理办法等规范性技术文件，严格农村保护项目管理。

五、东南控制区管理政策

东南控制区多山地丘陵，雨量充沛，人口密度相对较大，经济较为发达，畜禽养殖业、水产养殖业发展较快。针对该区域的农村水环境管理政策建议如下：

一是实施坡耕地的农药化肥治理，政策针对区域是皖浙赣丘陵山地区、闽西山地区、赣南山地丘陵区、桂粤北部山地区、湘赣山地丘陵区、湘西山地区、黔桂及黔中丘陵区、川黔山地区、滇西北山地区。政策要点包括：实施坡耕地的梯田改造工程，制定工程技术规范，减少暴雨径流造成的农药化肥流失；实施区域农药化肥施用管控政策，针对地表水重点污染局部区域，限制化肥、农药施用量，推广使用有机肥、生物肥、低度低残留农药。

二是建设山地型河流农业面源缓冲设施，政策针对区域是湘江、东江、西枝江、珠江等河流的入湖如海口，政策要点为统筹安排区域内种植业面源污染防治工程，优化前置库、植被缓冲带、生态沟渠等缓冲设施布局，同时，继续营建农田防护林，建造梯田和进行农田水利建设。

三是实施试点地区排污收费制度，政策针对区域是福建、浙江、广东等经济发达省份的农村地区。政策要点包括：对于采用的生活污水和垃圾集中处理模式的村庄和采用市政供水的村庄，按照《排污费征收标准管理办法》统一收取排污费，并将排污费用于污染防治设施建设与运行。

四是实施规模化养殖场（小区）总量减排政策，政策针对区域是浙闽沿海平原、桂粤北部草山牧地区、湘赣草山牧地区、湘西草山牧地区、黔桂草山牧地区、川黔草山牧地区、川西南草山牧地区、滇东南草山牧地区、珠江三角洲地区、粤东沿海淡水养殖区。政策要点是对规模化畜禽养殖场污染物排放总量实施总量控制，通过建设综合利用和污染治理设施，削减 COD、TN、TP 等污染物向环境的排放量；通过清洁生产试点示范工程建设，推动水产养殖场污染物减排。

五是适当开展整乡推进、整县推进的农村环境综合整治工作，政策针对区域是浙江、广东、湖北、福建等经济发达省份的农村地区，政策要点包括：建立省、市、县三级财政资金配套政策，明确资金使用途径、优化资金结构；制定整乡推进、整县推进实施方案，明确目标和项目布局；严格项目验收，制定工作考核评估办法。

六、青藏高原控制区管理政策

青藏高原控制区人口密度较低，人口居住集中于部分地区，种植业优势区域明显，畜牧养殖主要以散户轮牧为主，绝大部分地区经济欠发达。针对该区域的农村水环境管理政策建议如下：

一是实施"以地定畜"的源头管控政策。政策针对区域是青藏高原东南部大渡河地区、怒江上游地区、澜沧江上游地区和金沙江上游地区，政策要点包括：划定禁牧区，将饮用水水源地、重要生态功能保护区、自然保护区等环境敏感区域划定为禁牧区，禁止在以上区域游牧、轮牧，同时开展禁养区生态环境治理与环境保护工程建设。

二是针对游牧区的养殖废弃物综合利用环境技术政策。政策针对区域是青海草原、西藏东北部的安多地区及藏北高原南端。政策要点包括：在游牧、轮牧地区推行粪便脱水机、户用堆肥设备、粪便燃料压块成型机等养殖废弃物分散处理技术模式。

三是实施针对旅游景区周边农村地区的"以奖促治"政策，解决人畜混居、污水横流等突出环境问题，政策要点包括：通过财政专项经费支持建设旅游景区的散户养殖密集区的粪便集中堆肥厂，加强粪便集中收集处理能力；通过中央农村环保专项资金支持拉萨、灵芝、青海、西宁周边的城乡结合带、游牧民定居点建设污水处理厂（站）等集中处理设施和污水收集管网并建立财政补贴机制保障治污设施运行。

四要实施"以奖代补"政策促进有机农业发展。政策针对区域是一江两河、藏东南、滇西北、河湟谷地地区，政策要点包括：实施有机农牧业认证补贴，推动产业升级；推行农业清洁生产技术，合理设定轮牧、休牧方案，引导自然资源科学合理有序开发，加快传统农牧业生态转型。

第五章

农业清洁生产激励政策

农业清洁生产是指应用生物学、生态学、经济学、环境科学、农业科学、系统工程学的理论，运用生态系统的物种共生和物质循环再生等原理，结合系统工程方法所设计的多层次利用和工程技术，并贯穿整个农业生产活动的产前、产中、产后过程。发展农业清洁生产：必须提高农业企业及农民的清洁生产意识、知识和技能水平，制定相关的农业清洁生产法规和政策，鼓励和扶持农业清洁生产发展。通过实施基本农田建设、庭院生态经济开发、农业废弃物综合利用、农业污染控制等工程，推广适用的生态农业技术模式，建立无公害农产品生产基地。农业清洁生产的试验示范点、区、园，创办绿色食品企业，创名牌生态食品，形成地区特色产业，树立地区农业品牌，提高农产品的竞争力。

第一节　农业清洁生产激励机制与措施概述

一、激励机制

（一）强制性机制

通过法律或行政措施将自觉采纳农业清洁生产管理经营方式之一作为获得享受其他农业补贴（良种补贴、种粮补贴等）的最低资格要求，体现对农户和农业企业的清洁生产行为或活动长期的约束力。

（二）压力性机制

充分认识并发挥利用消费者绿色消费的需求，驱动形成并传递给农户、农业专业组织和农业企业（环保农药、饲料、肥料生产企业）必须选择农业清洁生产行为的社会压力。

（三）支持性机制

通过各种媒介为从事农业清洁生产者进行全面宣传、及时提供技术、信息支持以及农业清洁产品市场平台的对接与建立。

（四）激励性机制

关键是以补贴和奖励方式对从事农业清洁生产者（农户、农业专业合作组织和农业企业（环保农药、饲料、肥料生产企业）给予直接可见的实物化、货币化激励支持。同时，对农业清洁生产技术培训人员交通、住宿、农民误工补贴。

二、保障措施

（一）资金保障

我国全面推行农业清洁生产实践中，必须完全按照研究课题提出的补贴方案与损失分担比例执行。环境保护属于负外部性的公共利益，必须由政府承担补贴资金支持主体、农户环保意识提升自愿为环保支付一定份额、农户自身承担生产风险份额以及农业保险和专业灾害保险支持份额共同保障补贴落实。

（二）参与农户培训

由各级政府农业清洁生产技术推广部门结合项目专家一起，对参与农户定期举办农业清洁生产技术应用培训和宣传。培训内容主要包括：明确参与人的权利与义务、掌握农业清洁生产技术应用规范、具体实施流程和详尽的农业清洁技术应用全过程农事日志记录。

（三）农业清洁生产技术应用配套设施和投入品

为了保障推荐的农业清洁生产技术容易被农户采纳和操作应用，提高农业清洁生产技术的推广率和应用质量与水平，各级政府应为不同的农业清洁生产技术广泛应用提供必要的配套设施。配套设施与投入品主要包含：① 方便技术实施的小型机械，如小型插秧机，便于插秧均；秸秆粉碎机等；② 无害化处理的有机肥（固式或液体式）、缓释或缓控或测土配方肥；③ 可供选择的环保型农药；④ 良好的灌溉设施。

（四）监督与激励

农业清洁生产技术推广部门负责监督农户农业清洁生产技术实施全过程包括对农事日志记录有效性监督与检查。对于农户不按农业清洁生产技术要求和合同要求执行的，应该采用批评教育等方式监督其改正，对不能按合同规定要求的应减少补贴支出或不给予补贴；对于严格执行并取得良好的环境和经济效益的，可以给予一定的奖励。

第二节　农业清洁生产全面推广激励政策

一、农业清洁生产立法化永久保障政策

基于农业的基础地位，要建立独立的农业清洁生产法律法规，研究并制定促进农业清洁生产的鼓励政策，包括研究建立农业清洁生产公共财政支持政策和与市场经济相适应的农业清洁生产投融资机制，引导和鼓励广大农民积极参加农业保险，并将参保作为进一步享受更多其他农业补贴的首要条件，从法制化的角度保障农业清洁生产持续稳步开展。

二、农业清洁生产管理监督推广组织机构完善政策

农业清洁生产事关生态环境质量、农业产地环境质量、农产品质量和国家食物安全，需要建立健全农业部领导下的农业清洁生产各级行政管理、监督与推广组织等公共服务机构与管理体制，明确公益性定位，实行责任负责制，切实提高待遇水平和改善工作条件，将农业清洁生产的使命一竿子深入到基层村级单位，将具有很强外部性和公益性的农业清洁生产通过专门独立的组织机构全面落实。

三、农业清洁生产技术研发投入持续增长政策

农业清洁生产技术是突破农业资源环境约束的必然选择，具有显著的公共性、基础性、社会性，农业清洁生产的全面、有效贯彻实施，需要各项清洁技术具有很强的科学、简单、可操作和实用性，需要可持续稳定地投入加强农业清洁生产技术的研发与集成。要重点围绕清洁投入品（高效安全肥料、低毒低残留农药等）、清洁生产过程和清洁末端处理以及行之高效的农业清洁生产审核、监督、管理和评价方式方法全面进行研究。

四、农业清洁生产技术实践应用持续示范政策

我国农业生产地域广、模式多样，要结合全国农业面源污染普查成果，遵循农业地域分异和季节规律，分东北、北部沿海、东部沿海、南部沿海、黄河中游、长江中游、西南地区和大西北地区，按农业面源污染发生严重程度、等级并细分农业产业和不同作物生产，通过集成或引进先进农业清洁技术进行农业清洁生产示范，充分发挥技术创新、试验示范、辐射带动的积极作用，重点开展种植业清洁生产、畜禽养殖业和水产养殖业清洁养殖示范，逐步推行以适应不同地域与季节的农业清洁生产实践。

五、农业清洁生产技术免费宣传培训政策

积极响应广大农户、专业户和农村企业愿意为环保农业努力的热情，通过编制农业清洁生产培训教材、农业清洁生产技术应用手册，利用以电视、广播为媒介的空中课堂、网络课堂以及实地讲课（村为组织单元）等免费形式，加大农业清洁生产技术应用培训宣传力度，提高各级领导和农牧渔民清洁生产意识，促进农业污染防治观念的转变与农业清洁生产良好社会氛围的形成，保证农业清洁生产领域从业人员的业务素质。

六、农业清洁生产关键环节补贴促进政策

针对种植业、养殖业和水产业的特点，围绕涉农相关者，特别是广大农户、专业户和龙头企业以及农业生产合作社在实施农业清洁生产技术过程中所关心关注的投入成本、市场与气象灾害风险和收益问题，切实给予他们更多实在有效的利益补偿和实惠补贴，完善补贴机制和管理办法，从农业环境全局改善的长远视角，积极推进农业清洁生产从宣讲落到实地。

七、农业清洁产品品牌建立与市场对接强化政策

借鉴国际环境友好型农业推行的成功经验，各级政府和推广部门，要将农业清洁生产的实施与农业清洁农产品产销紧密对接，除了农业清洁技术的实施按照技术规范实施执行外，农业清洁生产的产品更应该有自己的品牌和市场地位，这需要政府的强力支持，在推行清洁生产技术落实于田间地头和养殖场的同时，也协助建立农业清洁农产品品牌并与市场完全对接，通过政府行推动广大消费者间接地参与到支持农业清洁生产的实践中来。

八、农业清洁生产国际合作强化推进政策

在发达国家中，推行农业清洁生产主要是通过政府补贴进行的。而目前在中国，政府提供的资金非常有限。因此，要借鉴工业清洁生产的经验，主要依靠与发达国家的多边和双边援助以及世界银行、亚洲开发银行和联合国有关机构的资助积极开展农业清洁生产国际合作项目。通过开展国际交流与合作，一方面可以加速培养专门人才，积累先进的清洁生产的经验；另一方面也可以推动中国农业清洁生产快速跨越式发展。

第三节　农业绿色投入品生产和推广激励政策

一、我国农业绿色投入品生产现状

20 世纪三四十年代，随着"化石工业"的迅猛发展，为满足城镇居民日益增长食物需求和提高农产品产量，大量合成的农业化学品如化肥、农药、农膜等相继投入使用，据统计，我国化肥施用量（折纯量，下同）从 1980 年的 1 269.4 万 t 上升到 2007 年的 5 107.8 万 t，年均增长率 5.1%，1978—2006 年化肥投入对中国粮食产量的贡献率达 56.81%，与此同时，以人畜粪便为主要养分来源的传统农田养分管理逐渐消失，农田土壤呈现板结、有机质含量持续下降趋势。农药能够减少因病虫害和草害所引起的农作物的产量损失，施用量也在逐年增加。然而，农业化学品的大量使用在带来经济效益的同时，也产生了明显的负面影响，农业面源污染问题随化肥、农药投入的增加而不断加剧。据第一次全国污染源普查公报，2007 年我国农业源排放 COD 1 324.09 万 t、TN 270.46 万 t、TP 28.47 万 t，分别占各自全国污染物总排放量的 43.7%、57.2% 和 67.3%；我国农业源 COD、TN、TP 排放量已经超过生活源和工业源，成为我国主要污染源，对我国水体环境造成严重的污染和威胁。据亚洲开发银行估计，中国农业面源污染的直接经济损失占全国 GDP 的 0.5%～1%，对农业和农村经济的可持续发展构成了严重威胁。近年来，农产品质量安全事件屡次发生，农业清洁生产已经成为农业生产发展的重要方向和重要工作内容，其中清洁的绿色投入品是重中之重。

（一）有机肥发展现状

1. 常规有机肥料发展及现状

我国农耕生产已有数千年的悠久历史，土壤肥力不仅持续不衰，而且越种越肥，这主要依赖于有机肥料的施用。早在 3000 多年前的春秋时期，我国农民就开始应用有机肥。到了汉代，已有有机肥 10 多种，并开始应用种肥、基肥、追肥等不同的施肥技术。南宋陈敷的《农书》云："若能时加新沃之土壤，以粪治之，则益精熟肥美，其力当常新壮矣"。这种地力常新的理论，指导着我国农民在几千年的农耕中，努力开拓有机肥源，大量使用有机肥料，一方面保护了土壤肥力，做到了地力长盛不衰，另一方面形成了无废物排放的农业循环经济，保护了农村环境的安全。到了清代，据杨双山的《知本提纲》，我国已有有机肥 10 大类 100 多种。直到近代，因为化肥的使用，有机肥才逐步让出了一统天下的地位。但在 20 世纪 50—60 年代，有机肥仍占有主要地位。据农业部农技推广中心的数据，有机肥在肥料总投入量中的比例为：1949 年 99.9%、1957 年 91.0%、1965 年 80.7%、1975 年 66.4%、1980 年 47.1%、1985 年 43.7%、1990 年 37.4%。据金继运等研究，我国 1995

年有机肥施用比例为 32.1%，2000 年降至 30.6%；据《2007 年中国环境状况公报》公布的数据表明，2007 年全国有机肥施用量仅占肥料施用总量的 25%。可见，我国有机肥的施用比例正逐渐降低。

有机肥料种类很多，主要为种植业和养殖业产生的废弃物。据农业部估算，2002 年全国有机肥料资源总量约 4 818 亿 t，其中畜禽粪便资源量为 2 014 亿 t，堆沤肥资源约 2 012 亿 t，秸秆类资源约 7 亿 t，饼肥资源 2 000 多万 t，绿肥约 1 亿多 t。而据金继运的估算，我国每年来自农业内部的有机物质（粪尿类、秸秆类、绿肥类、饼肥类）为 40 亿 t，可提供氮磷钾养分 5 316 万 t，其中秸秆占资源量的 12.2%，可提供养分 133 517 万 t，粪尿类占资源量的 78.7%，可提供养分 346 312 万 t。

2. 商品有机肥的现状与发展趋势

我国有机肥资源丰富，种类繁多，主要包括：人粪尿、畜禽粪便、沤肥、沼气肥、绿肥、秸秆、蚕砂、饼肥、泥土肥（沟泥、河泥、塘泥等）、草炭、风化煤与腐殖酸肥料、草木灰、骨粉、食品加工废渣、肉类加工废弃物、有机生活垃圾及城市污泥等。商品有机肥的生产可以选用上述一种或多种资源，按照其产品的主要组成可以分为：粪便有机肥、秸秆有机肥、腐殖酸有机肥、废渣有机肥、污泥有机肥等，其中以畜禽粪便有机肥应用最广。

随着现代农业的发展和农业内部产业化结构的调整，有机肥料趋于产业化、商品化。出现了工厂化生产的精制有机肥、有机无机复合肥。其采用的有机原料大多为风化煤、草炭、畜禽粪便、作物秸秆、食品和发酵工业下脚料等。据统计，在国内注册的年产 10 万 t 以上的有机肥料厂家有 310 家，大部分分布在内蒙古、辽宁、吉林、河北、山东、江苏、福建、广东等省份。肥料种类大致可分 3 种模式：一是精制有机肥料类，以提供有机质和少量养分为主，是绿色农产品和有机农产品等的主要肥料，生产企业占 31%；二是有机无机复混肥料类，既含有一定比例的有机质，又含有较高的速效养分，生产企业占 58%；三是生物有机肥料类，产品除含有较高的有机质外，还含有可改善肥料或土壤中养分释放能力的功能菌，生产企业占 11%。国内部分有机肥生产及研发单位见表 5-1。

表 5-1 我国有机肥主要研发单位及产品类型

研发单位	产品类型
北京神农采禾生物科技有限公司	秸秆、禽畜粪便，发酵生产有机肥、有机复混肥
伊春市星光生物有机肥开发有限公司	有机废物（畜禽粪便）和草炭，发酵生产生物有机肥
山西省新绛县财吉腐殖酸有限公司	风化煤提取腐殖酸生产腐殖酸有机肥
石家庄市茂园生物有机肥厂	畜禽粪便经发酵、腐熟、除臭、干燥
山东宝来利来生物工程研究院	城市生活垃圾、畜禽粪便、秸秆进行生物发酵
广州能源研究所下属公司博罗垃圾厂	城市生活垃圾、秸秆，微生物发酵
云南晨环生态有机肥厂	鸡粪、高活性天然腐殖酸及纤维物质
广东深圳芭田生物有限公司	鸡粪、腐殖酸、有益菌经微生物—生物有机肥

3. 生物有机肥

生物有机肥料是以优质肥料型有机质为载体，加入特定功能微生物后复合而成的一类兼具有微生物肥和有机肥效应的肥料。它能够提高土壤有机质含量、改善土壤物理性状；调节植物生长发育，增强植物抗病（虫）能力；改善植物根际营养环境，分解土壤中难溶的磷、钾化合物，减少氮、磷、钾的淋溶损失，促进营养元素的吸收，从而提高农产品品质。

以湖北省为例：目前大约有 30 多家中小规模的生物有机肥生产企业，主要分布在武汉、宜昌、襄樊、荆门等市，其中在农业部已办理登记的企业有 7 家。由于各个厂家生产条件、技术水平及生产工艺的差别，产品质量不尽相同。

生物有机肥的原料主要是牲畜粪便、玉米等植物秸秆、食用菌培养基料、植物榨油后的饼块、发酵工业的副产品等。发酵生产工艺多采用槽式发酵法、条垛发酵法、密封仓式发酵法和塔式发酵法等。所用的发酵菌剂主要有促进物料分解、腐熟兼具除臭功能的腐熟菌剂，一般为复合菌系，常见有纤维素分解菌、木质素分解菌、光合细菌等；物料腐熟后加入的功能菌，一般以固氮菌、溶磷菌、硅酸盐细菌、乳酸菌、芽孢杆菌、放线菌等为主。

为促进生物有机肥的健康发展，农业部于 2004 年颁布了农业行业标准《生物有机肥》（NY 884—2004）作为产品登记及市场质量监管的依据。

（二）生物农药

生物农药是指利用生物活体或其代谢产物对害虫、病菌、杂草、线虫、鼠类等有害生物进行防治的一类农药制剂，或者是通过仿生合成具有特异作用的农药制剂，主要包括生物化学农药（信息素、激素、植物调节剂、昆虫生长调节剂）和微生物农药（真菌、细菌、昆虫病毒、原生动物，或经遗传改造的微生物）两个部分，农用抗生素制剂不包括在内。在我国农业生产实际应用中，生物农药一般主要泛指可以进行大规模工业化生产的微生物源农药。

Agostino Bassi 于 1853 年首次报道由白僵菌引起的家蚕传染性病害"白僵病"，证实了该寄生菌在家蚕幼虫体内能生长发育，采用接种及接触或污染饲料的方法可传播发病；俄国的梅契尼可夫于 1879 年应用绿僵菌防治小麦金龟子幼虫；1901 年日本人石渡从家蚕中分离出一种致病芽孢杆菌——苏云金芽孢杆菌；1926 年 G. B. Fanford 使用拮抗体防治马铃薯疮痂病。这些都是生物农药早期的研究基础。20 世纪 60 年代，随着《寂静的春天》的出版，"农药公害"问题在国际上引起了震动，生物农药开始进入人们视野。1972 年，我国规定了新农药的发展方向：发展低毒高效的化学农药，逐步发展生物农药。20 世纪 70—80 年代，我国生物农药呈现出蓬勃发展的景象；90 年代，随着科学技术不断发展进步，减少使用化学农药，保护人类生存环境的呼声日益高涨，研究开发利用生物农药防治农作物病虫害，发展成为国内外植物保护科学工作者的重要研究课题之一。生物农药具有安全、有效、无污染等特点，与保护生态环境和社会协调发展的要求相吻合。因此，近年来，我国生物农药的研究开发也开始呈现出新的局面，目前，已发展成为具有几十个品种、几百个生产厂家的队伍。其中以苏云金杆菌、绿僵菌为主的生物农药产品最多，生物农药在病虫害综合防治中的地位和作用显得越来越重要。

（三）可降解地膜发展现状及问题

1. 地膜现状

塑料地膜覆盖栽培技术自 1979 年在我国试验应用并推广以来，已经成为农业增产的一项重要技术。但由于目前大多数地膜为聚乙烯地膜或聚氯乙烯地膜，其稳定性极高，降解过程相当缓慢，大约要 100 年；残留在土壤中的碎片不能被土壤微生物降解，也不能被作物吸收利用。特别是超薄地膜（微膜）的制造，虽然可以使单位面积地膜用量相对减少，成本降低，但地膜越薄，越易破碎，破碎后形成的地膜残片残留在地表和土壤中，给清理和回收带来很大困难。随着塑料地膜的大量使用，残弃塑料地膜在耕地中的积累越来越多，不仅影响农业生态环境，而且对景观环境也造成污染，还威胁着牲畜的生命；同时在土壤中形成阻隔层，降低土壤透气性，阻碍作物根系发育和对水分、养分的吸收，造成农作物减产，有些地方农作物因此而减产幅度达 20% 以上。从长远看，塑料地膜造成的污染导致的减产幅度将逐步达到和超过其保温、保湿等作用带来的增产幅度。

塑料薄膜的降解时间长达 200～300 年，长期使用给我国生态环境造成了严重的"白色污染"。目前世界上解决塑料薄膜白色污染的途径有两个，一是回收塑料薄膜，二是开发可降解农膜。但由于我国地膜用量和覆盖面积大，企业生产的薄膜厚度太薄，为 6 μm，低于国家规定的 8 μm，美国 24 μm，韩国 20 μm，日本 15 μm，回收起来异常困难，在经济上得不偿失。

2. 可降解地膜现状

降解地膜的降解主要包括生物降解、光降解和化学降解。这三种主要降解过程相互间具有增效、协同和连贯作用。而现在研究较多的有光降解地膜、生物降解地膜、光/生物降解地膜。

光降解塑料地膜是在高分子聚合物中引入光增敏基团或加入光敏性物质，使其吸收太阳紫外光后引起光化学反应而使高分子链断裂变为低分子质量化合物的一类塑料地膜。

PE 类光降解聚合物研究较多，这是由于 PE 降解成为相对分子质量低于 500 的低聚物后可被土壤中的微生物吸收降解，如美国 DurPont 公司、UCC 公司、Dow 公司和德国 Bayer 等公司工业化生产的乙烯/CO 共聚物。

常用的光敏剂有过渡金属络合物、硬脂酸盐、卤化物羧基化合物、酮类化合物（如二苯甲酮）、多核芳香化合物等。典型的例子有：加拿大 Guillete 公司在 PE 中添加甲基乙烯酮和光活性甲基苯乙烯接枝共聚物的光降解母料（Ecolyte II），美国 Ampact 公司生产的含过渡金属铁离子的光降解母料（Polygrade），以色列 Scott-Gilead 公司添加具有稳定、增敏功能的 Ni、Fe 金属络合物产品。另外，美国 Plas-tigont 公司、Enviromer Enterprises 公司、法国 Cd-fchimie 公司等也生产此类降解塑料。

生物降解塑料地膜是指一类在自然环境条件下可为微生物作用而引起降解的塑料地膜。生物降解塑料是最重要的一类降解塑料地膜。聚β-羟基丁酸酯（PHB）是一种生物降解特性优良的热塑性树脂。20 世纪 80 年代初，ICI 公司发现 PHB 的提取和纯化方法并用 PHB 制成薄膜，使聚酯 PHB 的商业化生产成为可能。PHB 是一种硬而脆的高度结晶的不稳定材料，成膜性差。ICI 公司的子公司 Marlborough 生物高分子有限公司（Biopolymer Ltd.）以β-羟基丁酸和β-羟基戊酸共聚的商品名为 Biopol 的 P（HB2HV）共聚物性能有所改善。

在生物降解高分子中，添加光敏剂可以同时具有光降解性和生物降解性。加拿大 St. Lawrene 公司用有机金属化合物和有机化合物作为光敏剂，加到 Ecostar（淀粉与 PE 的共混物）体系中，形成 Ecostar Plus 产品，制成的光/生物双降解高分子材料，用于地膜的生产。

目前国内已进入中试或批量生产可降解塑料制品的品种主要有淀粉基、碳酸钙添加型、改性 PVA 等十几种降解塑料，出现了宁波天安生物材料有限公司、天津国韵生物科技有限公司、广东汕头联亿生物工程有限公司等数十家降解塑料生产企业，以及广东肇庆华芳降解塑料公司、山东烟台阳信绿环降解塑料公司、黑龙江绥化绿环降解塑料公司等一批降解薄膜生产企业。例如北京市塑料研究所采用 LDPE 为基础原料，添加含有光敏剂、光氧稳定剂等光降解体系和含有 N、P、K 等各种化学物质作为生物降解体系的浓缩母料，经挤出吹塑制成厚度 5 μm 可控降解地膜，性能达到普通地膜标准，可控性好，诱导期稳定；营口石油化工研究所也采用含 N、P、K 元素的生物营养基化学物质配以铁系有机化合物与聚乙烯共混，制成超薄型可控光—生物降解地膜，该地膜本身不含有毒成分，降解产物对土壤、作物不产生毒害。

3. 存在的主要问题

尽管我国在可降解地膜方面进行了大量研究，也成功开发出具有自主知识产权、技术领先世界的 APC 生物质塑料生产工艺。但遗憾的是，国内从事降解塑料生产的企业主要生产医药、电子、家电包装等高附加值产品，而实现规模化降解农膜生产的企业寥寥无几。主要原因是：① 农膜企业普遍不景气，拿不出更多的资金投入降解塑料的研发。如果企业单独生产降解农膜，将要投入巨大的产品前期宣传、开发与推广资金，风险较大，这对资金本来就捉襟见肘的国内农膜企业来说是难以接受的。② 目前真正实现规模化生产的降解塑料企业很少，农膜企业即便想从事降解农膜生产，也没有足够的原料保证。③ 降解塑料技术和工艺路线目前还不完全成熟，国内也没有专门的降解农膜标准，从事降解农膜生产，企业将承受巨大的技术风险。④ 国家虽然提出鼓励发展降解塑料，但具体的激励政策并未出台，而降解农膜因成本高，自然价钱也高，但依目前国内市场现状，推广难度较大，届时企业再得不到政策和资金支持，势必造成巨大亏损。

二、绿色有机肥生产实例剖析

（一）案情简介

选择南充现代牧业发展有限公司生物肥料厂为案例，探索该绿色投入品生产企业的生产能力、生产成本、产品销售区域等以及生产销售中存在的问题。

南充现代牧业发展有限公司生物肥料厂位于四川省南充市顺庆区共兴镇，占地150亩，日处理50 t鸡粪和牛粪。处理工艺采用槽式搅拌—堆置后熟—添加生物菌剂—生物有机肥。主要处理设施为堆肥槽500 m²、后熟车间400 m²。总投资300万元，其中土建180万元，设备120万元。年运行费用209万元，其中人工24万元、设备维护维修30万元、燃料电耗21万元、菌剂108万元、过路过桥费14万元、装车费12万元。年销售生物肥料315万元。存在的问题是运输距离较远（40 km），运行成本中过路过桥费较高。企业业主建议国家能否出台类似农产品绿色通道政策，减免过路过桥费；粪便处理工程投资中国家能否支持40%，补助运行费用50%。

图5-1　现代牧业发展有限公司生物肥料厂

（二）绿色有机肥生产企业生产经营成本曲线分析

绿色有机肥生产企业经营规模有大有小，随着规模扩大，固定成本就随之增加，实施绿色有机肥生产经营，生产企业一般都采用工业化装置，固定成本变动幅度较大。由于经营规模大，废弃物产量巨大，每日处理费用较大，平时运行维护成本就大，总成本相应增加很大。其成本曲线变动情况如图5-2所示。

以南充现代牧业发展有限公司生物肥料厂生产生物肥料进行成本效益分析，该厂位于四川省南充市顺庆区共兴镇，2008年建成投产，占地150亩，每天处理50 t鸡粪和牛粪，年处理畜禽粪污达15 000余t。其粪污处理工艺采取的是"槽式搅拌—堆放后熟"模式，采取室内堆肥的方法，将粪污加工成有机肥。其粪污处理系统的主要设施包括：堆肥槽500 m²、后熟车间400 m²。总投资300万元，其中包括土建180万元，设备120万元。年运行费用209万元，其中人工24万元、设备维护维修30万元、燃料电耗费用21万元、

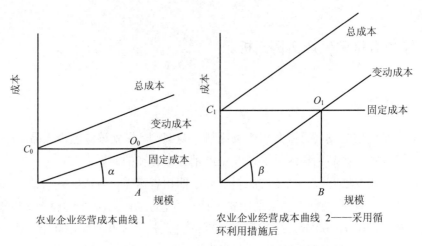

图 5-2　绿色有机肥生产企业生产经营成本曲线分析

菌剂 108 万元、过路过桥费 14 万元、装车费 12 万元；年产有机复合肥 7 000 余 t，每年由粪污处理生成的生物肥料销售收入 315 万元（450 元/t）。2008 年和 2009 年，生物肥料厂每年净经营利润 106 万元，年成本利润率为 50.72%。至 2009 年，原始投资还有 88 万元没有收回，2010 年收回全部原始投资并有净收益 18 万元。不过，南充现代牧业生物肥料厂只是畜禽粪污处理厂家，不是养殖场，所以占地面积较小，土建费用相对较低，但是设备及运营费用较高。粪污处理系统的高投入成本及运营费用阻碍小规模企业采取相同的技术，但是该项目的经营效益较好，适合具有一定规模资本的企业投资。如果该厂规模再扩大，则运行成本会增加，变动成本乃至总成本都会增加，需要政府进行成本补贴支持，则可以平稳持续生产。

（三）商品有机肥发展的制约因素

调研中发现，部分已登记注册的商品有机肥生产企业没有满负荷生产或处于半停产状态，分析其原因主要有以下几个方面：

价格偏高，应用市场较小。商品有机肥的出现，大多数农民持欢迎态度，但由于进行了工厂化生产，产品价格高于农民的承受能力，市场销售受到限制。目前，商品有机肥的出厂价每吨在 500～4 000 元内，差异较大，应用于高档花卉的商品有机肥价格最高，一般应用的商品有机肥也在 1 000 元以上，与当前市场上养分含量 25%～30%的复混肥价格相当。据调查，在农业生产上，600 元/t 以内的价位农民比较容易接受。再者，由于商品有机肥是以有机肥为主要原料的肥料，产量提高幅度小，在粮食作物上应用较少，大部分用在大棚蔬菜、瓜类、果树及绿色食品生产基地上，应用市场范围小，制约了商品有机肥的发展。

缺少政策扶持和资金扶持。例如山东省复混肥生产企业建厂初期可以享受国家三年减免税收的优惠政策，而且不少生产企业还得到过各级政府部门的资金支持，而商品有机肥生产因是一个新型企业形式，尚无优惠政策扶持。多数商品有机肥企业属于个人、集体、股份制性质，政府各部门资金扶持较少。生产量低、形不成规模效益。据青岛市调查，1999年青岛市商品有机肥的实际产量只达到设计能力的50%～60%，企业大都开工不足，造成设备闲置与资源浪费。其原因是销售量上不去，销售中收款难，赊销量大，占压了大量资金，资金周转不畅。另外还存在技术力量不足，现有设备不能充分发挥效益等问题。

运输成本高。一是有机肥通过铁路运输不享受化肥优惠运价，运输成本比较高，使商品有机肥的市场零售价比原料价格高许多；二是有机肥生产厂家在运输生产原料，如畜禽粪便、作物秸秆等过程中，不能享受到与城市生活垃圾相同的公路费减免、油价优惠等政策，在一定程度上增加了有机肥生产成本。

缺乏管理及监督。商品有机肥目前虽然有《有机肥料》（NY 525—2012）标准限值，但是由于生产门槛低，生产方式五花八门且以小作坊生产为主，生产设备简陋，产品质量难以保证；给其生产和市场质量监督造成困难。监督管理机制不健全，市场混乱，一些未经登记企业的产品，还有一些假冒伪劣产品扰乱了市场。

（四）解决途径

1. 制定切实可行的优惠政策，进行资金及技术扶持

对商品有机肥企业，应给予优惠的税收政策。对一些以秸秆等大宗有机物料为原料的商品有机肥生产企业要尽可能地给予资金扶持，以确保生产企业健康发展。针对不少企业技术力量不足的现状，各技术部门尤其是农业技术部门要给予技术帮助，指导生产企业生产适销对路的产品。借助农业部"土壤有机质提升工程"、"测土配方施肥"等重大项目，积极推进有机肥市场化、商品化和标准化。

2. 严格执行制定有机肥系列标准，规范商品有机肥市场

一方面，严格执行《有机肥料》《生物有机肥》《有机—无机复混肥》等国家和部级标准，以便于统一产品标准，提高产品质量。另一方面，尽快完成主要农产品的国家标准和行业标准的制定，以便用标准化手段促进农产品质量和效益提高，从而拓宽商品有机肥市场。认真贯彻落实农业部《肥料登记管理办法》，加强市场管理和市场检查监督，对不符合产品质量要求的生产企业，勒令停产整顿，对生产假冒伪劣产品的企业坚决予以取缔。

3. 扩大生产规模，降低生产成本

应用高新技术，改进生产工艺，提高生产量，形成规模效益。注重开发多功能的新产品，即在保证有机质含量高的情况下，无机养分含量要高，营养要全，长短效互补且抗菌、杀虫，为农民生产一系列优质、高效、价廉的商品有机肥。

4. 加强对商品有机肥的技术指导

发挥农业技术人员的专业优势，向农民推荐质量好的产品，为农民提供施肥指导，抓好售后服务。同时将肥料市场信息、土壤养分信息及其肥力动态变化规律、农民的要求、推广中出现的问题及时反馈给企业，帮助企业改进产品配方，研制开发更适合于农业生产

的商品有机肥。

三、农业绿色投入品推广激励机制与政策

农业投入品主要是指在农业生产过程中需要使用或添加的物质。包括肥料、农药、饲料及饲料添加剂等农用生产资料和农膜农用工程物资产品。人们大量投入这些农业生产资料，创造了农业增产的奇迹，但随之而来出现了土壤退化、地下水污染等环境问题。采用绿色的农业投入品，从源头削弱污染源，是解决农业面源污染的有效途径之一。

（一）国外农业绿色投入品推广的激励机制

农业作为国民经济发展的基础行业，由于本身的弱质性，需要采取一定的农业措施进行保护，而对于绿色农业投入品生产，同样需要通过机制的设立进行激励。相比较而言，国外一些国家可持续性农业起步较早，他们在鼓励使用、生产绿色农业投入品方面制定了一系列的措施，值得我们借鉴。

由于各国经济发展状况和自然条件的差异性，所实施的政策会有区别。但总体来看，当前国外在建立绿色农业投入品激励机制方面的主要措施有以下几点：立法、补贴、税收三大类。这些层面大多以环境友好型农业为立足点，从农产品生产角度建立激励机制。虽然这些措施以促进环境友好型农业的推进为目的，但在一定程度上也是对绿色投入品使用的激励，现将国外一些国家具体的措施列举如下：

在立法层面，韩国从 1999 年就制定了亲环境农业培育法，2002 年对环保型农产品实施义务认证制，把无公害农产品分为四种：低农药农产品（农药残留在标准量 1/2 以下），无农药农产品（不施农药），转换期有机农产品（不施农药和化肥超过一年）和有机农产品（不施农药和化肥超过三年），并形成了严格、具体的认证标准。同时，建立了"农产品生产履历制度"。该制度规定商店销售的农畜产品除了需要标明产地、生产者和联络方法之外，还须详细记载该产品生产过程中农药、化肥的施用量。消费者通过卖场放置的电脑即可进行现场查询。这对无公害产品规范化生产具有极大的现实意义。除此之外，韩国还建立了亲环境补贴制度，从 1999 年开始，对稻农，蔬菜等类型的亲环境生产者进行直接补贴，每年补贴金额为 57 亿韩元，合 52 万韩元/hm^2。

美国从 20 世纪初提出农业产品质量安全问题，先后提出了"自然农业"、"生物农业"、"有机农业"、"生态农业" 等农业生产方式，美国农业的可持续发展，离不开政府的扶持。首先，它构建了较为完善的法律支持体系。1906 年美国国会通过了第一部有关农药的法律，《联邦食品、医药、化妆品法》，规定在任何食品、医药、化妆品中不能含有农药。1947 年通过《联邦杀虫剂、杀菌剂、杀鼠剂法》，首次提出农药要进行登记。而 1972 年通过的《联邦环境农药控制法》对农药有了更系统的分类，第一次将农药分为通用类和限制类两大类。规定由于限制类农药毒性较强，使用不当容易会有环境污染和中毒风险，使用者需要办理

农药使用许可证。其次，形成了适用范围广、持续时间长的政府补贴机制。据经合组织估计，美国政府每年对农民的补贴约为 400 亿美元，政府补贴占到了农业产值的 20%～30%。2009 年 10 月，美国更是出台了缓控释肥国家补贴激励政策，通过美国农业部自然资源保护中心（NRCS）实施，补贴水平每英亩约 12～22 美元，农户可连续申请 5 年补贴，每年的最高补贴可达 4 万美元。除了补贴之外，美国还形成了健全的农村金融体系，农业部为农民提供直接贷款，部分私人农业贷款还获得担保。同时，政府还为农村信贷系统和其他的政府扶持企业提供免税和其他福利。

欧盟的针对环保农业的措施与美国大体相同，其在 2003 年 6 月达成的共同农业政策改革方案，规定农户享有的农业补贴与遵守法定标准相关联；"欧盟 1257/99 号规定" 对连续 5 年以上使用环境友好型技术的农民提供支持补贴，补贴标准以之前的收入和从事环境友好型技术的成本为依据，根据土地利用的情况，每公顷土地可获得的最高补贴为 450～900 欧元。据悉，欧盟每年在农业环保计划中的投入为 16 亿美元，占农业总支出的 4%。德国为了使生态农业早日实现产业化，启动了《有机农业联邦计划》，以 7 000 万欧元作为专项基金，用于生态农业的宣传、信息服务、职业培训、科技研究与推广。奥地利也于 1995 年开始实施支持有机农业发展的特别项目，国家提供专门资金鼓励和帮助农场主向有机农业转变。

日本通过制定一系列立法措施农业环境保护政策，促进农业的可持续发展。主要法规有《持续农业法》《家畜排泄物法》《肥料管理法（修订）》《有机农业法》、有机 JAS 标准等。其中《家畜排泄物法》规定：对于一定规模以上的农家养殖业建设了堆肥设施的返还16%的所得税和法人税，固定资产税按 5 年课税标准减半收取。除立法措施外，日本还为从事有机农业生产的农户提供农业专用资金，农民可以享受无息贷款，最长贷款期限可达12 年。符合条件的农民还可以在金融、税收等方面的享有优惠。这些优惠政策鼓励了农业经营者从事可持续农业生产的积极性，同时从另一方面也促进了绿色投入品的使用和生产。

以上所列举的韩国、美国、日本等国家为促进环境友好型农业制定的措施，从侧面推动了绿色投入品的使用，一些国家针对绿色投入品生产企业的制定了直接激励措施。如在菲律宾，当地政府为了推广生物肥料，制定的措施有：为肥料的研发提供资金支持、肥料的生产提供机器，为企业提供租金补贴等；地方政府建立了使用生物肥料和其他肥料对比处理的农业示范区，邀请农民在作物收获时前去参观，对比不同施肥的产量差异。农民还能以补贴的价格购买通过认证的种子，免费获得生物肥料的试用装。这样，从一方面带动了企业生产生物肥料的积极性，也让农民通过参观和试用真真正正地体会到生物肥料的优点。当然生物肥料的企业，也有自己的宣传策略，如建立网络营销、参加商品展览会等方式为自己的产品做宣传。在印度，国家为了打开生物肥料国内市场，制定了发展和使用生物肥料的国家方案，此方案涵盖了促进生物肥料的生产、分配；制定不同生物肥料的标准和质量管理措施；为生物肥料设立补贴以及培训和宣传四个方面。具体涉及为农民提供生物投入品使用方法的培训，强化运输、储存生物投入品的基础设施等。为了增加生物肥料的出口，政府还积极与有机产品主要的出口国欧盟建立合作关系。而在可降解生物塑料方面，欧盟给予生产企业 0.2 欧元/kg 的财政补贴（相对于售价的 10%），同时生产企业取消增值税，税收减免 4%。

（二）我国农业绿色投入品推广的激励措施现状

我国目前实行的绿色农业投入品激励措施，相比较而言有机肥补贴做得比较完善，缓释肥、生物低毒低残留农药、可降解地膜政策措施还处于初期探索阶段。

发改委办公厅于 2009 年的发布公告：根据《国民经济和社会发展第十一个五年规划纲要》和《生物产业发展"十一五"规划》，决定于 2009—2010 年组织实施绿色农用生物产品高技术产业化专项，通过该专项提高绿色农用生物产品的市场占有率。

专项明确指出绿色农用生物产品是指利用现代生物技术，从植物源或微生物源类物质中获得的生物农药、生物肥料、生物饲料、动物疫苗及动植物生长调节剂等产品，是不含对人类和环境有害物质的绿色农业生产资料。同时专项将重点支持具有自主知识产权和对产业发展有重大支撑作用的重要绿色农用生物产品的产业化，包括畜禽新型疫苗产业化、新型饲用抗生素替代产品产业化、农林生物农药产业化、新型高效生物肥料产业化四项产业。该公告的发布和实施从国家政策指向方面，为绿色农业投入品提高了保障。

1. 补贴层面

有机肥国家层面的补贴虽然从 2011 年才启动，但是地方的一些省份地区在此之前就根据自身的情况设立了有机肥补贴，上海市从 2004 年开始进行有机肥补贴，2004—2008 年的补贴标准为市补贴 250 元/t，各县（区）根据各自财力增加 50～100 元/t，有关乡镇在此基础上，再给予农民适当补贴，上海嘉定区、菊园新区通过余额补贴，使得农民免费使用有机肥。2009—2011 年，上海有机肥补贴额度为 200 元/t。北京市财政在 2007—2008 年每年补贴有机肥资金为 2 000 万元，2009 年是 1 700 万元，每吨有机肥补贴 250 元。2008 年山东省开始实行有机肥补贴，市政府公开招标采购有机肥，每吨给予 300 元补贴。从 2011 年开始，国家进一步扩大土壤有机质提升补贴规模和范围，对商品有机肥给予每吨 200 元的补贴，每亩补贴 100 kg 用量，对农民使用秸秆腐熟剂、应用秸秆还田腐熟技术给予每亩 20 元补贴，购买绿肥种子和根瘤菌剂给予每亩 20 元补贴。从国家层面对商品有机肥、绿肥种子以及根瘤菌剂的补贴有利于消除区域性的补贴差异，为农业绿色投入品市场公平竞争提供了保障。

2. 税收层面

财政部、国家税务总局自 2008 年 6 月 1 日起，对纳税人生产销售和批发、零售有机肥产品免征增值税。这对降低有机肥的生产销售成本具有促进作用。

目前国家针对农业绿色投入品的政策措施取得了一些成效，农业绿色投入品具体激励措施见表 5-2。各措施激励效果和推行可行性见表 5-3。

表 5-2　农业绿色投入品激励措施

绿色投入品名称	激励措施		
	补贴金额	税收	政策
商品有机肥	200 元/t（土壤有机质提升试点补贴项目，2011）	免征增值税（财政部、国家税务总局，2008）	支持绿色生物投入品产业化（发改委，2009）
绿肥种子	20 元/亩（土壤有机质提升试点补贴项目，2011）		
根瘤菌剂	20 元/亩（土壤有机质提升试点补贴项目，2011）		
环保农药			《"十二五"农药工业发展专项规划》重点发展高效、安全、环保的杀虫剂和除草剂品种（中国农药工业协会，2011）
缓释肥	75 元/亩，《北京都市型现代农业基础建设及综合开发规划（2009—2012）》		磷复肥工业"十二五"发展规划、国家中长期科学和技术发展规划纲要（2006—2020）》
可降解地膜	云南省通过政府主导，免费提供给全省 16 个州市的农民使用，示范地膜覆盖面积达到 4 万多亩		

表 5-3　激励措施实施效果及未来可行性

已采取的措施	激励效果				现有条件下实施的可行性
	差	一般	好	很好	
政策激励			√		政策的激励和导向为企业和农民吃了定心丸，可行
税收激励			√		直接受益的是企业，企业可利用省下的钱购买新设备，进行技术改造，可行
市场准入许可制度			√		通过对市场的净化，有利于企业的公平竞争，可行
财政补贴				√	财政补贴受益的是农民和企业，有利于提高双方的积极性，可行

（三）我国农业绿色投入品生产与使用激励机制

国际上，建立绿色农业投入品激励机制主要涉及立法、补贴、税收三大类。这些层面大多以环境友好型农业为立足点，从农产品生产角度建立激励机制。近几年，我国也加快了对农业绿色投入品生产激励探索的步伐，如发改委办公厅于 2009 年始根据《国民经济和社会发展第十一个五年规划纲要》和《生物产业发展"十一五"规划》，以专项项目形式支持绿色农用生物产品高技术产业化生产。专项明确指出绿色农用生物产品是指利用现代生物技术，从植物源或微生物源类物质中获得的生物农药、生物肥料、生物饲料、动物疫苗及动植物生长调节剂等产品，是不含对人类和环境有害物质的绿色农业生产资料。同时专项将重点支持具有自主知识产权和对产业发展有重大支撑作用的重要绿色农用生物产品的产业化，包括畜禽新型疫苗产业化、新型饲用抗生素替代产品产业化、农林生物农药产业化、新型高效生物肥料产业化四项产业。同时，农业部通过"测土配方施肥项目"和"土壤有机质提升项目"形式也对生产配方肥和有机肥生产企业与使用农户以及涉及推广实践的相关者都给予了资金支持的激励。

因此，根据农业绿色投入品生产主要是企业行为的特点，其激励机制包含：立法约束机制、补贴机制、税收减免机制、低息或免息机制和荣誉奖励机制等；而对绿色投入品使用者即广大农户则主要是进行农业投入品购销价格优惠激励和绿色投入品科学使用方法免费培训的激励。

1. 农业绿色投入品生产企业激励机制

（1）立法约束性激励

主要以法律法规形式规定农业投入品生产企业必须采用符合清洁生产标准的生产工艺、原材料和依法利用废物和从废物中回收原料进行绿色投入品生产与加工，以保证农业绿色投入品品质与效用。

（2）财政补贴支持激励

依法从事农业绿色投入品生产企业，将按照国家规定给予税收减免和优惠的激励，同时，添加购置绿色投入品生产工艺和设备给予贷款贴息、低息或免息优惠。

（3）专项项目延续支持激励

针对严格按照农业绿色投入品生产规程生产加工绿色投入品的企业，优先选择安排农业绿色投入品生产专项项目的延续支持，包含绿色投入品生产技术或工艺的免费提供。

（4）荣誉奖励机制

对于在农业绿色投入品生产行业一贯表现优秀的企业，给予物质或货币及荣誉奖励的激励，同时，通过公共媒介免费为他们进行农业绿色投入品品牌的宣传报道。

2. 农业绿色投入品使用用户的激励

（1）农业绿色投入品购销价格优惠

农业绿色投入品品质好、效果好、价格实惠是广大农户选择使用的通行标准，在继承专项项目按承担面积免费领取或差价购买优惠激励措施的基础上，确立并保持农业绿色投入品合理实惠的价格，以激励农户长期稳定的选择使用。

（2）农业绿色投入品科学使用方法免费培训

积极通过各种媒介包括电视宣讲、免费手机短信、发放使用手册或明白纸和现场示范的方式为广大农户进行农业绿色投入品科学使用方法的免费培训。

（3）农业绿色投入品使用大户荣誉宣传报道

示范样板效应是农户自我调整生产行为的主要方式。以县为单位的基层地方政府充分利用公共平台以不同形式对完全采用农业绿色投入品的种植和养殖大户、专业户或农业合作社进行荣誉宣传报道，将为农业绿色投入品的广泛应用起到积极的引导作用。

（四）我国农业绿色投入品生产与使用激励政策

通过对目前国内外涉及推进农业绿色投入品生产措施的梳理，在吸取经验的同时，根据我国的具体国情，建议激励政策从以下三个方面展开。

1．建立健全国家法律法规

国家政策对农业绿色投入品的推动进程具有举足轻重的作用。在具体措施上，首先，国家应该明确农业绿色投入品的发展方向，制定相关的法律法规和行业标准，引导农业绿色投入品市场健康发展，严厉打击假冒伪劣产品，为企业提供良好的市场环境。并且通过制定行业标准，规范产品生产。然后，加强对农业绿色投入品的宣传和推广力度，让更多的农民产品的性能和功效。其次，逐步建立针对各产品（有机肥、绿色农药、缓释肥、可降解地膜）包括企业投标申请、专家审核评估、政府和企业合同签订、实施补贴措施等多个环节的整套补贴招标方案。最后，通过完善绿色农产品的经营、销售渠道，使得该产业发展与农业大生产链条串联起来，为绿色投入品建立稳定的市场需求。从现有机肥推广来看，由于有机肥的铁路运输并没有享受与化肥同等的运输优惠（有机肥运输成本是化肥运输的一倍），因此存在运输费用偏高的问题，从而也增加了有机肥的成本，建议国家在有机肥及其他绿色投入品铁路运输上给予一定优惠措施，将农业绿色投入品的成本切实降下来，让更多农民接纳农业绿色投入品。

2．财政金融政策（贷款、融资、税收减免）

虽然农业绿色投入品对环境而言是友好的，对减缓农业的面源污染问题，实现农业的可持续发展必不可少，但是就企业自身来讲，农业绿色投入品有成本比较高，研发周期长，在农民中不卖座的劣势。因此国家需要在财政政策上对生产企业给予倾斜，类似于提供一定额度低利息或者零利息的贷款金额，税收优惠等政策。可以参照现行的针对商品有机肥企业免征增值税的措施，总结经验推广到其他的农业绿色投入品企业中。

3．补贴政策

农业绿色投入品的推广使用，可以通过一定的补贴措施进行，分别针对企业和农民进行。

（1）补贴企业

由于农业绿色投入品的生产成本较高，一方面，通过补贴政策鼓励企业研发新技术，改良生产设备，降低生产成本，提高产品的功效。另一方面，政府补贴企业的差价，也可以增加企业的生产积极性。

（2）补贴农民

对于农民而言，由于他们缺乏对绿色农业投入品的认识，加之其价格偏高，同时本身固有对革新方法的排斥性，在熟悉普通化肥、农药地膜等使用方法和效果的情况下，农民可能不会选择此类商品，绿色农业投入品因而不易占领市场。通过给予农民一定数额的补贴，增加了农民使用的积极性，对绿色农业投入品的使用、推广具有促进作用。

第四节　农业废弃物循环利用激励政策

农业废弃物是农业生产、农产品加工、畜禽养殖业和农村居民生活排放的废弃物的总称。它主要包括：① 农田和果园残留物（如秸秆、杂草、枯枝落叶、果壳果核等）；② 牲畜和家禽的排泄物及畜栏垫料；③ 农产品加工的废弃物和污水；④ 人粪尿和生活废弃物。农业废弃物如果任意排放不仅造成农村生活环境的污染，而且会污染农业水源，影响农业产品的品质，危害农业生产，传染疾病，影响居民健康。农业废弃物主要是有机物，这些废弃物，若处理得当，经多层次合理利用，可成为重要的有机肥源，如饲草的过腹还田、鸡粪处理后用为部分猪饲料、利用作物秸秆和粪便制取沼气、沼渣养蚯蚓、渣液当做肥料等，是当今生态农业、农业清洁生产研究和推广的重要内容之一。

研究农业废弃物循环利用，具有重要的现实意义。由于多方面的原因，目前我国农业副产品和废弃物利用尚不充分，农业产生的大量秸秆、畜禽粪便和农村的生活垃圾，大都没有得到有效利用。考虑到我国农作物剩余秸秆、畜禽粪便和农产品加工副产品等农业废弃物量大面广、利用率不高、环境污染较重的现实情况，应当通过再利用、资源化，实现农业资源的高效利用和循环利用。实现农业废弃物的循环利用，将产生巨大的经济效益、社会效益、生态效益。党的十六届五中全会通过的关于制定国民经济和社会发展的"十一五"规划建议，明确提出了建设社会主义新农村的重大战略目标，并提出建设资源节约型、环境友好型社会。农作物秸秆、畜禽粪便、人粪尿等农业废弃物资源开发和合理利用作为建设"生产发展、生活富裕、村容整洁、乡风文明、管理民主"社会主义新农村的重要措施，将受到前所未有的重视。

农业废弃物循环利用是实现农业清洁生产的一个重要环节，实施农业废弃物循环利用，可以实现农业投入品的充分利用，保障农业生产过程符合清洁生产要求，促进农业产出有效利用，是农业生产全过程符合清洁生产标准。如何激励生产主体实现农业废弃物的循环利用，如何对农业废弃物循环利用进行认证，采取何种有效的补贴标准、方法和政策，尚待深入探索。因此研究农业废弃物循环利用的激励机制，具有重要的理论意义。

一、我国农业废弃物资源利用的现状

（一）农业废弃物资源化利用的意义

1. 消除日益严重的环境污染

农业废弃物的污染主要表现为：① 秸秆焚烧和臭气引起的空气污染；② 重金属、农药和兽药残留引起的土壤污染；③ 农业"白色污染"；④ 粪便等造成的水源污染；⑤ 农业废弃物引起细菌和病毒的传播。合理利用农业废弃物资源可以有效地降低或者消除以上存在的环境污染问题。

2．改善耕地土壤质量

根据全国化肥试验网肥料长期定位试验和国家土壤肥力与肥料效益监测资料显示，近年来，我国耕地土壤有机质含量有下降趋势，土壤缓冲能力减弱，抗灾能力衰退，化肥利用率低，土壤肥力降低。实现农业废弃物的肥料化利用，生产有机肥料可以补充土壤养分，提高土壤中营养元素的有效性，并有助于改善土壤质地。

3．解决农村能源短缺问题

我国农村人口占全国总人口的 70%以上，生物质能一直是农村的主要能源之一，农村生活用能源仍有 57%依靠薪柴和秸秆。薪柴消费量超过合理采伐量的 15%，导致大面积森林植被破坏，水土流失加剧和生态环境失衡。"九五"以来的全国生态农业和生态家园建设的实践已经证明，有效利用农林废弃物和乡镇生活废弃物，发展农村沼气等能源工程和生态农业模式，可有效地促进生态良性循环，减轻对森林资源的破坏，减少土壤侵蚀和水土流失，保护生物多样性。

（二）我国农业废弃物来源及总量估计

我国是一个农业大国，农业经济规模宏大，相应地，农业废弃物产生量极其巨大。我国农业废弃物主要来自农业经济和农村生活过程，包括植物类废弃物（农林生产过程中产生的残余物）、动物类废弃物（牧、渔业生产过程中产生的残余物）、加工类废弃物（农林牧渔业加工过程中产生的残余物）和农村城镇生活垃圾四大类，按照废弃物的物质形态，又可以划分为固体农业废弃物、气态农业废弃物和液态农业废弃物。

种植业和养殖业是我国农业废弃物最主要的两大来源。据估算[①]，我国农作物秸秆总产量为 6.5×10^8 t/a 左右，其中稻草 2.3×10^8 t，玉米秸秆 2.2×10^8 t，豆类和秋杂粮作物秸秆 1.0×10^8 t，花生、薯类藤蔓和甜菜叶等 1.0×10^8 t。中国常年燃烧的秸秆量约为 $5 \times 10^7 \sim 7 \times 10^7$ t，占秸秆产生总量的 10%～15%。同时，我国是世界上畜禽养殖大国，据估算，每年畜禽粪便产生量约为 17.3×10^8 t，其中牛粪 10.7×10^8 t，猪粪 2.7×10^8 t，羊粪 3.4×10^8 t，家禽粪 1.8×10^8 t，畜禽粪便中含有的氮、磷分别是 1.60×10^7 t 和 3.63×10^6 t，相当于中国同期使用化肥量的 78.9%和 57.4%。由于受经济效益和技术普及的限制，许多养殖场并未对畜禽废物进行合理处理而直接外排，造成资源浪费和环境污染。数以几十亿吨计的农业废弃物已经成为中国最大的污染源。以 2003 年中国畜禽粪便产生量为例，所产生的 21 亿 t 畜禽粪便是中国其他产业固体废弃物产生量的 2.4 倍。畜禽粪便化学耗氧量的排放量已达

---

① 由于我国农业生产主要以农户为单元，规模小而且分散，生产主体数量众多，从而农业生产及其废物产生较为分散，这为农业废弃物数量的统计带来了较大的困难。目前，我国农业废弃物没有准确的数据和记录。大多数相关数据仅仅是根据作物和养殖规模估算。

9 118 万 t，远远超过中国工业废水和生活废水的排放量之和。

农业废弃物具有以下四个特点：① 数量大。我国是世界上农业废弃物产出量最大的国家，每年大约有 40 多亿 t。② 分布面广。我国地域辽阔，与城市工业生产和城市居民生活的集中性不同，农村生产和生活是分散进行，从而导致农业废弃物分布面广。③ 季节性和周期性。农业生产的强季节性决定了农业废弃物也具有较强的季节性和周期性。④ 多样性。不同地域、自然条件的差异造成各地不同的生产方式和多样化的农副产品，导致农业废弃物呈现很强的多样性。

（三）农业废弃物利用特征

我国农业废弃物利用的主要特征表现为：第一，粗放低效利用且闲置状况严重；第二，农业废弃物的资源化利用技术与产业化水平滞后。

在我国，农作物秸秆多采用燃烧等一次性利用方式，农业废弃物的利用率却很低乃至没有利用，农业废弃物一方面成为最大的搁置资源之一，另一方面又成为巨大的污染源。农作物秸秆主要用作燃料，能量只利用了 1/10，大多数的能量、矿物盐类、脂肪和粗蛋白等物质均被浪费。田间焚烧农作物秸秆，仅利用所含钾量的 1/3，其余氮、磷、有机质和热能则全部损失。农作物燃烧过程中还产生大量氮氧化物、二氧化硫、碳氢化合物及烟尘，直接污染大气，经过太阳光照作用产生的有害物质又进一步造成二次污染。畜禽粪便未经处理直接归田，属于一次利用，它严重污染周边的水域、土壤等环境，造成农副产品产量和品质下降，最终影响人体健康。据分析，鸡鸭粪便中含有粗蛋白 28%～31.3%，可消化能 7 888～9 216 kJ/kg，另外还含有一定的钙、磷等营养物质，它们未能在一次利用中发挥作用。

由于长期以来人们对农业废弃物资源的认识不清，加上技术落后、投入不足等诸多因素，对其开发利用还较落后。目前大部分多采用一次性和粗放式的利用方式，工艺简单，技术落后，利用率低，处理能力和利用规模也十分有限。目前，我国每年仅作物秸秆量就达 6 亿 t 以上，但因缺乏相应的技术和设备来加以利用，其中的 2/3 只能废弃或焚烧。我国虽然具有利用农业废弃物资源的传统，但是创新的技术少，拥有自主知识产权的技术和具有较好适应性能以及推广价值的技术更少，一些废弃物高效生产设备及其配套利用设备等在技术上未能有大的突破。同时，由于对农业废弃物资源化产品开发的主攻方向不明，导致中国的农业废弃物转化产品品种少、质量差、利用率低、商品价值低，而且产业化进程滞后，因此，无论在国内还是在国际市场上都缺乏竞争力；另一方面，在废弃物资源化设备的投入上，由于资金缺乏，一些很好的技术在产业化过程中得不到应用和推广，许多技术在低水平上重复，不能适应农业现代化发展的需求。

二、我国农业废弃物循环利用主要问题

当前，在我国农业废弃物资源利用中，存在如下主要问题：

（一）农业废弃物资源总量不清

中国每年到底产生多少农业废弃物，这些废弃物呈怎样的分布，利用状况如何，对环境造成多大影响，没有准确的数据和记录，现有的来自不同部门的数据出入很大，真伪难辨。

（二）重视程度不够，缺乏相关政策法规

国家目前没有完整的农业废弃物利用的专门法律法规，农业主管部门只重视"肉、蛋、奶"等农产品的生产，不重视农业废弃物的利用。即便在当前注重环境保护和食品安全的大背景下，对农业废弃物的处理和资源化利用也没摆在应有的位置。现有的农业废弃物的管理体制和相关标准可操作性差，更谈不上预警、监测体系。

（三）农业废弃物利用技术落后，利用率低

虽然我国农业废弃物利用有着悠久的历史，但是创新性技术少，推广价值不高，农业废弃物的利用率很低。比如秸秆的利用，大多数还是采用直接燃烧供热或者还田的方式，缺乏先进的利用技术。

（四）农业废弃物转化产品单一，商品价值低

农业废弃物产品开发缺乏主攻方向，品种单一，质量不高，商品价值低。比如畜禽粪便的利用，大多数采用烘干后直接饲喂的方式，缺乏对其有效营养价值的分析利用，没有形成创新型的饲料产品。

三、我国农业废弃物循环利用的主要技术方案

我国农业废弃物再利用有着悠久的历史，堆肥和沼气技术在传统的生态理念指引下被广泛应用。目前，对于植物纤维废弃物的资源化利用而言，主要采用废物还田、加工饲料、固化、炭化、气化、制复合材料、制造化学品等技术；畜禽粪便的资源化利用则主要采用肥料化技术、饲料化技术和燃料化技术等。

综观国内外农业废弃物循环利用的技术方案，可以发现当前国内外农业废弃物的资源化逐步向能源化、肥料化、饲料化、材料化、生态化和基质化等几个方面发展（如图5-3和表5-4所示）。对于植物类废弃物的资源化利用而言，主要采用废物还田、加工饲料、固化、炭化、气化、制复合材料、制造化学品等技术；畜禽粪便的资源化利用则主要采用肥料化技术、饲料化技术和燃料化技术等。

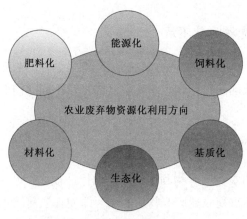

图 5-3 农业废弃物资源化综合利用方向

表 5-4 农业废弃物资源化综合利用技术

功能类型	利用途径	具体内容
肥料化	直接还田	秸秆和粪肥直接还田
	发酵还田	利用微生物进行生物化学反应，将有机废物转化成类似腐殖质的高效有机肥，如各种堆肥（好氧），沤肥（兼性厌氧）、沼气肥（厌氧）等
	生产有机无机复合肥	畜禽粪便、有机垃圾等经过一系列工艺处理（如高温、高压等），加工成无病菌、无毒、无臭并便于运输和贮存的有机复合肥料
饲料化	植物纤维性废弃物作为饲料	通过微生物处理转化，将秸秆、木屑等植物废弃物加工变为微生物蛋白产品的技术；通过发酵对青绿秸秆处理的青贮饲料化技术；通过对秸秆氨化处理，改善原料适口性和营养价值的氨化技术。动物性废弃物的饲料化主要指畜禽粪便和加工下脚料的饲料化
	畜禽粪便和加工下脚料的饲料化	干燥鸡粪无害化处理后用于喂猪、养鱼
能源化	生产沼气	烧饭、照明、取暖、大棚温室种菜、孵化雏鸡、增温养蚕、发电等
	气化	中热值秸秆气化、燃气净化技术
	液化	纤维素原料生产燃料乙醇技术；生物质热解液化制备燃料油、间接液化生产合成柴油
	固化	制成固体成型燃料
	发电	有机垃圾混合燃烧发电技术
材料化	工业原料	家具、纸板、低甲醛或无甲醛人造板、层积材（集成材）、指接材及其他建筑装饰材料技术
		通过固化、炭化技术制成活性炭材料
		利用稻壳作为生产白炭黑、炭化硅陶瓷、氮化硅陶瓷的原料
		利用秸秆、稻壳经炭化后生产钢铁冶金行业金属液面的新型保温材料
		利用甘蔗渣、玉米渣等制取膳食纤维产品
		利用棉秆皮、棉铃壳等含有酚式羟基化学成分制成吸收重金属的聚合阳离子交换树脂
生态化	作为产业链一环，实现物质多重循环和转化	秸秆—食用菌—猪—沼气—肥田；猪—沼—粮、果、菜、鱼
基质化	经过粉碎后作基质原料	食用菌或花卉的栽培，高蛋白蝇蛆、蚯蚓等的养殖

（一）农业废弃物的肥料化方向

1. 直接还田

如秸秆和粪肥直接还田等，该技术操作简单、省工省事。有关试验研究表明，秸秆连续还田 2～3 年后土壤孔隙度增加 2.1%～4.1%，有机质增加 0.5～1.7 g/kg，速效钾增加 15.0～18.7 mg/kg，碱解氮、速效磷也都有所提高，年均增产粮食 534 kg/hm^2。

2. 发酵还田

如各种堆肥（好氧），沤肥（兼性厌氧）、沼气肥（厌氧）等，都是利用微生物进行生物化学反应，将有机废物转化成类似腐殖质的高效有机肥。其中，堆肥和沤肥由于简便易行而被广泛采用，而厌氧发酵生产沼肥因投入与维护问题，推广和应用受到了一定的限制。

3. 生产有机无机复合肥

将畜禽粪便、有机垃圾等经过一系列工艺处理（如高温、高压等），加工成无病菌、无毒、无臭，并便于运输和贮存的有机复合肥料，使其既含有机成分，又含无机成分，既可实现氮磷钾平衡，又可实现有机与无机的平衡，具有较大优越性。

（二）农业废弃物的饲料化方向

农业废弃物的饲料化包括植物纤维性废弃物的饲料化和动物性废弃物的饲料化。植物纤维性废弃物主要指农作物秸秆类物质，其中含有纤维类物质和少量的蛋白质，经过适当的技术处理，便可作为饲料应用。主要的技术有通过微生物处理转化，将秸秆、木屑等植物废弃物加工变为微生物蛋白产品的技术；通过发酵对青绿秸秆处理的青贮饲料化技术；通过对秸秆氨化处理，改善原料适口性和营养价值的氨化技术。

动物性废弃物的饲料化主要指畜禽粪便和加工下脚料的饲料化。禽粪便中含有许多未被利用的营养物质，如干燥鸡粪含粗蛋白 23%～31.3%，粗脂肪 8%～10%，还有各种必需的氨基酸和大量维生素，用于喂猪、养鱼，效果良好。由于动物性废弃物的直接饲料化存在较多的安全卫生问题，因此，必须进行一定的无害化处理方可使用。

（三）农业废弃物的能源化方向

目前关于农业废弃物能源化方面主要集中在高效沼气发酵装置与配套设备及其发电工程系统的研究；中热值秸秆气化装置和燃气净化技术的研究；秸秆直接燃烧供热系统技术的研究；纤维素原料生产燃料乙醇技术的研究；生物质热解液化制备燃料油、间接液化生产合成柴油和副产物综合利用技术的研究；有机垃圾混合燃烧发电技术的研究以及"能源—环境工程"生态农业综合利用模式的研究等方面。利用各种农业废弃物发酵生产沼气，可以显著提高热效率。据统计，我国农村目前用作薪柴直接烧掉的农作物秸秆占总量的 65%～84%，这种方式只利用了其热能的 10% 左右，而若改为发酵沼气燃烧可使热效率提高 94%；同样，通过沼气发酵也可使粪便中不能直接燃烧的能量得到充分利用。沼气除了可供烧饭、照明、取暖外，还用来进行大棚温室种菜、孵化雏鸡、增温养蚕、发电等。废弃物的生物质能利用是农业废弃物资源化发展的一个重大拓展。这是生物质能在整个新能源和可再生能源中具有的重要地位和农村能源发展需要决定的。生物质能源的开发方向为：秸秆的气化发电；作为化石能源替代燃料的生物柴油；甲醇等合成化工产品的原料气；生物质的快速裂解或高压液化制燃料油；生物质水解后发酵制燃料酒精以及生物质汽化后再由气体产品生产液体燃料等。生物质能作为新型和后续能源应该列入国家发展规划的重点。

（四）农业废弃物资源的材（原）料化方向

利用农业废弃物中的高蛋白质资源和纤维性材料生产多种生物质材料和生产资料是农业废弃物资源化利用的又一个重要领域，有着广阔的前景。例如利用农业废弃物中的高纤维性植物废弃物生产纸板、人造纤维板、轻质建材板等材料；通过固化、炭化技术制成活性炭材料；利用稻壳作为生产白炭黑、炭化硅陶瓷、氮化硅陶瓷的原料；利用秸秆、稻壳经炭化后生产钢铁冶金行业金属液面的新型保温材料；利用甘蔗渣、玉米渣等制取膳食纤维产品；利用棉秆皮、棉铃壳等含有酚式羟基化学成分制成吸收重金属的聚合阳离子交换树脂等。

（五）农业废弃物资源的基质化方向

农业废弃物经适当处理可作为农业生产很好的基质原料，可用来栽培食用菌和花卉，养殖高蛋白蝇蛆、蚯蚓等。如利用各种秸秆、棉籽粉碎后作培养基，每 1 kg 可产菇 1～2 kg；用食用菌下脚料喂蚯蚓，每 1 万条一天消耗 4 kg 废料，这方面具有较好的生产应用前景。

（六）农业废弃物资源的综合生态化方向

根据生态学的食物链原理，将农业废弃物作为产业链中的一个重要环节，进而实现物质的多重循环和多次转化利用，提高资源利用率及整体效益。

以"秸秆—食用菌—猪—沼气—肥田"模式为例，其能量利用率可达 50%以上，有机质和营养元素的利用率可达 95%。但若秸秆只经过牲畜过腹还田，则其能量利用率仅为20%，氮、磷、钾等营养元素的利用率仅为 60%。目前，我国这方面的生态农业利用模式很多，如猪—沼—果模式、猪—沼—鱼模式等，重要的是要进行大面积推广应用。

四、循环利用模式经济评价

本节对农业废弃物循环利用的成本效益进行评估，主要以蛋鸡养殖场废弃物的循环利用为例展开分析。

蛋鸡养殖场的废弃物主要有粪便、废弃食物、死禽和垫圈材料等，其中鸡粪为最主要的废弃物，鸡粪产量一般与蛋鸡饲用饲料量相当。由于蛋鸡消化道较短，饲料消化时间较短，鸡粪中富含各种营养成分。鸡粪具有很高的营养价值和资源利用价值，可被再循环利用。

当前我国蛋鸡存栏量达到 15 亿只左右，年产鸡粪 4 320 万 t 左右。未经科学有效处理的鸡粪成为我国蛋鸡业点源污染的来源之一，对蛋鸡养殖场和周边环境造成一定环境压力。如果鸡粪未经处理，直接排入环境，会造成水体富营养化、地表水硝酸盐污染、空气质量恶化、传染病扩散，威胁家畜乃至人类健康，因此有必要选择环境友好、有利于提高资源利用效率且具有一定经济效益的方法处理鸡粪。

调研发现，当前我国各地鸡粪循环利用取得了初步的成效，积累了一些成功经验，但是还存在如下主要问题：第一，中小养殖主体无法承担处理鸡粪的成本。多数农户按照传统养殖模式分散养殖，处于维持生计的微利状态，而小规模养殖企业中有不少企业亏损，无力处理鸡粪。第二，大多数鸡粪处理厂家处于亏本状态或增效不明显，肥料化处理模式面对着"有机肥没有被农户普遍接受、肥料价格难以弥补成本"的状况，销路不畅，效益不足。第三，先进处理模式难以全面推广。大型养殖企业采用沼气发电或者鸡粪焚烧发电模式，模式比较先进，但是投资巨大，利息和设备维修费用昂贵，一般企业难以承担。第四，利用鸡粪生产的有机肥和化肥相比，在价格和施肥习惯以及运费补贴方面，具有较大差距。一般农户用不起商品有机肥；有机肥运费明显高于化肥而且得不到运费补贴。这些问题的存在阻碍了蛋鸡粪的无害化处理和资源化循环利用。

（一）废弃物循环利用的主要模式

目前，国内外对鸡粪的循环利用一般采用能源化、肥料化和饲料化三种模式，其中肥料化是国内鸡粪循环利用的最主要模式。

1. 能源化模式

国内国外鸡粪实现能源化的措施主要有两种，其一是焚烧发电，其二是厌氧发酵产生沼气能源。

鸡粪燃烧的低位发热量平均值在 10.45MJ/kg 左右，约等于一般原煤的 50%，即 2 kg鸡粪相当于 1 kg 原煤，因此鸡粪焚烧发电具有相当经济价值。鸡粪焚烧发电的主要流程为：鸡粪输送—CFB 锅炉（循环流化床锅炉）燃烧—汽轮发电—电力并网；辅助流程包括烟气处理和残渣冷却处理，目前福建圣农集团下属福建凯圣生物质热电厂采取的就是这种处理模式。

鸡粪中有机质含量高，挥发性固体含量 82.2%，碳氮比为 15.6∶1，是很好的沼气发酵原料，在厌氧条件下由种类繁多、数量巨大且功能不同的多种微生物分解代谢产生沼气，其主要成分为甲烷（50%～60%）。沼气的热值为 23 027.4～24 283.4J/m³，1 m³ 的沼气相当于原煤 3.3 kg，是高效的清洁能源。大型企业进一步把沼气能源转化为电能（如北京德青源科技有限公司先把鸡粪发酵产生沼气，然后利用沼气燃烧发电并入电网）。

2．肥料化模式

鸡粪肥料化作为处理鸡粪的一种模式，有传统做法，也有现代做法。传统做法是露天堆肥，现代做法是综合运用生物技术进行机械化堆肥。露天堆肥是古老的废弃物处理技术，中国、印度等许多东方国家古代就已经普遍使用。传统堆肥的腐熟需要经过一系列的变化，这些变化主要是由微生物参与的生物氧化降解过程。传统堆肥占用的空间较大，发酵需要的时间比较长。现代做法是运用密闭机械并添加微生物复合菌剂和辅料（主要是含 C 量高的木屑、稻糠、粉碎秸秆等，调节 CN 比例，以降低 N 损失），加速鸡粪发酵进程，避免渗漏，减轻人工劳动强度，保护操作工人身体健康，改善有机肥生产工厂与周边环境。

3．饲料化模式

与猪牛羊等动物相比，鸡的消化道短，采食的饲料很快通过消化道排出体外。因此，鸡对饲料的消化吸收率低（35%左右），鸡粪中含有许多未被消化吸收的营养物质。鸡粪不但蛋白质含量高，而且蛋白质中各种氨基酸组成也比较完善，鸡粪中矿物质和 B 族维生素含量亦较高，每吨干鸡粪可代替 0.38 吨饲料粮，所以鸡粪作为饲料的利用价值较高。鸡粪经发酵处理后，非蛋白氨可被微生物利用合成菌体蛋白，从而能够被单胃动物利用。

鸡粪用作饲料前必须进行加工处理，以达到脱水、去臭、杀虫、灭菌以及改进适口性等目的，进而提高其饲用价值。加工鸡粪作饲料的传统方法是自然干燥法，既不卫生，也容易损失营养成分，目前比较合适的加工方法包括热喷处理法、微生物发酵法、混合青贮法、化学处理法等。

4．三大模式的优劣势分析

鸡粪循环利用三大模式的优点与主要技术难题见表 5-5。总的来说，能源化模式是未来的主要发展方向，但是沼气发电和焚烧发电投资巨大，风险也比较大，当前推广难度比较大，其中单纯沼气化比较适合中小规模鸡养殖企业使用；肥料化模式投资规模适中，适合当前推广，经济效益较高；饲料化模式面对的疫病风险较大，社会认可度和实践可行性较弱。

表 5-5　鸡粪循环利用模式优点与难题分析表

模式	主要优点	主要难题	技术攻关路线	典型案例
能源化	符合发展低碳经济趋势；沼气生产方式统筹处理污水与粪便；迂回式生产方式，扩大前后向产业联系效应	沼气工程投资大、运行效益低，沼液、渣利用率低，难以消纳，容易导致二次污染。传统鸡粪焚烧模式容易导致大气污染；投资巨大	沼气发电，沼液、沼渣管道运输至农田；除尘、脱硫；技术和设备国产化	北京德青源沼气发电厂；福建凯圣生物质热电厂；山东民和股份有限公司
肥料化	投资低，收效快；符合循环经济原则；符合有机食品消费趋势	传统露天堆肥易导致氮素挥发污染大气，氮素淋洗、液体渗漏污染水体、未对有机废水进行无害化处理	封闭式搅拌、好氧发酵、添加秸秆、稻糠或者锯末，改传统堆肥为机械化生产有机肥	国家蛋鸡产业体系淮南站；成都巨兴禽业有限公司

模式	主要优点	主要难题	技术攻关路线	典型案例
饲料化	投资低，见效快；节省资源	鸡粪含吲哚、胺类、病原微生物，代谢后毒素，容易导致畜禽交叉感染；鸡粪烘干需要消耗能源并导致空气二次污染	重金属和病菌检测排查；运用化学方法、微生物发酵方法、热喷法和青贮法代替人工烘干和自然干燥工艺	—

资料来源：课题组根据调查和有关文献整理。

（二）不同循环利用模式的经济评价

1. 评价方法简介

本文使用国内外普遍运用的费用收益率指标、投资回收期指标和投资净收益现值方法对主要蛋鸡粪循环利用模式进行经济评估。

费用收益率即投资年收益与年费用的比率，计算公式为：$R = B/C \times 100\%$，其中 R 为费用收益率，B 为年度总收益，C 为年度总成本。

投资回收期就是使累计的经济效益等于最初的投资费用所需的时间，也就是指通过资金回流量来回收投资的年限，计算公式为：$T = I_0 / (B - C)$，其中 T 为投资回收期，I_0 为初始投资额。

蛋鸡粪处理既有经济效益，也有环境效益，不仅有短期收益，而且有长期收益，因而对其进行经济评价，除了适用上面提到的两项静态财务指标，也适用具有动态属性的投资净收益现值指标。在本文的经济评估过程中，为简化分析和便于项目间比较，统一以 2008 年为折现基期，折现率取 12%，投资收益周期设定为 15 年。

2. 能源化模式的评价

北京德青源科技有限公司采取的是能源化模式处理鸡粪。2008 年起德青源公司存栏蛋鸡达到 260 万只，年产鸡粪达 7.5 万 t。该公司下属的德青源沼气发电厂于 2008 年正式发电，有效处理了该养殖场生产的鸡粪。该电厂的成本收益情况如表 5-6 所示，年费用合计为 1 270.5 万元，年收入为 1 350 万元。在按照市场价格计算鸡粪成本的情况下，该发电厂费用收益率为 1 350/1 270.5=1.063。鉴于鸡粪为该集团废弃物，按照零成本计算，那么费用下降 386.9 万元，实际总费用为 883.6 万元，实际费用收益率为：1 350/883.6=1.528；实际回收期为：6 500/（1 350−891.7）=13.94 年，因此按照原料（鸡粪）零成本假设，该厂则可以在折旧期内收回投资。

进一步按照如上文公式测算该发电厂的投资净收益现值：PVDB=9 194.7 万元；PVEB=41.5 万元；PVC=6 018.1 万元；PVEC=61.3 万元；PVNB=−343 万元；即使鸡粪按照零成本计算，该厂投资净收益现值为负值。如果没有得到 CDM 收入，该沼气厂的亏损更大。由于巨额的初始投资，以及后期高额的维护费用，对国内其他蛋鸡养殖企业来说，是非常高的投资门槛；更何况 CDM 交易也不是国内其他采取类似处理模式的企业能够轻易获得的；因此，德青源的沼气发电处理鸡粪模式在国内短期难以大规模复制传播[①]。

表 5-6　德青源沼气发电厂成本收益表

项目	金额/万元	备注
初始投资	6 500	沼气生产、净化与发电系统，其中输电线路 500 万元
运行费用		
燃料动力费用	100	
折旧费用	300	按照 15 年摊销，残值 2 000 万元
维修费用	150	按照折旧费 50%计算
人员工资	19.2	8 人，2 000 元/人·月，12 个月
税收	178.5	按照收入的 17%计算，1 050×17%
原料费用	386.9	按照鸡粪市场价计算，50 元/t，日消耗量 212 t，365 d
地租	0.9	4 500 元/hm^2，2 hm^2
利息费用	135	贷款 1 800 万元，年利息 7.5%
费用合计	1 270.5	
占地机会成本	9	占地 2 hm^2，按照苹果园收入计算，2×22 500×2=90 000 元
合计	1 279.5	
投资收益		
发电收入	1 050	1 400 万 kWh×0.75 元/kWh
沼气售卖收入	0	年供气 73 m^3，目前免费
肥料收入	0	年供应沼液 18 万 t，目前免费送给附近农户
热能回收收入	100	理论热能总量为电量的 1.8 倍，但目前未充分利用，可替代能源消耗 100 万元
CDM 收入	200	8.4 万 t/a，其中发电减排 0.5 万 t，其他为削减甲烷减排，合计获得 CDM 收入 3 000 万元，均摊入 15 年
合计	1 350	若减去 CDM 收入，则年收入为 1 150 万元
（排污处罚）	（6.1）	排污收费额为 0.7 元/当量，30 只为 1 污染当量，共 260/30=8.7 万当量

注：CDM 即清洁发展机制（Clean Development Mechanism）。占地机会成本，按照当地苹果园收入每公顷 22 500 元计算。
资料来源：课题组调查，2010。

3. 肥料化模式的评价

在肥料化模式方面，本课题组调查了两个公司，一是国家蛋鸡产业体系淮南试验站下属的安徽沃丰生物科技开发有限公司，二是成都巨兴禽业有限公司，下面以两公司为案例分析鸡粪有机肥的成本收益。

（1）淮南站案

2010 年，淮南站饲养父母代种鸡和商品鸡 150 万套（只），年产鸡粪 3.75 万 t。淮南站为解决养鸡规模日益扩大带来的鸡粪污染问题，特于 2007 年以自筹资金建立占地 43 亩

[①] 目前国内另有肉鸡养殖企业山东民和股份公司也采用了沼气发电模式处理鸡粪，并获得了 CDM 收入，支付额度由联合国每年核定。

的安徽沃丰生物科技开发有限公司（以下简称该肥料厂），目前每天可以处理 40 t 鸡粪，约为当前该公司鸡粪生产能力的 67%。就其目前生产方式来说，主要流程包括：进料—添加辅料（主要用稻糠）并搅拌—输送—条垛式高温发酵（15～35 d）—堆放陈化（30 d 以上）并多次翻堆—出晒（降低水分）—添加菜籽饼—产品加工与包装（粉料，颗粒料）。在这种生产方式的生产成本中，原料成本占总生产成本的 3/4～4/5，主要是稻糠的成本占主要部分；颗粒料与粉料相比，主要是增加了人工费用、包装费用和间接费用，每吨成本上升 190 元；夏季生产与春秋季生产相比，每吨成本增加成本 150～160 元，主要是辅料成本增加，即夏季需要添加更多的辅料——稻糠。

该肥料厂将进行二期扩建，采用槽式发酵技术，预计成本收益情况如表 5-7 所示，年费用合计为 8 182.85 万元，年收入为 9 000 万元。该肥料厂费用收益率为：9 000/8 182.85=1.10；投资回收期为：2 491/（9 000−8 182.85）=3.05 年，在此种情况下，该肥料厂能够在折旧期内收回投资，如果鸡粪按照零成本计算，则该厂可以在更短的时间内收回投资[①]。

进一步按照上文所列公式测算该肥料厂的投资净收益现值计算过程如下：

PVDB=61 297.78 万元；PVEB=23.84 万元；PVC=55 732.28 万元；PVEC=146.43 万元；PVNB=5 442.9 万元。该肥料厂的投资净收益现值为 5 443 万元。

表 5-7　淮南站有机肥生产成本收益表

项目	金额/万元	备注
初始投资	2 491	固定资产投资，主厂房 6 540 m²，仓库与辅助用房 5 500 m²，发酵大棚 15 000 m²，搅拌机 8 万元，制粒机 25 万元，翻耕机 5 万元
运行费用		
燃料动力费用	141	
制造费用	220	暂按包含折旧费用计算
辅助材料费用	886	
包装物	375	
人员工资	180	
管理销售费用	280	管理费用 100 万元，销售费用 180 万元
税收	0	免增值税
原料费用	5 960	原料为荣达集团鸡粪
地租	21 500	7 500 元/hm²，2.87 hm²
利息费用	138.7	
费用合计	8 182.85	
占地机会成本	21.5	占地 2.87 hm²，按照茶园收入计算，2.87×75 000=215 000 元
合计	8 204.35	
投资收益		

① 鸡粪为该集团废弃物，若按照零成本计算，则投资收益率为 9 000/2 222.85=4.05；投资回收期为：2 491/（9 000−2 222.85）=0.37 年。

项目	金额/万元	备注
肥料售卖收入	9 000	约相当于 15 万 t 有机肥的销售收入
合计	9 000	
（排污处罚）	（3.5）	排污收费额为 0.7 元/当量，30 只为一污染当量，共 150/30＝5 万当量

注：占地机会成本，按照当地茶园收入每公顷 75 000 元计算。
资料来源：课题组调查，2010。

调查发现，该肥料厂目前面对的主要问题是销售价格比较低，颗粒料为每吨 610～620 元，粉料为每吨 450 元，春秋季的生产能够略有盈余，而夏季生产则难以保证本益平衡。实际上养鸡场面临的最大污染问题出现在夏季，夏季鸡粪含水量比春秋季高出 50%，周围农民也不需要，鸡粪堆积在鸡舍区容易发酵、散发恶臭气味更浓，污染更厉害。要降低生产成本则只有通过压低人工费用，减少辅料，降低水分，压缩生产费用。

（2）成都公司案

成都巨兴禽业有限公司是成都市规模最大的集约化蛋鸡养殖场，常年存栏蛋鸡 30 多万只，每天有 50～60 t 粪需要处理。从 20 年前的 1 000 只鸡发展到现在的 30 多万只鸡，鸡粪处理规模扩大，难度也同步加大。其处理方式由先期的机械烘干方式，发展为现在的半发酵方式。

当前的半发酵模式比较适应市场需求，主要因为是经济作物尤其是水果产业的迅速发展，如生态果园模式兴盛起来，对有机肥需求拉动强劲，因此目前有机肥的销售状况开始好转起来。

2009 年巨兴禽业在大邑县投资 1 200 多万元建立了有机肥厂[①]，用米糠发酵，增加碳含量并降低水分（从 75% 的水分降到 60% 以下），添加发酵粉（每 10 t 鸡粪需要耗用 1 kg，占用成本较高），鸡粪价格 200～500 多元/t（随着饲料涨价而变动）。巨兴禽业半发酵模式的主要工艺流程是：拌料—第一次发酵（夏天 20 天或冬天 30 天）、腐熟—后发酵（堆放 3 个月左右，水分低于 25%）—烘干（达到 12% 的水分）—分装销售。

据巨兴禽业有限公司有关负责人介绍，半发酵模式成本约 540 元/t。其中每吨有机肥需要米糠 250 kg 约 195 元，发酵菌 14 元，工资 70 元，包装 50 元，电 16 元，设备折旧 50 元，资金利息 10 元，鲜鸡粪 22 元/t×4 t＝88 元（3.5～4 t 鲜粪生产 1 t 干粪），其他为推销（5 000 元/月的工资）和广告费用。有机肥销售给葡萄园，价格 700 元/t，扣除运费 50 元后约 650 元/t，与成本相比稍有盈余。但这个价格，一般的农户还接受不了，所以要大规模推广半发酵模式还有一定难度。

4. 饲料化模式简评[②]

鸡粪再生饲料可根据饲喂对象，选择不同的添加比例，一般在 15%～30% 之间，因此可节省与之相当的饲料量。有关实验表明，对畜禽喂养鸡粪饲料，可以提高饲料利用率和

---

① 每个养殖点都有发酵分厂（根据养鸡规模设定有机肥分厂生产规模），一般 5 万只以上就合适建厂。
② 鉴于课题组未调查鸡粪饲料化问题，本节对鸡粪饲料化的经济技术评价以间接文献材料为基础进行综述性分析。

畜禽产量。其中，酒糟发酵鸡粪饲料可以使肉牛日增重提高 25%，每千克增重降低耗料 1.63 kg，饲料利用率提高 9.9%。发酵鸡粪饲料喂养育肥猪，虽然不显著增重，但是可以降低饲料成本 15%～17%。鸡粪再生饲料不是动物源性饲料，属于废物再利用，利于减少资源浪费，具有一定经济价值。

5. 不同模式的综合评价

鸡粪处理的能源化、肥料化和饲料化，符合循环经济的 3R 原则（减量化、再利用、再循环），具有可观的经济效益、环境效益和社会效益。

（1）经济效益

对鸡粪进行处理，转化为"清洁能源"、"绿色生物有机肥"、"再生饲料"，经济价值相当可观。在能源化方面，无用的废弃物鸡粪转化为沼气，提供了清洁能源，或转化为热能，进一步转化为电能，能够为我国紧张的能源供应局势提供新的能源来源；而且实施鸡粪能源化处理的企业都能够获得丰厚的经济收益，如德青源公司每年可获得 1 350 万元的收益；圣农公司 70 万 t 鸡粪发电可以获得 1 亿元的收益，山东民和股份也通过鸡粪沼气发电获得了电力并网的收益，还获得了 CDM 交易收益。在鸡粪肥料化处理方面，鸡粪转化为有机肥，为我国有机食品产业的发展提供了资源丰富的有机肥源，有力支撑了该产业的发展；对化肥也有重要的替代作用，对农业生产者来说，带来了一定经济收益；鸡粪肥料化提高了蛋鸡养殖场的额外收益，减少了鸡粪堆积造成的经济损失。鸡粪饲料化则可以替代普通饲料，节省饲料投入，降低畜禽饲养成本，提高饲料利用效率；对于蛋鸡养殖场来说，增加了鸡粪再利用的可行途径。

（2）环境效益

鸡粪再生资源商品化，实现了废物的综合利用，大大地缓解了养殖场粪便污染问题。首先鸡粪处理减轻了点源污染，改善了养殖场周边地区的环境；其次，鸡粪的能源化处理，如发电、生产沼气等模式产生了清洁能源，减少了温室气体的排放，也减少了乱砍滥伐，保护了森林和绿色植被；再次，鸡粪的肥料化处理，生产了生物有机肥，这些废料的施用利于促进土壤团粒结构的形成，能够有效提高土壤的保水保肥和供肥性能，增强土壤的抗逆性，防止水土流失和沙漠化，使农业生产得以健康、持续、稳定的增长。

表 5-8 农业废弃物循环利用成本变化情况

主体	固定成本变化	流动成本变化	总成本变化
农业企业	企业经营规模较大，固定成本大，采取农业废弃物循环利用措施，一般采用工业化装置，固定成本变动幅度较大	由于经营规模大，废弃物产量巨大，每日处理费用较大	总成本有很大变化
农户	农户经营规模普遍较小，固定成本在其经营投入中相对不是大比重，其采取废弃物循环利用措施，一般使用简便设施，固定成本变动不是很大	经营规模小，废弃物产量有限，处理方法简便，每日处理费用较小	总成本变化有限，但是在劳动力短缺背景下，雇工费用会明显上升

（3）社会效益

鸡粪处理，改善了农村的生活环境，也给农民提供了更多的就业机会，实现了农民增收，农业增效，使农村环境更加优美、社会更加和谐，利于促进农村经济又好又快地发展。此外，鸡粪的处理还有利于促进先进能源化技术、机械化技术、生物技术和环境保护技术的研发、推广和应用，推动技术进步。

（三）农业废弃物循环利用成本曲线解析

农户和企业对农业废弃物采取循环利用措施，其经营成本将发生变化，在固定成本和变动成本两个方面影响农户和企业的经营决策。

1．农户成本曲线

农户经营规模不大，其经营成本小，采取农业废弃物循环利用措施，一般采取简便设施和简单处理方法，固定成本增加有限，变动成本亦浮动不大。其成本曲线变动情况如图3.5-4 所示。

2．企业成本曲线

企业经营规模较大，固定成本大，采取农业废弃物循环利用措施，一般采用工业化装置，固定成本变动幅度较大。由于经营规模大，废弃物产量巨大，每日处理费用较大。总成本相应增加很大。其成本曲线变动情况如图 5-5 所示。

五、农业废弃物资源化利用激励机制

激励是管理学的一个基本概念，指激发人的动机的一个心理过程。激励机制是指通过一套理性化的制度来反映激励主体与激励客体相互作用的方式。农业废弃物资源化利用激励机制是指以经济激励和非经济激励的方式，调动废弃物资源化利用的主体——农户与企业参加废弃物资源化利用的积极性，是加快农业产业化发展进程的一系列制度安排与做法的方式。它是推进农业废弃物资源化利用的动力之源，也是推进我国现代化农业发展的动力之源。

从资源经济学上讲，农业废弃物是一种特殊形态的农业资源，如何充分有效地利用将其加工转化不仅对合理利用农业生产和生活资源、减少环境污染、改善农村生态环境具有十分重要的影响，而且对能源日益枯竭的今天具有重大意义，更是建设资源节约型、环境友好型社会的重要措施。因此，农业废弃物资源的合理资源化利用已成为当前世界上大多数国家共同面临的问题，对农业废弃物置之不理，会造成资源浪费与环境污染的双重危害，不利于我国农业发展并且会造成农民利益受损。因此，必须建立废弃物资源化利用激励机制，农业废弃物资源化利用激励机制建立，可以理顺各个主体之间的利益关系，极大地提高农户、企业等主体的积极性，促进农业废弃物在资源化、能源化、肥料化、饲料化、材料化、生态化和基质化多方面研发、创新和应用，减少我国废弃物的数量，做到物尽其用，变废为宝。进而为农业废弃物未来产业化发展创造良好的发展环境,产生良好的经济效益、社会效益和生态效益。

(一)激励机制的主体与客体分析

农业废弃物资源化利用激励机制的主体为中央政府和各级地方政府,而客体则是具体实施废弃物资源化利用的农户与企业。

中央与地方政府应该成为实施激励机制的主体。农业废弃物的资源化利用对于我国农业发展和我国环境影响举足轻重。只有通过政策并充分运用法律、行政及财政税收手段,才能引导、规范并促进农业废弃物的资源化利用。这就必须依靠政府的宏观调控与管理。政府的责任在于为资源化利用的良性运转创造良好的政策环境,其职能主要是"统筹规划,掌握政策,信息引导,组织协调,提供服务和检查监督"。中央和各级地方政府必须以提升我国农业废弃物资源综合利用整体水平为目标,从全局角度出发,制定农业废弃物资源化利用的战略规划;建立并完善相关的法律法规体系,形成法律保障;制定、实施相应的政策措施引导社会资金投资于农业废弃物资源化利用产业,为相关单位开展资源综合利用工作提供技术支持,加快资源综合利用技术开发、示范和推广应用。

农业废弃物资源化利用的顺利推行需要中央政府和地方政府共同采取有效的政策措施和资金投入。但是面对上述问题,中央政府和地方政府的政策出发点和利益着眼点的差异会造成政策实施和资金投入力度的差异,很容易导致地方政府在执行中央政策过程中出现所谓的"上有政策,下有对策"的情况。中央政府和地方政府的利益冲突会损害政府的工作效率,影响政策的执行和发展目标的实现。在制定农业废弃物资源化利用激励机制的时候必须注意这个问题。

农业废弃物资源化利用激励机制的客体是农户与企业,它们是各种激励措施的接受者,同时也是农业废弃物资源化利用的具体实行者和操作者。当前中国正处在体制转轨和结构转化同时推进的阶段,我国农户的经济性质具有从"道义小农"向"理性小农"的过渡特征。在生产方面,农户目标仍为追求利润和规避风险之间的组合,并且利润正逐渐处于主导性地位;在要素投入方面,农户的要素投入依然强调劳动的基础性作用,但对资本和技术性因素的使用程度在不断增强,农户的行为是将其所拥有的投入要素集(劳动、土地及其他要素)在理性的支配下得到基于其特定生产任务的最优配置效率。如果农业废弃物的资源化利用会对理性农户的策略选择产生影响,进而导致资源的非最优配置,那么农户将依然保持传统的农业废弃物利用方式,追求"短平快",或者肆意排放,或者简单粗放利用。从企业自身来看,目前对于环境改善的受益者应给予企业多大程度的补偿等无法量化,企业进行废弃物资源化生产依赖于废弃物的规模、替代性资源、新的技术设备和科学的管理,而高昂的研发成本和较高的失败风险的承受是企业无法转嫁或者得到补偿的。同时,企业履行环境责任的行为得不到消费者的普遍认可和积极的行为响应也抑制了企业的供给动力。从本质上说,企业以追求利益最大化为目标,废弃物资源化利用的投入巨大且效益回报期长，有些技术还很不成熟，设备研发和推广相当落后，企业往往认为废弃物资源化利用带来的生态环境效益是归社会所得，企业自身难以从中获得经济效益，产生的抵触往往导致企业的积极性很低。在农户与农户、农户与企业联合方面，如果农户与农户、农户与企业在废弃物资源化利用方面不存在很强的外部性，联合所得到的配置效率将低于非联合状态下单个农户废弃物资源化利用所能得到的最优配置效率，那么他们之间将不会自发产生联合。可以说，理性小农和追求利益最大化的企业在废弃物资源化利用方面的目标和策略与政府是不一致的，经济投入、思想认识、科技水平和制度安排等诸多障碍决定了废弃物资源化利用在低水平上重复和徘徊。因此，激励机制的顺利实施必须首先让客体正确了解农业废弃物的本质和农业废弃物资源化利用的重要意义，然后在此基础上，给予相应的经济激励、政策扶持与技术指导。

（二）农业废弃物资源化利用激励机制的国际经验

法国政府在废物资源化利用方面制订了采用"清洁工艺"生产生态产品及回收利用和综合利用废物等一系列政策。法国环境部还设立了专门机构从事这一工作，每年给清洁生产示范工程补贴 10% 的投资，科研资助高达 50%。法国从 1980 年起还设立了无污染工厂的奥斯卡奖金，奖励在采用无废工艺方面做出成绩的企业。法国环境部还对 100 多项无废工艺的技术经济情况进行了调查研究，其中无废工艺设备运行费低于原工艺设备运行费的占 68%，对超过原工艺设备运行费的给予财政补贴和资助。

荷兰实施"污染项目"，制订了防止废物产生和排放的政策并为促进少废无废（清洁生产）技术的开展和利用的企业给予占新设备 15%～40% 的补贴。

丹麦于 1991 年 6 月颁布了新的丹麦环境保护法（污染预防法），这一法案规定：对通过采用清洁工艺和回收利用而大幅度减少对环境影响的研究和开发项目提供资助并对清洁工艺和回收利用方面的信息活动给予资助；对工厂中回收研究项目提供 25% 的资助；对用于收集所有类型废物设备进行的研究可提供高达 75% 的资助。

加拿大政府制订了资源和能源保护技术的开发和示范规则来促进开展减少废物和循环利用及回收利用废物的工作。

德国颁布了一些废弃物资源化利用的相关法律。1972 年德国颁布了《废弃物管理法》，1996 年制定了《循环经济和废弃物管理法》，目的是彻底改造垃圾处理体系，建立产品责任（延伸）制度。

日本在 1996 年制定《环境基本法》，在 2000 年颁布《循环型社会形成推进基本法》。其宗旨是改变传统社会经济发展模式，以解决废物问题为起点，建立"循环型社会"。日本促进循环经济发展的法律法规体系比较健全，可以分成三个层面：第一层面为基础层，其法律有《促进建立循环社会基本法》；第二层面是综合性法律，其法律有《固体废弃物管理和公共清洁法》和《促进资源有效利用法》；第三层面是根据各种产品的性质制定的法律法规，其分别是《促进容器与包装分类回收法》《家用电器回收法》《建筑及材料回收法》《食品回收法》及《绿色采购法》。

通过对上述国家农业废弃物资源化利用的激励机制的研究可以发现，这些起步早、获得成效较好的国家普遍具有以下两个特点：立法明确详细、政府补贴金额高且能及时发放，这是我们可以借鉴的宝贵经验。这意味着，我国在制定农业废弃物资源化利用激励机制时，要以政府宏观调控为主导、市场配置为基础，资金为推手，科技为支撑，政策法规为保障。

（三）我国农业废弃物资源化利用激励机制的不足

目前我国对于废弃物资源化利用的激励的法律文件、政府政策数量有限，主要包括：《中华人民共和国国民经济和社会发展第十二个五年规划纲要》中提出要大力发展循环经济按照减量化、再利用、资源化的原则，减量化优先，以提高资源产出效率为目标，推进生产、流通、消费各环节循环经济发展，加强资源循环利用技术示范推广加快构建覆盖全社会的资源循环利用体系。《中华人民共和国清洁生产促进法（全文）》提出农业生产者应当科学地使用化肥、农药、农用薄膜和饲料添加剂，改进种植和养殖技术，实现农产品的优质、无害和农业生产废物的资源化，防止农业环境污染。规定对利用废物生产产品的和从废物中回收原料的，税务机关按照国家有关规定，减征或者免征增值税。2009 年 12 月 7 日，财政部、国家税务总局发文《关于以农林剩余物为原料的综合利用产品增值税政策的通知》对以农林剩余物为原料生产加工的综合利用产品增值税政策进行明确和规范；对纳税人销售的以三剩物、次小薪材、农作物秸秆、蔗渣 4 类农林剩余物为原料自产的综合利用产品由税务机关实行增值税即征即退办法，具体退税比例 2009 年为 100%，2010 年为 80%。实行增值税即征即退的综合利用产品包括：① 木（竹）、秸秆纤维板；② 木（竹）、秸秆、蔗渣刨花板；③ 细木工板；④ 活性炭；⑤ 栲胶；⑥ 水解酒精、炭棒；⑦ 沙柳箱纸板；⑧ 以蔗渣为原料生产的纸张，该通知还规定企业以《资源综合利用企业所得税优惠目录》规定的资源作为主要原材料，生产国家非限制和禁止并符合国家和行业相关标准的产品取得的收入，减按 90%计入收入总额。与此同时，国家发展改革委、科技部、工业和信息化部、国土资源部、住房和城乡建设部、商务部联合发布了《中国资源综合利用技术政策大纲》公告提出了下一步需要重点推广的农林废弃物资源综合利用技术，主要包括以农作物剩余物及其他生物质材料为主要原料造纸、生产人造板、加工固体成型燃料以及气化（沼气）等技术；研发高效发酵菌剂与反应装置，完善秸秆沼气规模化工程技术；推进畜禽屠宰废弃物生产饲料及相关生物制品技术的产业化等。在《农业部、国家发展和改革委员会关于进一步加强农村沼气建设管理的意见》文件中指出，要推进农村沼气又好又快发展，搞好沼气技术推广和创新，要创新技术模式深入研究沼气产业化发展模式、生态家园建设集成配套技术模式、沼气后期管理服务模式、规模化养殖场沼气工程循环经济模式以及生活污水净化沼气工程模式等；要加强技术试验示范与推广，增加科技含量逐步扩大示范规模；支持养殖场建设沼气工程加强畜禽粪便等废弃物的综合利用，治理养殖污染；要研究制定相配套的激励政策，加强沼气服务体系建设安排养殖场大中型沼气工程建设专项资金，调动养殖场建设沼气工程的积极性；要积极向养殖场推广"统一建池、集中供气、综合利用"的沼气工程建设模式，向农户提供清洁能源，向农业提供高效有机肥。开展联户沼气和养殖小区沼气工程建设试点，努力降低建设成本，根据实际探索建立适宜的建设和使用机制，按照养殖小区和联户沼气工程试点项目建设方案做好组织实施；加快研究制定沼气工程设计、施工的准入制度，培养和扶持一批专业工程设计和施工单位，培训工程管理人员，提高工程质量和管理水平。《秸秆能源化利用补助资金管理暂行办法》规定要对从事秸秆成型燃料、秸秆气化、秸秆干馏等秸秆能源化生产的企业给予支持；对符合支持条件的企业，根据企业每年实际销售秸秆能源产品的种类、数量折算消耗的秸秆种类和数量，中央财政按一定标准给予综合性补助。

上述政策法规在一定程度上规范和促进了农业废弃物资源化利用，但是在全面性和可操作性层面上尚有欠缺。

综观我国农业废弃物资源化利用的相关政策法规并与其他国家进行对比之后不难发现，我国农业废弃物资源化利用的激励机制主要存在以下几个方面的不足：

资金投入不够。对现阶段农民来说，废弃物资源化利用仅能体现在传统的资源化利用发面，要促使农民更大规模、更多方式的利用，那么农民一次性投资成本较高，单靠农民是难以全面解决的。即使农民通过成立组织和相关模式，但是资金仍是一个巨大的问题。对于企业来说，追求利益最大化是其目标，而对于废弃物资源化利用的投入非常巨大并且很难看到直接的经济效益，因此如果缺少配套资金，那么企业进行农业废弃物资源化利用的积极性必然不高。对政府来说，政府必须扶持农民才能推动废弃物资源化利用，但是其投资成本也是很高的，加之各个地方政府财力有限，无法做到全面实施农业废弃物资源化利用且进程较慢。在设备的投入上，由于财政的支撑和吸纳社会资金的能力不足，一些先进的技术在产业化的转化过程中得不到应用和推广，导致废弃物的资源化在低水平上重复，不能适应社会生产的需求。由于政策扶持和资金支持的不足或缺乏，一些专门从事农业废弃物资源化利用的龙头企业未能很好地成长起来，相关的产业体系也未能得到很好的培育。

在农业废弃物资源化利用方面的意识以及生态环境意识淡薄。由于宣传力度较小和持续性较差，许多农业生产者往往对于废弃物资源化利用存在错误认知，多数人对农业废弃物资源化利用认识不足，因此往往追求短期效益，追求"短平快"，而不愿意对废弃物资源进行深度利用，因而多肆意排放，或简单粗放利用。

政策支持度有限。可操作性的政策措施尚未很好地建立或执行使得主体执行过程缺乏连续性。我国虽然已出台了废弃物资源化利用相关的政策法规，但可操作性差，如鼓励农业生产者进行农业废弃物利用的优惠政策太少或支持力度不够，而且具有一定的年限，一旦过了一定的年限后，如果农民、企业等主体的利益机制不能建立，优惠政策的消失将使农业废弃物资源化利用回到原点。构建激励机制的核心问题就是解决上述不足之处，为今后的政策法规制定提供参考与借鉴。

目前有利于农业废弃物利用的社会化服务体系尚未形成，如废弃物资源的信息服务体系、技术服务体系、加工生产体系、市场服务体系、企业与农户的对接与组织模式、农业废弃物循环利用物流体系等，因此，在一定程度上制约了农业废弃物资源的产业化和规模化发展。

（四）激励手段

建立健全的农业废弃物资源化利用激励机制，不能仅仅从单一方面着手，而必须从经济、技术以及文化等各个层面开展工作，见图 5-4。只有这样才能充分调动客体积极性，保障农业废弃物资源化利用的长期健康发展。

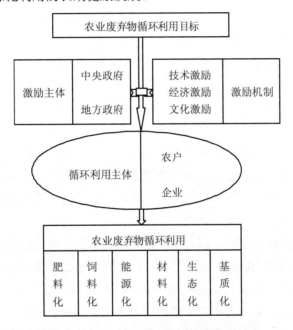

图 5-4　农业废弃物资源化利用激励机制图

1. 经济激励

经济激励手段主要是指采用市场经济手段来激励客体进行废弃物资源化利用，主要手段包括价格激励、税收激励、金融激励等。其中价格激励主要通过提高废弃物资源化产出的产品价格来促进废弃物资源化利用；税收激励是对实施废弃物资源化利用的客体给予税收优惠政策，通过减免税收的形式来进行激励；金融激励是指采用优惠利率、贷款优先等金融手段，对实施废弃物资源化利用的客体进行激励。针对现阶段我国废弃物资源化利用遇到的困难，在对其进行激励时，应注意以下方面：

政府要建立健全的补贴机制，为农户进行农业废弃物资源化利用提供一定比例的补贴，激励农户自愿进行农业废弃物资源化利用并使生态资本增值。补贴标准必须坚持一个基本原则：在考虑财政承受能力的同时，最好采用直接补贴、直接到账的形式。起步阶段补贴不宜定得过高或过低，但应逐步提高补贴标准，不断扩大补贴范围。同时要大力资助农业废弃物资源化利用工程项目建设。能够利用的经济杠杆要充分运用，保障农业废弃物资源化利用工程的顺利实施。政府一方面可以增加开发新技术、新工艺、新产品的科技投入，另一方面可以增加农民使用新技术、新工艺、新产品的补助，双向促进农业废弃物资源化的开发利用，使农村农业废弃物资源化利用达到最高效率和最佳效益。

对于进行农业废弃物资源化利用的企业，应加大政府资金支持；引导农业企业进行废弃物资源化利用技术创新，对创新的企业给予奖励；鼓励发展农业废弃物资源化利用专业化公司。由财政部建立农业废弃物资源化利用专项资金，奖励企业开展农业废弃物资源化利用，对农业废弃物资源化利用项目给予资金支持；各省市从排污费中提取一定的资金用于推行企业农业废弃物资源化利用；引导农业废弃物资源化利用项目的实施并编制农业废弃物资源化利用项目改造专项规划。

2. 技术激励

农业废弃物资源化利用的发展，最终要靠技术指导。政府部门首先要加大对先进的农业废弃物资源化利用技术的投入，加大对新技术的研发推广和对已有技术的改进推广力度。坚持产学研相结合，选择环境影响严重、产生量大的废弃资源，组织技术攻关，强化科技创新能力建设，积极引导科技人员结合实际工作情况进行农业废弃物资源化利用新技术的研究和创新并将每个阶段取得的科研成果及时有效地在相关企业中推广，建立监督机制，督促其学习、接受并利用这些先进技术，与此同时，也要鼓励企业建立相关技术的科研中心，形成主客体共同研究共同发展的良好局面。

另外要在农村搞好模式试点，探索和完善废弃物资源化利用的发展模式。农户在推广人员指导下，学会和掌握先进的农业废弃物资源化利用技术，通过农业废弃物资源化利用得到好处的农户就会确认和接受它并在生产中加以应用，以至于全部取代过去所习惯的传统落后的技术。通过少数农户采用农业废弃物资源化利用新技术的示范作用，辐射带动大多数农户自愿地接受新技术，使新技术在农业生产中得到广泛的推广应用。针对农村农业技术人员少，农户素质低，而农业废弃物资源化利用技术推广需要大量的技术培训的特点。各级政府部门应该高度重视对于农业废弃物资源化利用技术的培训工作。努力建立农业废弃物资源化利用的知识和培训体系，将工业企业农业废弃物资源化利用生产成功经验运用到农业中。对于工作在第一线的技术人员要科学、有效地组织定期培训并定期考核，以保证技术人员素质；另一方面，还要充分利用农村干部、乡村学校教师等文化素质较高的特殊资源，落实对农户的普遍培训，将知识技术送到各家各户。

3. 文化激励

农业废弃物资源化利用的发展需要有一个良好的社会文化氛围，通过文化特有的功能去教育与鼓励客体，提高其参与意识，从而产生一种强大的凝聚力，发挥出巨大的整体效应，促进农业废弃物资源化利用的发展。要通过各种媒体进行农业废弃物资源化利用知识的宣传和技术的普及，宣扬农业废弃物资源化利用的理念、相关知识及其重要性，通过长期的教育使其深入人心，使之树立农业废弃物资源化利用的新发展观、新价值观、新生产观和新消费观。通过社会舆论的力量，对发展废弃物资源化利用成绩突出的企业进行宣传与表彰，提高企业的品牌知名度和美誉度；反之，对态度不积极实施效果较差的企业，通过社会舆论、媒介进行批评，促进企业进行整改。政府也可以经常性如每年举办一些正式评比活动，对企业进行排序并进行表彰，在社会上造成影响，以此提高企业的声誉。

废弃物资源化利用离不开全社会公民积极参与，政府在发挥宣传教育的基础性作用上，可以组织开废弃物循环利用日、废弃物循环利用宣传周、废弃物循环利用知识竞赛等活动，加强废弃物资源化利用意识的培养；引导客体参与资源综合利用，在全社会树立科学的废弃物资源化利用观念。

实现废弃物资源化，必须有坚强的组织保证，必须依靠一定的载体形成凝聚力。因此，要使废弃物资源开发利用和再利用达到最高效率和最佳效益，必须建立相配套的监督机制和追究机制，确保领导到位、认识到位、责任到位、措施到位、投入到位。对于各类农业废弃物资源化利用活动，政府除给予精神鼓励之外，也应给予物质奖励和经济资助。当然，农业废弃物资源化利用工作也不能抱以"等、靠、要"的消极态度一味地依靠政府，基层组织还应该采取积极措施，大力开辟筹资渠道，采取形式多样的开发利用方式，共同促进农业废弃物资源化利用的推行。

4．六大技术实施的"瓶颈"及针对性激励措施

除了上述层面的激励措施外，农业废弃物资源化利用的每一个特定技术方向均具有各自的特点，存在差异化，因此对其进行激励时必须充分考虑这种差别，进而制定出具体且有很强针对性的激励机制，见表5-9。

表5-9 农业废弃物资源化实施瓶颈与激励方法

功能类型	利用途径	具体内容	实施瓶颈	激励环节与措施
肥料化	直接还田	秸秆等直接还田或堆肥，沤肥	（1）秸秆直接还田后分解转化周期较长，不能作为当季作物的肥源 （2）秸秆本身的 C/N 比例易引起作物的"氮饥渴"，返青期延长，分蘖推迟而影响产量 （3）作业成本增加了使得部分机手和农户对废弃物还田的积极性不高，不易在农民中推广 （4）大中型拖拉机标定功率不大，秸秆打捆机械和粉碎还田机械相对缺乏 （5）秸秆覆盖还田为病虫害提供栖息和越冬场所	（1）改变传统方式，加强废弃物还田的广泛宣传 （2）农忙期间，农机、农业、环保等政府部门要对秸秆还田机械使用、秸秆切碎还田质量及秸秆禁烧工作等情况进行巡查和督查 （3）加快秸秆还田机械的引进、示范、推广 （4）加强对秸秆还田配套农艺技术的研究和应用

功能类型	利用途径	具体内容	实施瓶颈	激励环节与措施
肥料化	发酵还田	沼气肥（厌氧）	见"生产沼气的'瓶颈'"	见"生产沼气的激励环节与措施"
	生产有机无机复合肥	畜禽粪便、有机垃圾等经过一系列工艺处理（如高温、高压等），加工成无病菌、无毒、无臭，并便于运输和贮存的有机复合肥料	复合肥较之于化肥价格易波动且施肥过程较为复杂，畜禽粪便数量需要规模化养殖支持因此实施范围有限	加大资金支持力度，鼓励农户形成合作社等组织，满足规模化要求 企业生产设备补贴，肥料价格补贴，技术支撑协助 养殖户堆肥场地建设补贴
饲料化	以秸秆等植物纤维性废弃物作为饲料		（1）以传统的青贮、氨化或简单的物理处理等技术为主 （2）养殖户（场）对秸秆饲料化意识薄弱造成大量秸秆废弃或粗放使用，利用效率低 （3）配套体系尚未形成，秸秆便捷处理设施不配套，秸秆饲料商业化程度低 （4）劳动力缺乏的地区秸秆收集处理难度大 （5）秸秆氨化等化学处理生产成本较高，会对环境造成严重污染	（1）建立秸秆饲料专业化队伍和公司 （2）加大对秸秆饲料化利用的扶持力度 （3）进一步加强秸秆饲料加工、仓储、利用技术的研究、创新和推广，开发出具有较高科技水平和农民易于接受的新型秸秆饲料加工技术和方法 （4）建立和完善省、市、县、乡四级秸秆饲料加工利用技术推广服务体系 （5）推进秸秆饲料的工厂化生产和商品化程度，进一步提高秸秆饲料产品的质量和规模
能源化	生产沼气	烧饭、照明、取暖、大棚温室种菜、孵化雏鸡、增温养蚕、发电等	（1）农户对沼气认识不足，认为沼气脏，管理麻烦，部分农户建沼气池过度依赖国家的免费投资 （2）户用沼气池建设的投资增大 （3）后续服务滞后造成沼气用户日常管理不到位，维修困难，使得沼气池使用寿命缩短，沼气综合效能难以发挥 （4）技术不成熟。如上层原料发酵不充分，原料利用率低；用传统的水压池会出现上层结壳严重和出料困难的问题；产气率较低	（1）加强宣传，使农户科学正确认识沼气 （2）加大资金扶持力度，细化补贴政策 （3）建立和完善沼气服务化体系 （4）加强技术研发力度

功能类型	利用途径	具体内容	实施瓶颈	激励环节与措施
能源化	气化	中热值秸秆气化、燃气净化技术	(1) 发展速度慢，报废率高 (2) 规模小，开工率低，气柜与气化炉不匹配 (3) 关键技术还需研究，标准还不尽规范 (4) 项目缺乏论证，运行管理问题较为突出	(1) 明确项目选址，优先选择原料重组地区 (2) 金融机构应给予一定的低息贷款支持，制定企业税收减免以及国产设备投资抵扣所得税的优惠政策 (3) 建立和完善秸秆综合利用和流通管理机制，研究建立秸秆收集、储存、运输管理政策和机制，保证秸秆数量和质量 (4) 加大解决系统性、共性技术，重点解决焦油含量高、燃气热值偏低等问题，同时增强气化装置的安全性、简易性、高效性和经济性
	液化	纤维素原料生产燃料乙醇技术；生物质热解液化制备燃料油、间接液化生产合成柴油	(1) 乙醇价格补贴标准合理化有待改善 (2) 受到能源价格的影响较大	(1) 金融机构应给予一定的低息贷款支持，制定企业税收减免以及国产设备投资抵扣所得税的优惠政策 (2) 加大技术扶持力度，引进国外先进技术
	固化	制成固体成型燃料	目前国内生产的秸秆成型设备还没有形成统一的规范标准，还存在着设备机组的可靠性差、配套设备体系不成熟等问题，很难满足以上成型工艺的高要求	做好成型工艺技术攻关以及各种配套技术、设备的研究开发
	发电	有机垃圾混合燃烧发电技术	(1) 秸秆发电项目的建设成本高，设备造价、土地购置成本、折旧等费用使得秸秆发电项目的单位造价是火电的2倍还多 (2) 秸秆采购困难和企业争夺秸秆资源使得秸秆发电厂的原料供应不足 (3) 秸秆的到厂价格高 (4) 秸秆发电厂的用电和维护成本高（张钦等，2010）	(1) 谨慎审批秸秆发电项目，停建或缓建已批项目 (2) 缩小秸秆发电项目的规模，充分重视农村分布式能源的开发 (3) 全面禁止秸秆露天焚烧，进一步强化秸秆收购工作

功能类型	利用途径	具体内容	实施瓶颈	激励环节与措施
材料化	工业原料	家具、纸板、低甲醛或无甲醛人造板、层积材（集成材）、指接材及其他建筑材料技术	场地要求苛刻、需投入较多资金，技术门槛较高，维护成本高，市场开拓难	以政策激励、经济激励为主要手段为相关企业提供良好生存环境，在场地申请方面给予政策支持，加大财政补贴与新技术研发支持力度
		通过固化、炭化技术制成活性炭材料		
		利用稻壳作为生产白碳黑、炭化硅陶瓷、氮化硅陶瓷的原料		
		利用秸秆、稻壳经炭化后生产钢铁冶金行业金属液面的新型保温材料		
		利用甘蔗渣、玉米渣等制取膳食纤维产品		
		利用棉秆皮、棉铃壳等含有酚式羟基化学成分制成吸收重金属的聚合阳离子交换树脂		
生态化	作为产业链一环，实现物质多重循环和转化	秸秆—食用菌—猪—沼气—肥田；猪—沼—粮、果、菜、鱼	产业链环节较多造成对于劳动力成本投入高，各环节产能下降且利润下降	以经济激励为主，运用补贴的手段补偿收入差距；建立生态化产品认证机制，为这种模式下出产的产品提供溢价能力
基质化	经过粉碎后作基质原料	食用菌或花卉的栽培，高蛋白蝇蛆、蚯蚓等的养殖	相关行业规模小、从业人数少，废弃物利用量有限	以文化激励为主，大力宣传，受益者示范，鼓励更多人参与，扩大规模，提升废弃物基质化利用能力

上述激励手段尽管形式内容各不相同，但是仍然是以政府为主导力量并由政府直接负责制定相关政策或直接出资进行补贴来实现，这必然加大政府负担并造成成本提高并造成企业与农户的路径依赖，一旦政府退出或者政策发生变化，极易造成企业和农户积极性受挫，或者完全放弃废弃物资源化利用。如果想要建立长期、可持续的激励机制，政府就必须进行角色转换，由直接介入的执行者转换为间接影响的调控者并建立长期有效的激励机制评估体系，对现行激励机制进行准确评估与修正，以此保证激励机制的长期有效运行。

六、对策措施

（一）完善我国农业废弃物资源化利用激励机制的对策建议

1．健全农业废弃物资源化利用与无害化处理相关的政策法规

农业废弃物资源化利用属于国家资源综合利用的有机和重要组成部分。但是，我国的资源综合利用大多以工业、矿山、废旧物资等行业为重点，农业废弃物的资源化利用未能受到足够重视，使得长期以来农业资源综合利用工作与其他行业的资源综合利用相比，进展缓慢，成效低下。另外，农业废弃物综合利用相关的法规政策，特别是一些激励性的政策措施缺乏或不健全。因此，为了又好又快地推动我国农业废弃物的资源化利用工作，需要政府对农业废弃物资源化利用给予明确的发展定位，建立健全相关的政策法规，包括农业大型种植业与养殖业项目的选择、环境影响评价，生产厂家的建立与管理及扶持办法；通过减免税和低利融资等办法，积极鼓励、引导投资；建立综合利用产品的品质标准和生产环境标准以及鼓励与扶持农民开展生态建设的激励政策与惩罚措施等。同时，要突破传统的资源和废弃物的观念，提高全民的资源环境意识，努力树立废弃物是"放错了位置的资源"的思想，让农民自愿、自觉地开展农业废弃物资源化利用工作。

2．结合新农村建设，加大资金扶持力度，加强农业废弃物利用的基础设施建设

农业废弃物在农村地区最为集中，也是造成农村"脏、乱、差"的重要原因之一。针对我国广大农村存在的废弃物环境污染等问题，党的十六届五中全会明确提出了建设社会主义新农村发展战略并提出了"生产发展、生活宽裕、乡风文明、村容整洁、管理民主"的建设目标要求。目前，社会主义新农村建设正在全国许多地区蓬勃开展。因此，可以借助新农村建设的"东风"，积极筹措资金，加大投入力度，大力推进新农村建设规划与环境整治工作，大力开展农村农业废弃物资源化利用与无害化处理的基础设施的建设，如加强农村废弃物定点集中回收站（点）、"一池（沼气池）三改（改厕、改厨和改猪圈）"、废弃物集中处理场等硬件设施等的建设。长期的实践证明，发展农村沼气，是解决农村能源，发展生态农业，改善农村卫生状况的有效途径。近年来，政府也比较重视农业上沼气的发展。通过沼气村的建设，农村生态环境得到明显改善，保护了森林资源和水土环境，改善了农村生产生活条件。为了进一步推动新农村建设和农业废弃物的资源化利用进程，在现阶段必须走"工业反哺农业"，"城市反哺农村"的道路，加大对农业废弃物资源化利用的政策补偿或资金补偿，扶持更多的农户开展"庭院沼气"和庭院生态经济建设，以推动农业废弃物的资源化利用的快速发展。

3．加快推动农业废弃物资源化利用的产业化进程，大力发展循环经济

随着社会经济发展和科学技术的进步，农业的现代化和产业化进程将势不可当。一些规模化、集约化的农场、养殖场日益增多，伴随农业生产的产业化，其废弃物的资源化利

用也必须同步走产业化的发展道路。目前，我国从事农业废弃物资源化利用的大型企业并不多，因此，必须制定优惠政策鼓励和扶持一批农业废弃物资源化利用和无害化处理的龙头企业，以延长农业产业链，大力发展循环经济，大力发展以废弃物资源化利用的"静脉产业"。

从农业废弃物利用产业化的发展趋势来看，利用农业废弃物生产生物质能源（生物酒精、沼气、发电等）和生物质材料（建筑材料、家具材料等）将具有广阔的应用前景。从农业废弃物的产业化发展目标来看，农业废弃物的综合利用将逐步向工厂化、规模化、商品化、多元化、标准化、高效化的深度发展。一方面，对有机废弃物的处理和利用将逐渐由小型、分散，走向大型、集中，实现工厂化生产，废弃物产品的商品化程度将随之加强；另一方面，由于现代高新技术的日益渗透，使废弃物产品的质量提高，对农业的增产效果更为明显，对废弃物的利用方式日趋多样，开发深度和利用效率得以提高。另外，废弃物资源化利用的产业化发展应与清洁发展机制（Clean Development Mechanism，CDM）、城镇环境综合整治和生态农业建设更为密切地结合起来，实现生态、经济和社会效益相统一。

4. 鼓励和推动农业废弃物资源化利用技术的创新研究、示范与推广工作

当前，我国农业废弃物资源化与无害化利用程度不高的一个重要原因还与该方面的技术研究、示范与推广力度不够有很大关系。主要表现在：① 目前在农业废弃物资源化方面还存在许多技术难题，许多技术还不成熟，经济效益不高；② 目前具有显示度并具可操作性的农业废弃物资源化与无害化示范基地和成功样板还较缺乏；③ 技术推广体系疲软。因此，必须列出专项资金，加大科技投入，提高科技支撑能力，积极组织科研机构进行农业废弃物综合利用的科学研究，特别是加快农业废弃物综合利用等实用技术的创新研究。同时，由于农业废弃物污染种类多，分布面广，治理难度大，缺少有效的措施和成熟的技术，因此，更要加强示范、推广应用以及发展引导工作。

（二）针对我国农业废弃物资源化利用两类主体的激励机制

1. 以农户为主体的农业废弃物资源化利用激励机制

通过比较秸秆直接还田、堆腐还田、过腹还田、畜禽粪便无臭、无害处理与资源化利用、食用菌基料资源化利用、养殖肥水循环利用、养殖肥水安全灌溉等不同技术的成本、效益分析，研究政府财政补贴方式和其他政策鼓励措施，从减少农业面源污染角度，确定中央和地方政府及农户三者之间的环境保护成本分摊比例；探明农业废弃物资源化循环利用的主要途径、面源污染物减排的贡献、激励机制的基本内涵和作用机理，构建政策激励、市场激励和规范管理等激励体系。在洱源县和其他试点地区，选择典型养殖场、农户研究农业废弃物资源化利用农业废弃物循环利用生态效益和经济效果，研究其可持续发展外部条件和内存动力源，提出激励保障方法。

对于农户组织或者分散的农户，需要计算运用农业废弃物循环利用技术后增加的成本和产量的损失，而对于外部效益的计算，需要确定外部效益的哪几个方面与计算标准，研究不同产品价格水平下政府需要支付的补贴额度以及补贴方式。对于不同畜禽养殖规模、畜禽粪便不同处理利用方式的养殖户，直接货币补贴与设备投入补贴两种政府补贴方式的实际效应，通过成本投入计算与效益分析，研究公共财政对农户使用农业废弃物循环利用技术补贴的额度的计算方法和补贴方式、范围等。

2. 以企业为主体的农业废弃物循环利用激励机制

利用秸秆、畜禽粪便、食用菌基料等农业废弃物，实行农业废弃物、资源化利用、循环利用的企业主体，研究企业开发利用农业废弃物投资重点、生产技术应用、市场开发和经营效果，分析政府补贴、税收激励、生产许可证发放管理等不同机制和措施，对企业利用农业废弃物生产、发展农业循环经济的积极性的激励效果。在太湖东苕溪、洱海洱源片区和黄河宁夏段分别选择秸秆综合利用、畜禽粪便生产有机肥和食用菌基料多功能开发等典型企业，开展深入调查研究，探明不同类型企业对政府扶持政策需求方向、激励机制的着力点、操作性较强的激励措施等并研究企业对国家循环经济立法、执法和配套法规政策的响应能力和具体要求。

以太湖流域和洱海流域为示范点，对于从事农业废料循环利用的企业，采用价格补贴的方法，计算从农民购买农业废料增加费用的情况下，政府需要支付的补贴额度以及中央、地方分摊比例并研究补贴的方式、补贴环节和计算补贴额度的方法以及补贴发放方法等。

七、补贴政策体系

（一）农业废弃物循环利用补贴政策体系的目标

政府建立农业废弃物循环利用补贴政策体系，目的在于提高农户和企业采取农业废弃物循环利用技术措施的积极性，推进农业废弃物"减量化、再利用、再循环"三原则的贯彻落实，促进农业废弃物循环利用，控制农村水污染，提高农村环境质量。

（二）农业废弃物循环利用补贴政策体系的结构

农业废弃物循环利用补贴体系包括如下内容：补贴主体、补贴对象、补贴标准、补贴方案、补贴计算方法。

（三）补贴主体及其职责

农业废弃物循环利用补贴体系的补贴主体包括中央政府和地方政府。中央政府负责制定《农业废弃物循环利用补贴法规》，对示范片区农业废弃物循环利用大规模主体给予引导性补贴。地方政府落实中央政府政策意图，实施《农业废弃物循环利用补贴法规》，制定《农业废弃物循环利用补贴法规实施细则》，制定年度补贴目录，对管辖范围内符合补贴目录的企业和农户实施农业废弃物循环利用补贴。

（四）补贴对象及其职责

农业废弃物循环利用补贴体系的补贴对象包括：① 纳入《中央政府农业废弃物循环利用示范片区重点企业名录》的企业；② 纳入地方政府《农业废弃物循环利用补贴目录》的企业和农户。对象 1 的职责是实施农业废弃物循环利用示范技术，引导负责片区农业废弃物循环利用；对象 2 的职责是实施具有地方适应性的农业废弃物循环利用技术。

（五）补贴标准

农业废弃物循环利用补贴体系主要按照如下标准进行补贴：① 补贴对象 1 的补贴标准为其新增成本与新增收益的平均差额，连续补贴 5 年，② 补贴对象 2 的补贴标准一为实施农业废弃物循环利用技术的农户和企业新增成本收益差额平均值的 50%；③ 补贴对象 2 的补贴标准 2 为实施农业废弃物循环利用技术的农户和企业新增固定资产（纳入农业废弃物循环利用固定资产推荐目录）投资额的 50%；④ 补贴对象 2 的补贴标准 3 为实施农业废弃物循环利用技术的农户和企业平均新增流动成本的 50%。补贴标准 2～4 由地方政府根据财力和本地区农业废弃物循环利用情况酌情采用；上述比重可以适当提高；可以连续补贴，也可以轮动补贴。

（六）补贴方案

农业废弃物循环利用补贴体系方案如下：

首先，设定补贴参考值。① 对中央补贴企业，取全国六大片区示范企业实施农业废弃物循环利用新增成本和收益差额的奥林匹克均值，即 6 家示范企业新增成本和收益差额去掉最低值和最高值后的平均值；② 对实施补贴标准 2 的农户和企业，取管辖区域内纳入名录的企业（或农户，两类主体区别对待）实施农业废弃物循环利用新增成本和收益差额的奥林匹克均值，即纳入补贴名录企业（或农户）的新增成本和收益差额的去掉最低值和最高值后的平均值；③ 对实施补贴标准 3 的农户和企业，取管辖区域内纳入名录的企业（或农户，两类主体区别对待）实施农业废弃物循环利用新增固定资产投资额的奥林匹克均值，即纳入补贴名录企业（或农户）的新增固定资产投资额去掉最低值和最高值后的平均值；④ 对实施补贴标准 2 的农户和企业，取管辖区域内纳入名录的企业（或农户，两类主体区别对待）实施农业废弃物循环利用新增流动成本的奥林匹克均值，即纳入补贴名录企业（或农户）的新增流动成本去掉最低值和最高值后的平均值。

第二，公布补贴对象名录与补贴标准以及补贴额度。

第三，在对补贴对象考核评估后，发放补贴，对不合格对象从原定名录剔除并另行公示。

（七）补贴方法

1. 针对农户的补贴方法

政府对农户进行农业废弃物资源化利用提供一定比例的补贴，目的是激励农户自愿进行农业废弃物资源化利用并使生态资本增值。在实施补贴时，最好采用直接补贴、直接到账的形式。起步阶段补贴不宜定得过高或过低，但应逐步提高补贴标准，不断扩大补贴范围。建议大力资助农业废弃物资源化利用工程项目建设。通过补贴，最终促进农业废弃物资源化的开发利用，使农村农业废弃物资源化利用达到最高效率和最佳效益。

2. 针对企业的补贴方法

由财政部建立农业废弃物资源化利用专项资金，对进行农业废弃物资源化利用的企业，应引导其进行废弃物资源化利用技术创新，对纳入农业废弃物循环利用技术名录的企业给予补贴；补贴标准和方案如前文所述；补贴直接拨付企业账户。各省市从排污费中提取一定的资金用于推行企业农业废弃物资源化利用；引导农业废弃物资源化利用项目的实施并编制农业废弃物资源化利用项目改造专项规划。各省市对纳入本级政府农业废弃物循环利用补贴名录的企业，选择一定标准进行补贴，补贴直接拨付企业账户。

（八）农业废弃物循环利用财政补贴计算方法

1. 中央财政补贴计算方法

第一步，确定纳入补贴范围的企业名录；第二步，调查企业农业废弃物循环利用技术方案实施情况，重点核算项目财务指标，包括初始投资、运行费用（燃料动力费用、折旧费用、维修费用、人员工资、税收、原料费用、地租、利息费用等）、投资收益（发电收入、沼气售卖收入、肥料收入、热能回收收入、CDM 收入等），核算企业因实施农业废弃物循环利用技术而新增的成本收益差额；第三步，采取奥林匹克方法计算成本收益差额平均值；第四步，确定补贴额，补贴额等于平均差额。

2. 地方财政补贴计算方法

（1）按照标准 2 实施补贴的计算方法

第一步，确定纳入补贴范围的企业（农户）名录；第二步，调查企业（农户）农业废弃物循环利用技术方案实施情况，重点核算项目财务指标，包括初始投资、运行费用（燃料动力费用、折旧费用、维修费用、人员工资、税收、原料费用、地租、利息费用等）、投资收益（发电收入、沼气售卖收入、肥料收入、热能回收收入、CDM 收入等），核算企业（农户）因实施农业废弃物循环利用技术而新增的成本收益差额；第三步，采取奥林匹克方法计算成本收益差额平均值；第四步，确定补贴额，补贴额等于平均差额的 50%。

（2）按照标准 3 实施补贴的计算方法

第一步，确定纳入补贴范围的企业（农户）名录；第二步，调查企业（农户）农业废弃物循环利用技术方案实施情况，重点核算项目为投资情况，核算企业（农户）因实施农业废弃物循环利用技术而新增的固定资产投资；第三步，采取奥林匹克方法计算新增固定资产投资额平均值；第四步，确定补贴额，补贴额等于平均新增固定资产投资额的 50%。

（3）按照标准 4 实施补贴的计算方法

第一步，确定纳入补贴范围的企业（农户）名录；第二步，调查企业（农户）农业废弃物循环利用技术方案实施情况，重点核算项目财务指标，主要是运行费用，包括燃料动力费用、折旧费用、维修费用、人员工资、税收、原料费用、地租、利息费用等，核算企业（农户）因实施农业废弃物循环利用技术而新增的流动成本；第三步，采取奥林匹克方法计算新增流动成本平均值；第四步，确定补贴额，补贴额等于平均新增流动成本的 50%。

各省市在具体实施补贴时，可以根据本级财政财力和农业废弃物循环利用情况，适当提高补贴标准。

第五节　农村生活废水管理政策

农村生活废水是指人们在饮食、洗涤、烹饪、清洁卫生等过程中产生的废水，农村因经济、气候条件及水资源丰度不同在水资源使用及废水排放上也存在很大的差异性，从 30～200 L/（人·d）。2002 年全国统计结果表明，全国农村生活污水日排放量为 320.5 万 t，年排放量为 11.7 亿 t，而 2012 年排放量达到了 90 亿 t。生活废水中含有高浓度 COD、氮、磷等导致水体富营养的物质，不经处理接直排放到地面经土壤下渗或汇入地表水体，对地表水及地下水造成直接危害。2007 年全国第一次污染源普查结果表明，全国农村生活污染源中 COD 流失量为 192.7 万 t，占全国农业源排放量的 13%，TN 169.4 万 t，占全国农业源排放量的 39%，TP 56.3 万 t，占全国农业源排放量的 54.1%。可见，农村生活废水对水体的危害不容忽视。

一、我国农村生活废水管理政策现状

农村生活废水与城市生活废水和工业废水相比，具有排放分散、增长快、处理率低、区域差异大、季节性明显、污染物以 COD、氮、磷为主等特点。因此，农村生活废水的治理和管理与城镇生活废水的治理及管理有较大的差异性，不能照搬城镇污水处理的思路治理农村生活废水污染问题。

针对农村生活废水的特点及治理需求，我国政府出台了一系列与之相关的政策文件。如中共中央、国务院《关于推进社会主义新农村建设的若干意见》（中发[2006]1 号）提出随着生活水平的提高和全面建设小康社会的推进，需要加强村庄规划和人居环境治理，搞好农村污水、垃圾治理，改善农村环境卫生。《关于加强农村环境保护工作意见的通知》（国办发[2007]63 号）提出了大力推进农村生活污染治理。因地制宜开展农村污水、垃圾污染治理。逐步推进县域污水和垃圾处理设施的统一规划、统一建设、统一管理。有条件的小城镇和规模较大村庄应建设污水处理设施，城市周边村镇的污水可纳入城市污水收集管网，对居住比较分散、经济条件较差村庄的生活污水，可采取分散式、低成本、易管理的方式进行处理。2010 年 2 月，环境保护部发布了《农村生活污染防治技术政策》，进一步提出要根据不同地区的农村社会经济发展水平、自然条件及环境承载力等差异，按照因地制宜、循序渐进和分类指导原则，统筹城乡生活污水防治基础设施建设，推动农村生活污水治理工作，从 11 个方面细化了农村污水处理的技术政策。2011 年，环境保护部下发了《关于进一步加强农村环境保护工作的意见》(环发[2011]29 号)，提出要开展农村生活污水污染状况调查，为统筹安排农村生活污水治理提供依据。加强农村生活污水治理设施运行管理，积极建立政府、企业、社会多元化资金投入保障机制，保障日常运行经费，确保设施稳定运行。农业部将农村生活废水处理与农村能源及新农村建设紧密联系起来，2011 年11 月出台的《农业部关于进一步加强农业和农村节能减排工作的意见》提出要充分发挥农村沼气处理利用人畜粪便、生产清洁能源和优质肥料方面的作用，在适宜地区加大户用沼气建设力度，推广"四位一体"和"猪—沼—果"等能源生态模式，要建立物业化服务体系，推进人畜粪便、生活垃圾、污水的资源化利用。

为规范农村生活废水的治理工作，我国也制定了系列标准，如，农村生活污水处理项目建设与投资指南，《农村生活污染控制技术规范》(HJ 574—2010)、全国农村环境连片整治工作指南（试行）(环办[2010]178 号)、《村庄整治技术规范》(GB 50445—2008)、《分地区农村生活污水处理技术指南》(建村[2010]149 号)、《人工湿地污水处理工程技术规范》(HJ 2005—2010)、《生活污水净化沼气池技术规范》(NY/T 1702—2009)、农村沼气池建设系列规范标准、指南等。这些标准、规范、指南的制定、实施对于促进农村污水治理的科学化、规范化具有重要意义。

国家政策的出台指明了农村生活污水治理的总体思路，但总体而言，我国农村生活废水的治理政策还存在诸多不完善之处，具体表现为：

（一）农村生活污水治理、管护主体不明

我国农村生活水污染治理目前处于"项目驱动型"治理时期，项目驱动型农村生活污水治理设施的投资往往以政府补贴、农民自投为主，在有些财政支持的农村生活污水治理项目中，政府是主要投资主体。但我们也应看到，政府的支持资金也是财出多门，有农业部门的"美丽乡村"、"生态家园富民工程"建设投资，环境保护部的"村庄环境综合整治"投资，城乡建设部城镇一体化集中式污水处理厂投资以及省、县级人民政府的投资等。这些农村生活水污染治理设施在工程建设期间有明确的建设投资主体，但当项目建设验收后，其管理、维护主体确定存在法律空白。《农村生活污染防治技术政策》(环发[2010]20号) 提出："地方人民政府是农村生活污染处理处置设施规划和建设的责任主体，乡镇政府和村民委员会负责农村生活污染防治工作的具体组织实施；鼓励村民自治组织在区县或乡镇人民政府的指导下进行生活污染处理处置设施的建设和日常管理工作"。这一规定虽

明确了农村生活污水治理规划和建设的责任主体，但依然没有明确农村污水处理设施的管理、维护主体。

（二）缺乏长期的投资治理机制

农村生活污水治理是民生工程，是政府公共服务的重要内容，需要大量公共财政资金投入，一个村庄的治理少则几十万元，多则上百万元。但由于一直以来受城乡二元结构影响，国家公共财政对农村污水治理的基础设施建设投入严重不足，对于财政比较困难的县（市）和集体经济薄弱的村，更是无力承担大资金的投入。同时，污水治理设施建好后，后续的日常管理和维护也需要大量的资金支撑，目前也没有出台相应的政策措施。

（三）缺乏可落地实施的污水治理的统一规划

由于农村缺乏建房规划，大多数农村居民住宅布局较为零乱，基础设施特别是污水排放及处理设施建设滞后，农村生活废水乱泼、乱倒现象明显，水处理基本靠蒸发。近年来，国家虽然加大了农村环境治理的力度，对部分村庄进行了环境改造，建设了一批生活污水处理设施，但由于管网布设不合理，建设规模设计不科学，建设落后，维护不及时及没有考虑农户人畜粪便再利用等原因造成了设施利用率低下，国家投资建设的污水处理设施晒太阳的情况在某些地方常有出现。

（四）公众参与力度不足

一是部分基层干部对农村水污染认识能力不足，没有意识到农村生活方式的改变导致传统自净式污水处理方式根本无法消纳现代生活排放的大量污水这一现实。二是尚未形成全民关心农村生活污水治理的氛围。少数人认为农村污水治理是政府的事，政府不投资，自己更是不关心。三是教育宣传力度不够，农民使用及维护污水处理设施的能力不足，经常导致设施运行不畅，影响了群众使用的热情。

二、我国农村生活废水管理政策建议

（一）加强领导，落实责任主体

农村生活污水治理是我国环境治理的新生事物，需要加强组织领导。要建立强有力的领导小组和日常牵头协调办公室，围绕规划、筹资、建设、运行、维护这五个重要环节，加强组织领导，要建立健全"县（区）监督协调、乡镇负责、村庄实施、群众参与"的工作机制，明确区、县（市）、镇、村及相关组织、企业及个人的工作责权利，依据"谁使用、谁受益、谁维护"的原则，落实农村生活污水处理设施的维护责任主体。

（二）规划先行，统筹安排

本着因地制宜，讲求实效的原则，按照统筹城乡发展的思路搞好农村生活污水治理基础设施的布局规划。对于采用集中式污水处理的村镇或村组，要统筹考虑建设污水排纳管，根据村庄的地形、居住分布、经济状况及居民意愿开展规划设计，在充分调研及合理规划基础上建设集中式污水处理设施；对于采用分散式污水处理的村庄，要统一房屋建设布局，新建房屋实施污水处理设施与房屋"同时建设、同时完工，同时使用""三同时"制度，已建房屋也要合理规划建设污水处理设施。

（三）建立完善投融资机制

农村生活污水治理是公益性的，是政府公共财政支出的范畴。因此，一是要加大对基础设施的投入力度，将"项目驱动型"污水治理模式转化为财政支持常态化模式。将公共基础设施建设从城市延伸至农村，尽可能扩大纳管的覆盖面；二是要建立完善的农村生活污水处置技术政策，推选具有良好生态、经济效益的农村生活污水治理项目，如沼气项目，花卉型或速生灌木型人工湿地项目等引导农民发挥主人翁作用，自觉参与项目建设及设施维护，出工出酬，在污水处理的同时获得一定的经济效益；三是积极引导企业、社会组织参与农村生活污水治理设施的建设、维护及运营工作，制定落实社会力量支持新农村建设的税收优惠政策，资金补偿政策及集资运营政策。

（四）完善公众参与机制

农村生活污水由农村居民产生，其处理、再生利用也离不开农民的积极参与。一是要通过宣传教育、组织引导等方式改变落后的生活方式，减少污水的产生；二是要落实"三问四权"，要问情、问计、问需于民，落实好农民的知情权、参与权、决策权和管理权，充分调动农民污水治理的主人翁意识，不能让农民当旁观者和评论员，而是使他们做建设者和管理员。

参考文献

[1] 孟伟，张远，郑丙辉. 辽河流域水生态分区研究[J]. 环境科学学报，2007，6：911-918.

[2] 丁东生. 渤海主要污染物环境容量及陆源排污管理区分配容量计算[D]. 中国海洋大学，2012.

[3] 王鹏. 基于数字流域系统的平原河网区非点源污染模型研究与应用[D]. 河海大学，2006.

[4] 绍洪，郑度，杨勤业. 我国西部地区生态地理区域系统与生态建设战略初步研究[J]. 地理科学进展，2001，1：10-20.

[5] 刘枫，王华东，刘培桐. 流域非点源污染的量化识别方法及其在于桥水库流域的应用[J]. 地理学报，1988，4：329-340.

[6] 陈西平. 三峡库区农田径流污染情势分析及对策[J]. 环境污染与防治，1992，5：31-34.

[7] 沈晓东，王腊春，谢顺平. 基于栅格数据的流域降雨径流模型[J]. 地理学报，1995，3：264-271.

[8] 游松财，孙朝阳. 中国流域的SRTM30数据提取与计算[J]. 地球信息科学学报，2009，2：189-195.

[9] 李硕. GIS和遥感辅助下流域模拟的空间离散化与参数化研究与应用[D]. 南京师范大学，2002.

[10] 赖斯芸，杜鹏飞，陈吉宁. 基于单元分析的非点源污染调查评估方法[J]. 清华大学学报（自然科学版），2004，9：1184-1187.

[11] 陈敏鹏，陈吉宁，赖斯芸. 中国农业和农村污染的清单分析与空间特征识别[J]. 中国环境科学，2006，6：751-755.

[12] 丁飞. SWAT模型小尺度流域模拟的适宜性研究[D]. 南京农业大学，2007.

[13] 李家科. 流域非点源污染负荷定量化研究[D]. 西安理工大学，2009.

[14] 吴传清. 论任美锷的中国工业区划方案[J]. 贵州财经学院学报，2009，5：57-61.

[15] 郑度，欧阳，周成虎. 对自然地理区划方法的认识与思考[J]. 地理学报，2008，6：563-573.

[16] 任美锷，杨纫章. 中国自然区划问题[J]. 地理学报，1961：66-74.

[17] 赵松乔，陈传康，牛文元. 近三十年来我国综合自然地理学的进展[J]. 地理学报，1979，3：187-199.

[18] 何林福. 论陈传康教授的地理学研究[J]. 人文地理，1993，4：38-44.

[19] 吴忠勇，王文杰，李雪. 国家级环境区划理论与方法初探[J]. 农村生态环境，1995，3：1-3，37.

[20] 徐海根，叶亚平. 农村环境质量区划的多元分析[J]. 农村生态环境，1995，1：44-47，55.

[21] 鲍全盛，王华东，曹利军. 中国河流水环境容量区划研究[J]. 中国环境科学，1996，2：87-91.

[22] 季明川. 关于农业环境区划几个基本问题的探讨[J]. 农业环境科学学报，1991，4：189-190.

[23] 师江澜. 江河源区环境地域分异规律与生态功能分区研究[D]. 西北农林科技大学，2007.

[24] 汪俊三，陈毓华，张玉环. 全国环境区划技术方法探讨[J]. 上海环境科学，1993，2：4-5，25，50.

[25] 何悦强，朱良生，黄小平. 沿海环境功能区划分方法探讨[J]. 热带海洋，1995，3：90-95.

[26] 高密来. 中国生态环境区划初探[J]. 生态学杂志，1995，2：37-43.

[27] 吴国庆，杨良山. 浙江生态环境区域类型划分及其建设[J]. 生态经济，2000，3：25-29.

[28] 尹民，杨志峰，崔保山. 中国河流生态水文分区初探[J]. 环境科学学报，2005，4：423-428.

[29] 黄艺，蔡佳亮，郑维爽，周丰，郭怀成. 流域水生态功能分区以及区划方法的研究进展[J]. 生态学杂志，2009，3：542-548.

[30] 杨勤业，李双成. 中国生态地域划分的若干问题[J]. 生态学报，1999，5：8-13.

[31] 傅伯杰，刘国华，孟庆华. 中国西部生态区划及其区域发展对策[J]. 干旱区地理，2000，4：289-297.

[32] 徐继填，陈百明，张雪芹. 中国生态系统生产力区划[J]. 地理学报，2001，4：401-408.

[33] 冯绳武. 河西黑河（弱水）水系的变迁[J]. 地理研究，1988，1：18-26.

[34] 赵松乔. 中国综合自然地理区划的一个新方案[J]. 地理学报，1983，1：1-10.

[35] 刘闯. 土地类型与自然区划[J]. 地理学报，1985，3：256-263.

[36] 杨勤业，郑度，吴绍洪. 中国的生态地域系统研究[J]. 自然科学进展，2002，3：65-69.

[37] 黄峥荣，杨素芬. 四川省农业环境区划与农业环境保护[J]. 农业环境科学学报，1989，5：46-47.

[38] 欧阳志云，王效科，苗鸿. 中国生态环境敏感性及其区域差异规律研究[J]. 生态学报，2000，1：10-13.

[39] 朱明芬，葛进平. 运用聚类分析划分农业生态类型区[J]. 农村生态环境，1993，4：16-18，62.

[40] 高绪艳，程高城，吴国权. 聚类分析法在地下水环境功能区划分中的应用[J]. 大庆高等专科学校学报，2001，4：57-61.

[41] 冉圣宏，金建君，曾思育. 脆弱生态区类型划分及其脆弱特征分析[J]. 中国人口·资源与环境，2001，4：74-78.

[42] 李正国，王仰麟，张小飞，吴健生. 景观生态区划的理论研究[J]. 地理科学进展，2006，5：10-20.

[43] 刘静，苗鸿，欧阳志云，李晓光. 自然保护区与当地社区关系的典型模式[J]. 生态学杂志，2008，9：1612-1619.

[44] 刘燕华，郑度，葛全胜，吴绍洪，张雪芹，戴尔阜，张镱锂，杨勤业. 关于开展中国综合区划研究若干问题的认识[J]. 地理研究，2005，3：321-329.

[45] 罗开富. 中国自然地理的分区问题[J]. 科学通报，1954，5：68-71.

[46] 任美锷，杨纫章. 从矛盾观点论中国自然区划的若干理论问题——再论中国自然区划问题[J]. 南京大学学报，1963（2）：1-10.

[47] 吴忠勇，王文杰，李雪. 国家级环境区划理论与方法初探[J]. 农村生态环境（学报），1995，11（3）：1-3.

[48] 周广峰，刘欣. 主成分分析法在水环境质量评价中的应用进展[J]. 环境科学导刊，（30）：75-78.

[49] 戴晓燕，等. 空间聚类在农业非点源污染研究中的应用[J]. 华东师范大学学报（自然科学版），（3）：59-65.

[50] 中国农业资源与区划要览，全国农业区划委员会中国农业资源与区划要览编委会编，测绘出版社，工商出版社.

[51] 钱秀红. 杭嘉湖平原农业非点源污染的调查评价及控制对策研究[D]. 浙江大学，2001.

[52] 杨朝飞. 全国规模化畜禽养殖业污染情况调查及防治对策[M]. 北京：中国环境科学出版社，2002.

[53] 武淑霞. 我国农村畜禽养殖业氮磷排放变化特征及其对农业面源污染的影响[D]. 中国农业科学院，2005.

[54] 王瑂玮. 重庆市农业面源污染的区域分异与控制[D]. 西南大学，2005.

[55] 贺缠生，傅伯杰，陈利顶. 非点源污染的管理及控制[J]. 环境科学，1998（9）：87-91.

[56] 曲环. 农业面源污染控制的补偿理论与途径研究[D]. 中国农业科学院，2007.

[57] 罗利民. 农村水环境经济系统分析与决策研究[D]. 河海大学，2006.

[58] 卑志钢，等. 农村区域水环境污染模式及控制对策研究[J]. 中国农村水利水电，2009（12）：15-18.

[59] 冯庆. 农村生活污染特征与公众环境意识调查[D]. 首都师范大学，2006.

[60] 秦红霞，赵言文. 村民生活方式与农村环境问题——港村个案研究[J]. 上海经济研究，2006（7）：90-95.

[61] 邱才娣. 农村生活垃圾资源化技术及管理模式探讨[D]. 浙江大学，2008.

[62] 陈洪波. 三峡库区水环境农业非点源污染综合评价与控制对策研究[D]. 中国环境科学研究院，2006.

[63]　焦隽，李慧，冯其谱，等. 江苏省内陆水产养殖非点源污染负荷评价及控制对策[J]. 江苏农业科学，2007（6）：340-343.

[64]　宁丰收，刘俊远，古昌红，等. 重庆典型养殖鱼塘富营养化调查与评价[J]. 农业环境与发展，2004（3）：37-39.

第六章
农村水污染控制绩效管理

第一节　农村水污染控制绩效考评

近年来，随着农村经济社会的快速发展、人民生活水平的不断提高、乡镇工业企业的快速扩张和普遍大量施用化肥、农药，未经处理的农业秸秆、畜禽粪便以及农村居民生活垃圾的随意堆砌、排放和丢弃，使得农村水环境污染严重并呈现出污染来源多、污染复杂、时空分散和形式多样的特征。此外，农村水环境管理涉及种植业、畜禽养殖业、农村生活、乡镇工业等各行各业，也涉及农业、环保、建设、林业、水利、交通等相关管理部门，因此农村水环境管理难度极大。

环境绩效考评是指对环境政策实施后所取得的环境效果进行的阶段性评估，其目的是力求清晰描述环境状况的优劣、揭示环境政策变化整体形势、提高社会各界的环境意识、衡量各级政府环境管理水平的高低。环境绩效考评的实质就是评估环境目标的实现水平，其主要包括环境问题识别和环境制度缺陷分析两个阶段，环境问题的识别是构建指标体系的阶段，根据所构建的指标体系，通过数据收集和相应的评判标准，进行环境现状与既定环境目标之间的比较分析，识别环境管理中的缺陷和不足。可以说，环境绩效考评的整个过程中，构建指标体系是基础。绩效考评指标体系质量的高低，直接决定了后续绩效评估的开展和成效。作为一种有效的环境管理工具，绩效考评在国外已形成完善的评估方法，并获得了广泛的应用，取得了良好的效果。

农村水污染控制绩效考评是指利用科学的方法、标准和程序，对政府机关就农村水环境管理的业绩、成就和实际工作做出尽可能准确的评价，在此基础上对政府农村水环境管理的绩效进行改善和提高，其可作为环境绩效考评中的重要环节。目前，我国农村水环境管理的研究极为匮乏，农村水环境管理机构也极为零散，各级政府管理部门对农村水环境的管理也较为混乱，因此在构建农村水环境管理绩效考评指标体系的基础上，开展地方政府对农村水环境管理的绩效考评，促进地方强化对农村水环境的管理，就显得极为重要和迫切。

一、国内外研究进展

政府绩效管理是现代公共管理的前沿课题，作为一种新的管理理念和方法，绩效管理贯穿于组织管理的全过程，并已演变成当今西方各国实施政府再造、进行政府变革、落实政府责任以及改进和评价政府管理的一个行之有效的工具。如何提高政府绩效一直是公共管理关注的核心，西方学者从早期的经济、效率与效能到新价值取向引导下的经济、效率效能与公平，近十年来，新公共管理顺应"顾客至上"思潮，推崇政府绩效评估应从传统的产出和结果转向服务质量和顾客满意度，最新的政府绩效评估理论与实践则是美国开展的政府绩效项目，其特点在于以政府的结果管理为导向，以政府能力的提高为基础，以领导把握方向和信息沟通为纽带，以绩效评估为手段。

我国行政管理学会联合课题组在其研究成果中，对政府绩效管理给出了一个较为系统的表述，即所谓的政府绩效管理，就是运用科学的方法、标准和程序对政府机关的业绩、成就和实际工作做出尽可能准确的评价，在此基础上对政府绩效进行改善和提高。在我国，政府绩效管理已经成为行政管理体制改革的一项重要内容，目前已经有近 1/3 的省（区、市）不同程度地开展了政府绩效评估工作，这些绩效评估活动大致可分为五种模式：

第一种模式是与目标责任制相结合的绩效评估，这种模式的特点是将组织目标分解并落实到各个工作岗位，目标完成情况考核也相应针对各个工作岗位进行评估，其立足于对工作目标完成情况的考察而不是政府运行的绩效，在这种评估目的指导下，评估制度基本上是一种对工作目标实现情况的评估。有关指标的设计也以工作目标的实现为导向，而不在于客观地评价公共管理和服务的状况。

第二种模式是以改善政府及行业服务质量，提高公民满意度为目的的政府绩效评估。如福建省厦门市实施的民主评议行业作风办法，上海市开展的旅游行业和通信行业行风评议等，这些都是以提高行业服务质量和水平为目的的绩效评估活动。山东省烟台市率先试行的社会服务承诺制，广东省珠海市、江苏省南京市等开展的"万人评政府"活动，由社会对政府部门进行评估，结果向社会公布，也属于这一类。

第三类模式以督查验收重点工作为主，这种模式的典型代表是湖南省，该省的政府绩效评估最初是以"为民落实八件实事"为契机展开的，从 2004 年起确定由省人事厅牵头组成省考核办负责落实八件实事的考核工作，为了将任务落到实处，该人事厅每年年初将八件实事的内容细化分解为若干项考核指标。

第四种模式是以效能监察委主要内容的绩效评估。效能监察主要是针对国家行政机关和公务员行政管理工作的效率、效果、工作规范情况进行监察，实际上是国家纪检监察部门依据法律、法规和有关规章对政府部门绩效进行的评估活动。

第五种模式是由"第三方"专业评估机构开展的政府绩效评估，如甘肃省政府委托兰州大学中国地方政府绩效评价中心对所辖市（州）政府和所属部门进行的绩效评估，北京市有的区（县）政府委托国内著名咨询机构"零点研究咨询集团"开展的政务环境绩效评估，也属于这一类。

政府绩效评估的目的在于提高政府绩效并最终提升人民对政府的满意度，政府绩效评估有助于改进政府的决策，把政府决策的基础从个人经验推向对可测量绩效的证明或证伪，进而提高政府决策的科学性和决策执行的有效性。绩效评估指标是对政府绩效信息的科学建构，绩效评估指标体系是政府绩效评估系统的核心构成要素。

政府绩效评估指标体系的基本原则一方面体现政府绩效评估的价值取向，另一方面又对政府绩效评估发挥指导作用。早在 1985 年英国学者大卫米斯顿就提出了确立政府绩效考评指标的 9 大原则：有助于阐明组织目标；对政府活动的最终结果做出评估；作为管理激励方案的一种投入；使消费者做出合理的选择；为承包或私人服务提供绩效标准；现实不同服务活动的成效；致力于方针及进一步调查研究的激发物；协助决定服务水准的最到消耗，以获取预定目标；现实可能节省的领域。而地方政府绩效评估指标就是评估主体和评估定位的要求，搜集地方政府行为和公众需求的有关信息，综合反映地方政府提供服务的能力和效率，对特定地方政府的绩效做出全面的判断标准。

二、农村水污染控制管理绩效评估指标构建的原则

（一）全面性原则

农村水污染控制管理绩效评估工作的建立应当具有全面性和客观性，否则不仅很难保证考核结果的公正性，还可能会产生错误的导向，影响被考核者的工作积极性。农村水污染控制管理绩效考评指标体系应当尽量全面客观，要能够全面、系统地反映地方农村水污染控制管理绩效的目标和质量要求。

政府作为某一区域内法定权威组织，是唯一能够在宏观上引导本地经济社会在系统、可持续发展的框架内运行的组织。这就要求在设计政府绩效评估指标时，要综合反映经济社会发展的全面性、整体性和协调性，而不能只侧重某一方面。评估指标的设计需要考虑全面，要涵盖政府工作的基本职责范围，还要突出地方发展、行业发展和时间阶段性的重点，强调关键指标，既要规定规模、总量、增长速度等数量指标，也要规定效益、质量、结构等质量指标；既要考察投入指标，还要看产出指标；既要看投资增长、财政收入、居民生活水平、消费品零售总额等经济指标，还要看诸如解决就业、社会治安、环境质量、人口素质等方面的社会指标。

（二）客观性原则

客观性要求绩效评估指标体系必须立足于当地实际，需要看政府是否实实在在地促进了本地区的综合发展。充分考虑发动地区和欠发达地区在发展基础、资源禀赋、工作条件

上的差异，综合把握客观条件和主观努力等因素。既注重过去基础上的进步与发展，又注重同等条件下发生的实际变化；不仅考核总量和人均占有，更考核增量和升降幅度。另一方面，地方政府绩效考评指标体系要实事求是、按客观规律办事，既要积极进取，又要量力而行。各部门应根据管理职能和管辖范围，结合各部门的实际，分别制定具体标准。

（三）科学可行原则

科学可行的指标体系是绩效考核科学公正的重要保证。目前我国地方政府绩效评估体系不够科学可行，一是评估体系设计上存在缺失，有些地方政府用评估体系中的一个或有限个指标来衡量整体绩效水平，在评估指标上，过分强调规模、总量、速度等数量指标，忽视效益、质量、结构等质量指标，注重经济增长指标，片面地将经济业绩等同于政绩，注重短期见效快的指标，忽视长远发展的指标，强调投入指标，忽视产出指标等。依据这样的指标体系评估出来的结果误差较大，不但不能达到评估的真正目的，反而会造成政府片面追求经济增长速度，公共行政管理也要追求经济目标的结果。二是现有部分指标的内容不尽合理，有些指标包含了与绩效无关的方面，导致评估结果产生差异。三是指标体系中各项指标的结构不够独立，有的评估指标体系中的各项指标之间存在很大的相关性，内部结构混乱，导致评估对象信息被重复利用，从而降低评估结果的效度，影响评估结果的准确性。四是评估方法不够科学，我国当前的政府绩效评估方法多采用定性评估，较少采取定量方法，使得评估标准比较抽象，价值倾向性较强且难以细化，从而造成政府绩效评估易失之主观，导致评估结果不够科学。五是目前为了强调某些敏感工作的重要性，很多地方设置了"一票否决"的指标，其带有强化控制和运动式管理的特征，有悖于现代公共行政要求的稳定、持续和规则化管理趋势。

政府绩效评估指标体系的科学性要求政府绩效评估指标应体现城乡协调发展、区域发展平衡、经济社会共同发展、人与自然和谐发展、国内发展和对外开放统筹的指导原则，选择反映包括经济调节、市场监管、公众参与、社会管理和公共服务等内容在内的政府绩效评估指标。政府绩效评估指标体系的可行性要求注重指标数据采集的可行性、运用的可比性、来源的客观性，使各项数据便于获得，易于测算。在保证重要指标不遗漏的同时，避免过多过细。要把握好指标的信度、效度、难度和区分度。

（四）公众参与原则

公众参与原则是人民主权原则和民主原则在绩效评估中的体系。全面推行政府绩效评估，需要采用多个评价主体进行多维度评价。由于不同的评价主体所处的地位、环境、立场不同，代表的利益、关心的问题不同，进行评价的视角、方法、标准、偏好、习惯不尽相同，因此通过评估主题多元化、共同构成内部评价和外部评价、多层次、科学系统、互动互补的综合评价体系，达到全面准确反映政府绩效水平的目的。而政府评估制度的发展，也应当继续扩大评估活动中公众参与的范围，应当赋予公民在是否实施绩效评估，对哪些部门或者项目实施评估等问题的决策中的发言权；其次强化公民在界定目标和结果、确定评估内容及侧重点、设定评价标准和指标体系中的参与。

三、农村水污染控制管理绩效考评指标体系构建

（一）控制管理能力建设情况

该部分指标反映对农村水污染控制管理能力建设的相关情况。

1. 是否成立由政府主要领导任组长的农村水污染控制领导小组或机构

意义：由辖区主要领导（如县委书记或县长等主要领导）参与成立农村水污染控制的领导小组或机构是当地加强农村水污染控制管理工作的重要标志，其象征意义和实际意义重大。

定义：本项目中农村水污染控制领导小组或机构指与农村水污染控制相关的领导、组织和协调机构，如对针对种植业、畜禽养殖业、农村生活等某一类污染控制的，或针对辖区某一流域、湖泊或水库的，或专门针对农村水污染控制的全面管理等而专门建立的综合性污染控制的领导小组、办公室或其他协调机构等。

资料来源：县委、县政府、农业局、环保局、城建局、林业局、卫生系统等相关部门。

分级标准：具体见表 6-1。

表 6-1　控制管理能力分级标准

级别	I	II	III	IV	V
级别分值	5	4	3	2	1
赋值标准	由辖区"一把手"直接负责的综合领导小组或机构	由辖区主要领导负责的综合领导小组或机构	由相关部门负责的领导小组或机构	无统一管理办公室和协调机构，职能分散在各相关部门	无统一管理办公室和协调机构，职能分散在各相关部门，且交叉混乱不清

2. 农村水污染控制的专业技术队伍建立情况

意义：该指标反映地方政府应对和解决农村水污染控制专业技术问题的重视程度。由农业、环保、建设、卫生等相关领域的技术人员或专家组建的农村水污染控制的专业技术队伍，有助于切实解决养殖企业、种植大户、散养农户及家庭等在生产、生活中对于畜禽养殖、化肥、农药施用、生活污水处理等方面的技术问题，其直接反映了地方政府是否有意将农村水污染控制工作落到实处，而不是停留于表面。

定义：本项目中农村水污染控制的专业技术队伍是指从事农业、农村相关的水污染监测、水污染控制、化肥农药减量化施用、配方施肥技术指导、种植结构调整、废物资源化

利用及水污染修复等相关工作的专业技术队伍。

资料来源：县委、县政府、人事系统以及农业局、环保局、城建局、林业局、卫生系统等相关部门。

分级标准：具体见表6-2。

表6-2　专业技术队伍分级标准

级别	I	II	III	IV	V
级别分值	5	4	3	2	1
赋值标准	专业技术队伍健全	专业技术队伍基本健全	有专业技术队伍	无专业技术队伍，但有零散专业技术人员	专业技术人员严重缺乏

3. 农村水环境行政能力情况

意义：该指数是指对地方政府应对和解决农村水污染控制等相关事务的政府行政能力（执行力），是对事务性行政效率、行政行为规范等多个方面的综合反映。

定义：本项目中所述行政能力情况主要是指政府在处理、执行农村水污染控制中对内、外行政审批的时限，查处农村水污染违法行为的响应及处理速度，以及开展农村水污染控制中的相关行政行为。

资料来源：县委、县政府、人事系统以及农业局、环保局、城建局、林业局、卫生系统等相关部门。

分级标准：具体见下表。

1）事务性行政效率（共5分）

序号	级别分值	事项分类	赋值标准
1	2	对外行政审批的时限	就农村水污染控制方面的法律法规有明确规定的时限，且在规定内完成，未在规定内完成的，每件扣1分，直到扣完5分为止
			对无法规定时限的，考核是否承诺且履行办结时限，未在合理时间内完成的，每件扣1分，直到扣完5分为止
2	1	对内行政办文的时限	选择群众关注的重点事件在办文时限内完成，未在规定时限内履行的，每件扣1分，直到扣完5分为止
			对跨部门会签事项是否规定时限，且在规定时限内完成，未在规定时限内履行的，每件扣1分，直到扣完5分为止
3	2	查处违法行为的响应及处理速度	考核建立举办投诉案件处理程序的情况，未建立举报制度的扣3分；未按照规定有效投诉和举办方式的扣2分
			考核按照规定程序在规定期限内投诉和举报处理和答复的情况，未在规定期限内投诉和举报做出答复的扣1分，直到扣完5分为止

2）行政行为的合法性（共 5 分）

序号	级别分值	事项分类	赋值标准
1	5	农村水污染控制行政行为的合法性	考核是否按照相关法律法规调整农村水污染执法依据、主体、权限、程序等，未及时调整的每件扣 1 分，直到扣完 5 分
			考核农村水污染控制行政行为被生效人民法院判决撤销、变更、确认违法、责令履行法定职责的情况（共 5 分），比例高于同一级人民政府平均水平的，扣 5 分
			考核农村水污染控制行政行为被行政复议机关复议决定撤销、变更、确认违法、责令履行法定职责的情况（共 5 分），比例高于同一级人民政府平均水平的，扣 5 分
			考核是否对农村水污染控制的行政办事流程、审批事项进行公开，未公开的每件扣 1 分，直到扣完 5 分
			农村水污染控制行政管理体制改革创新情况，年内开展的水污染控制工作在思路方法上或机制上具有创新性等到上一级政府肯定的，得 5 分，否则不得分

3）行政行为的规范性（共 5 分）

序号	级别分值	事项分类	赋值标准
1	5	农村水污染控制行政程序的规范性	考核是否对每一个农村水污染控制的工作岗位的具体工作权限、工作要求、程序环节等作了明确的要求，未实现从岗位职责到人员目标任务的细化分解的，每件扣 1 分，直到扣完 5 分
			考核是否对农村水污染控制的行政办事流程、审批事项进行公开，未公开的每件扣 1 分，直到扣完 5 分
			农村水污染控制行政管理体制改革创新情况，年内开展的水污染控制工作在思路方法上或机制上具有创新性等到上一级政府肯定的，得 5 分，否则不得分

4）政府信息公开（共 5 分）

序号	赋值标准	备注
1	考核农村水污染控制等相关信息公开目录、信息公开指南的编制，未按规定编制信息公开目录的扣 2 分，未按规定编制信息公开指南的，扣 2 分，编制目录、指南不规范的扣 1 分	该项单独为 5 分，综合加权后计入
2	考核农村水污染控制等相关信息公开的精细程度及便民情况（共 5 分），未主动设置信息公开场所的扣 2 分；未按要求建立网站信息公开专栏的扣 2 分，网站政务信息发布率和每日更新率未达规定的，扣 1 分	该项单独为 5 分，综合加权后计入
3	考核定期、不定期更新信息公开目录、指南、内容情况，未及时更新相关目录、指南的，每发现一起扣 1 分，直到扣完 5 分为止	该项单独为 5 分，综合加权后计入
4	考核受理、处理个人、企业政府信息公开申请的数量，对属于依法要求公开政府信息的申请不受理的，每件扣 1 分，直到扣完 5 分为止	该项单独为 5 分，综合加权后计入

5）监督机制的有效性（共5分）

序号	赋值标准	备注
1	考核农村水污染控制相关行政规范文件备案情况，未备案或未按规定期限备案的，每件扣1分，直到扣完5分为止	该项单独为5分，综合加权后计入
2	有关农村水污染控制法律法规规章规定的听证、听取意见落实情况，未按照规定举行听证或听取相对人意见的，每发生一起扣1分，直到扣完5分为止	该项单独为5分，综合加权后计入
3	考核农村水污染控制行政复议制度的落实情况，发现不具备行政复议资格的人员办理复议案件的、未依法受理行政复议申请，应当受理而不受理的，违反法定程序和期限审理行政复议案件的、行政复议决定实体违法的，每发现一起扣1分，直到扣完5分为止	该项单独为5分，综合加权后计入

4. 农村水污染控制的宣传情况

意义：该指标是指对地方政府对农村水污染管理、预防、控制等相关事项的宣传情况，直接反映地方政府对农村水污染控制相关事项的重视程度。

定义：本指标中所述农村水污染控制宣传情况主要是指，在农村水污染管理、预防和控制等相关工作中信息公开渠道的建设情况。

资料来源：县委、县政府、人事系统以及农业局、环保局、城建局、林业局、卫生系统以等相关部门以及网络、报纸等新闻媒体。

序号	赋值标准	备注
1	考核农村水污染控制信息公开规章、制度的建立情况，建立得5分，未建立得0分	该项单独为5分，综合加权后计入
2	考核农村水污染控制信息公开场所的设置情况（共5分），未主动设置政府农村水污染控制信息公开场所的扣2分，未能保证设备、人员齐全运行良好的扣3分	该项单独为5分，综合加权后计入
3	考核农村水污染控制报纸、期刊等专栏的设置情况，有专人或专门的报纸、期刊、栏目等宣传农村水环境管理的得5分，未设置的得0分	该项单独为5分，综合加权后计入
4	考核农村水污染控制网站政府信息公开专栏的设置情况，未按要求建立的扣2分；建设不规范、内容更新不及时的，扣3分	该项单独为5分，综合加权后计入
5	宣传农村水污染控制获得上级政府奖励、表彰，或得到报纸、电视、网络等新闻媒体宣传有较大影响的	该项为加分，如有相关情况加5分，未有不得分

5. 农村水污染控制管理第三方机构参与情况

意义：地方机构参与地方农村水污染控制对于推动地方政府相关管理工作的开展具有重要意义，也从侧面反映出地方农村水污染控制的管理水平和绩效。

定义：该指标是对地方企业、合作组织、NGO、相关社团等第三方机构参与农村水污染控制管理情况的考核。

资料来源：县委、县政府、人事系统以及农业局、环保局、城建局、林业局、卫生系

统等相关部门。

分级标准：具体见下表。

第三方机构参与分级标准

级别	I	II	III	IV	V
级别分值	5	4	3	2	1
赋值标准	第三方机构参与农村水污染管理，并起到重要作用	第三方机构参与农村水污染管理的相关事项，并起到一定作用	第三方机构参与农村水污染管理，但未起到实质性作用	未有地方机构参与管理，但采纳地方机构在农村水污染控制中的相关建议	未有第三方机构参与管理，且未采纳第三方机构的任何意见

（二）农村水污染控制运行机制建立情况

该部分指标反映农村水污染控制管理、运行中相关政策、制度、管理规章等的制定和建立情况。

1. 农村水污染控制的相关政策、制度和规定情况

意义：该指标考察地方政府和相关部门对农村水污染控制相关政策、制度、规章及相关管理方案等的制定情况。完善的政策体系、管理规章制度等是开展农村水污染控制管理工作的基础保障，对提升农村水污染控制的管理水平具有重要作用。

定义：本项中农村水污染控制的相关政策、制度和规定是指与农村水污染控制有关的种植业、养殖业、农村生活等方面的管理、污染治理、污染控制、补偿等方面的政策、制度和规定等。

资料来源：县委、县政府、人事系统以及农业局、环保局、城建局、林业局、卫生系统等相关部门。

分级标准：具体见下表。

级别	I	II	III	IV	V
级别分值	5	4	3	2	1
赋值标准	相关政策、制度及规定完善	相关政策、制度及规定基本完善	初步构建了相关的政策、制度及规定	有相关政策、制度、规定的管理条文	相关政策、制度和规定的条文零散、缺乏

2. 是否将农村水污染保护的目标、措施等纳入当地经济社会发展中长期规划和年度计划

意义：将农村水污染控制纳入当地经济社会发展中长期规划和年度计划，对于强化农村水污染控制管理，提升农村水环境质量水平有重要作用。此外该指标也直接体现地方政府对农村水污染控制的重视程度和实施力度。

定义：本项指标是指将种植业面源污染控制、农村生活污染以及畜禽养殖业污染物排

放等的控制目标、控制措施等纳入当地政府年度工作计划，并列入地方"五年"、"十年"或者更长时间的当地社会、经济发展的规划计划。

资料来源：县委、县政府等相关部门。

分级标准：具体见下表。

级别	I	II	III
级别分值	5	3	1
赋值标准	明确纳入年度计划和当地社会经济中长期发展规划	仅纳入当地社会经济中长期发展规划或当地年度计划其中之一	未纳入年度计划或中长期发展规划

3. 是否建立有职责明确、分工负责的农村水污染管理工作的领导机制

意义：该指标反映当地政府是否真正将农村水污染控制管理工作落到具体的工作中，是否有效推动了农村水污染控制管理。

定义：该指标指农业、城建、环保、卫生等相关政府管理部门在农村水污染管理中的职责、分工的落实情况。

分级标准：具体见下表。

级别	I	II	III
级别分值	5	3	1
赋值标准	从政府层面建立由联席会议制度、协商制度等管理领导机制，各部门有分工负责任务	各部门有明确的分工任务	各部门分工任务不明确，任务交叉，界限不清

4. 农村水污染控制的目标责任制建立情况

意义：将农村水污染控制纳入政府目标责任制的考核范围中，有利于调动相关部门在农村水污染控制管理工作的积极性，是责、权、利、义的有机结合，从而使农村水污染控制的任务能够得到层层分解落实，达到既定的农村水污染控制目标，提高工作质量和工作效率，保证农村水污染控制工作优质、高效地完成。

定义：农村水污染控制目标责任制是指通过签订责任书的形式，具体落实到地方各级人民政府和针对种植业、养殖业、农村生活等污染排放和控制的相关部门对农村水污染控制负责的行政管理制度。

分级标准：具体见下表。

序号	赋值标准	级别分值
1	在政府统一领导下，成立政府农村水污染控制目标责任制实施领导小组，负责有关日常监督、年终现场检查等协调、组织工作。由政府组成检查团，负责年度检查考核和总体考评	5
2	在政府统一领导下，各部门建立有农村水污染控制目标责任制实施领导小组，负责各部门有关日常监督、年终现场检查等协调、组织工作	4
3	仅将农村水污染控制的相关工作的控制目标列入相关部门的工作责任制	3
4	未建立农村水污染控制目标责任制	1

5．农村水污染控制工作的宣传、教育机制建立情况

意义：该指标对于提升民众农村水环境保护意识，促使民众参与到地方农村水环境管理具有重要作用，反映地方政府对公众参与农村水污染管理的意识。

定义：建立种植业、养殖业及农村生活等污染预防、控制、管理等的宣传、教育机制。

分级标准：具体见下表。

序号	赋值标准	级别分值
1	在政府统一领导下，建立农村水污染宣传、教育机制	5
2	在各相关部门内部建立与农村水污染控制管理相关的种植业、养殖业及农村生活等宣传、教育机制	3
3	未建立相关宣传、教育机制	1

6．农村水污染控制的专项资金设立情况

意义：该指标体现农村水污染控制工作的实际推动力度，有无专项资金设立及专项资金设立的额度，也直接体现地方对农村水污染控制管理的重视力度。

定义：是指地方政府或有关部门设定的专门用于种植业、养殖业、农村生活等与农村水污染控制相关的资金，要求进行单独核算，专款专用，不能挪用。

分级标准：具体见下表。

序号	赋值标准	级别分值
1	由地方政府设定的农村水污染控制专项资金	5
2	由农业、环保、卫生、城建等相关部门设立的农村水污染控制专项资金	3
3	无专项资金设立	1

7．政府领导班子专题研究农村水污染控制的重大问题和政策措施

意义：直接体现了地方政府的重视程度。

定义：指地方政府召开相关会议、部署相关工作、专题讨论等以解决农村水污染控制中的重大问题和政策措施。

分级标准：具体见下表。

序号	赋值标准	级别分值
1	地方政府召开相关会议、专题部署农村水污染控制相关工作	5
2	地方相关部门召开相关会议、专题部署农村水污染控制相关工作	3
3	部门相关管理科室召开相关会议、专题部署农村水污染控制相关工作	1
4	未以任何形式开展过农村水污染控制的相关会议和专题讨论	0

8．是否把农村水环境保护目标作为干部任用考核和年度干部述职的内容

意义：将农村水环境保护目标直接作为干部考核和年度述职的依据之一，有助于提升领导干部对农村水环境管理的重视程度，是强化农村水污染控制和农村水环境管理的直接体现。

定义：本指标是指按照一定的程序和方法，对政府或部门领导班子和领导干部在任期或一年中对农村水污染控制工作履行职责的情况进行考察、核实和评价，并作为加强领导班子管理和领导干部任用、奖惩的依据。

分级标准：具体见下表。

序号	赋值标准	级别分值
1	由政府正式发文，将农村水污染控制列入分管领导和相关部门领导考核和述职	5
2	相关部门正式发文，将农村水污染控制列入部门分管领导考核和述职	3
3	无正式发文，但将农村水污染控制作为相关工作人员考核和述职的内容	2
4	未将农村水污染控制列入干部任用和述职的考核内容	0

（三）工作履行情况

该部分指标反映农村水污染控制管理、运行中的相关政策、制度、管理规章、规定等的实际运行和推动情况。

1. 农村水污染控制的相关政策、制度和规定等的贯彻落实情况

意义：该指标反映地方政府及相关部门对国家、地方等相关政策、制度和规定的实际贯彻、执行和落实情况。反映地方政府和相关部门是否将农村水污染控制工作真正落到实处。

分级标准：具体见下表。

序号	赋值标准	备注
1	考核国家水污染控制相关政策、法律法规及制度的执行落实情况（共5分），未执行或落实的发现1项扣1分，直至扣完5分为止	该项单独为5分，综合加权后计入
2	考察地方水污染控制相关政策、法律法规及制度的执行落实情况（共5分），为执行或落实的发现1项目扣1分，直至扣完5分为止	该项单独为5分，综合加权后计入

2. 农村水污染控制领导小组办公室运转情况

意义：该指标反映农村水污染控制领导小组在农村水污染控制工作过程中的实际运转情况及所起的作用。

分级标准：具体见下表。

序号	赋值标准	备注
1	考核农村水污染控制领导小组办公室运转情况，该项指标为加分，满分5分，运转良好，对水污染控制起到重大作用，每解决1项相关事项加1分，直到加满5分为止	该项单独为5分

3. 农村水污染控制的年度目标完成情况

意义：该指标反映种植业、畜禽养殖业及农村生活等农村水污染控制工作年度目标的完成情况，反映农村水污染控制工作的实际效果。

分级标准：具体见下表。

序号	赋值标准	备注
1	考核农村水污染控制工作年度目标的完成情况，100%完成得 5 分；80%以上完成得 4 分；60%以上完成得 3 分；40%以上完成得 2 分；20%完成以上得 1 分；80%以上未完成得 0 分	该项单独为 5 分

4. 农村水污染控制工程建设/项目运转的管理情况

意义：农村水污染控制工程或建设项目是农村水污染控制的主要实体，种植业、养殖业及农村生活等污染的削减要通过必要的处理工程实现。这些工程的实际运行效果，除与工程本身的设计参数有关外，日常运转的管理情况也起到极为关键的作用。

分级标准：具体见下表。

序号	赋值标准	级别分值
1	工程建设/项目运转管理较好，完全达到初始设计目标，污染控制效果良好	5
2	工程建设/项目运转管理一般，基本达到初始设计目标，有一定污染控制效果	3
3	工程建设/项目运转管理较差，未达到初始设计目标，污染控制效果不明显	2
4	工程建设/项目未运转，发现一起扣 1 分，直至扣完 5 分为止	0

5. 农村水污染控制相关专项工作完成情况

意义：考察种植业、养殖业、农村生活等相关的农村水污染控制专项的完成情况，反映对待专项工作的态度和实际推动农村水污染控制工作的力度。

分级标准：具体见下表。

序号	赋值标准	备注
1	考核农村水污染控制相关专项工作的完成情况，全部完成得 5 分，1 件未完成扣 1 分，直至扣完 5 分为止	该项单独为 5 分

6. 农村水污染控制相关经费使用情况

意义：考察国家、地方等有关种植业、养殖业、农村生活相关的农村水污染控制经费资金的使用情况，反映地方政府在推动农村水污染控制相关工作过程中的态度和重视程度。

分级标准：具体见下表。

序号	赋值标准	备注
1	考察农村水污染控制相关经费、资金的使用情况，经费合理使用，没有发现任何经费挪用、违规使用得 5 分；发现改变农村水污染控制经费使用用途、违规使用的，发现 1 项扣 2 分，发现两项不得分	该项单独为 5 分

7. 农村水污染控制工作的宣传情况

意义：农村水污染控制信息公开和宣传，是保障政府行为现实程序正当性的基础和前提，对控制和规范行政行为，鼓励公众参与具有重要作用和意义。

分级标准：具体见下表。

序号	赋值标准	备注
1	考察农村水污染控制宣传情况，基本做到信息公开，宣传效果较好，使民众了解水污染控制相关政策、知识和制度的得 5 分；该宣传而未宣传的，发现 1 项扣 1 分，直至扣完 5 分	该项单独为 5 分

8. 对群众的环境信访和反映强烈的农村水污染问题是否认真及时地处理解决，未因此造成集体越级上访和恶劣影响

意义：农村水污染相关的信访是农村水污染控制工作的一面镜子，在农村水污染控制工作中具有重要作用，不仅可以及时了解和掌握当前水污染控制工作的热点和难点，而且通过信访这个反馈渠道可以了解农村水污染控制工作的得失，为下一步农村水污染控制工作的开展提供积极的指导方向。

分级标准：具体见下表。

序号	赋值标准	备注
1	考核对群众的环境信访和反映强烈的农村水污染问题是否认真及时地解决处理情况，未造成集体上访和恶劣影响的得 5 分；发生集体上访事件，造成恶劣影响的得 0 分	该项单独为 5 分

（四）公众参与情况

该部分指标反映了公众参与种植业、畜禽养殖及农村生活等农村水污染控制工作的相关情况。

1. 农村水污染控制的相关公众参与机制的建立情况

意义：该指标考察地方政府和相关部门对农村水污染控制相关政策、制度、规章及相关管理方案等的制定情况。完善的政策体系、管理规章制度是开展农村水污染控制管理工作的基础保障，对提升农村水污染控制管理水平具有重要作用。

分级标准：具体见下表。

级别	Ⅰ	Ⅱ	Ⅲ	Ⅳ	Ⅴ
级别分值	5	4	3	2	1
赋值标准	在种植业、畜禽养殖、农村生活等各个领域都建有完善的公众参与管理机制，并在农村水污染控制中发挥重要作用	公众参与机制基本建立，在农村水污染控制中发挥了一定作用	初步构建了公众参与机制，部分事项开展了公众参与管理	初步构建了公众参与机制，但还没有事项开展公众参与管理	没有建立公众参与机制，无公众参与农村水污染控制管理

2. 农村水污染控制的相关事宜进行的公示情况

意义：农村水污染控制相关事宜进行公示是推动公众参与种植业、养殖业和农村生活等农村水污染控制管理行为的基础。`

分级标准：具体见下表。

序号	赋值标准	备注
1	考核农村水污染控制信息公开的情况，未按规定开展信息公开的，发现1起扣1分，直至扣完5分	该项单独为5分，综合加权后计入
2	考核农村水污染控制信息公开的精细程度及便民情况（5分），未能主动设置信息公开场所的扣2分；未按要求建立网站信息公开栏的扣2分；网站相关信息发布率和更新未达到规定的扣1分	该项单独为5分，综合加权后计入

3. 在农村水污染控制工作中是否采取了征求意见、座谈和听证会等方式

意义：征求意见、座谈和听证会等是农村水污染控制公众参与的主要方式，体现是否真正将农村水污染控制落到实处。

分级标准：具体见下表。

序号	赋值标准	备注
1	考核农村水污染控制公众参与方式的制定情况，是否制定了相应的实施细则、条件等	该项单独为5分，综合加权后计入
2	考核采取征求意见、座谈和听证会等方式开展农村水污染控制的实际情况；按要求应该开展而未开展的发现1起扣1分，直至扣完5分为止	该项单独为5分，综合加权后计入

4. 公众对本地区农村水污染控制的了解情况

意义：本指标反映农村水污染控制相关信息公示的实际效果。

分级标准：具体见下表。

序号	赋值标准	备注
1	考核公众对本地区农村水污染控制的了解情况，按调查统计结果进行评分，80%以上公众了解农村水污染控制的相关事项和渠道得5分；60%以上公众了解相关事项和渠道得4分；20%以上公众了解相关事项和渠道得2分；80%以下公众不了解相关事项和渠道得0分	该项单独为5分

5. 群众对本地区农村水污染控制的满意情况

意义：本指标反映公众对本地区种植业、养殖业和农村生活等相关农村水污染控制工作实际执行效果的满意程度，从侧面反映农村水污染控制工作的实际水平。

分级标准：具体见下表。

序号	赋值标准	备注
1	考核公众对本地区农村水污染控制效果的满意程度，按调查统计结果进行评分，80%以上公众满意得5分；60%以上公众满意得3分；20%以上公众满意得2分；80%以上公众不满意得0分	该项单独为5分

（五）农村水污染控制实际效果

该部分指标反映种植业、畜禽养殖及农村生活等农村水污染控制工作的实际效果。本部分指标设计时，不仅考虑当年控制的实际情况，还结合各地区原有管理水平的差异及其管理水平的持续改进等相关因素。

1. 种植业污染控制

（1）化肥平均用量

意义：该指标反映农业生产过程中化肥使用对环境造成的压力，直接影响农业面源污染和地下水污染，与种植类型、种植习惯等有关。

定义：每亩耕地年均化肥用量（单位：kg/亩）。其中，化肥主要种类包括氮肥（尿素、碳酸氢铵、硫酸铵、硝酸铵、氯化铵、氨水、缓释尿素）、磷肥（普通过磷酸钙、钙镁磷肥、重过磷酸钙、磷矿粉）、钾肥（氯化钾、硫酸钾、硫酸钾镁）、复合肥（磷酸二铵、磷酸一铵、磷酸二氢钾、硝酸钾、有机无机复合肥、其他二元或三元复合肥）。

数据来源：当地农业部门、政府统计部门。

分级标准：见下表。参照《中国统计年鉴》估算多年化肥平均用量为 24.8 kg/亩。

级别	I	II	III	IV	IV
结果	优	良	中	一般	差
级别分值	5	4	3	2	1
标准值	≤15，化肥用量较上一年度减少或持平，化肥用量较上一年度增加的，下降一个等级给分	≤20，化肥用量较上一年度减少或持平，化肥用量较上一年度增加的，下降一个等级给分	≤30，化肥用量较上一年度减少或持平，化肥用量较上一年度增加的，下降一个等级给分	＞30，化肥用量较上一年度减少或持平	＞30，化肥用量较上一年度增加

（2）有机肥施用量

意义：该指标反映农业生产过程中有机肥的施用情况，有机肥的施用可以减少化肥用量，从而间接减少地区农业面源污染和地下水污染，是种植业农业面源污染控制的常用有效手段之一。

定义：多种有机酸、肽类以及包括氮、磷、钾在内的丰富的营养元素以及各种动物、植物残体或代谢物组成，如人畜粪便、秸秆、动物残体、屠宰场废弃物等。还包括饼肥（菜籽饼、棉籽饼、豆饼、芝麻饼、蓖麻饼、茶籽饼等）；堆肥；沤肥；厩肥；沼肥；绿肥等。

数据来源：当地农业部门、政府统计部门、公报、统计年鉴等。

分级标准：见下表。

级别	I	II	III
级别分值	5	3	1
标准值	有机肥施用面积、用量及与化肥施用比率任何一个参数较上一年度均增加	有机肥施用面积、用量及与化肥施用比率中任意一个参与较上一年度减少	有机肥施用面积、用量及与化肥施用比率比上一年度明显减少

（3）配方施肥推广情况

意义：测土配方施肥技术的核心是调节和解决作物需肥与土壤供肥之间的矛盾。有针对性地补充作物所需的营养元素，实现养分平衡供应、达到提高肥料利用率和减少用量，提高作物产量，改善农产品品质，节省劳力，节支增收的目的。

定义：测土配方施肥是以土壤测试和肥料田间试验为基础，根据作物需肥规律、土壤供肥性能和肥料效应，在合理施用有机肥料的基础上，提出氮、磷、钾及中、微量元素的施用数量、施肥时期和施用方法。

数据来源：当地农业部门、政府统计部门、公报、统计年鉴等。

分级标准：见下表。

级别	I	II	III
级别分值	5	3	1
标准值	配方肥推广面积、施用量及占化肥施用比率均比上一年度增加	配方肥推广面积、用量及与化肥施用比率中任意一个参与较上一年度减少	配方肥推广面积、用量及与化肥施用比率比上一年度明显减少

（4）农药施用量

意义：该指标反映农业生产过程中农药使用对环境造成的压力程度，直接影响了地区农产品产地质量，与种植类型、种植习惯等有关。

定义：每亩耕地年均农药用量。农药包括（有效成分）：毒死蜱、克百威、阿特拉津、吡虫啉、2,4-D 丁酯、其他有机磷类、丁草胺、其他有机氯类、乙草胺、其他菊酯类、涕灭威、其他氨基甲酸酯类、氟虫腈和其他类。农药施用的数量。

数据来源：当地农业部门、政府统计部门。

编制方法：农药平均用量=年农药使用总量/使用面积。或从相关部门直接获取相关数据。

分级标准：见下表。参照《中国农业发展报告》估算的多年农药平均用量约为 810 g/亩。

级别	I	II	III	IV
结果	优	良	中	差
级别分值	4	3	2	1
标准值	≤600	≤750	≤900	>900
意义	局部使用农药或者农药平均用量少，环境污染负荷小	农药平均用量较少，环境污染负荷较小	农药平均用量较多，环境污染负荷较大	农药平均用量很多，环境污染负荷很大

（5）农膜使用量

意义：特别是设施农业生产过程中要使用大量农膜。该指标反映农业生产过程中农膜使用对环境造成的压力，对耕地质量、农产品品质等造成影响，与种植类型、种植习惯等有关。

定义：每亩耕地农膜用量。农膜包括用于育种、育苗、覆盖土地、塑料大棚、蘑菇生产等所使用的塑料薄膜及塑料膜。

数据来源：当地农业部门、政府统计部门。

编制方法：农膜平均用量=农膜使用总量/使用面积，或从相关部门直接获取相关数据。

分级标准：见下表。

级别	I	II	III	IV
结果	优	良	中	差
级别分值	5	3	2	1
标准值	不使用地膜或者农膜平均用量少，环境污染负荷小	农膜平均用量较少，环境污染负荷较小	农膜平均用量较多，环境污染负荷较大	农膜平均用量很多，环境污染负荷很大

（6）农膜回收率

意义：农膜回收率体现了农业废弃物处理程度，对地区农业环境保护政策的制定和调整具有重要意义。

定义：每年收集、处理废弃农膜的数量占农膜使用量的比率。单位：%。

资料来源：当地农业部门和政府统计部门。

编制方法：地膜回收率=地膜回收量/地膜使用量×100%，或从相关部门直接获取相关数据。

分级标准：见下表。

级别	I	II	III	IV
结果	优	良	中	差
级别分值	5	3	2	1
标准值	≥90%	≥75%	≥50%	<50%
意义	不使用农膜或者回收率高，对农业环境负荷小	农膜回收率较高，对农业环境造成的负荷较小	农膜回收率较低，对农业环境造成的负荷较大	农膜回收率低，对农业环境造成的负荷很大

（7）农业平均水耗

意义：该指标反映农业生产水资源消耗成本，与农业类型、生产方式等有关。

定义：当年农业灌溉用水量与当年有效灌溉面积的比值。单位：m^3（t）/亩。

资料来源：农业部门、水利部门、统计部门。

编制说明：农业平均水耗=当年农业灌溉用水量/当年有效灌溉面积，或从相关部门直接获取相关数据。

分级标准：见下表。参照水利部《中国水资源公报》，以 2007 年为例，2007 年全国农业用水量 3 602 亿立方米以及《中国统计年鉴 2008》，2007 年有效灌溉面积 5 651.8 万 hm^2，计算平均水耗为 425 m^3/亩。

级别	I	II	III	IV
结果	优	良	中	差
级别分值	5	3	2	1
标准值	水耗低,农业生产水资源利用率高	水耗较低,农业生产水资源利用率较高	水耗较高,农业生产水资源利用率较低	水耗高,农业生产水资源利用率低

（8）秸秆综合利用率

意义：秸秆综合利用率体现农业废弃物处理程度，对地区农业环境保护政策的制定和调整具有重要意义。

定义：每年用于还田、动物饲料、气化及发电的作物秸秆占秸秆产生总量的比率。单位：%。

资料来源：当地农业部门和政府统计部门。

编制方法：秸秆综合利用率=（秸秆综合利用量/秸秆产生总量）×100%，或从相关部门直接获取相关数据。

分级标准：见下表。

级别	I	II	III	IV
结果	优	良	中	差
级别分值	5	3	2	1
标准值	≥90%	≥75%	≥50%	<50%
意义	不产生秸秆或者回收率高,对环境负荷小	秸秆回收率较高,对环境造成的负荷较小	秸秆回收率较低,对环境造成的负荷较大	秸秆回收率低,对环境造成的负荷很大

（9）化肥减施率

意义：化肥减施是农业环境保护的重要措施。化肥减施率是农业面源污染改善的重要体现。

定义：当年因进行清洁生产工艺或测土配方施肥等措施而导致的肥料减少量占化肥使用总量的比率。单位：%。

资料来源：当地农业部门和政府统计部门。

编制方法：化肥减施率=化肥减少量/化肥使用总量×100%，或从相关部门直接获取相关数据。

分级标准：见下表。

级别	I	II	III	IV
结果	优	良	中	差
级别分值	5	3	2	1
标准值	≥15%	≥10%	≥5%	<5%
意义	不使用化肥或减施率高,有利于农业环境质量提高	减施率较高,较有利于农业环境质量提高	减施率较低,对提高农业环境质量有限	减施率低,不利于农业环境质量提高

（10）农药减施率

意义：农药减施是改善农产品产地安全的重要措施。

定义：当年因进行清洁生产工艺、生物防治或农药替代品等而导致的农药使用减少量占农药使用总量的比率。单位：%。

资料来源：当地农业部门和政府统计部门。

编制方法：农药减施率=农药减少量/农药使用总量×100%，或从相关部门直接获取相关数据。

分级标准：见下表。

级别	I	II	III	IV
结果	优	良	中	差
级别分值	5	3	2	1
标准值	≥8%	≥5%	≥3%	<3%
意义	不使用农药或减施率高，有利于农业环境质量提高	减施率较高，较有利于农业环境质量提高	减施率较低，对提高农业环境质量有限	减施率低，不利于农业环境质量提高

2. 农村生活污水控制

该部分指标包括农村生活污水集中收集率、农村生活污水处理率、卫生厕所普及率及农村环境连片综合整治参与率等指标项。

（1）农村生活污水集中收集情况

意义：农村生活污水集中收集是农村生活污水处理的重要前提，对于避免农村生活污水的随意乱排，减少农村生活污染，具有重要意义。

定义：指通过修建排水管网，将分散在各家各户的农村生活污水纳入市政污水管网或其他渠道进行统一收集后处理。

资料来源：当地市政、城建设和政府统计部门。

分级标准：见下表。

级别	I	II	III
级别分值	5	3	1
标准值	污水集中收集率较上一年度提高	污水集中收集率较上一年度变化不大	污水集中收集率较上一年度减少

（2）农村生活污水处理率

意义：生活污水处理率是农村生活环境整治力度的体现，与地区经济水平、居住条件及自然因素等有关。

定义：指经过处理后达标排放的生活污水量占生活污水产生总量的比率。单位：%。生活污水处理包括：一、二级污水处理厂，氧化塘，氧化沟，净化沼气池，土地（湿地）处理系统等。

资料来源：环保部门、建设部门。

编制说明：生活污水处理率＝（处理后达标排放的生活污水量/生活污水产生总量）×100%，或从相关部门直接获取相关数据。

分级标准：见下表。参照《第二次全国农业普查主要数据公报》，全国19.4%的镇生活污水经过集中处理。

级别	I	II	III	IV
结果	优	良	中	差
级别分值	5	3	2	1
标准值	≥40%	≥25%	≥15%	<15%
意义	处理率高，有利于水环境保护	处理率较高，较有利水环境保护	处理率一般，对水环境保护有一定影响	处理率低，不利于水环境保护

（3）农村环境连片综合整治参与率达到

意义：农村环境连片综合整治体现了通过"抓点、带线、促面"不断深化农村环境综合整治"以奖促治"政策，将村庄连片整治作为推进农村环境综合整治的主要方式，是解决本区域农村突出环境问题，切实改善农村环境质量的重要手段。

定义：农村环境连片综合整治是相对过去对农村环境问题采取局部治理、点源治理而言的。连片环境综合整治就是通过对一定范围内的村镇环境进行全面规划、整治，从根本上解决农村环保基础设施建设分散、滞后和污染处理能力不足的问题，以达到改善环境质量、促进经济发展的目的。

资料来源：地方环保、市政、统计部门。

分级标准：见下表。

级别	I	II	III
级别分值	5	3	0
标准值	连片综合整治参与率较上一年度增加	连片综合整治参与率较上一年度基本不变	没有参与农村环境连片综合整治的相关工作

（4）卫生厕所普及率

意义：普及农村卫生厕所是防治农业面源污染、改善农村生活环境的重要措施之一。

定义：指与畜禽圈舍分离的，或可以及时清理的，清洁、无污染的厕所占总户数的比率。卫生厕所包括：粪尿分集式生态卫生厕所、格栅化粪池厕所、沼气厕所等多种类型。单位：%。

资料来源：环保部门、统计部门。

编制说明：卫生厕所普及率＝（使用卫生厕所的农户/全村总户数）×100%，或从相关部门直接获取相关数据。

分级标准：见下表。参照《第二次全国农业普查主要数据公报》，全国农村使用简易厕所或无厕所的 9 474 万户，占 42.9%，卫生厕所占 57.1%。

级别	I	II	III	IV
结果	优	良	中	差
级别分值	5	3	2	1
标准值	≥75%	≥60%	≥50%	<50%
意义	普及率高，有利于农村生活环境保护	普及率较高，较有利农村生活环境保护	普及率一般，对农村生活环境保护有一定影响	普及率低，不利于农村生活环境保护

3. 农村生活垃圾控制

（1）人均生活垃圾产生量

意义：该指标反映地区农村生活产生的固体废弃物对环境的压力情况，与地区自然条件、经济水平、生活习惯等有关。

定义：平均每人每年排放的生活垃圾量。单位：t。

资料来源：当地环保部门和政府统计部门。

编制方法：当年生活垃圾产生总量/区划人口，或从相关部门直接获取相关数据。

分级标准：见下表。

级别	I	II	III	IV
结果	优	良	中	差
级别分值	5	3	2	1
标准值	人均生活垃圾产生量少，环境污染负荷小	人均生活垃圾产生量较少，环境污染负荷较小	人均生活垃圾产生量较多，环境污染负荷较大	人均生活垃圾产生量很多，环境污染负荷很大

（2）生活垃圾处理率

意义：生活垃圾处理率是农村生活环境整治力度的体现，与地区经济水平、居住条件及自然因素等有关。

定义：指统一收集、无害化处理的生活垃圾量占生活垃圾产生总量的比率，单位：%。处理方式包括：卫生填埋、焚烧、堆肥或者回收利用。

资料来源：环保部门、建设部门。

编制说明：生活垃圾处理率=（统一收集、无害化处理的生活垃圾量/生活垃圾产生总量）×100%，或从相关部门直接获取相关数据。

分级标准：见下表。参照《中国环境状况公报》，全国农村生活垃圾 63.28%收集堆放。

级别	I	II	III	IV
结果	优	良	中	差
级别分值	5	3	2	1
标准值	≥75%	≥65%	≥50%	<50%
意义	处理率高，有利于农村生活环境保护	处理率较高，较有利于农村生活环境保护	处理率一般，对农村生活环境保护有一定影响	处理率低，不利于农村生活环境保护

（3）生活垃圾定点存放清运率

意义：生活垃圾定点存放清运是改善农村生态环境，有效解决农村生活垃圾处理问题，提高农民生活质量，扎实推进农村生态村建设的重要考核内容和手段。

资料来源：市政、城建、环保及政府统计部门等。

分级标准：见下表。参照《中国环境状况公报》，全国农村生活垃圾 63.28%收集堆放。

级别	I	II	III	IV
结果	优	良	中	差
级别分值	5	3	2	1
标准值	100%	≥80%	≥60%	<60%
意义	收集清运率高，有利于农村生活环境保护	收集清运处理率较高，较有利于农村生活环境保护	收集清运处理率一般，对农村生活环境保护有一定影响	收集清运处理率低，不利于农村生活环境保护

4．养殖业控制

（1）畜禽养殖废水处理率

意义：畜禽养殖废水是农业面源污染的主要来源之一。畜禽养殖废水处理率是体现农业面源污染防治情况的重要指标之一。

定义：畜禽养殖废水处理达标排放量占畜禽养殖废水产生总量的比率。单位：%。

资料来源：当地农业部门、政府统计部门和环保部门。

编制方法：畜禽养殖废水处理率=处理达标排放的畜禽养殖废水量/畜禽养殖废水产生总量×100%，或从相关部门直接获取相关数据。

分级标准：见下表。

级别	I	II	III	IV
结果	优	良	中	差
级别分值	4	3	2	1
标准值	≥95%	≥75%	≥55%	<55%
意义	处理率高，有利于农业环境质量保护	处理率较高，较有利于农业环境质量保护	处理率一般，对农业环境质量有一定影响	处理率低，对农业环境质量存在污染

（2）畜禽粪便处理率

意义：畜禽粪便是农业面源污染的主要来源之一。畜禽粪便处理率是体现农业面源污染防治情况的重要指标之一。

定义：畜禽粪便处理量占畜禽养殖粪便产生总量的比率。单位：%。畜禽粪便处理包括堆肥、还田、生产沼气等综合利用。

资料来源：当地农业部门、政府统计部门和环保部门。

编制方法：畜禽粪便处理率=畜禽处理量/畜禽养殖粪便产生总量×100%，或从相关部门直接获取相关数据。

分级标准：见下表。

级别	I	II	III	IV
结果	优	良	中	差
级别分值	5	3	2	1
标准值	≥85%	≥70%	≥50%	<50%
意义	处理率高，有利于农业环境质量	处理率较高，较有利于农业环境质量	处理率一般，对农业环境质量有一定影响	处理率低，对农业环境质量存在污染

（3）开放水体产品养殖情况

意义：开放水体的水产品养殖容易将养殖过程中产生的畜禽粪便、畜禽养殖用药、饲料等带入水体，造成水体污染。

定义：指在江、河、湖泊、水库等自然或人工修建的开放水体进行鱼、虾、鸭、鹅等产品养殖的。

资料来源：农业、环保及政府统计部门。

分级标准：见下表。

级别	I	II	III	IV
结果	优	良	中	差
级别分值	5	3	2	1
标准值	全部实现封闭水体养殖	开放水体养殖在30%以下	开放水体养殖在60%以下	开放水体养殖在60%以上

四、指标评价方法

采用层次灰色分析法对绩效考评指标进行综合评价。

（一）建立系统结构层次模型

本规范中建立的系统层次结构主要包括以下四方面。

目标层（A）：农村水污染控制管理绩效考评；

准则层 I（B）：控制管理能力建设、运行机制建立、工作履行、公众参与和实际控制效果 5 个系统（B_m，m = 1，2，3，4，5）；

准则层 II（C）：是否成立由政府主要领导任组长的农村水污染控制领导小组或机构、专业技术队伍建立、农村水环境行政能力情况、宣传能力建设、第三方机构参与情况、农村水污染控制政策、制度和规定情况、是否将农村水污染保护目标纳入当地经济社会发展中长期规划和年度计划、是否建立有职责明确、分工负责的农村水污染管理工作的领导机制、目标责任制建立情况、宣传教育机制建立情况、专项资金设立情况、是否有专题解决农村水污染控制中的重大问题和政策措施、是否把农村水环境保护目标作为干部任用考核和年度干部述职的内容、公众参与机制建立情况以及种植业污染控制、农村生活污水控制、农村生活垃圾控制等 29 个指数（C_n，$n=1$，2，3，…，29）；

指标层（D）：共 50 个指标，（D_{ij}，$k=1$，2，3，…，50）。

（二）层次指标权重确定

1. 准则层 I 层指标权重

（1）构造判断矩阵

将准则层 I 的五个元素的控制管理能力建设、运行机制建立、工作履行、公众参与和实际控制效果 B_1、B_2、B_3、B_4 和 B_5 进行两两比较，判断出其相对重要性。用数字 1～9 及其倒数表示相对重要程度，标准为：

1 表示 B_i 与 B_j 一样重要；

3 表示 B_i 比 B_j 重要一点；

5 表示 B_i 比 B_j 重要；

7 表示 B_i 比 B_j 重要得多；

9 表示 B_i 比 B_j 极端重要；

用 2、4、6、8 分别表示两相邻判断的中值。

采用专家评分法，对指标的重要性进行打分排序，根据分值结果建立专家评分表，并构建判断矩阵 A-B，其中，$b_{ij}=b_i/b_j$（$i=1$，2，…，5；$j=1$，2，…，5）。

准则层 I（B）的判断构造表见表 6-3。

表 6-3 判断矩阵 A-B 构造表

$A\text{-}B_k$	B_1	B_2	B_3	B_4	B_5
B_1	b_{11}	b_{12}	b_{13}	b_{14}	b_{15}
B_2	b_{21}	b_{22}	b_{23}	b_{24}	b_{25}
B_3	b_{31}	b_{32}	b_{33}	b_{34}	b_{35}
B_4	b_{41}	b_{42}	b_{43}	b_{44}	b_{45}
B_5	b_{51}	b_{52}	b_{53}	b_{54}	b_{55}

（2）权重系数计算

对判断矩阵先求出最大特征根，然后再求其相对应的特征向量 W，即 $BW=\lambda_{max}W$，其中 WB_i 的分量（WB_1，WB_2，…，WB_5）就是 B 层所对应于 5 个要素的相对重要度，即权重系数。

计算 λ_{max} 值的方法包括：

① 和积法

将判断矩阵每一列归一化：$\overline{b_{ij}} = \dfrac{b_{ij}}{\sum\limits_{k=1}^{n} b_{kj}}$ （$i=1,2,3,\cdots,n$）

对按列归一化的判断矩阵，再按行求和：$\overline{W_i} = \sum_{j=1}^{n} \overline{b_{ij}}$ $(i=1,2,3,\cdots,n)$。

将向量 $\overline{W} = \left[\overline{W_1}, \overline{W_2}, \cdots, \overline{W_n}\right]^T$ 归一化：$W_i = \dfrac{\overline{W_i}}{\sum_{i=1}^{n} \overline{W_i}}$ $(i=1,2,3,\cdots,n)$，则

$W = \left[W_1, W_2, \cdots, W_n\right]^T$ 即为所求的特征向量。

计算最大特征根 $\lambda_{\max} = \sum_{i=1}^{n} \dfrac{(AW)_i}{nW_i}$，$(AW_i)$ 表示向量 AW 的第 i 个分量。

② 方根法

计算判断矩阵每一行元素的乘积 $M_i = \prod_{j=1}^{n} b_{ij} (i=1,2,\cdots,n)$；

计算 M_i 的 n 次方根，$\overline{W_i} = \sqrt[n]{M_i} (i=1,2,\cdots,n)$。

将 $\overline{W} = \left[\overline{W_1}, \overline{W_2}, \cdots, \overline{W_n}\right]^T$ 归一化：$W_i = \dfrac{\overline{W_i}}{\sum_{i=1}^{n} \overline{W_i}}$ $(i=1,2,3,\cdots,n)$，则 $W = \left[W_1, W_2, \cdots, W_n\right]^T$

即为所求的特征向量。

计算最大特征根 $\lambda_{\max} = \sum_{i=1}^{n} \dfrac{(AW)_i}{nW_i}$，$(AW_i)$ 表示向量 AW 的第 i 个分量。

（3）层次单排序和一致性检验

所谓层次单排序，是指根据判断矩阵计算对于上层某元素而言，本层次与之有联系元素的重要性次序的权值。

① 为度量判断矩阵偏离一致性的程度，引入判断矩阵最大特征值以外的其余特征根的负平均值 CI：CI=（$\lambda_{\max}-n$）/（$n-1$）。当判断矩阵具有完全一致性时，CI=0。CI 越大，矩阵的一致性越差。

② 为度量不同判断矩阵是否有满意的一致性，引进平均随机一致性指标 RI，RI 值见表 6-4。计算随机一致性比率 CR= CI/RI。当 CR<0.10 时，矩阵具有满意的一致性，否则应重新构造判断矩阵，直到具有满意的一致性为止。

表 6-4　平均随机一致性指标 RI

矩阵阶数	1	2	3	4	5	6	7	8	9
RI	0	0	0.58	0.90	1.12	1.24	1.32	1.41	1.45

（4）层次总排序和一致性检验

层次总排序是利用同一层次中所有层次单排序的结果，以及上层次所有元素的权重，来计算针对总目标而言本层次所有因素权重值的过程。层次总排序一致性比率为：

$$CR = \left. \sum_{i=1}^{n} a_i CI_i \middle/ \sum_{i=1}^{n} a_i RI_i \right.$$

当 CR＜0.10 时，层次总排序结果是满意的。

2．其他层次权重确定

准则层Ⅱ权重 WC_j 以及指标层权重 WD_{jk} 同"准则层Ⅰ层指标权重"。

3．指标分级

为了所有指标量化进行综合比较和评价，将每个指标按照其优劣划分为几个等级，每个指标的综合分属为 5 分，若有若干项，则加权合并后作为该指标的分值项，最终各指标分值对应分别为 5、4、3、2、1 分，介于两个相邻等级之间时，可以取中间分值（精确到 0.1 分）。

4．评价指标标准值

定量指标划分几个级别标准值。

定性指标制定几个个级别定性描述并由相关专家现场调查判断而定。

具体指标标准值确定见上文赋分标准。

5．评价结果与分级

（1）确定灰类白化函数

指标 D_{ij} 的分值为 d_{ij} 即为该指标的聚类白化值。对于任意 d_{ij} 相应的白化权函数为：

$$f(d_{ij}) = \frac{d_{ij} - d_0}{d_m - d_0}$$

以本规范中确定的 4 个评价灰类为例，灰类序号为 e，e=1，2，3，4 分别表示"优、良、中、差"，对于第 C_i 层指标，其相应的灰类及白化权函数如下：

第一灰类（优，e=1），设定灰类 $\otimes_1 \in [4, \infty)$，白化权函数为 f_1，

$$f_1(d_{ij}) = \begin{cases} d_{ij}/4 & d_{ij} \in [0,4] \\ 1 & d_{ij} \in [4,\infty) \\ 0 & d_{ij} \notin [0,\infty) \end{cases}$$

第二灰类（良，e=2），设定灰类 $\otimes_2 \in [0, 3, 6]$，白化权函数为 f_2，

$$f_2(d_{ij}) = \begin{cases} d_{ij}\big/4 & d_{ij} \in [0,3] \\ \dfrac{6-d_{ij}}{3} & d_{ij} \in [3,6] \\ 0 & d_{ij} \notin [0,6] \end{cases}$$

第三灰类（中，$e=3$），设定灰类 $\otimes_3 \in [0，2，4]$，白化权函数为 f_3，

$$f_3(d_{ij}) = \begin{cases} d_{ij}\big/2 & d_{ij} \in [0,2] \\ \dfrac{4-d_{ij}}{2} & d_{ij} \in [2,4] \\ 0 & d_{ij} \notin [0,4] \end{cases}$$

第四灰类（差，$e=4$），设定灰类 $\otimes_4 \in [0，1，2]$，白化权函数为 f_4，

$$f_4(d_{ij}) = \begin{cases} 1 & d_{ij} \in [0,1] \\ 2-d_{ij} & d_{ij} \in [1,2] \\ 0 & d_{ij} \notin [0,2] \end{cases}$$

（2）计算聚类权系数

设有 p 个评价专家，评价专家序列为 m，$m=1$，2，3，$\cdots$，p。对评价指标 D_{ij}，D_{ij} 属于第 e 个评价灰类的聚类权系数记为 x_{ije}。D_{ij} 属于各个评价灰类的总灰色评价数记为 x_{ij}，则

$$x_{ije} = \sum_{m=1}^{p} f_e(d_{ijm}), \quad x_{ij} = \sum_{e=1}^{4} x_{ije}$$

（3）计算灰类评价权向量及权矩阵

评价指标 D_{ij} 的第 e 个灰类的灰色评价权记为 r_{ije}，则有 $r_{ije} = \dfrac{x_{ije}}{x_{ij}}$。考虑到 $e=1$，2，3，4，得出指标 D_{ij} 的灰色评价权向量 r_{ij}，$r_{ij}=(r_{ij1}，r_{ij2}，r_{ij3}，r_{ij4})$，得到指标 D_{ij} 对于各评价灰类的灰色评价权矩阵 R_i：

$$R_i = \begin{vmatrix} r_{i1} \\ r_{i2} \\ r_{i3} \\ r_{i4} \end{vmatrix}$$

若 r_{ij} 中第 q 个权数最大，及 $rj_q=\max(rj_1, rj_2, rj_3, rj_4)$，则评价指标 D_{ij} 属于第 q 个评价灰类。

（4）指标层综合评价

对指标层 D_i 作综合评价，其综合评价结果记为 $S(D)_i$，则：

$$S(D)_i = WD_{jk} \cdot R_i$$

（5）准则层综合评价

由指标层 D_i 的综合评价结果 $S(D)_i$，得到准则层 C 对于各评价灰类的灰色评价权矩阵 $R(D)_i$，

$$R(D)_i = \begin{vmatrix} S(D)_1 \\ S(D)_2 \\ S(D)_3 \\ S(D)_4 \end{vmatrix}$$

对于准则层 C，其评价结果记为 $S(C)_i$，则有：$S(C)_i = WC_j \cdot R(D)_i$；

对于准则层 B 进行综合评价。评价结果记为 $S(B)_i$，则有：$S(B)_i = WB_i \cdot R(C)_i$。

（6）计算综合评价结果

根据综合评价结果 $S(B)_i$，可以按照取最大原则确定评价对象所属灰类等级。

也可先求出综合评价值 S，$S=S(B)_i \cdot CT$，其中 C 为各灰类等级按"灰水平"赋值形成的向量，$C=(4，3，2，1)$。根据综合评价值 S，参考评级结果分级对评价对象进行综合评价。

（三）农村水污染控制管理绩效考评与奖惩指标体系构建

本研究采用多专家打分层次分析法确定各指标的权重，层次分析结构示范图如图 6-1 所示。经过多次指标修订，打分，最终确定各指标的权重及分值如下。

1. 农村水污染控制组织管理建设情况

该部分指标反映对农村水污染控制管理能力建设的相关情况。

（1）政府主要领导牵头的农村水污染控制领导小组或机构建立情况（5分）

意义：由辖区主要领导如县委书记或县长等主要领导参与成立农村水污染控制的领导小组或机构是当地加强农村水污染控制管理工作的重要标志，其象征意义和实际意义重大。

定义：本项中农村水污染控制领导小组或机构指与农村水污染控制相关的领导、组织和协调机构，如对针对种植业、畜禽养殖业、农村生活等某一类污染控制的或针对辖区某一流域、湖泊或水库或专门针对农村水污染控制的全面管理等而专门建立的综合性污染控制的领导小组、办公室或其他协调机构等。

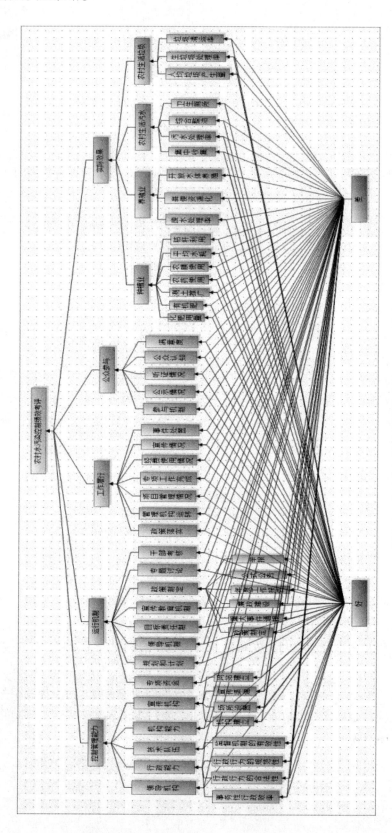

图 6-1 农村水污染控制绩效考评 AHP 法结构图

资料来源：县委、县政府、农业局、环保局、城建局、林业局、卫生系统等相关部门。

分级标准：具体见下表。

级别	级别分值	赋值标准
Ⅰ	5	由辖区"一把手"直接负责的综合领导小组或机构
Ⅱ	4	由辖区主要领导负责的综合领导小组或机构
Ⅲ	3	由相关部门负责的领导小组或机构
Ⅳ	2	无统一管理办公室和协调机构，职能分散在各相关部门
Ⅴ	1	无统一管理办公室和协调机构，职能分散在各相关部门且交叉混乱不清

（2）农村水污染控制管理机构能力建设情况（15分）

意义：农村水污染控制管理机构能力建设直接关系到农村水污染控制管理相关工作能否推行以及实行的力度等方面，对于农村水环境的改善有直接关系。

定义：指农业局、环保局等相关农村水污染控制管理具体机构成立、人员配备、培训、经费设立以及办公场所、设备等的情况。

资料来源：县委、县政府、农业局、环保局、城建局、林业局、卫生系统等相关部门。

分级标准：具体见下表。

序号	级别分值	依据	赋值标准
1	5	机构	由辖区正式文件批复，依法落实农村水污染控制管理机构，明确机构职能，得5分，否则得0分
2	3	人员	充实配备与农村水污染控制工作任务相适应的专职监督管理人员，得3分，否则得0分
3	3	经费	有财政专户或水行政主管部门列支的年度专项经费，正常工作有经费保障，得3分，否则得0分
4	2	办公设备	有固定办公场所，办公桌椅、电脑等办公设备配备齐全，得2分，否则得0分
5	2	档案	有专用档案库（房），归档、查阅等管理规范，得2分，否则得0分

（3）农村水污染控制的专业技术队伍建立情况（5分）

意义：该指数是对地方政府应对和解决农村水污染控制专业技术问题重视程度的反映。由农业、环保、建设、卫生等相关领域的技术人员或专家组建的农村水污染控制的专业技术队伍，有助于切实解决养殖企业、种植大户、散养农户及家庭等在生产、生活中对于畜禽养殖、化肥、农药施用、生活污水处理等方面的技术问题，其直接反映地方政府是否真正有意将农村水污染控制工作落到实处，而不是停留于表面工作。

定义：本项中农村水污染控制的专业技术队伍是指从事农业、农村相关的水污染监测、水污染控制、化肥农药减量化施用、配方施肥技术指导、种植结构调整、废物资源化利用及水污染修复等相关工作的专业技术队伍。

资料来源：县委、县政府、人事系统以及农业局、环保局、城建局、林业局、卫生系统等相关部门。

分级标准：具体见下表。

级别	I	II	III	IV	V
级别分值	5	4	3	2	1
赋值标准	专业技术队伍健全	专业技术队伍基本健全	有专业技术队伍	无专业技术队伍，但有零散专业技术人员	专业技术人员严重缺乏

（4）农村水环境行政能力情况（50分）

意义：该指数是对地方政府应对和解决农村水污染控制等相关事务的政府行政能力（执行力）。其包括事务性行政效率、行政行为规范等多个方面的综合反映。

定义：本项中所述行政能力情况主要是指政府在处理、执行农村水污染控制中对内、外行政审批的时限，查处农村水污染违法行为的响应及处理速度以及开展农村水污染控制中相关行政行为。

资料来源：县委、县政府、人事系统以及农业局、环保局、城建局、林业局、卫生系统等相关部门。

分级标准：具体见下表。

1）事务性行政效率（共20分）

序号	级别分值	指标	赋值标准
1	8	对外行政审批的时限	就农村水污染控制方面的法律法规有明确规定的时限且在规定内完成，未在规定内完成的，每件扣1分，直到扣完5分为止
			对无法规定时限的，考核是否承诺且履行办结时限，未在合理时间内完成的，每件扣1分，直到扣完3分为止
2	6	对内行政办文的时限	选择群众关注的重点事件在办文时限内完成，未在规定时限内履行的，每件扣1分，直到扣完3分为止
			对跨部门会签事项是否规定时限，且在规定时限内完成，未在规定时限内履行的，每件扣1分，直到扣完3分为止
3	6	查处违法行为的响应及处理速度	考核建立举办投诉案件处理程序的情况（共3分），未建立举报制度的扣3分；未按照规定有效投诉和举办方式的扣2分
			考核按照规定程序在规定期限内投诉和举报处理和答复的情况，未在规定期限内投诉和举报做出答复的扣1分，直到扣完3分为止

2）行政行为的合法性（共 15 分）

序号	级别分值	指标	赋值标准
1	15	农村水污染控制行政行为的合法性	考核是否按照相关法律法规调整农村水污染执法依据、主体、权限、程序等，未及时调整的每件扣 1 分，直到扣完 3 分
			考核农村水污染控制行政行为被人民法院判决撤销、变更、确认违法、责令履行法定职责的情况（共 3 分），比例高于同一级人民政府平均水平的，扣 3 分
			考核农村水污染控制行政行为被行政复议机关复议决定撤销、变更、确认违法、责令履行法定职责的情况（共 3 分），比例高于同一级人民政府平均水平的，扣 3 分
			考核是否对农村水污染控制的行政办事流程、审批事项进行公开，未公开的每件扣 1 分，直到扣完 3 分
			农村水污染控制行政管理体制改革创新情况，年内开展的水污染控制工作在思路方法上或机制上具有创新性等到上一级政府肯定的，得 3 分，否则不得分

3）行政行为的规范性（共 10 分）

序号	级别分值	指标	赋值标准
1	10	农村水污染控制行政程序的规范性	考核是否对每一个农村水污染控制的工作岗位的具体工作权限、工作要求、程序环节等作了明确的要求，未实现从岗位职责到人员目标任务的细化分解的，每件扣 1 分，直到扣完 3 分
			考核是否对农村水污染控制的行政办事流程、审批事项进行公开，未公开的每件扣 1 分，直到扣完 3 分
			农村水污染控制行政管理体制改革创新情况，年内开展的水污染控制工作在思路方法上或机制上具有创新性等到上一级政府肯定的，得 4 分，否则不得分

4）监督机制的有效性（共 5 分）

序号	指标	赋值标准
1	监督机制的有效性	考核农村水污染控制相关行政规范文件备案情况，未备案或未按规定期限备案的，每件扣分，直到扣完 5 分为止
2		有关农村水污染控制法律法规规章规定的听证、听取意见落实情况，未按照规定举行听证或听取相对人意见的，每发生一起扣 1 分，直到扣完 5 分为止
3		考核农村水污染控制行政复议制度的落实情况，发现不具备行政复议资格的人员办理复议案件的、未依法受理行政复议申请，应当受理而不受理的，违反法定程序和期限审理行政复议案件的、行政复议决定实体违法的，每发现一起扣 1 分，直到扣完 5 分为止

（5）农村水污染控制的宣传机构建立情况（20 分）

意义：该指标是对地方政府对农村水污染管理、预防、控制等相关事项的宣传情况，其直接反映地方政府对农村水污染控制相关事项的重视程度。

定义：本指标中所述农村水污染控制宣传情况主要是指在农村水污染管理、预防和控制等相关工作中，信息公开渠道的建设情况。

资料来源：县委、县政府、人事系统以及农业局、环保局、城建局、林业局、卫生系统以等相关部门以及网络、报纸等新闻媒体。

序号	指标	赋值标准
1	宣传机构建立情况	考核农村水污染控制信息宣传机构的建立情况，建立得 5 分，未建立得 0 分
2	信息公开场所设置情况	考核农村水污染控制信息公开场所的设置情况（共 5 分），未主动设置政府农村水污染控制信息公开场所的扣 2 分，未能保证设备、人员齐全运行良好的扣 1 分
3	信息宣传渠道建立情况	考核农村水污染控制报纸、期刊等专栏的设置情况，有专人或专门的报纸、期刊、栏目等宣传农村水环境管理的得 5 分，未设置的得 0 分
4	网站建立情况	考核农村水污染控制网站政府信息公开专栏的设置情况（5 分），未按要求建立的扣 2 分；建设不规范、内容更新不及时的，扣 1 分

（6）农村水污染控制管理第三方机构参与情况（5 分）

意义：地方机构参与地方农村水污染控制对于推动地方政府相关管理工作的开展具有重要意义，也从侧面反映出地方农村水污染控制的管理水平和绩效。

定义：该指标是对地方企业、合作组织、NGO、相关社团等第三方机构参与农村水污染控制管理情况的考核。

资料来源：县委、县政府、人事系统以及农业局、环保局、城建局、林业局、卫生系统等相关部门。

分级标准：具体见下表。

级别	I	II	III	IV	V
级别分值	5	4	3	2	1
赋值标准	第三方机构参与农村水污染管理，并起到重要作用	第三方机构参与农村水污染管理的相关事项，并起到一定作用	第三方机构参与农村水污染管理，但未起到实质性作用	未有地方机构参与管理，但采纳地方机构在农村水污染控制中的相关建议	未有第三方机构参与管理，且未采纳第三方机构的任何意见

2. 农村水污染控制运行机制建立情况

该部分指标反映对农村水污染控制管理、运行中的相关政策、制度、管理规章等的制定和建立情况。

（1）农村水污染控制的相关政策、管理制度等制定情况（15 分）

意义：该指标是考察地方政府和相关部门对农村水污染控制相关政策、制度、规章及相关管理方案等的制定情况。完善的政策体系、管理规章制度等是开展农村水污染控制管理工作的基础保障，对提升农村水污染控制管理水平具有重要作用。

定义：本项中农村水污染控制的相关政策、制度和规定是指与农村水污染控制有关的种植业、养殖业、农村生活等方面的管理、污染治理、污染控制、补偿等方面的有关政策、制度和规定等。

资料来源：县委、县政府、人事系统以及农业局、环保局、城建局、林业局、卫生系统等相关部门。

分级标准：具体见下表。

序号	级别分值	指标	赋值标准
1	3	相关政策制定情况	依据农村水污染控制方面的法律法规，针对本地区农村水环境问题的实际，制定有相关的支持和扶持政策，得3分，否则得0分
2	3	重大事件通报	农村水污染相关重大事件，通报及时、规范，无瞒报、漏报现象得3分，发现1项扣1分，直至扣完为止
3	2	年度工作报告	农村水污染管理年度工作报告及时、规范得2分，否则得0分
4	2	廉政建设	廉政制度健全，执行严格，定期组织廉政学习教育活动，没有较严重违反廉政制度情况，得2分，否则得0分
5	3	公示公告	建立农村水污染控制方案审批、污水、畜禽粪便、生活垃圾等处理设施验收和重要事项的公示公告制度并正常开展公示、公告工作，得3分，发现1项未公告扣1分，直至扣完3分
6	2	举报制度	设立举报电话并正式公布，举报记录、处理、协调、反馈规范，得2分，否则得0分

（2）将农村水污染保护的目标、措施等纳入当地经济社会发展中长期规划和年度计划情况（5分）

意义：将农村水污染控制纳入当地经济社会发展中长期规划和年度计划，对于强化农村水污染控制管理，提升农村水环境质量水平有重要作用。此外该指标也直接体现了地方政府对农村水污染控制的重视程度和实施力度。

定义：本项指标是指将种植业面源污染控制、农村生活污染以及畜禽养殖业污染物排放等的控制目标、控制措施等纳入当地政府年度工作计划，并列入地方"五年"、"十年"或者更长时间的当地社会、经济发展的规划计划。

资料来源：县委、县政府等相关部门。

分级标准：具体见下表。

级别	I	II	III
级别分值	5	3	1
赋值标准	明确纳入年度计划和当地社会经济中长期发展规划	仅纳入当地社会经济中长期发展规划或当地年度计划其中之一	未纳入年度计划或中长期发展规划

（3）职责明确、分工负责的农村水污染管理工作的领导机制建立情况（5分）

意义：该指标反映当地政府是否真正将农村水污染控制管理工作落到具体的工作中，

是否有效推动了农村水污染控制管理。

定义：该指标指政府相关部门农业、城建、环保、卫生等相关政府管理部门在农村水污染管理中的职责、分工的落实情况。

分级标准：具体见下表。

级别	I	II	III
级别分值	5	3	1
赋值标准	从政府层面建立由联席会议制度、协商制度等管理领导机制，各部门有分工负责任务	各部门有明确的分工任务	各部门分工任务不明确，任务交叉，界限不清

（4）农村水污染控制的目标责任制建立情况（5分）

意义：将农村水污染控制纳入政府目标责任制的考核范围中，有利于调动相关部门在农村水污染控制管理工作的积极性，是责、权、利、义的有机结合，从而使农村水污染控制的任务能够得到层层分解落实，达到既定的农村水污染控制目标，提高工作质量和工作效率，保证农村水污染控制工作优质、高效地完成。

定义：农村水污染控制目标责任制是指通过签订责任书的形式，具体落实到地方各级人民政府和针对种植业、养殖业、农村生活等污染排放和控制的相关部门对农村水污染控制负责的行政管理制度。

分级标准：具体见下表。

序号	赋值标准	级别分值
1	在政府统一领导下，成立政府农村水污染控制目标责任制实施领导小组，负责有关日常监督、年终现场检查等协调、组织工作。由政府组成检查团，负责年度检查考核和总体考评	5
2	在政府统一领导下，各部门建立有农村水污染控制目标责任制实施领导小组，负责各部门有关日常监督、年终现场检查等协调、组织工作	4
3	仅将农村水污染控制的相关工作的控制目标列入相关部门的工作责任制	3
4	未建立农村水污染控制目标责任制	1

（5）农村水污染控制工作的宣传、教育机制建立情况（5分）

意义：该指标对于提升民众农村水环境保护意识，促使民众参与到地方农村水环境管理具有重要作用，反映地方政府对公众参与农村水污染管理的意识。

定义：建立种植业、养殖业及农村生活等污染预防、控制、管理等的宣传、教育机制。

分级标准：具体见下表。

序号	赋值标准	级别分值
1	在政府统一领导下，建立农村水污染宣传、教育机制	5
2	在各相关部门内部建立与农村水污染控制管理相关的种植业、养殖业及农村生活等宣传、教育机制	3
3	未建立相关宣传、教育机制	1

（6）农村水污染控制的专项资金设立情况（5分）

意义：该指标体现了农村水污染控制工作的实际推动力度，有无专项资金设立及专项资金设立的额度，也直接体现了地方对农村水污染控制管理的重视力度。

定义：是指地方政府或有关部门设定的专门用于种植业、养殖业、农村生活等与农村水污染控制相关用途的资金，其要求进行单独核算，专款专用，不能挪作他用。

分级标准：具体见下表。

序号	赋值标准	级别分值
1	由地方政府设定的农村水污染控制专项资金	5
2	由农业、环保、卫生、城建等相关部门设立的农村水污染控制专项资金	3
3	无专项资金设立	1

（7）政府领导班子专题研究解决农村水污染控制中的重大问题和政策措施情况（5分）

意义：直接体现了地方政府的重视程度。

定义：指地方政府召开相关会议、部署相关工作、专题讨论等以解决农村水污染控制中的重大问题和政策措施。

分级标准：具体见下表。

序号	赋值标准	级别分值
1	地方政府召开相关会议、专题部署农村水污染控制相关工作	5
2	地方相关部门召开相关会议、专题部署农村水污染控制相关工作	3
3	部门相关管理科室召开相关会议、专题部署农村水污染控制相关工作	1
4	未以任何形式开展过农村水污染控制的相关会议和专题讨论	0

（8）农村水环境保护目标作为干部任用考核和年度干部述职的实施情况（5分）

意义：将农村水环境保护目标直接作为干部考核和年度述职的依据之一，有助于提升领导干部对农村水环境管理的重视程度，是强化农村水污染控制和农村水环境管理的直接体现。

定义：本指标是指按照一定的程序和方法，对政府或部门领导班子和领导干部在任期或一年中对农村水污染控制工作履行职责的情况进行的考察、核实和评价，并以此作为加强对领导班子的管理和领导干部任用、奖惩的依据。

分级标准：具体见下表。

序号	赋值标准	级别分值
1	由政府正式发文，将农村水污染控制列入分管领导和相关部门领导考核和述职	5
2	相关部门正式发文，将农村水污染控制列入部门分管领导考核和述职	3
3	无正式发文，但将农村水污染控制作为相关工作人员考核和述职的内容	2
4	未将农村水污染控制列入干部任用和述职的考核内容	0

3. 工作履行情况

该部分指标反映了农村水污染控制管理、运行中的相关政策、制度、管理规章、规定等的实际运行和推动情况。

（1）农村水污染控制的相关政策、制度和规定等的贯彻落实情况（5分）

意义：该指标反映了地方政府及相关部门对国家、地方等相关政策、制度和规定的实际贯彻、执行和落实情况。反映地方政府和相关部门是否将农村水污染控制工作真正落实到实处。

分级标准：具体见下表。

序号	赋值标准
1	考核国家水污染控制相关政策、法律法规及制度的执行落实情况（共3分），未执行或落实的发现1项扣1分，直至扣完3分为止
2	考察地方水污染控制相关政策、法律法规及制度的执行落实情况（共2分），为执行或落实的发现1项扣1分，直至扣完2分为止

（2）农村水污染控制领导小组办公室运转情况（5分）

意义：该指标反映了农村水污染控制领导小组在农村水污染控制工作过程中实际的运转情况及其起到的作用。

分级标准：具体见下表。

序号	赋值标准	备注
1	考核农村水污染控制领导小组办公室运转情况，该项指标为加分，满分5分，运转良好，对水污染控制起到重大作用，每解决1项相关事项加1分，直到加满5分为止	该项单独为5分

（3）农村水污染控制的年度目标完成情况（10分）

意义：该指标反映了种植业、畜禽养殖业及农村生活等农村水污染控制相关工作年度目标的完成情况，反映农村水污染控制工作的实际效果。

分级标准：具体见下表。

序号	赋值标准
1	考核农村水污染控制工作年度目标的完成情况，100%完成得10分；80%以上完成得8分；60%以上完成得5分；40%以上完成得3分；20%完成以上得1分；80%以上未完成得0分

（4）农村水污染控制工程建设/项目运转的管理情况（5分）

意义：农村水污染控制工程或建设项目是农村水污染控制的主要实体，种植业、养殖业及农村生活等污染的削减都要通过一定的处理工程。这些工程的实际运行效果，除了和工程本身的设计参数相关外，其日常运转的管理也起到极为关键的作用。

分级标准：具体见下表。

序号	赋值标准	级别分值
1	工程建设/项目运转管理较好，完全达到初始设计目标，污染控制效果良好	5
2	工程建设/项目运转管理一般，基本达到初始设计目标，有一定污染控制效果	3
3	工程建设/项目运转管理较差，未达到初始设计目标，污染控制效果不明显	2
4	工程建设/项目未运转，发现一起扣1分，直至扣完5分为止	0

（5）农村水污染控制相关专项工作完成情况（10分）

意义：考察种植业、养殖业、农村生活等相关的农村水污染控制专项的完成情况，反映对待专项工作的态度和实际推动农村水污染控制工作的力度。

分级标准：具体见下表。

序号	赋值标准	备注
1	考核农村水污染控制相关专项工作的完成情况，全部完成得10分，1件未完成扣1分，直至扣完5分为止	该项单独为5分

（6）农村水污染控制相关经费使用情况（5分）

意义：考察国家、地方等有关种植业、养殖业、农村生活相关的农村水污染控制经费资金的使用情况，反映地方政府在推动农村水污染控制相关工作过程中的态度和重视程度。

分级标准：具体见下表。

序号	赋值标准	备注
1	考察农村水污染控制相关经费、资金的使用情况，经费合理使用，没有发现任何经费挪用、违规使用得5分；发现改变农村水污染控制经费使用用途、违规使用的，发现1项扣2分，发现两项不得分	该项单独为5分

（7）农村水污染控制工作的宣传情况（20分）

意义：农村水污染控制信息公开和宣传，使保障政府行为现实程序正当性的基础和前提，对控制和规范行政行为，鼓励公众参与政府农村水污染控制管理，具有重要作用和意义。

分级标准：具体见下表。

序号	赋值标准
1	考核农村水污染控制等相关信息公开目录、信息公开指南的编制，未按规定编制信息公开目录的扣5分，未按规定编制信息公开指南的，扣2分，编制目录、指南不规范的扣1分
2	考核农村水污染控制等相关信息公开的精细程度及便民情况（共3分），网站政务信息发布率和每日更新率未达规定的，扣2分
3	考核定期、不定期更新信息公开目录、指南、内容情况，未及时更新相关目录、指南的，每发现一起扣1分，直到扣完2分为止
4	考核受理、处理个人、企业政府信息公开申请的数量，对属于依法要求公开政府信息的申请不受理的，每件扣1分，直到扣完5分为止
5	宣传农村水污染控制获得上级政府奖励、表彰，或得到报纸、电视、网络等新闻媒体宣传有较大影响的得5分，未有相关事项的得0分

（8）对群众的环境信访和反映强烈的农村水污染问题处置情况（5分）

意义：农村水污染相关的信访是农村水污染控制工作的一面镜子，在农村水污染控制工作中具有重要作用，不仅可以及时了解和掌握当前水污染控制工作的热点和难点，而且通过信访这个反馈渠道可以了解农村水污染控制工作的得失，为下一步农村水污染控制工作的开展提供积极的指导方向。

分级标准：具体见下表。

序号	赋值标准	备注
1	考核对群众的环境信访和反映强烈的农村水污染问题是否认真及时地解决处理情况，未造成集体上访和恶劣影响的得5分；发生集体上访事件，造成恶劣影响的得0分	该项单独为5分

4. 公众参与情况

该部分指标反映了公众参与种植业、畜禽养殖及农村生活等农村水污染控制工作的相关情况。

（1）农村水污染控制的相关公众参与机制的建立情况（10分）

意义：该指标是考察地方政府和相关部门对农村水污染控制相关政策、制度、规章及相关管理方案等的制定情况。完善的政策体系、管理规章制度等是开展农村水污染控制管理工作的基础保障，对提升农村水污染控制管理水平具有重要作用。

分级标准：具体见下表。

级别	I	II	III	IV	V
级别分值	10	8	5	2	1
赋值标准	在种植业、畜禽养殖、农村生活等各个领域都建有完善的公众参与管理机制并在农村水污染控制中发挥重要作用	公众参与机制基本建立，在农村水污染控制中发挥了一定作用	初步构建了公众参与机制，部分事项开展了公众参与管理	初步构建了公众参与机制，但还没有事项开展公众参与管理	没有建立公众参与机制，无公众参与农村水污染控制管理

（2）对农村水污染控制的相关事宜进行的公示情况（5分）

意义：农村水污染控制相关事宜进行公示是推动公众参与种植业、养殖业和农村生活等农村水污染控制管理行为的基础。`

分级标准：具体见下表。

序号	赋值标准
1	考核农村水污染控制信息公开的情况，未按规定开展信息公开的，发现1起扣1分，直至扣完5分

（3）在农村水污染控制工作中采取征求意见、座谈、听证会等情况（5分）

意义：征求意见、座谈和听证会等是农村水污染控制公众参与的主要方式，体现是否真正将农村水污染控制落到实处。

分级标准：具体见下表。

序号	赋值标准
1	考核农村水污染控制公众参与方式的制定情况，是否制定了相应的实施细则、条件等，制定得2分，否则得0分
2	考核采取征求意见、座谈和听证会等方式开展农村水污染控制的实际情况；按要求应该开展而未开展的发现1起扣1分，直至扣完3分为止

（4）公众对本地区农村水污染控制的了解情况（5分）

意义：本指标反映了农村水污染控制相关信息公示的实际效果。

分级标准：具体见下表。

序号	赋值标准
1	考核公众对本地区农村水污染控制的了解情况，按调查统计结果进行评分，80%以上公众了解农村水污染控制的相关事项和渠道5分；60%以上公众了解相关事项和渠道得4分；20%以上公众了解相关事项和渠道得2分；80%以下公众不了解相关事项和渠道得0分

（5）群众对本地区农村水污染控制的满意度情况（5分）

意义：本指标反映了公众对本地区种植业、养殖业和农村生活等相关农村水污染控制工作实际执行效果的满意程度，其从侧面反映出该地区农村水污染控制实际工作的水平和程度。

分级标准：具体见下表。

序号	赋值标准	备注
1	考核公众对本地区农村水污染控制效果的满意程度，按调查统计结果进行评分，80%以上公众满意得5分；60%以上公众满意得3分；20%以上公众满意得2分；80%以上公众不满意得0分	该项单独为5分

5. 农村水污染控制实际效果

该部分指标反映了种植业、畜禽养殖及农村生活等农村水污染控制工作的实际效果。本部分指标设计时，不仅考虑当年控制的实际情况，还结合了各地区原有管理水平的差异及其管理水平的持续改进等相关因素。

（1）化肥平均用量（5分）

意义：该指标反映农业生产过程中化肥使用对环境造成的压力程度，直接影响了地区农业面源污染和地下水污染，与种植类型、种植习惯等有关。

定义：每亩耕地年均化肥用量。单位：kg/亩。其中，化肥主要种类包括氮肥（尿素，碳酸氢铵，硫酸铵，硝酸铵，氯化铵，氨水，缓释尿素）、磷肥（普通过磷酸钙，钙镁磷肥，重过磷酸钙，磷矿粉）、钾肥（氯化钾，硫酸钾，硫酸钾镁）、复合肥（磷酸二铵，磷酸一铵，磷酸二氢钾，硝酸钾，有机无机复合肥，其他二元或三元复合肥）。

数据来源：当地农业部门、政府统计部门。

分级标准：见下表。参照《中国统计年鉴》估算多年化肥平均用量为 24.8 kg/亩。

级别	I	II	III	IV	IV
结果	优	良	中	一般	差
级别分值	5	4	3	2	1
标准值	≤15 或化肥用量较上一年度减少或持平，化肥用量较上一年度增加的，下降一个等级给 1 分	≤20 或化肥用量较上一年度减少或持平，化肥用量较上一年度增加的，下降一个等级给 1 分	≤30 或化肥用量较上一年度减少或持平，化肥用量较上一年度增加的，下降一个等级减分	>30 或化肥用量较上一年度增加	>30 或化肥用量较上一年度增加

（2）有机肥施用量

意义：该指标反映了农业生产过程中有机肥的施用情况，有机肥的施用可以减少化肥用量，从而间接减少地区农业面源污染和地下水污染，其是种植业农业面源污染控制的常用有效手段之一。

定义：主要来源于植物和（或）动物，施于土壤以提供植物营养为其主要功能的含碳物料。经生物物质、动植物废弃物、植物残体加工而来，消除了其中的有毒有害物质，富含大量有益物质，包括：多种有机酸、肽类以及包括氮、磷、钾在内的丰富的营养元素。不仅能为农作物提供全面营养，而且肥效长，可增加和更新土壤有机质，促进微生物繁殖，改善土壤的理化性质和生物活性，是绿色食品生产的主要养分。有机肥也俗称农家肥，广义上的有机肥包括以各种动物、植物残体或代谢物组成，如人畜粪便、秸秆、动物残体、屠宰场废弃物等。另外还包括饼肥（菜籽饼、棉籽饼、豆饼、芝麻饼、蓖麻饼、茶籽饼等）、堆肥、沤肥、厩肥、沼肥、绿肥等。

数据来源：当地农业部门、政府统计部门、公报、统计年鉴等。

分级标准：见下表。

级别	I	II	III
级别分值	5	3	1
标准值	有机肥施用面积、用量及与机肥施用比率任何一个参数较上一年度均增加	有机肥施用面积、用量及有机肥施用比率中任意一个参与较上一年度减小或持平	有机肥施用面积、用量及有机肥施用比率比上一年度明显减少

（3）配方施肥推广情况（10分）

意义：测土配方施肥技术的核心是调节和解决作物需肥与土壤供肥之间的矛盾。同时有针对性地补充作物所需的营养元素，作物缺什么元素就补充什么元素，需要多少补多少，实现各种养分平衡供应，满足作物的需要；达到提高肥料利用率和减少用量，提高作物产量，改善农产品品质，节省劳力，节支增收的目的。

定义：测土配方施肥是以土壤测试和肥料田间试验为基础，根据作物需肥规律、土壤供肥性能和肥料效应，在合理施用有机肥料的基础上，提出氮、磷、钾及中、微量元素等肥料的施用数量、施肥时期和施用方法。

数据来源：当地农业部门、政府统计部门、公报、统计年鉴等。

分级标准：见下表。

级别	I	II	III
级别分值	10	5	1
标准值	配方肥推广面积、施用量及占化肥施用比率均比上一年度增加	配方肥推广面积、用量及与化肥施用比率中任意一个参与较上一年度减小	配方肥推广面积、用量及与化肥施用比率比上一年度明显减少

（4）农药施用量（5分）

意义：该指标反映农业生产过程中农药使用对环境造成的压力程度，直接影响了地区农产品产地质量，与种植类型、种植习惯等有关。

定义：每亩耕地年均农药用量。单位：g/亩。农药包括（有效成分）：毒死蜱、克百威、阿特拉津、吡虫啉、2,4-D丁酯、其他有机磷类、丁草胺、其他有机氯类、乙草胺、其他菊酯类、涕灭威、其他氨基甲酸酯类、氟虫腈和其他类。农药施用的数量。

数据来源：当地农业部门、政府统计部门。

编制方法：农药平均用量=年农药使用总量/使用面积。或从相关部门直接获取相关数据。

分级标准：见下表。参照《中国农业发展报告》，估算出多年农药平均用量约810g/亩。

级别	I	II	III	IV
结果	优	良	中	差
级别分值	5	3	2	1
标准值	≤600	≤750	≤900	>900
意义	不使用农药或者农药平均用量少，环境污染负荷小，或农药平均用量较上一年度减少	农药平均用量较少，环境污染负荷较小，或农药平均用量较上一年度减少或基本持平	农药平均用量较多，环境污染负荷较大或农药平均用量较上一年度增加	农药平均用量很多，环境污染负荷很大或农药平均用量较上一年度增加

（5）农膜使用量（5分）

意义：特别是设施农业生产过程中要使用大量农膜。该指标反映农业生产过程中农膜使用对环境造成的压力程度，对耕地质量、农产品品质等造成影响，与种植类型、种植习惯等有关。

定义：每亩耕地农膜用量。单位：kg/亩。农膜包括用于育种、育苗、覆盖土地、塑料大棚、蘑菇生产等所使用的塑料薄膜及塑料膜。

数据来源：当地农业部门、政府统计部门。

编制方法：农膜平均用量=农膜使用总量/使用面积。或从相关部门直接获取相关数据。

分级标准：见下表。

级别	I	II	III	IV
结果	优	良	中	差
级别分值	5	3	2	1
标准值	不使用地膜或者农膜平均用量少，环境污染负荷小或较上一年度农膜用量减少	农膜平均用量较少，环境污染负荷较小或较上一年度农膜用量减少或持平	农膜平均用量较多，环境污染负荷较大或农膜用量增加	农膜平均用量很多，环境污染负荷很大或农膜用量增加

（6）农业平均水耗（5分）

意义：该指标反映农业生产水资源消耗成本，与农业类型、生产方式等有关。

定义：当年农业灌溉用水量与当年有效灌溉面积的比值。单位：m^3（t）/亩。

资料来源：农业部门、水利部门、统计部门。

编制说明：农业平均水耗=当年农业灌溉用水量/当年有效灌溉面积，或从相关部门直接获取相关数据。

分级标准：见下表。参照水利部《中国水资源公报》，如以2007年为例，2007年全国农业用水量3 602亿 m^3，以及《中国统计年鉴2008》，2007年有效灌溉面积5 651.8万 hm^2，计算平均水耗为425 m^3（t）/亩。

级别	I	II	III	IV
结果	优	良	中	差
级别分值	5	3	2	1
标准值	水耗低，农业生产水资源利用率高或农业平均水耗较上一年度减少	水耗较低，农业生产水资源利用率较高或农业平均水耗较上一年度减少或持平	水耗较高，农业生产水资源利用率较低或农业平均水耗较上一年度增加	水耗高，农业生产水资源利用率低或农业平均水耗较上一年度增加

（7）秸秆综合利用率（5分）

意义：秸秆综合利用率体现了农业废弃物处理程度，对地区农业环境保护政策的制定和调整具有重要意义。

定义：每年用于还田、动物饲料、气化及发电的作物秸秆占秸秆产生总量的比率。单位：%。

资料来源：当地农业部门和政府统计部门。

编制方法：秸秆综合利用率=（秸秆综合利用量/秸秆产生总量）×100%，或从相关部门直接获取相关数据。

分级标准：见下表。

级别	I	II	III	IV
结果	优	良	中	差
级别分值	5	3	2	1
标准值	≥90%	≥75%	≥50%	<50%
意义	不产生秸秆或者回收率高，对环境负荷小或较上一年度秸秆综合利率用增加	秸秆回收率较高，对环境造成的负荷较小或较上一年度秸秆综合利用率增加或持平	秸秆回收率较低，对环境造成的负荷较大或较上一年度秸秆综合利用率减少或持平	秸秆回收率低，对环境造成的负荷很大或较上一年度秸秆综合利用率减少

第二节　农村水环境管理行政问责

一、行政问责的理论与实践

（一）国内实践及沿革

行政问责，是指一级政府对现任该级政府及其所属部门和下级政府的主要负责人和工作人员在所管辖的部门和工作范围内由于故意或者过失，不履行或者未正确履行法定职责，以致影响行政秩序和行政效率，贻误行政工作，或者损害行政管理相对人的合法权益，给行政机关造成不良影响和后果的行为，进行内部监督和责任追究的方式和活动。行政问责的基本理念是实现从"对上负责"到"对下负责"的转变，是一种行政体系内部纠错、事后追究的方式，是行政监督的重要组成部分。农村水环境管理行政问责就是对负有农村水环境管理责任的行政机关和行政工作人员，就其出现的不履行、不正确履行职责进而给农村水环境保护工作造成不良影响和后果的行为，追究行政责任的过程。

环境保护行政问责起初是由公众、社会对污染事件关注引发的。例如，2004年2月下旬，因川化集团违法排污，发生了沱江特大污染事故，造成沱江死鱼50万kg，沿岸内江、简阳、资中三地上百万群众生产生活用水困难，直接经济损失上亿元。5月2日，位于沱江支流球溪河上游的眉山市仁寿县东方红纸业公司偷排、超标排放废水造成数十公里沱江再次遭到严重污染。这一事故引起了全国上下的瞩目。2005年11月13日，中国石油天然气股份有限公司吉林石化分公司双苯厂硝基苯精馏塔发生爆炸,造成8人死亡,60人受伤,直接经济损失 6 908 万元，并引发松花江水污染事件，不仅在国内，在国际上也引起了广泛关注。诸如此类环境突发事件的发生，引起公众的极大关注和思索，在思索的同时，将目光转向事件的原因与责任的承担上，由此引发了环境保护行政问责"风暴"。由于风暴式的行政手段不仅有"短期性"，而且过于依赖各级执行者的个人意志，缺乏稳定性和威慑性，因此，在风暴式问责的同时，也在思索着制度化问责。

环保行政问责源于政府负有环境责任，关于政府及所属涉农环保职能部门工作人员对其辖区的农村水环境质量所负的责任是有明确法律规定的。我国 1997 年修订的《刑法》，特别增加了有关破坏环境资源保护罪的条文。《环境保护法》也规定，因发生事故或其他突然性事件，造成或者可能造成污染事故的单位，必须立即采取措施处理。《水污染防治法》规定，排污单位发生事故或者其他突然性事件，排放污染物超过正常排放量，造成或者可能造成水污染事故的，必须立即采取应急措施，通报可能受到水污染危害和损害的单位，并向当地环境保护部门报告。

2005 年 12 月 3 日颁布的《国务院关于落实科学发展观　加强环境保护的决定》明确提出，要建立问责制，切实解决地方保护主义干扰环境执法的问题，对严重干扰正常环境执法的领导干部和公职人员，要依法追究责任。2005 年中央纪委五次全会对严肃查处环境违法行为也做出过部署。

2006 年 2 月 20 日，我国第一部关于环境问责方面的专门规章——《环境保护违法违纪行为处分暂行规定》（以下简称《暂行规定》）公布施行。它由监察部和国家环保总局按照党中央、国务院的要求，依据《环境保护法》《行政监察法》等法律规定联合制定。《暂行规定》共 16 条，其中涉及国家行政机关及其工作人员的规定有 30 余项并明确法律、法规授权的具有管理公共事务职能的组织和国家行政机关依法委托的组织及其工作人员以及其他事业单位中由国家行政机关任命的人员有环境保护违法违纪行为，应当给予处分的，参照这一规定执行。该不该追究责任，追究谁的责任，更多的是依据事实和有关成文规定来进行。《暂行规定》的出台，标志着我国环境保护行政问责方式已由"风暴问责"向"制度问责"转变。

在农村水环境管理行政问责方面，地方政府根据中央布置的任务和有关政策要求，为了加强农村水环境管理力度，落实责任，出台了一些问责性法律规范文件。如 2009 年 1 月 1 日开始实施的《浙江省水污染防治条例》规定，"县级以上对本行政区域的水环境质量负责，将水工作纳入国民经济和社会发展规划，制订水目标和年度实验计划，增添水污染防治资金投入，确保水污染防治的需要。水环境保护实施行政首长负责制和目标责任制。县级以上人民政府应当建立健全考核评价制度，将水环境保护目标完成情况作为对政府及其负责人考核评价的内容。"同时，条例明确了农村水环境管理主体及其职责，《条例》规定，"县级以上人民政府水行政、国土资源、卫生、建设、农业、渔业等有关主管部门在各自职责范围内，对有关水污染防治实施监督管理。乡镇人民政府、街道办事处应当协助做好辖区内饮用水安全、农业和农村水污染防治、环境基础设施建设等相关工作并配合环境保护主管部门及其他有关主管部门做好水污染防治的有关工作。"

浙江省、湖北省等省市都明确指出,要进一步落实水资源环境保护目标管理责任制,把目标完成情况作为考核评价地方各级政府及其相关部门负责人政绩的重要内容;对不认真履行职责造成重大水环境污染事故的,对不能完成保护规划目标和治理任务的,要严格追究责任。

虽然不少省市已经出台了涉水环境保护法律规范,也就行政机关的职责作了规定,但涉及或者明确指出负有农村水环境管理职责的主体还不多,就这些主体应该承担什么责任也不是很明确,实践中发生几乎没有发生过因为农村水环境管理不到位而出现的问责事件。

(二)国外行政问责的理论与实践

在西方发达国家,有关行政问责的研究和实践起步较早,目前,不少发达国家都已经建立了行之有效的问责体制并通过法律使其制度化、长效化。在农村水环境管理方面,这些问责制度都发挥了显著的作用,有效制约了农村涉水行政机关及其工作人员的执法行为,为农村水环境管理提供了强有力的法律制度保障。

1. 理论基础

行政问责作为一种行政机关内部纠错机制,有着深厚的法哲学和行政法基础。其主要理论基础有责任政府和行政法治理论。现代责任政府理论强调,责任政府的核心特征应该是责任政治,即人民能够控制公共权力的行使者。使公共权力的行使符合人民的意志和利益,直接或间接地对人民负责。从根本上说,政府的一切公共行政行为,都必须符合和有利于公民的意志、利益和需求,都必须对公民承担责任。作为责任政府,必须迅速、有效地回应社会和民众的基本要求并积极采取行动加以满足。在行使职责过程之前,要有所交代,向公众解释这么做的理由,在职责行使过程中,或者完成职责后,如果出现差错或损失,给公民的利益造成损害,就应承担道义上的、政治上的、法律上的、行政上的责任,选择正确的责任形式做到罚当其责。责任政府的特点之一就是通过内部纠错的方式回应公民的利益诉求,即通过行政问责督促和纠正行政机关及其工作人员的行政行为,使其尽可能地满足和促进公民利益的实现而不对其造成不应有的伤害。

行政法治理论也称依法行政理论,是以行政主体的设立、运行、责任、监督为主要内容的理论体系。其基本问题有三:法律如何配置行政权力和公民权利;法律如何保证行政权力正当行使;法律如何保障公民权利的实现。这三个方面归结为一点,即行政权力与公民权利的关系。由于行政权力具有天生的侵略性、扩张性和腐蚀性,行政权力与公民权利存在此消彼长的关系,行政权力的过度扩张必将导致公民权利受损,因此,行政权力应当受到限制和约束,在规制行政权力的多种工具之中,法律是最佳选择。这是因为,法律具有稳定性,法律一经制定,便具有正当的权威性,任何人也不能逃避法律的制裁。因此,要通过法律手段限制行政权力的扩张,通过法律对行政权力的权限范围和实施程序进行限制，对于超越法律范围的权力行使，依法问责。

2. 典型国家实践

（1）美国

美国的行政问责立法水平高，覆盖面广，宪法、法律、州法令以及地方政府条例对政府及官员的责任都作了明确的规定。美国的行政问责包括财政问责、公正问责、绩效问责三种，问责模式有行政机关内部上级对下级问责，公民社会对行政机关问责，联邦法院、议会对政府问责，问责对象包括合众国总统、政务类官员、事务类官员。

当前，美国政府和国会都设有监督部门，分别负责对政府各部门及其官员和国会议员的行为进行监督。国会设有政府责任办公室，帮助国会调查联邦政府部门的工作表现、预算经费的去向等。该机构还对政府的政策和项目情况进行评估和审计，对其违法或不当行为的指控进行调查并提出法律决定和建议。

1978年，美国国会通过《政府道德法案》，规定政府官员、国会议员和政府中某些雇员必须每年公开自己的财产状况并且详细规定了对高级政府官员所提出的指控进行调查的程序。此外，美国通过一定渠道向社会公众公开政府信息，美国于1976年颁布了《阳光下的联邦政府法》，1996年又颁布了《信息自由法》，为公民监督政府及官员提供了多种法律依据。

（2）瑞典

政府信息公开是实现公民政治参与的必要条件，是建立和完善行政问责制的前提和基础。瑞典是世界上首创信息公开立法的国家，1766年制定了《出版自由法》，该法后来成为瑞典宪法的一部分。瑞典2003年官员问责制现状的报告特别强调，只有坚持政务公开，公众和传媒才能有效监督，问责制才能真正生效。

瑞典公共管理局把瑞典政府部门及其官员的责任划分为三类，即法律责任、政治责任和道德责任。法律责任又具体分为刑事责任、赔偿责任和纪律责任。

瑞典对政府的监督和问责主要通过议会进行，具体是通过监察专员办公室和宪法委员会来实施。除议会外，瑞典政府也有自己的监察机构，如国家审计署审查国家机构、国有企业及国家经济部门的商业活动；政府还设有与议会监察专员相对应的监察办公室。政府内设的这些监察部门负责对政府部门和官员进行法律问责、政治问责、道德问责、纪律问责。

（3）法国

在法国，官员的失职或以权谋私等行为往往成为行政法的惩戒对象，如果发生重大事故，造成很大影响，则有关人员会被迫或自动下台。即使被裁定没有行政责任，但如果造成很大损失，政府、政党或单位的负责人往往也会主动提出辞职，以免连累政党名誉或使政党败选。

法国在1993年通过了反贪法并成立了跨部门的"预防贪污腐败中心"。该中心由高级法官及内政部、地方行政法庭、司法警察和税务部门的专家组成，定期组织对国家机关、公私企业的监督人员进行培训。此外，在法国还有公共生活透明委员会、审计法院、中央廉政署等民间或官方预防职务犯罪的机构。这些机构和政府内部的监察部门一起，构成了法国的行政问责主体，承担着监督与责任追究的职责。

二、建立我国农村水环境管理问责的必要性和重要意义

（一）问责的必要性分析

环境行政裁量权的普遍化滋生了对权力行使过程的监督。农村水环境行政裁量权是行政机关在农村水环境管理进程中，就规划预防、管制诱导以及事后应变与处理范围内选择是否行使权力和怎样行使权力的自由。由谁来充当环境行政裁量权行使的监督者呢？立法机关、司法机关和社会公众等外部监督和追究够不够？这里存在一个监督成本与"信息不对称"的问题。正如张维迎教授在《企业的企业家——企业理论》得出的结论：让（掌握充足信息的）最难监督的人充当监督者。环境行政裁量权随环境问题的出现和变化而自由伸缩，在具体环境事件中，是否行使、在什么时间行使、如何行使、是否充分行使，只有政府最清楚，外人是很难获知的。在"信息不对称"的情况下，由行政机关对政府环境责任是否履行的内部问责应该是最有效率的，也是成本最低的。具体到农村水环境责任的落实与监督，问责的必要性主要表现在：

1. 我国农村水环境管理问题突出，急需通过建立有效的问责机制提升管理效率

我国农村水环境管理的问题突出表现为：① 符合农村特点的水环境法律制度缺位。污染问题是当前农村水环境中存在的主要问题，以水环境污染防治为目标的《水污染防治法》及其相关配套法规和措施却是以维护城市人的对清洁水环境的需要而制定的。极少规定专门适应于农村和乡镇建设、农村集体经济组织和乡镇企业所带来的水环境问题的法律制度及其实施方法。② 水污染的控制理念和方法没有充分考虑农村的实际。当前有关水污染防治的管理思想主要立足于"末端控制"和"点源控制"。长期被大力提倡的所谓"预防为主，防治结合"的原则，实际也只长期局限于对污染物排放的控制和治理上，不但无法体现"源头控制"，对农业面源污染的控制更无从谈起。如果缺乏对这类源头的控制，其后果将是非常严重的，这一点从近几年农村经济和农村城镇化发展加快所带来的农村水环境急剧恶化就可以明显看出来。③ 现行水污染防治体系涉及农村水环境防治的内容太笼统，缺乏现实的可操作性。由于现行水污染防治体系极少有针对农村水环境问题的规定。即使有农田灌溉区排废限制制度、农药使用限制制度、化肥和农药的规范使用制度等，由于规定得太笼统，造成执法者根本不知如何在实践中通过各种管理手段去实现该制度的目标要求，这也是为什么我国的农药使用和化肥使用长期得不到规范管理的一个主要制度根源。而有关控制农业面源污染防治的内容更是完全缺位。④ 现行水污染防治法作为农村水环境管理执法的依据存在较多的纰漏。随着农村经济的发展，农村生活排废和禽畜养殖排废的

需要越来越突出，然而现行法律对此并没有作相应的规定；《水污染防治法》虽然对农村水污染有所提及，然而具体什么样的行为算是违法，违法者应当承担什么样的法律责任，则没有加以详尽规定。⑤现行体制没有为农村居民提供有效的维权通道。《水污染防治法》虽然规定："因水污染危害直接受到损失的单位和个人，有权要求致害者排除危害和赔偿损失。"但我国的农村历来是制度供给异常缺乏的地区，农村人受经济和文化意识等限制，不可能像城市居民那样获得丰富的组织资源来维护自己的权利，此外，维权所涉及的一些技术问题，更是其所无法解决的。譬如，什么样的水质状况是不符合农村灌溉水质标准的？其种养殖的农业生物是否受到危害，危害程度如何等环境许多复杂的技术性问题，对于农民来说，大多数情况下只好放弃。

我国农村水环境管理中存在的这些问题，降低了行政效率，极大地挫伤了管理者的积极性，滋生了不作为、乱作为等现象的发生，不仅不利于农村水环境的改善，而且将农村水管理者推向农村水用户的对立面。行政问责作为农村水环境管理制度之一，通过完善问责机制，可以在现有条件和框架体制下，督促涉水行政机关和工作人员树立责任意识，尽可能地将主要精力和时间用在改善农村水环境上，提高行政效率。

2. 政府农村水环境管理不作为，使得农村水环境进一步恶化，需要通过问责予以应对

政府不作为是导致恶性污染事件的重要原因之一。出于经济利益的考虑，地方政府在环境保护方面的不作为，不仅使得污染企业没有经过环保审批，便生产开工，而且在被查处时往往能化险为夷，还助长了有法不依、违法难究的歪风。据统计，我国受环境处罚的企业中绝大多数都是在未办理环境保护报批手续的情况下进行违法生产的。

地方政府在农村水环境管理上的不作为，重点表现在政府处理农村水环境管理与经济发展的不同态度。以"挂牌保护"制度为例，该制度本是地方政府出于治理"乱罚款、乱收费、乱摊派"的考虑而采取的一种行政保护，但地方政府的不作为却使其成为农村水域周边企业环境违法的保护伞。例如，河南新安县洛新经济工业开发区的100多家企业中绝大多数没有污染防治设施，生产生活废水多年来直接排入黄河支流涧河。园区据国家环保总局和监察部调查，新安县政府2002年以来多次出台有关政策，明确规定对工业园区实行封闭管理，进区企业实行挂牌保护，拒绝环保部门的监管。这种行政手段将环境责任虚置，使农村水污染主体在对付好政府之后，便有恃无恐，加剧甚至纵容了污染行为，使得农村水环境进一步恶化。

行政问责的主要目的和作用就是通过责任设置惩治行政机关及其工作人员的行政不作为，并通过对不作为的惩罚，提升管理效率。

3. 政府农村水环境管理职能部门乱作为，加剧了污染主体的污染力度，需要通过问责予以制止

政府职能部门乱作为，体现在其对农村水污染问题视而不见甚至采取纵容的不负责任态度。地方政府受GDP为核心的政绩考核的影响，无视环境条件片面追求经济增长，从而导致严重的环境问题。四川化工股份有限公司违规技改，设备出现故障，导致未经处理的废水直接进入沱江，废水先污染了沱江下游的资阳、简阳、内江等地后流入长江，造成近百万群众饮下游用水暂停供应，工厂暂时停产，电站水库被迫放水、农作物大量受损、鱼类大量死亡的严重后果。据核查认定，沱江污染直接经济损失为 2.19 亿元人民币，生态环境恢复需五年时间。据《天府早报》报道，沱江污染事故发生后，资阳市雁江区司法局下发了《关于办理涉及沱江特大污染事故赔偿案件有关问题的通知》（区司发[2004]19 号）。要求：区内各律师事务所、法律服务所不应受理涉及沱江特大污染事故索赔一方的委托代理；推辞不了的委托代理，只能代理其非诉讼活动，不准收取代理费。此一政府行为，实际上关闭了农民通过司法救济渠道维护农村水环境的途径。

行政问责的另一主要目的和作用就是通过责任设置惩治行政机关及其工作人员的行政乱作为，并通过对乱作为的惩罚，提升管理效率。

（二）问责的重要意义

1. 是执法人员树立责任意识、恪尽职守的制度保障

任何形式的监督，只有与责任追究结合起来，才能取得实效。近年来我们加大了农村水污染的控制力度，但有些重大责任事故仍然没有及时处理，有的甚至不了了之。诸多农村水污染事件没有查清原因，分清责任，类似污染重复发生，农村水环境没有得到有效改善。2009 年 7 月中央在总结近年来问责实践基础上，制定了《关于实行党政领导干部问责的暂行规定》。有了制度就要严格按制度办事并长期坚持，不使行政问责因人、因时、因地而变化。对有令不行、有禁不止、行政不作为、失职渎职、违法行政等行为，导致一个地区、一个部门发生重大农村水污染责任事故的，要严肃追究有关领导直至行政首长的责任，督促和约束政府机关和工作人员依法行使职权、履行职责。

2. 有利于实现各职能部门职责的"无缝衔接"，使"统一监管，分工负责"的农村水污染管理机制真正发挥作用

农村水污染控制涉及诸多利益主体，对农村水污染负有责任的政府部门主要有环保、农业、水利、住建、卫生等，法律规定了他们各自的职责，希望他们之间职责可以实现无缝衔接。希望他们能够各司其职，但实际情况往往与设想之间存在差距，许多靠人执行的事情，因为执行人的差异，往往会出现一系列问题。因此，在事情发生之后，采取尽可能的措施追究执行主体的责任，进一步讲，将追究责任制度化，可以督促执行人依法行政，更好地尽职尽责做好农村水污染防治工作。

将农村水污染问责制度化，有利于建立农村水环境管理的长效机制，问责制度化是关键的"风力源"。制度是问责的"加速器"，问责的威力靠"制度性发挥"。问责力度增强，其威慑力就会增强；问责制度化、持久化，才能让问责取得实实在在的效果，才能使各部门和具体执行人认真负责地做好农村水污染防治工作。

三、我国农村水环境管理问责存在的问题及对策建议

（一）我国农村水环境管理问责存在的问题

从当前全国实践看，我国行政问责制在运行中仍然处于起步阶段，还面临着诸多发展困境。主要有以下几方面：一是行政责任柔性机制的缺失，缺少问责文化及习惯，导致"官本位"观念依然存在，官员道德自律弱化、责任意识淡薄。二是权限不清，在我国行政管理包括农村水环境管理过程中存在着权大于责、有权无责、有责无权的现象，已成为我国实施行政问责制的主要障碍之一。三是重视结果问责，忽视程序问责，往往问题出来后，只讲究结果，而不讲究过程和手段，缺乏规范性和严肃性。四是异体问责缺乏，人大和公众等异体问责主体的缺位，导致容易出现问责不公、问责不实、问责真空的弊端。五是问责避重就轻，追究无为少，追究"无绩"少，只要每天上班，没有重大过失，而不论是否有成绩。六是行政问责配套制度缺乏，可操作性差，这与我国当前市场化、多元化导向的制度变迁进程要求不符，使得行政问责制的推行面临着严重的制度资源稀缺困境。具体到农村水环境管理问责，从我们的研究和调查来看，在我国还是新生事物，尚没有在全国全面实施，只是有一些零星的试点，如大理洱海流域、浙江、江苏等地试行的"河长制"。通过对这些试点的研究，我们发现，我国农村水环境问责主要存在以下几方面问题：

1. 农村水污染控制问责各主体之间职责不清，往往使问责落于形式，责任承担主体落空

农村水环境控制体制调整尚未完全到位，农村水污染控制涉及环保、农业、水利、住建、卫生、林业等政府部门，各级政府和这些政府部门之间存在职责不清、权限不确，造成一些环节监管缺失。在实际监管工作中监管交叉和监管空白同时存在，一些地方在发生问题后甚至出现相互推诿的现象。在追究责任时，相关部门相互推诿，出现谁都有责任，谁又都没有责任的情况；以至于在问责中，哪些问责对象应该对哪些农村水环境管理事项负责，具体应当承担什么责任，模糊不清。

2. 尚未建立完善的绩效考核指标体系

目前，我国最基层的环保系统是县一级环保机构，少数乡镇一级设置有环保办公室、环保助理、环保员等，但他们在农村的工作仅限于农村工业，针对农业环保的仅有农业部门下属的农业环保站。农业农村水环境管理力量薄弱。加之地方政府对经济利益更为重视，很少建立针对农业农村水环境管理的奖惩机制，在我们的示范点大理洱海流域，虽然确立了洱海流域环境保护目标责任制并以打分的形式考核，但相关指标设置过于简单，无法科学全面反映涉水管理人员的工作绩效，且其使用具有一定的地方性。绩效不清，就无法反映哪些行政机关在哪些水环境管理事务中尽职尽责，哪些工作取得了效果，哪些工作尽管做了，也没意义或者适得其反，哪些工作做到什么程度就需要问责。

3. 问责程序不健全

目前我国针对农村水污染控制没有明确的问责启动程序，问责机制如何启动往往取决于行政领导的意志，没有规范可供遵守，这在松花江水污染事件中特别明显。此外，问责的处理程序也不健全。比如当前我国人大的问责职能虽有法律规定，但是如何在问责程序启动之后，执行听取报告、质询、调查、罢免、撤职、撤销等问责环节，在法律上仍然缺乏可操作的程序。

4. 问责主体和问责范围过于狭窄

在我国，目前问责路径比较单一，通常都是"上问下"，即仅局限于行政机关内部的上级对下级同体问责，缺乏人大、政协、司法机关尤其是法院、民众等异体问责，更缺乏对上级的问责。仅仅是同体，仅仅是上级对下级，这只是单向对失误官员的惩罚，而非真正意义上的问责，容易把责任局限于具体的事件，摆脱不了下级官员只对领导负责而忽视公众利益的弊端。

在问责的范围上，环境行政问责一般仅停留在人命关天的大事上且一般仅限于重特大污染事故领域。问责事由只是针对滥用职权、玩忽职守的违法行政行为，而不针对无所作为的行政行为。问责一般只针对负有领导责任的行政首长，责任也仅限于政治责任，问责的环节也多局限于执行环节而少问责决策和监督环节。

5. 政治问责存在较大缺陷，随意性大

问责制中的"责"，包括法律责任和政治责任两大内容。"在英国，政府官员负有高度的政治责任，他们的行为不仅要合法，而且必须合理，并符合民众对他们拥有较高职业道德的期望，其政策必须符合选民的意志与利益，如果决策失误或领导无方，造成严重后果，虽然官员本人没有犯法，也要承担政治责任、领导责任。"目前，我国在法律责任的制度化、规范化方面取得了较大进展。然而，在政治责任的制度化、规范化方面，我国还存在较大缺陷，实践中随意性较大。比如，2001年国务院颁布的《关于特大安全事故行政责任的规定》调整范围有限，仅限于事故领域，且标准、程序和责任人确定非常原则，很不具体，留下了很大的随意性空间；2004年中央办公厅颁布的《党政领导干部辞职暂行规定》，其问责内容仅限于引咎辞职和责令辞职两种责任形式，对官员政治责任的追究主体、方式和程序等均缺乏全面、系统的规定。在农村水环境问责中，法律责任与政治责任尚未作出明确区分，更不用说对其分别问责。

6. 尚未建立问责救济机制

当前，农村水环境问责制度尚属创建初期，很多制度性规定还属于探索和试错阶段，但已经实行的问责制度中已经出现的问题，对于农村水污染问责，是前车之鉴。

问责工作难免出现偏差和失误，成熟健全的问责制度应该具备相应的救济措施，对问责失范进行补救。然而遗憾的是，在已经实施的涉及环境问责制度中，目前对受处分官员和工作人员的救济办法尚处于薄弱甚至真空状态，比如，被问责当事人应具有申述和申辩权，就是现今许多问责规定中忽视的一项内容。还有，官员问责后多长时间才能复出、怎

么复出？工作人员问责之后怎么解除问责、问责出错后如何恢复和补偿被问责人？这也是问责制度应该明确的重要问题，但许多问责规定中并没有，导致实践中不少官员被问责后迅速复出，有的甚至得到提拔，被重新委以重任，使问责饱受质疑，社会谴责纷纷。

此外，与全国其他行业行政问责存在的避重就轻、大事化小小事化了不同，各级农村水环境管理人员正面临"近乎苛刻"的行政问责。正如曾担任环保部政策法规司司长的"老环保人"，现任环境保护部核安全总工程师杨朝飞透露，"一旦发生重大环境事故，环保部到地方会查五个方面：环评的签字人、批准人是谁；项目竣工的验收人是谁；事故发生前环保官员是否到现场；到现场后提出的整改措施是否得当；整改措施提出后是否进行督促落实。"环保官员及工作人员面临的工作压力和难度，可见一斑。在农村水环境管理中，环保责任书内容是否完成、水环境是否得到改善、是否发生农村水污染事故，都是问责的事由，问责力度更是有目共睹。在我们的调查中，许多乡镇环保所和河道管理所的工作人员认为面临的问责压力大，稍不留神就有可能被问责。

（二）对策建议

从当前农村水环境的现状，结合农村水环境管理的模式和实践，本书认为，最理想的问责模式是"绩效问责"，即在问责启动之前，依照相关法律和当地农村水环境管理的需要，将管理职责和任务明确的分配给相应的行政机关，再由行政机关将任务和责任细化到每一位工作人员，根据法律，对应任务，细化责任，建立绩效考评体系，根据考评结果问责。由于任务和责任无法一一对应，任务分解很难做到详尽明确，所以此种模式需要一段时间后才可全面实施。当前最现实的问责模式就是结果导向型问责模式。这一模式的建立需要做好以下几方面的工作：① 有明确的所要取得的行政结果；② 有清晰的判断行政结果是否完成的指标；③ 有推进行政结果实现的绩效评价体系；④ 建立了常规的相关资料收集方法；⑤ 建立了对行政内部决策和公众质询周期性的信息收集和分析体系。具体来讲，建立我国农村水环境管理问责机制，需要做好以下几方面工作：

1. 明确农村水环境管理主体的职责及其内部分工

针对职责不清、责任不明的现状，国家必须从体制上理顺涉农环境各相关执法主体的具体分工和职责范围，避免职责不清、相互交叉、互相推诿等情况的发生。明确政府各级部门或部门之间、领导和个人之间的权责界定。要进一步明确政府各部门的职责分工，根据"谁参与、谁决策、谁负责"的原则进行问责，厘清官员之间权力和责任的确定。要实现党政分开，分清"集体决策"和行政首长负责制造成的主体模糊性。建议由国务院制定《农村水环境管理条例》，明确环保、农业、水利、住建、卫生、林业等政府部门在农村水污染控制过程中的分工与具体职责并针对性地设置问责条款。关于农村水环境管理体制及职能配置方面，本书已有充分翔实的论述并提出了具体的职能配置方案。此处不再多谈。

2．建立完善的考核指标体系

行政问责的核心是绩效问责①，而绩效问责的核心是建立一套科学合理的绩效评估指标体系。建立政府绩效评估机制，以科学的绩效评估指标体系来衡量政府工作的效果；采用一套政府工作高效的绩效信息系统并合理利用绩效评估结果，以改进政府工作。专门针对农村水环境管理中工作人员的责任目标及其考核方式，建立一套效果较好的绩效考核方案。

建立问责指标体系，进而实施绩效问责，层层落实农村水环境管理责任，是推动农村水环境管理的最佳方式。将农村水环境管理目标考核纳入地方各级官员的任期绩效考核和干部任用考察。建立科学的问责指标体系，具体指标可以包括：水污染物总量控制指标、节水指标、跨省断面和行政区域内重点水功能区断面水质指标（氨氮、TP、COD 等）、乡镇企业污染物排放稳定达标率、农村污水处理率、村镇污水处理厂排放稳定达标率、规模化畜禽养殖和水产养殖规模、农村生活垃圾收集率、村镇生活污水处理率等。

3．制定科学、高效的问责程序

通过对示范点宁夏黄河流域、浙江苕溪流域、大理洱海流域河长及相关问责制度的调研，结合其他领域行政问责程序，我们认为，农村水环境问责应当遵循如下程序：获取问责线索（接到举报或检查发现）—具有人事管理权限的农村水污染行政主体人事部门或同级政府监察机关组成农村水污染问责小组—决定是否启动问责程序—决定启动的—成立调查组调查—依据调查结论（包括问责对象的陈述与申辩）做出处理—问责对象不服—向上级行政主管部门或同级政府申诉—告知投诉人、检举人和控告人问责结果。具体流程图如图 6-2 所示。

4．扩大问责主体和事项的范围

在问责行为上，农村水环境行政问责要针对各种不履行职责、不正确履行职责、不认真履行职责、滥用职权、玩忽职守等有损政府为人民服务形象的违纪违法行政行为。具体包括河道监管不力致使河道中富营养化物质泛滥，垃圾监管不力造成垃圾沿河堆积或直接排入河道的，滥用国家水环境治理资金而没有完成治理任务的，在任多年农村水环境没有任何明显好转的，劳民伤财大搞形象工程造成国家农村水环境建设项目建成后废弃不用或运行成本过高而没有实现承诺目标的诸如此类，都应成为问责的具体事项。在问责方式上，不仅要实行法律问责、纪律问责、经济问责，而且要实行政治问责、文化问责、道德问责。在问责主体上，时机成熟后，应当将同级人大、政协、法院、检察院确定为行政外问责主体。在农村水环境中，尤其要发挥法院的作用，重视法院在审理具体农村水污染控制行政案件中提出的司法建议，发挥环保法庭和行政审判庭的监督作用，通过司法渠道实现问责效果。

---

① 绩效问责是在考察政府绩效水平的基础上启动问责程序的一种行政问责形式，体现了社会对政府绩效水平的一种基本期待以及政府对其行为效果所承担的责任。其关注的是官员的政绩和贡献。在绩效问责制下，无过并不能成为逃避责任的借口，政府官员还会因为未达到应有的绩效水平而被追究责任。

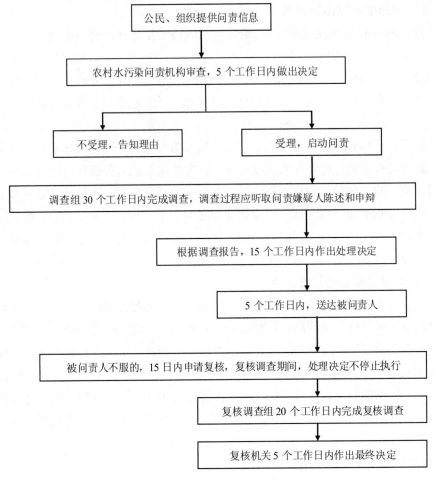

图 6-2　行政问责流程图

5. 建立问责救济与教育机制

建立农村水环境行政问责救济与教育制度。保护被问责人的正当权益，尤其是基层农村水环境保护执法人员，对于因文化水平有限造成的执法不力要区别对待，要明确被问责人有陈述和申辩的权利，有申请回避的权利，明确问责过后问责对象复出的相关要求及程序。建立问责过错追究机制。制定问责出错后的恢复名誉职务、补偿经济损失、赔偿其他损失的条件及程序。建立问责跟踪机制。对被问责对象的问责过程进行监督考核，防止被问责后迅速复出，甚至得到提拔，被重新委以重任等不公和有损问责权威现象的出现。对被问责人要进行教育帮助，使其充分认识自己的过错，以便在以后的工作岗位上兢兢业业，干出一番事业。

四、我国农村水环境管理行政问责基本框架与主要内容

（一）依据、原则及对象

农村水环境管理行政问责的法律依据主要有《中华人民共和国公务员法》第八十二条、《中华人民共和国行政监察法》《中华人民共和国水污染防治法》《行政机关公务员处分条例》《关于实行党政领导干部问责的暂行规定》《中国共产党党内监督条例（试行）》以及《关于实行党风廉政建设责任制的规定》及地方涉水法规，中央有关水污染防治、农村水环境管理的政策。

《国务院关于加强法治政府建设的意见》明确指出，严格执行行政监察法、公务员法、行政机关公务员处分条例和关于实行党政领导干部问责的暂行规定，坚持有错必纠、有责必问。对因有令不行、有禁不止、行政不作为、失职渎职、违法行政等行为，导致一个地区、一个部门发生重大责任事故、事件或者严重违法行政案件的，要依法依纪严肃追究有关领导直至行政首长的责任，督促和约束行政机关及其工作人员严格依法行使权力、履行职责。

农村水环境管理行政问责应坚持权责统一、实事求是、公正公平、依法有序、追究责任与改进工作相结合、教育与惩处相结合的原则。做到问事、问人、问责，即问事必问人，问人必问责，问责问到底。

农村水环境管理行政问责对象包括：负有农村水环境管理职责的环保、水利、农业、住建、卫生、林业等各级（主要是县级）行政主管部门及其工作人员；乡镇政府环保所、河流湖泊管理所及其工作人员；乡镇政府负责农村水体管理的河长、段长。有农村水环境管理违法违纪行为的企业、村民自治组织、农技推广机构由国家行政机关任命或者执行国家公务的工作人员。

（二）问责事项

农村水环境管理问责是指在农村水环境管理过程中因故意或过失、不履行或者不正确履行规定的职责，损害国家环境利益，向相关部门、组织和其工作人员（以下统称农村水污染问责对象）追究责任的活动。不履行职责包括拒绝、放弃、推诿、不完全履行职责等情形以及法律法规规定的符合不履行职责的情形；不正确履行职责包括没有合法依据或不依照规定程序、权限和时限履行职责等情形。

1. 决策与规划

农村水污染问责对象在有关农村水环境或水污染防治决策、规划过程中，有下列情形之一的，应当问责：① 决策内容违反法律、法规、规章、国家规划中有关农村水污染防治规定的；② 违反法律、法规、规章、国家规划中有关农村水污染防治规定，制定和发布规

范性文件的；③ 违反程序规定，擅自决定与农村水污染防治有关的重大事项或者改变集体作出的重大决定的；④ 违反有关规定，擅自安排使用农村水环境保护专项资金的；⑤ 因决策不当，导致群众大规模集体上访、重复上访或引发其他严重社会矛盾的；⑥ 因错误决策，造成农村、农业生态环境破坏或严重农村水污染等重大事件的。

2. 监督与执行

农村水污染问责对象在履行农村水环境监督和管理行政职责过程中，有下列情形之一的，应当问责：① 贯彻执行农村水环境管理法律法规、方针政策不力的；② 无正当理由，没有完成年初签订的《农村水污染防治责任书》内容的；③ 不履行农村水环境监管职责，无正当理由没有如期完成监管工作任务，影响农村水环境整治推进速度的；④ 向上级机关报告或者对外发布有关农村水环境情况时，弄虚作假、隐瞒真相的；⑤ 对于本级人民代表大会及其常务委员会在监督检查中提出的农村水环境管理问题和存在错误不及时解决和纠正，或对人大代表、政协委员及有关部门反映并经查实的问题不及时处理的或推诿责任的；⑥ 不受理对与水污染有关行政违法行为的投诉、举报，对应当追究责任的行为不进行处理的；⑦ 其他依法应当进行农村水污染问责的行为。

3. 行政许可

农村水污染问责对象在实施有可能造成农村水污染的行政许可过程中，有下列情形之一的，应当问责：① 审批、许可可能造成严重水环境污染的企业事业单位在河流上游设立的，审批、许可高耗能、高污染乡镇企业在灌溉河流沿岸设立的；② 对可能造成农村水污染或者威胁农村水环境质量的企事业单位的设立，依法应当举行听证而不举行听证的；③ 实施行政许可后，不依法履行监管职责或者没有法定依据擅自实施年审、年检的；④ 其他违反行政许可规定，有可能危害农村水环境的。

4. 行政检查

农村水污染问责对象在实施农村水环境行政检查过程中，有下列情形之一的，应当问责：① 不按法定职责、权限、程序、时限实施检查的；② 对检查中发现的农村水污染隐患、水污染事故等，属于本部门职责范围的，不及时汇报；不属于本部门职责的，视而不见或不向职能部门建议的；③ 对检查过程中听到或者掌握的农村水环境保护建议、水污染治理建议、意见及群众反映的问题等，不向有关部门汇报或者建议的；④ 放弃、推诿、拖延、拒绝履行检查职责的；⑤ 对检查中发现的违法排污、倾倒垃圾、农业面源污染等违法行为隐瞒、包庇、袒护、纵容，不予制止和纠正的；⑥ 其他违反行政检查工作规定，放纵、疏于检查，滋生农村水污染发生的。

（三）问责方式

问责方式主要有责令改正、责令作出书面检查、通报批评、诫勉谈话、取消当年评优评先资格、扣发奖金、停职离岗培训和解聘、辞退或责令引咎辞职、免职。

对行政机关的问责方式有：责令限期整改、责令公开道歉、通报批评、取消评先资格。

对行政机关公务员问责方式主要有：告诫、通报批评、诫勉谈话、离岗培训、调离执法岗位、取消执法资格、责令公开道歉、停职检查、引咎辞职、责令辞职、免职。对行政机关任命的其他人员的问责方式有：告诫、通报批评、离岗培训、调离执法岗位、取消执法资格、责令公开道歉、停职检查、引咎辞职、责令辞职、免职。

上述问责方式可以视情况单独或合并适用。实践中，针对不同问责事项，可以采取不同的问责方式。如对完成农村水污染控制目标责任书载明的任务重视不够、措施不力、工作不实，导致农村水污染控制工作进展缓慢的，对相关各单位责任人进行诫勉谈话。对因农村水污染控制工作进展迟缓受到省（区、市）预警通报、流域限批后，措施仍然不力，整改不到位，未能完成年度责任目标任务的，对相关各单位或其责任人进行全县通报批评。连续两年未能完成年度责任目标任务，导致农村水污染控制工作受到较大影响的，对相关各单位责任领导建议引咎辞职。未按照《目标责任书》的要求和时限完成水污染控制任务的，相关各单位不得被授予环境保护或环境治理方面的荣誉称号，并将此作为对该乡、镇综合考核评价的重要依据；对相关各单位主要领导、农村水环境工作分管领导实行评优创先一票否决。

（四）问责程序

根据现有环境问责制度，结合农村水环境管理的现状和需要，本书认为，我国农村水污染问责程序应该包括启动、调查、决定、救济、备案等环节。

1. 启动程序

农村水污染问责机构受理农村水污染问责信息或者举报后，应在 5 个工作日内审查并决定是否启动农村水污染问责程序。经审查有事实依据的，应当启动；没有事实依据的，不予启动。有明确提供问责信息来源的有关机关或者个人的，应当告知不启动理由。

2. 调查程序

启动农村水污染问责的，农村水污染问责机构应组织调查组开展调查。调查组应当在 30 个工作日内完成调查工作并向农村水污染问责机构提交调查报告。调查报告应当包括过错行为的具体事实、基本结论和农村水污染问责的具体建议。情况复杂，在 30 个工作日内不能完成调查工作的，经领导人员批准，可以延长 30 个工作日。

3. 决定程序

农村水污染问责机构在接到调查报告后，应当在 15 个工作日内做出处理决定，按人事管理权限报批。农村水污染问责机构根据调查报告决定不予追究责任的，应将决定书面告知被调查的问责对象，并书面告知提供问责信息来源的有关机关或者个人。

问责处理决定为书面形式，在作出处理决定后 5 个工作日内，由问责机构向被问责人及相关部门（单位）送达问责处理决定书，并告知被问责人有申请复核的权利。处理决定书应当列明错误事实、处理依据和处理决定。对行政过错责任人的问责处理决定，有明确投诉人、检举人和控告人的，应当告知投诉人、检举人和控告人。

调查过程应当听取问责嫌疑人的陈述和申辩，并将其陈述和申辩载入调查报告。

4. 救济程序

被问责人对问责处理决定不服的，可自收到处理决定书之日起 15 个工作日内申请复核。对县级以上政府领导班子及工作人员的复核申请，由上一级政府决定是否受理；县级相关部门及以下（含科级）工作人员的复核申请，由县级监察机关决定是否受理。具体申诉复核工作由监察机关组织实施。

在作出受理复核申请决定后，监察机关可根据复核申请的内容指定或派出调查组进行复核调查。复核调查组应在作出复核调查决定后 20 个工作日内完成复核调查并写出复核调查报告，在复核调查期间，处理决定不停止执行。

在复核调查结束后 5 个工作日内，复核调查组应把复核调查报告及拟处理意见报监察机关。监察机关在征询作出处理决定的农村水污染问责机构意见后，作出复核处理决定书。对原问责调查报告反映的情况事实清楚、处理意见恰当的，继续执行处理决定；对原问责调查报告反映的情况失实或处理意见不恰当的，决定终止和变更处理决定并在 5 个工作日内，把复核调查处理决定书送达被问责人。复核决定为最终决定。

被问责人因问责过错受到不当处理的，农村水污染问责机构应该适当给予精神和物质补偿，补偿在复核决定中予以明确。

被问责人在问责期间表现良好的，可以提前解除问责，在问责期间有较大贡献的，可以参与职务晋升。

5. 备案程序

农村水污染问责机构作出的处理决定，依照人事管理权限，应当报送同级监察机关、组织和人事部门备案。

被问责人的问责情况应记入个人档案。

（五）相关措施

签订《农村水环境保护目标管理责任书》，落实各部门、相关执行人的工作责任，建立农村水污染控制绩效考核制度，认真考核，严格兑现奖惩。加强对各县（市）区政府农村水污染防治的监督管理，严格执行《农村水污染防治县（区）目标责任考核办法》，各县（区）政府要把农村水污染防治作为重大工程来抓。省级人民政府将对年度工作任务完成好的县（区）给予表彰奖励，对于工作任务未完成或工程质量达不到要求的县（区），要通报批评，并限期完成或整改。在确保项目质量的前提下，控制项目成本，加快项目进度。

认真推行农村水环境管理工作在岗监察、离任审计、终身负责制度，对工作不力，失职、渎职导致严重农村水污染的，由监察部门立案查处，从严追究相关部门和乡镇及其工作人员的行政责任。

五、河长制与农村水环境管理行政问责

（一）河长制

河长制是指由各级党政主要负责人担任"河长"，负责辖区内河流的污染治理，这个制度是江苏省无锡市处理蓝藻事件时的首创。该制度的本质就是行政问责制，即指对现任各级行政主要负责人在所管辖的部门和工作范围内由于故意或者过失，不履行或者不正确履行法定职责，以致影响行政秩序和行政效率，贻误行政工作，或者损害行政管理相对人的合法权益，给行政机关造成不良影响和后果的行为，进行内部监督和现任追究的制度。其的突出特点在于把责任落实到党政的主要领导，由各级党委、政府主要负责人担任"河长、湖长、库长"，把河流、湖泊、水库等流域综合环境控制等责任主体和实施主体明确到每位负责人身上，以确保水域水质按功能达标。

近年来，国内河流、流域周边不少地区探索实行河长制。如太湖苕溪流域——长兴、德清、安吉三县均实行"河长制"，其中，长兴县对其境内4条主要河流进行了详细分管，每条河流分别由4个副县长任河长，解决河流水质问题。为保护洱海，2008年洱源县决定由县级主要领导亲自挂帅任"河长"，河流所在乡镇主要领导（乡镇长）任段长，镇乡环保工作站及河道管理员为具体责任人，建立了切实可行的河段长制度。洱源县入湖河道环境综合治理目标为：全面实现污染岸上治，垃圾不入湖，河道有效治理，入湖水质逐年提高，补给水质达标。

（二）河长制下的农村水环境管理行政问责

为了达到问责目的，河长制清楚地界定了河长的职责，并通过管理保证金制度保证问责效果。河长制将每片区域的河流治污权划给相应的政府部门负责人，明确其权利和义务，问责对象和职责范围明确具体，避免了因职责不清，相互推诿，造成问责落空。实行管理保证金制度，"各河道责任人（河长）按每条河道个人交纳3 000元保证金，在年初上缴管理保证金专户，同时，区财政划拨配套资金充实到专户，专户资金用于对'河长制'管理工作的开展推进及奖惩，绩效考评期末根据考核结果，水质好转且达到治理要求的全额返还并等额奖励，维持现状的不奖不罚，恶化的则扣除。"通过绩效考核与奖惩制度，增强"河长"的责任心与责任意识，从而保障了问责效果的实现。

通过河长制实施农村水环境管理行政问责，也是贯彻执行《水污染防法》的新举措。河长制是对"《水污染防治法》'县级以上地方人民政府应当采取防治水污染的对策和措施，对本行政区域的水环境质量负责'（见第4条）和'国家实行水环境保护目标责任制和考核评价制度，将水环境保护目标完成情况作为对地方人民政府及其负责人考核评价的内容'（第5条）"具体化的一个例证，通过该制度的实施，使得上述法律规定更具可操作性、

可考核性。河长制通过职责定位、责任考核、责任追究等方式，以效绩为基础，把各种环保法规中的"有关责任人员"、"有关监管人员"与环保责任一一对应到位，使整个环保监管过程职责对应。

在日常行政过程中，通过"河长制"督促相应的行政分工和行政层级的负责人员正确、及时地行使行政权力，从而使短期的"领导批示或亲自过问"变成日常性的行政行为，起到了使执法主体和具体执法人员不敢懈怠、玩忽职守、对付糊弄、推卸责任的作用。在我们的调研过程中，不少干部、群众反映，实行河长制以来，当地农村水环境监督执法主体变得勤快多了，三天两头巡查，并对重点水域实行日常水质监测，发现污染隐患或者污染事故，在第一时间内及时处理，农村水环境得到显著改善。

然而，"河长制"要真正起到"问责"作用，实现治理农村水源污染的目的并不像"喊口号、立责任书"那么简单。首先，必须有明确的职责划分。一个没有明确责任体系的问责制度只是一种摆设，必须明确相关人员应该具体承担的是领导责任、直接责任、间接责任还是其他责任以及不同层级之间、正副职之间的责任该如何确定，避免"河长"们和具体执行部门职责不清、权限不明，出现追究责任时互相推诿、互相扯皮的情况，以至于最后问责的效果大打折扣。其次，由谁来"问责"是"河长制"的关键问题。就现有"河长制"的实践来看，问责的主体一般为责任主体的下级（多为环保部门）或责任主体的上级。就前者而言，在行政层级面前，下级如何为上级公正评核？又如何按照"一票否决制"实行问责？这是一个很难解读的问题；而后者，上级对下级的问责，在上级需要承担连带责任的情况时，也难以保证问责结果的公正性。最后，要界定并协调好"河长"与法定责任主体的责任。明确"河长"不是农村水污染控制不力的唯一问责主体甚或责任最重的问责主体，依照法律规定承担农村水污染防治责任的政府职能部门和具体的执法人员，才是农村水污染行政问责的法定主体。这些政府职能部门和具体执法人员首先必须对法律负责，依法行政，在法律之下，才产生服从上级和行政首长领导的问题。河长、段长、水域清洁员依照各自职责和具体分工，甚至是劳动合同等规范性文件，承担相应的法律责任、法律义务、道德责任。

参考文献

[1] 《天津市人民政府行政责任问责制试行办法》第 2 条.

[2] 何忠平. 沱江污染：四川省人大问责到底[J]. 21 世纪经济报道，2004-06-06.

[3] 《国务院派出专家组处理松花江水环境污染问题》. http：//news.sina.com.cn/c/2005-11-24/20427530541s.shtml.

[4] 曹鎏. 美国问责制的基本构成[J].华东政法大学学报，2013（3）：55-58.

[5] 王秀红.西方发达国家行政问责制对我国的启示[J].哈尔滨学院学报，2008（10）：64.

[6] 中国行政问责制缺少制度安排 带有浓重人治色彩（2）. http：//news.china.com/zh_cn/domestic/

945/20100929/16169085_1.html.

[7]　张建伟. 完善政府环境责任问责机制的若干思考[J].环境保护，2008（6B）：36.

[8]　王权典　冯善书. 我国农村水环境问题及其法治因素的实证分析[J].2005 年中国法学会环境资源法学研究会年会论文集，204-210.

[9]　许继芳. 政府环境责任缺失与多元问责机制建构[J].行政论坛，2010（3）：36.

[10]　牟婷. 我国行政问责制的发展困境及对策初探[J]. 西南财经大学，2012（3）.

[11]　傅思明.英国行政问责制[J].理论导报，2011（4）：58.

[12]　环保部将试行"环境政策法制片会制度". http：//news.pcbcity.com.cn/PcbInfo/Articles/2012-6/1206051024464354-1.htm.

[13]　宋涛.行政问责模式与中国的可行性选择[J].中国行政管理，2007（2）：10.

[14]　徐元善，楚德江.绩效问责：行政问责制的新发展[J].中国行政管理，2007（11）：29.

[15]　傅思明，李文鹏. "河长制"需要公众监督[J].环境保护，2009（9）. http://www.zhb.gov.cn/ztbd/rdzl/hzhzh/ gfpl/200905/t20090526_152016.htm.

[16]　王伟，周其文，师荣光.农村水污染控制行政问责制度研究[J].农业环境与发展，2011（6）：27-31.

第七章

洱海流域农村水污染综合防治与优化实例分析

第一节　流域概况

一、自然概况

（一）地理位置

洱海为云南省第二大高原湖泊，地处澜沧江、金沙江、元江三大分水岭复合地带，隶属澜沧江-湄公河水系，地理坐标在东经 99°32′～100°27′，北纬 25°25′～26°16′之间。洱海流域地跨大理市和洱源县，因湖形南北狭长、形如人耳、风浪大如海而得名。

洱海南北长 42 km，东西宽平均约 5.8 km，湖岸线长 128 km，流域面积 2 565 km²，湖泊面积 251 km²，容积 28.8 亿 m³。大大小小汇入洱海的河流有 117 条，其中最长的为 22.28 km 的弥苴河，是洱海的主要入湖河道，占入湖水量的过半以上。西洱河是洱海的唯一出口。

（二）地形地貌

洱海流域地处滇西横断山脉地带，因受洱海大断裂带的影响及河流切割并经多级夷平，形成了以构造侵蚀为主的中等切割、低山陡坡和部分缓坡，小型断陷盆地、河流侵蚀、岩溶及部分冰川地貌。流域内洱海断裂是滇东高原和横断山区在本地区的分界，地层在强烈抬升过程错断陷落，隆起地块形成苍山断块山地，陷落地块形成断陷盆地并积水形成洱海（地图 30）。

洱海流域成南北走向，地势西北高，东南低，最高海拔为 4 122 m，最低海拔为 1 340 m，相对高差达 2 782 m。西侧为著名的景点苍山十九峰，山峰南北绵延，形成一道巨大的天然屏障，苍山十九峰海拔均在 3 500 m 以上，最高峰为马龙峰，海拔高达 4 122 m，东侧山体相对较低，东西两侧山脉呈南北展布，中间为洱海和平坝，地势平坦开阔，土质肥沃。区内地形坡度较陡，垂直高差大，坡面长。在经历多次构造运动的作用及主次相间的河流切割、侵蚀并经多次夷平，根据地貌形成的原因，流域范围内地貌可划分为：构造侵蚀地貌、小型断陷湖盆地貌、河流侵蚀地貌、岩溶地貌、冰川地貌。

（三）主要河流

洱海流域区内有凤羽河、梅茨河、海尾河、弥苴河、永安江、罗时江、波罗江、西洱河及苍山十八溪等大小河溪共 117 条，流域内有洱海、茈碧湖、海西海、西湖等湖泊水库。洱海主要补给水为降水和入湖河流，北有茈碧湖、西湖和海西海，分别经凤羽河、梅茨河、海尾河、弥苴河、永安江、罗时江等穿越洱源盆地、邓川盆地进入洱海。其中弥苴河为最大河流，汇水面积 1 389 km²，多年平均来水量为 5.1 亿 m³，占洱海入湖总径流量 57.1%，根据当地监测部门数据，经弥苴河、罗时江、永安江三条河汇入洱海的水量的 70%。

（四）气候气象

洱海流域气候属典型的低纬度高原亚热带西南季风气候，干湿季十分明显，气候温和，日照充足，全年有干湿季之别而无四季之分。每年 11 月至翌年 4、5 月为干季，5 月下旬至 10 月为雨季。年平均气温在 15℃左右，最冷月（一月）平均气温 5℃左右，最热月（七月）平均气温 25℃左右，年平均相对湿度 66%，年均降雨量 1 048 mm，雨季降雨量约占全年的 85%～95%。大理常风向为西南，其中 2—3 月以偏南风为主，8—9 月以偏西北风为主，年平均风速 2.5 m/s，全年大风日数 67.8 天，也主要分布在冬、春季。

（五）水文水系

洱海属澜沧江—湄公河水系，境内有弥苴河、永安河、波罗江、罗时江等大小河溪 117 条，流域内有洱海、茈碧湖、西湖等湖泊水库。洱海湖滨区平均地表径流量为 15 亿 m³。

洱海主要补给水源为大气降水和入湖河流，北有茈碧湖、西湖和海西海，分别经弥苴河、罗时江、永安江等穿越洱源盆地、邓川盆地进入洱海。其中弥苴河为最大河流，汇水面积 1 389 km²，多年平均来水量为 5.1 亿 m³，占洱海入湖总水量的 57.1%，西部汇有苍山十八溪，南纳波罗江、东有海潮河、凤尾阱、玉龙河等小溪不汇入。天然出湖河流仅有西洱河，该河全长 23 km，落差 610 m，至漾濞县平坡乡汇入黑惠河，流入澜沧江，注入湄公河。

二、社会经济

（一）经济概况

洱海流域涉及 170 个行政村，总人口 82.3 万人，其中大理市 60.8 万人，农业人口占 63.2%；洱源县人口为 22.1 万人，农业人口占 92.2%。

洱海流域 2007 年生产总值为 144 亿元，第一产业 18.7 亿元、第二产业 64.8 亿元、第三产业 60.4 亿元、农林牧渔总产值为 27.9 亿元。第一产业在区域生产总值中占有重要地位，尤其是洱源县。

（二）种植业生产

洱海流域耕地 25 589 hm²，其中水田 18 998 hm²，旱地 6 591 hm²；园地 7 203 hm²。

1. 主要种植作物

洱海流域种植作物包括大春作物：烤烟、水稻、玉米等；小春作物：蚕豆、大麦、大蒜、小麦、油菜等；果树：核桃、梅子、梨、桃、木瓜等；蔬菜：白菜、大葱、番茄、胡萝卜、花椰菜、黄瓜、黄心菜、茭白、白萝卜、马铃薯、南瓜、茄子、青笋、小葱等；杂粮：白芸豆、向日葵等。

洱海流域主要农作物种植方式为：水稻—大蒜，蔬菜—蔬菜，水稻—蔬菜，水稻—玉米等。

2. 施肥情况

洱海流域近 10 年平均农用化肥施用量为 1.74 万 t，基本呈现递增趋势，2008 年化肥总施用量为 2.62 万 t，其中化肥氮（N）施用总量为 1.06 万 t，化肥磷（P）施用总量为 0.48 万 t。多年平均每亩施化肥 43.87 kg，每季施化肥 27.8 kg/亩、磷肥 4.68 kg/亩。对洱海流域大蒜生产季节施肥情况调研结果表明，在大蒜生产节氮、磷投入量分别为 52.67 kg/亩，10.23 kg/亩，是平均施肥量的 2 倍。

（三）养殖业生产

1. 养殖规模

洱海流域养殖业发达，根据第一次污染源普查结果（2008 年数据），洱海流域生猪年出栏 68.3 万头，奶牛年存栏 9.3 万头，家禽存栏数 311 万羽（其中鸡存栏 203 万羽），出栏 206 万羽。农户散养是洱海流域畜禽养殖主要形式，规模化养殖占比例较小。生猪出栏量与奶牛存栏量的 93.5% 来自农户散养。

2. 圈舍条件

洱海流域农村畜牧养殖圈舍中，有 22% 的圈舍是传统圈舍，主要采用土壤、农作物秸秆、茅草和松针等垫圈；57% 的圈舍属于卫生圈舍，其中 30% 的卫生圈舍采用传统的生物质垫圈方式，卫生圈舍比例呈上升趋势。

3. 养殖粪便处置方式

畜禽粪便处置方式主要有还田与堆置，堆置地点主要选择堆肥池、道路边、房前屋后和河道边；直接还田粪便比例占总产生量的 37.4%；堆置污泥中存放于堆肥池的占 14.3%，随意堆放量的比重仍然较大（49%）。

三、环境状况

（一）水环境状况

洱源县是洱海的源头，洱源片区是洱海保护与管理的重点区域。据本次调研结果显示，该区域农村水环境状况总体向好的方向发展，能基本达到Ⅲ～Ⅳ类水质要求。尽管部分农村居民的环保意识不强、仍然乱倒垃圾污水的现象时有发生，而且村庄基础设施、环境保护力度不大，但该区域保护洱海的整体环境氛围已初步形成，且在市县级政府（主要是各职能部门）的主导管理下，基本能够避免该区域的整体水环境恶化趋势。

（二）污染源

1. 种植业污染——化肥农药污染较重

洱海流域农业生产水平较高，各类农用地化肥投入量大，特别是蔬菜、大蒜等经济作物。在农业生产过程中氮素、偏施普通复合肥、表施肥料的现象突出。

结合相关资料及实地调查、监测数据，按照旱地—大蒜（N，6.25 kg/亩；P，0.85 kg/亩）、旱地—其他（N，2.62 kg/亩；P，0.07 kg/亩）、蔬菜（N，6.16 kg/亩；P，1.18 kg/亩）、水稻—大蒜（N，6.7 kg/亩；P，0.11 kg/亩）和水田—其他（N，4.31 kg/亩；P，0.05 kg/亩）轮作模式分别计算：洱海流域耕地总共面积为 25 589 hm²，氮流失量约 1 505 t/a，入湖量约 827 t/a；磷流失量约 83.8 t/a，入湖量约 46.1 t/a。

在农药使用方面情况也不乐观，多用药现象时有发生，目前我国农药利用率仅为30%，洱海流域单位面积耕地农药使用量约 1.5 kg，农药在使用过程中一部分喷雾漂移到空气中，污染空气；一部分因雨水冲刷进入沟渠、污染河流；另一部分残留在土壤中通过渗流作用达到地层深入，污染地下水。

2. 畜禽养殖业污染突出

随着畜牧业的发展，畜禽生产方式也发了较大的变化，一是规模化畜禽养殖发展迅速，但布局不尽合理，部分养殖场建设在人口稠密、交通方便和水源充沛的地方，往往离居民区域或水流较近；二是缺乏必要的环保配套设施，不少畜禽养殖场没有真正的污水处理设施，有的即使有也没有正常运行；三是农牧脱离，不少规模及专业养殖场没有足够数量的配套耕地以消纳其产生的畜禽粪便，产生的畜禽粪便不能得到及时有效的处理。洱海流域生猪年出栏 68.3 万头，奶牛年存栏 9.3 万头，家禽存栏数 311 万羽（其中鸡存栏 203 万羽），出栏 206 万羽。按照奶牛每天产生氮（N）100～210 g/头，磷（P）10～20 g/头；猪每天产生氮（N）10～21 g/头、磷（P）1～2 g/头计算，洱海流域年氮产生量为 4 963 t、磷产生量为 675 t，氮、磷入湖负荷分别为 620 t 和 41 t。

第二节 农村水污染控制存在的问题

一、农村水污染控制的体制机制还有待完善

近年来，洱海流域水体污染体制机制创新取得了较多的突破，如在体制上成立了以市委、市政府主要领导担任组长的大理市洱海综合治理保护工作领导组，进一步明确了各相关单位的职能配置及责、权、利分工。在体制上提出"河（段）长制"和"河管员制"，河（段）长风险抵押金制度及一年一考核制度，社会监督制等。提出了"横到边，纵到底"的体制机制改革思路。但总体而言，洱海流域农业面源污染防治的体制机制依然需要加强，部门的职责分工还需进一步明确，工作人员监督机制还需进一步完善，尤其是乡及村级农村水污染控制的体制机制还有很大的改进空间。

二、农村水污染控制的监督及监测能力不足

主要体现在：一是农业环境安全认证监测能力不足，包括仪器设备投入不能满足现实的需求；二是监测及认证所需人员不足，现有人员技术水平有待提升；三是产品及产地认证后监督机制不健全；四是对相关技术人员及农民的技术培训不足。

三、农村水污染控制成套技术集成及技术推广应用损益分析严重不足

农村水污染控制是一项系统工程，应是各项技术的综合应用与成功集成，单靠某项技术或某几项技术无法达到良好的效果，而且现阶段洱海流域农村水污染控制技术政出多门，技术评估严重不足，技术应用的成套化，集成化及规模化不足，推广应用所带来的经济、社会及环境效益评估存在空白区域。

四、农业面源污染的综合示范基地严重匮乏

农村水环境管理不仅仅是资金的投入，更是"产业生态化、生态产业化"的有力抓手，是科技致富，科技兴民的突破点，是农民、企业、非政府组织应积极投身其中并获得高效回报的投资工程。近年来，当地政府及有关部门虽然在农业面源污染防止中做了大量的工作，但综合展示示范效果不理想，面源污染防治兴民、富民作用不突出，亟须建立面源污染防治综合示范基地，将面源污染与农业生态产业进行有机对结，实现污染防治由纯投入到高产出的质的突破。

五、农村水污染控制资金不足，面源污染依然是主要污染源

实施洱海农业面源污染防治以来，虽然州县农业部门做了大量的工作，取得一定成效，完成了阶段性任务，但与洱海保护的长期性、艰巨性任务，与生态环境友好型现代农业发展的要求还有较大差距，还需要做很多艰苦细致的工作，尤其是在资金投入上政府欠债太多。面源污染治理工程建设、维护、运行费用依然短缺；种植业过量施肥，结构失调的情况没有得到有效扭转，农田水肥管理粗放，农田沟渠生态功能退化，"肥随水流"的情况还非常突出，农业生产过程产生的坡耕地治理成效不突出；养殖圈舍结构不合理，缺乏粪污处理设施，养殖粪便处理利用措施单一、粪便滞留时间长等问题依然是洱海流域农村水污染控制必须解决的重大难题。

第三节　农村水污染综合防治与优化

洱海是云南滇西母亲湖，是周围百姓赖以生存的生命源。1998 年以来，洱海流域水环境遭受到了前有未有的挑战，点源、面源污染使"高原明珠"不堪重负，水质不断恶化，蓝藻水华暴发，透明度降至历史最低，生态功能面临严重威胁。尽管自"九五"以来，当地政府采取了一系列强有力措施，加强洱海流域污染治理，使洱海周边污染源得以控制，流域水环境质量得以改善。但通过上述存在的问题分析，可知洱海流域水污染控制在未来 10 年内依然任重道远，面临诸多挑战，尤其是点多、面广、量大、治理难度高的农业面源污染依然是洱海的主要污染源，形势依然十分严峻。

因此，为保护洱海水质安全，保障当地人民群众用水安全与社会和谐稳定，促进流域社会经济可持续发展，必须从宏观战略层面高度重视农业面源污染防治工作，实施农业面源污染综合防治。明确未来 10 年农业面源污染防治的主要目标、分区与布局、重点实施工程以及完善管理体制机制等内容，切实加强面源污染控制。

一、理念上，明确指导思想

（一）指导思想

以科学发展观为指导，在翔实分析、测算、把握农业面源污染现状和主要问题的基础上，针对洱海流域种植和养殖业存在的大量现实而亟须解决环境问题，以发展生态循环农业、大幅削减流域农业面源污染负荷、改善生态环境质量、提升农业生产效率、提高农民经济收入为目标，突出"生态产业化、产业生态化"的发展理念，坚持"提质、增收、减污、增效"，以"控源减排、拦污消纳、循环再生"为总体技术路线，以生态循环农业建

设、农业面源污染防治工程建设、体制机制能力建设、宣传教育及公众参与体系建设、科技研发及技术应用推广能力建设为重点，通过5~10年的努力，使洱海流域农业面源污染防治形成体制机制运行高效、防治工艺科学合理、防治基础设施完善、公共参与积极主动的良好局面。

（二）规划原则

1. 以人为本，科学发展

把维护洱海流域农民根本利益为基本出发点和落脚点，把洱海流域农业面源污染控制与发展生产、增加农民收入紧密结合起来，转变发展观念，创新发展模式，走农业农村生态文明之路，实现农业农村科学发展、可持续发展之路。

2. 统筹规划，综合治理

统筹考虑洱海流域农村社会经济发展与水环境保护要求，精心规划，重点治理。采取源头控制与过程阻断相结合、工程建设与生态补偿相结合、面源污染控制与种养结构调整相结合等综合措施，对流域内农业面源污染实现统筹、综合治理。

3. 远近结合，标本兼治

立足当前，放眼长远，先易后难，分步实施。既要抓紧解决农业面源污染的突出问题，依靠工程措施迅速控制农业面源污染输出，又要采取治本之策，科学划分防治单元，实现分区限量施肥，全面禁用高毒高残农药，科学控制畜禽养殖规模，转变生产方式，发展清洁生产，从根本上防治农业面源污染。

4. 突出重点，分类指导

针对洱海流域农业面源污染的结构和区域分布特点，从实际出发，因地制宜，采取不同的治理对策，有计划、有重点地推进农业面源污染防控工作，强化对农业面源污染的输出控制。

5. 依靠科技，公众参与

加强科技支撑与科技投入，科学制定洱海流域农业面源污染治理的技术路线，提高综合治理和科学防治水平；加大宣传教育和科技培训力度，倡导节约资源、保护环境的生产生活方式，提高广大农民参与面源防治工作的积极性和技术水平，全面推进洱海流域农业面源污染防治工作。

6. 健全体制，创新机制

在强化政府宏观指导和管理职能的同时，建立健全基层环境保护机构，充分发挥农村组织和农民的自主性和积极性，建立起农业面源污染防治长效机制；加强监测体系建设，接受社会舆论和公众监督。

二、战略上，确定优化目标

依据洱海流域农业污染源结构与空间分布特征，科学划定农业面源污染防治分区，坚持"全面推进、突出重点"的治理思路，分区防治农业面源污染。

（一）近期目标

1. 农业面源污染消控目标

一级防护区农业面源入湖污染负荷削减 30%以上，减磷 15%以上。二级防护区和三级防护区农业面源入湖污染负荷削减 8%以上，减磷 5%以上。

2. 农业面源污染防治工程建设目标

一是种植业污染源控改造工程，包括测土配方优化施肥工程，高留茬垄作免耕农田改造工程、种植结构调整工程、水稻精确定量栽培、多样性节本高效间套种模式、植保新技术等，实现目标为在一级防控区生态循环农业种植模式较 2008 年提升 50%，肥料污染控源工程服务面积达到 90%，降低化学肥料、农药用量 20%，畜禽养殖废弃物与农作物秸秆资源化利用率达到 90%，无公害食品生产基地认证面积达到 90%，有机食品、绿色食品生产基地认证面积达到 20%；在二级防控区生态循环农业种植模式较 2008 年提升 40%，肥料污染控源工程服务面积达到 80%，病虫草鼠害绿色防控面积达到 80%，化学肥料、农药用量降低 15%，农产品质量全面达到无公害食品生产要求，有机食品、绿色食品生产基地认证面积达到 10%，因种植业面源污染防治人均获益不低于其纯收入的 15%。

二是种植业面源污染阻控工程建设，"十二五"期间将建成种植业面源污阻控千亩生态塘、万米生态沟，并将生态塘-沟建设与循环经济发展进行有机整合，实现塘-沟建设由净投入向多元产出转型，形成种植业面源污染阻控工程体系。

三是散养农户污染防治工程，包括建设分散式户联型养殖粪污收集贮存发酵设施 14 万 m^3，沼气池 4 000 口，生态发酵池 1 万 m^3。

四是农牧耦合工程建设，基本完成养殖专业户农牧耦合发展模式改造，污水外排率为零。

五是大型养殖企业及养殖专业户污染防治工程：包括生猪养殖专业户污染综合防治工程，奶牛养殖专业户污染综合防治工程，蛋鸡养殖专业户污染综合防治工程，肉鸡养殖专业户污染综合防治工程等，可分别处理生猪、奶牛、蛋鸡、肉鸡为 15 000、4 000、520 000、32 000 头（只）产生的粪污。

六是畜禽粪便产业化示范工程建设，因地制宜建设有机肥、基质生产加工厂各 1 家，扶持食用菌生产贸易龙头企业 2 家。

3. 农业面源污染防治综合生态示范区建设目标

在大理市建设 2 个、洱源县建设 1 个面源污染防治综合生态示范园区，示范园区分别占地 1 000 亩，将就生态农业、循环农业及低碳农业等现代农业发展模式进行试点示范，示范区将秉承"生态产业化、产业生态化"的发展理念，突出农业发展与产业带动结合、种植与养殖耦合发展结合、科研与成果推广结合、面源污染防治与农民增收结合、企业主导与农民参与结合、旅游发展与农业多功能性结合，开创性地建设发展洱海流域农业面源污染防治工作新模式。

4. 农业面源污染防治能力建设目标

一是重点加强市、县农业环保、土肥、畜牧、植物系统基础监测/检测能力建设，建立市级农业面源污染监测网络，将农业投入品（农药、化肥、有机肥、农膜）、农产品（粮食、蔬菜）、农业、畜牧废弃物（秸秆、粪便），排田排水等纳入农业面源污染监测网络，实现农业面源污染监测网络的全覆盖；二是加强农产品质量监测及认证能力建设，包括人员、职能、设备配置，人员培训，执法监督能力提升建设等；三是加强农业面源污染防治宣传技术培训队伍建设。

5. 农业面源污染防治公众参与体系建设目标

一是加强农民技术培训工作。计划每年举办 1～2 次农业面源污染防治技术培训班，组织编制《农业面源污染防治技术手册（种植业、养殖业）》2 册以及农业面源污染防治明白纸等免费发放给农民。二是加强非政府组织参与农业面源污染减排工作，如建立沼气协会、蔬菜协会、养殖协会、农民合作社等，制定非政府组织参与农业面源污染防治工作章程。三是充分发挥村（组）基层组织管理监督能力，加强村（组）在农业面源污染防治管理中的作用。

6. 农业面源污染防治体制机制建设目标

进一步完善农业面源污染防治体制机制建设，在市委、市政府统一领导下，进一步理清各职能部门在农业面源污染防治中的责、权、利，细化职责分工，建全决策与协调、执行与落实、监督与提议等三方面运行机制，制定《洱海流域农业面源污染防治绩效考核办法》《洱海流域农业面源污染防治问责办法》《洱海流域农业面源污染防治公众参与办法》《洱海流域农业面源污染防治生态补偿条例》等办法、法规。

7. 农业面源污染防治科研能力建设目标

进一步加强农业面源污染防治科研能力建设，在已有农业面源污染防治技术目录的基础上，进一步加强示点示范工作，对主要技术及技术集成模式进行经济效益评价，发布《洱海流域农业面源污染防治推荐技术及技术集成模式目录》；加强包括生态循环农业、低碳农业等现代农业发展模式的研究，形成具有洱海流域制色的农业发展模式；研究洱海流域农业面源污染监测与预警技术，开发农业面源污染监测与预警平台；加强规划研究，提出洱海流域高肥高排污种植模式"禁产区"，建立高排污、低承载力区域牲畜养殖"禁养区"。

（二）远期目标

到 2020 年，一级防护区内养殖规模将保持在规定安全承载力范围以内，所有规模化养殖场、95%以上家庭养殖配套建设粪污贮存与处理设施，畜禽养殖废弃物与农作物秸秆资源化利用率达到95%以上，流域种植结构得到优化，化学肥料、农药用量降低40%，农田面源污染综合防治工程服务面积达到90%以上，有机食品、绿色食品生产基地认证面积达到40%以上，流域农业面源污染得到全面控制。

三、布局上，开展分区管理

依据洱海流域农业面源污染空间分布以及对洱海水质安全的影响程度并考虑到实际操作的可行性，将整个流域划分为一级、二级和三级防护区。各分区污染负荷见表7-1。

表 7-1 洱海流域各分区基本情况及污染负荷构成

分区	所辖乡镇	农用地*/亩	现有养殖规模/（牛当量,头）	氮入湖量/t		磷入湖量/t		小计/t	
				种植	养殖	种植	养殖	氮入湖量	磷入湖量
一级防护区	大理镇	24 659	11 268	82.71	24.17	15.52	1.63	106.88	17.15
	邓川镇	14 520	16 891	33.64	29.02	1.71	1.96	62.66	3.67
	上关镇	16 969	8 638	28.45	71.15	0.66	4.61	99.6	5.27
	喜洲镇	13 358	9 355	47.25	51.27	1.77	3.37	98.52	5.14
	湾桥镇	28 159	16 870	42.12	27.77	5.47	1.83	69.89	7.3
	下关镇	24 480	17 041	21.23	20.88	0.46	1.4	42.11	1.86
	银桥镇	20 446	6 965	45.95	20.52	4.81	1.36	66.47	6.17
	右所镇	49 759	20 496	113.07	84.74	2	5.48	197.81	7.48
	小计	192 350	107 524	414.42	329.52	32.4	21.64	743.94	54.04
二级防护区	凤仪镇	16 211	3 762	52.8	32.77	2.93	2.13	85.57	5.06
	海东镇	39 555	8 502	15.94	5.07	0.26	0.34	21.01	0.6
	开发区	18 139	2 954	11.85	41.48	0.09	2.69	53.33	2.78
	挖色镇	5 286	10 215	17.77	6.07	1.03	0.41	23.84	1.44
	双廊镇	16 428	4 565	13.55	10.92	0.31	0.72	24.47	1.03
	小计	95 619	29 998	111.91	96.31	4.62	6.29	208.22	10.91
三级防护区	茈碧湖	63 460	17 719	89.67	76.66	1.87	4.95	166.33	6.82
	凤羽镇	47 838	3 715	75.56	7.56	2.74	0.51	83.12	3.25
	牛街乡	39 600	19 667	47.92	80.48	2.59	5.22	128.4	7.81
	三营镇	53 017	6 751	88.4	29.93	1.87	1.93	118.33	3.8
	小计	203 915	47 852	301.55	194.63	9.07	12.61	496.18	21.68
总计		491 884	185 374	827.88	620.46	46.09	40.54	1 448.34	86.63

* 农用地指耕地与园地之和。

一级防护区包括大理市大理镇、湾桥镇、下关镇、喜洲镇、银桥镇、上关镇以及洱源县邓川镇、右所镇共计 8 个乡镇，是洱海流域蔬菜、大蒜、奶牛养殖最为集中的区域，农业面源污染源强最高，治理最为紧迫，是规划实施重点区域。主要采取测土配方优化施肥工艺，高留茬垄作免耕农田改造，种植结构调整、水稻精确定量栽培、多样性节本高效间套种模式、植保新技术，建设生态塘—沟，发展有机食品、绿色食品生产基地；禁止新上规模化养殖场，控制养殖规模，实行农牧结合养殖，改造养殖圈舍，发展生态养殖模式，配套建成养殖粪污处理设施以及有机肥、基质加工厂，扶持食用菌生产贸易企业，推动废弃物循环利用，延伸农业产业链条等形式减少种植及养殖业引起的污染。

二级防护区包括大理市的双廊镇、凤仪镇、海东镇、开发区和挖色镇 5 个乡镇，种、养结构相对合理、规模适度，农业面源污染源强低于一级防护区，但环绕在洱海周边，直接影响洱海水质。

三级防护区包括苴碧湖镇、凤羽镇、牛街乡、三营镇共计 4 个乡镇，种、养规模大，但农业面源污染源强较低且距离洱海较远。按照全面推进、突出重点的原则，规划期内二级和三级防护区将以农艺防治为主，重点推进生态循环农业发展，突出发展农牧结合式养殖模式，实现畜牧业与种植业协调发展，推广雨污分流，干湿分离和设施化处理等先进适用的污染防治技术，优化施肥和病虫害绿色防控技术，逐步建设有机食品和绿色食品生产基地。

四、措施上，实施重点工程

（一）农田面源污染综合防治工程

1. 种植业氮、磷面源污染防治工程建设

（1）发展测土配方，优化施肥结构，提高肥料利用率

在"十一五"测土配方施肥研究成果的基础上，"十二五"期间完成洱海流域 4 000 个土壤样品采集分析及分析工作，研制水稻、大蒜、蚕豆、大麦配方专用肥 4 种以上。制定《洱海流域农作物施肥技术规范》，"十二五"期间一级防护区专用肥使用面积达到耕地面积的 90%，降低化肥使用量不低于 20%，二级及三级防护区专用肥使用面积占耕地面积不低于 80%，降低化肥使用量不低于 15%。

（2）发展生态循环农业种植模式，转变农业种植方式

主要技术包括：一是高留茬垄作免耕水稻栽培技术。"十二五"期间，在一级防护区完成 90%的水田高留茬垄作免耕种植技术改造，在二级及三级防护区完成 70%的水田高留茬垄作免耕种植技术改造，使农田由传统耕作向生态农业耕作方式转变，促进秸秆无害化资源利用率提升至 90%，从而达到高产、节水、节肥，节能、减污的目的。二是加大种植结构调整力度，进一步推广水稻—蚕虫种植模式，水稻精确定量栽培技术、多样性节本高

效间套种模式、稻田养鱼（蟹）技术、植保新技术，猪—沼—果，猪—沼—菜，猪—沼—粮等循环种植模式，优化大蒜种植区域。"十二五"期间，争取在一级防护区内每个乡镇建立一个现代农业示范园。

（3）建立高肥高排污种植模式"禁产区"

在一级区内，根据其污染排放特点，试点建立普通生产方式大蒜"禁产区"。

（4）开展面源污染千亩阻控塘-万米拦蓄沟建设，构建面源污染拦蓄体系

根据洱海流域现代农业布局特点，地形地势，坑塘分布情况，依托全区 1∶5 万基础地理数据采用 GIS 技术科学布局农业面源污染阻控塘-沟建设，争取在"十二五"期间开挖或修复农业面源污染阻控集水塘200 个以上，总面积不少于 4 000 亩（占耕地面积的1%），分散式建立 0.5～1 m 宽总长 150 km 的生态沟渠（每 2.5 亩耕地修建 1 m 生态沟）。面源污染阻控集水塘周边种植20 m 宽灌木速生柳或速生杨，柳条或杨树扦插间距为50cm×40cm，速生柳或速生杨 1～2 年砍伐一次，砍伐木材加工后用于生态养殖猪场垫料，解决生态养殖原材料问题。集水塘内种植芦苇、茭白、莲藕等经济作物并养殖生态鱼。生态沟渠以种植灌木速生柳或速生杨及当地经济果木为主，辅以经济效益好的其他植被并根据生态渠的排水特点，合理安排速生树木密度。

（5）加强农产品安全源产地认证，提高农田质量安全水平

在一级防控区内无公害食品生产基地认证面积达到90%，有机食品、绿色食品生产基地认证面积达到20%；在二级、三级防控区农产品质量全面达到无公害食品生产要求，有机食品、绿色食品生产基地认证面积达到10%。

2．种植业农药污染综合防治

农药污染防治的根本策略包括三个环节：一是采用化学农药替代性防治方法；二是推广应用高效、低毒、环境友好的农药品种；三是按照病虫草害的发生规律和作物的生长特点，精确、高效施用农药，减少农药用量。

化学农药替代性防治：指采用农艺防治、生物防治与物理防治等方法控制病虫草害，避免使用化学农药，可以从根本上防治化学农药使用所造成的污染。农艺防治是指创造有利于农作物生长、不利于病虫发生为害的生态环境条件，从而增强作物抗逆性，减轻病虫发生，主要农艺措施包括选用抗（耐）病虫作物品种、培育脱毒种苗、适时种植错开病虫高发期、合理间套作与轮作等；生物防治指利用丽蚜小蜂、赤眼蜂、瓢虫、草蛉、蜘蛛、捕食螨等天敌控制害虫；物理防治则通灯光诱杀、色板诱杀、色膜趋避、超声波干扰、防虫网隔离等方法控制病虫草害。

低毒、高效、环境友好型农药的推广应用：指利用使用新型农药如生物制剂与植物源农药如苏云金杆菌（Bt）制剂，阿维菌素、新植霉素、鱼藤酮、除虫菊、苦参碱、印楝素、苦皮藤素、烟碱等控制作物病虫害。

精确高效施用农药：在对农药及其剂型、药械的特点、防治对象的生物学特性、环境条件的全面了解和科学分析的基础上，选用适合的农药品种及其剂型、药械，以最佳且最

少的使用剂量，在合适的施药时期，采用合理的施用方法，防治有害生物，达到减少农药用量，保障食品安全，防治环境污染的目标。

农药污染综合防治示范工程 30 000 hm²，覆盖率达 90%。在洱海流域推广病虫害生物、物理防控技术，精确高效施药技术和环境友好型农药施用技术。

（二）畜禽养殖污染综合防治工程

1. 家庭散养污染综合防治工程

（1）搭建防雨淋禽舍，建立户联式小型发酵池

对于有散养鸡、鸭、鹅的农户，如果散养规模不大于 20 只，必须搭建防雨禽舍或采取笼养方式，禽舍内产生的畜禽粪便可与其他可发酵垃圾一起在固定堆肥场所堆制发酵后还田。小型固定堆肥场所一般可由 4～5 户联建，每户体积为 2 m³。根据洱海流域散养农户调研情况测算及实际可操作性分析，"十二五"期间需建立 14 万 m³ 联户小型堆制发酵池。

（2）建立户用型沼气发酵池，进行"一池三改"，"三位一体"改造

对于分散式养猪 3～6 头或相当于 3～6 头的农户宜建立沼气池进行粪污处理及资源化利用，在"九五"、"十五"及"十一五"沼气池建设及管护经验的基础上，再建设 4 000口沼气池，解决 4 万头散养猪及奶牛粪便处理及循环再生利用问题。

（3）建立粪污发酵贮存池

对于 1～2 头散养猪或牛的农户，宜建立防雨地埋式粪污发酵储存池，储存池为 3 m³，"十二五"期间在"十一五"建设的基础上，再增加 1 万 m³ 发酵池建设规模，解决 3.5 万头散养猪或牛的粪池处理问题。

2. 养殖专业户污染综合防治工程

针对一级防护区内的奶牛、蛋鸡、肉鸡养殖专业户的环境污染问题，采取农牧耦合发展模式，建设具有防雨功能的养殖粪便、污水分离收集贮存设施，防止畜禽粪便流失造成环境污染。同时，畜禽粪便、养殖废水经过一定周期的贮存后直接还田或用于有机肥厂原料。

一级防护区内现有生猪养殖专业户 139 个，猪存栏量共计 10 069 头，"十二五"期间将重点进行雨污分流、干湿分离和设施化处理等先进适用的污染防治技术改造，形成标准化、规范化养殖场养殖专业户，计划在前期已建设成果的基础上再建设堆粪发酵池5 000 m²，污水贮存池 10 000 m³，处理后的猪粪尿要按照一头猪一亩的规模进行还田利用或用于有机肥厂原料进行再加工处理。

一级防护区内现有奶牛养殖专业户 429 个，奶牛存栏量共计 3 825 头，平均存栏量为9 头，奶牛日产粪便量 30 kg/头，日产污水量 15 L/头，按此规模进行典型设计，贮存周期为 90 天，粪便堆放棚的面积为 30 m²，污水贮存池为 20 m³。一级防护区内共需建设粪便堆放棚 15 000 m²，污水贮存池 8 000 m³。经储存发酵处理后的牛粪污需进行还田再利用或

用于有机肥厂原料进行再加工处理。

　　一级防护区内现有蛋鸡养殖专业户 123 个，蛋鸡存栏量共计 519 523 只，平均存栏量为 4 224 只，日产粪便量 0.12 kg/只，按此规模进行典型设计，贮存周期为 90 天，粪便堆放棚面积为 50 m^2，共需建设粪便堆放棚共计 7 000 m^2。经储存发酵处理后的鸡粪污需进行还田再利用或用于有机肥厂原料进行再加工处理。

　　一级防护区内现有肉鸡养殖专业户 127 个，肉鸡存栏量共计 320 595 只，平均存栏量为 2 524 只，日产粪便量 0.06 kg/只，按此规模进行典型设计，贮存周期为 90 天，粪便堆放棚面积为 25 m^2，一级防护区共需建设粪便堆放棚 2 500 m^2。经储存发酵处理后的鸡粪污需进行还田再利用或用于有机肥厂原料进行再加工处理。

3. 规模化养殖场污染综合防治工程

（1）养殖圈舍生态改造工程

　　生态发酵床养猪是一种新型、无污染养殖模式，具有"三省、两提、一增、零污染"等特点，即省水、省料、省劳力，提高抵抗力、提高猪肉品质，增加养殖效益，无污染，适用于中等规模的生猪养殖场。零排放生态养殖舍改造工程包括现有养殖舍改造、垫料配制。垫料由锯末、稻壳（农作物秸秆粉）和米糠组成，垫料厚度冬天为 60～80 cm，夏天为 40～60 cm，含水率 40%～50%。生态菌剂可选择饲用枯草芽孢杆菌或酵素菌等专用微生物制剂。

　　洱海流域现有规模化养猪场 11 个，其猪存栏量共计 5 248 头，生态发酵床养殖圈舍改造面积为 8 000 m^2。

（2）废弃物处理利用工程

　　洱海流域绝大部分养殖场缺乏配套的粪污处理设施，粪污直接排放污染严重。在选择规模化养殖废弃物处理工艺过程中，坚持"减量化、无害化、资源化"原则，与当地的种植业生产有机结合，实现畜禽养殖业与种植业协调发展。通常规模化养殖废弃物处理利用工程主要包括养殖污水处理利用工程和固体粪便堆肥工程。养殖污水处理利用工程包括污水收集输送管网、污水厌氧处理设施、沼液贮存设施等。固体粪便堆肥工程包括堆肥车间及其配套的设备。对于规模化猪场和牛场，既有畜禽粪便产生，又有污水产生，其废弃物处理利用工程包括污水处理利用工程和固体粪便堆肥工程；对于规模化鸡场，无污水产生，其废弃物处理工程为固体粪便堆肥工程。

　　洱海流域现有规模化奶牛场 13 个，其常年存栏量 2 189 头，平均存栏量为 168 头，奶牛日产粪便量 30 kg/头，日产污水量 15 L/头，按此规模进行典型设计，固体堆肥周期 45 天，堆肥车间面积为 220 m^2；贮存池污水滞留期 10 天，污水处理利用工程的厌氧发酵罐为 50 m^3。固体粪便堆肥工程的堆肥车间面积为 2 860 m^2，污水处理利用工程的厌氧发酵罐共计 450 m^3。

　　洱海流域现有规模化蛋鸡场 3 个，蛋鸡存栏量共计 1 930 000 只，平均存栏量为 64 333 只，日产粪便量 0.12 kg/只，按此规模进行典型设计，堆肥周期 45 天，每个固体粪便堆肥工程堆肥车间面积为 450 m²。总面积建设为 1 350 m²。

洱海流域现有规模化肉鸡场 3 个,肉鸡存栏量共计 24 563 只,平均存栏量为 8 187 只,日产粪便量 0.06 kg/只,按此规模进行典型设计,堆肥周期 45 天,每个固体粪便堆肥工程的堆肥车间面积为 30 m²。总面积建设为 90 m²。

4.畜禽粪便循环利用产业化示范工程

（1）年产 2 万 t 有机肥项目

在喜洲镇规划建设年产 2 万 t 生物有机肥项目,将喜洲镇及附近乡镇的规模化养殖场、养殖专业户、家庭散养户经过初步腐熟的畜禽粪便,收集运输到有机肥加工厂,通过添加菌剂与其他营养元素、腐熟、干燥、包装等工艺进一步深加工生产商品有机肥料。该项目将畜禽养殖业与种植业有机结合,形成畜禽养殖—有机肥料—绿色农业的循环经济产业带,不仅有效防治畜禽养殖的环境污染问题,而且可以提升畜禽养殖的附加值,带动当地经济的发展。生产的商品有机肥料将满足下关—大理—湾桥—银桥绿色农业发展区对商品有机肥料的需求。

政府在项目用地、项目建设投资进行一次性补贴、项目运行后对有机肥料的补贴等方面给予大力支持,并吸收社会资金投入。

（2）食用菌产业化示范项目

干化后的畜禽粪便,是种植食用菌的良好基质,可用于食用菌生产,不仅提高畜禽粪便的附加值,增加农民收入,而且可以延伸养殖的产业链条,发展循环农业。规划在邓川—右所建设食用菌产业化示范项目,可有效防治邓川—右所畜禽养殖的环境污染问题,带动邓川—右所食用菌产业的发展,促进当地经济发展。

在邓川镇建设食用菌基质加工基地,集引种、原料加工、配送、保鲜、技术指导、培训、跟踪服务、产品回收、销售于一体,实现标准化生产、产业化经营、市场化运作。政府在项目用地、项目建设投资进行一次性补贴、项目运行后对食用菌品质检测、质量安全认证等方面给予支持,在食用菌生产中积极搭桥引线促进社会资金投入。

规划在邓川—右所食用菌发展区建设菇房 6 万 m²,菇床 30 万 m²。

（三）面源污染防治综合生态示范区建设

在大理市建设 2 个、洱源县建设 1 个面源污染防治综合生态示范园区。示范园区分别占地 1 000 亩,将就生态农业、循环农业及低碳农业等现代农业发展模式进行试点示范。"十二五"期间综合生态示范区 5 种以上高效生态循环农业经济模式进行综合示范。

（四）面源污染防治能力建设

一是市、县农业环保、土肥、畜牧、植物系统基础监测/检测能力建设,配备专业的监测仪器设备,建立覆盖洱海流域的面源污染监测及信息统计、预警及基础数据共享网络,将农业投入品（农药、化肥、有机肥、农膜）、农产品（粮食、蔬菜）、农业、畜牧废弃物

（秸秆，粪便），农田排水等纳入农业面源污染监测信息统计网，率先在流域实现农业面源污染监测及统计信息的全覆盖。成为全国农业农村环境监测及信息统计先进"洱海模式"的构成核心之一。

二是加强农产品质量监测及认证能力建设，包括人员、职能、设备配置，人员培训，执法监督能力提升建设等；"十二五"期间争取有1～2个检测中心或实验室通过"省、部级计量双认证"，获得相关资质，有10～15人获得高级技术职称，每年承担相关各级监测任务总资金量不低于500万元。

三是加强农业面源污染防治宣传技术培训能力建设。在农业面源污染防治领导小组的领导下，组建大理市农业面源污染防治技术专家组，负责指导、监督大理市农业面源污染防治工作。加大市、县级农业面源污染防治宣传基础设施建设力度，实现农业面源污染防治技术宣传"村村通、村村响"。

（五）农业面源污染防治公众参与体系建设

一是加强农民技术培训工作。"十二五"期间，每年举办1～2次农业面源污染防治技术培训班，组织编制《农业面源污染防治技术手册（种植业、养殖业）》2册，免费发放给技术人员及种粮、养殖户及相关企业、非政府组织及乡村图书室；编制农业面源污染防治明白纸免费发放给农民。二是加强非政府组织参与农业面源污染减排工作，如建立沼气协会、蔬菜协会、养殖协会、农民合作社等。三是充分发挥村（组）基层组织管理监督能力，加强村（组）在农业面源污染防治管理中的作用。

（六）农业面源污染防治体制机制建设

进一步完善农业面源污染防治体制机制建设，在州委、州政府统一领导下，进一步理清各职能部门在农业面源污染防治中的责、权、利，细化职责分工，健全决策与协调、执行与落实、监督与提议等三方面运行机制，制定《洱海流域农业面源污染防治绩效考核办法》《洱海流域农业面源污染防治问责办法》《洱海流域农业面源污染防治公众参与办法》《洱海流域农业面源污染防治生态补偿条例》等办法、法规。

1. 完善洱海综合治理领导小组职能

完善大理市洱海综合治理保护工作领导组的职能，明确其在洱海流域农业面源污染防治中的领导及组织管理作用。

➤ 组织贯彻落实国家关于农业面源污染防治中的重大工作方针政策。

➤ 组织开展农业面源污染防治的调查研究，并提出政策建议。

➤ 组织与农业面源污染防治相关的中长期规划、计划及重大工程建设规划，并协调推进实施。

➤ 承办由州及州级以上人民政府交办的综合协调任务，推动健全协调联动机制、完善综合监管制度，指导协调县及县以下农业面源污染防治职能机构开展相关工作。

➢ 督促检查州、市级人民政府有关农业面源污染防治重大决策部署的贯彻执行情况。

➢ 督促检查州、县及县以下政府部门履行农业面源污染防治职责情况，并负责考核评价。

➢ 指导完善农业面源污染防治重大安全隐患排查治理机制，组织开展农业面源污染防治重大整顿治理和联合检查行动。

➢ 规范指导农业面源污染防治信息统计工作，协调农业面源污染防治宣传、培训工作。

➢ 引导、规范非政府组织参与农业面源污染防治工作。

➢ 承办由州及州级以上人民政府交办的其他事项。

2. 明确农业部门责权利分工

根据我国相关职能部门分工情况，结合农业面源污染防治的工作特点，提出农业部门的权责配置方案。

➢ 贯彻执行党和国家有关农业面源污染防治的方针、政策和法律、法规，并组织实施和监督检查。

➢ 负责农业面源污染防治。制定农业面源污染防治规划，制定农业面源污染分区分类管理规划，设立农业面源污染监测点位，开展污染监测、评价与预警，组织实施污染防治工程，组织农业面源污染防治宣传、教育工作等。

➢ 负责指导现代农业生产建设。制定农业农村低碳、循环、生态、清洁等现代农业生产发展规划，组织研究推广农业低碳清洁生产技术与模式，拟定县级农业低碳清洁生产审核方案，组织与农业清洁生产相关的宣传、教育工作。

➢ 负责农业面源污染防治生态补偿工作。制定低碳、生态、循环、清洁等现代农业生态补偿实施方案，负责核算、制定生态补偿标准、确定补偿对象、补偿范围、核算生态补偿产生的经济、生态环境及社会效益，负责生态补偿具体实施工作，组织与农业面源污染防治相关的农业生态补偿宣传、教育活动。

➢ 组织指导农业农村节能减排。制定农业节能减排规划与方案，组织推广农业生产与农村生活节能减排技术、核算本县农业农村节能减排潜力，制定农业生产与农村生活合理用能实施方案，组织与农业农村节能减排相关的宣传、教育工作。

➢ 组织负责农业投入品监管工作，组织制定与测土配方施肥相关的规划、实施方案及工作计划，实施测土配方施肥补贴项目，指导肥料、农药的科学使用。组织与农业投入品合理应用相关的宣传、教育工作。

➢ 组织实施农业废弃物综合利用监管工作：负责组织农业农村废弃物综合利用规划，组织或参与实施农业农村废弃物综合利用工程建设，指导标准化规模养殖场（小区）建设，指导做好畜禽生态养殖工作。

➢ 负责污染农田修复、治理工作。

➢ 负责指导做好渔业限养拆围和生态养殖工作。

➢ 负责与农业面源防治、现代农业生产、农业生态补偿、农业节能减排、农业投入品等相关信息的统计工作及相关报告编制工作。

➤ 参与农业面源污染防治相关技术政策的制定，参与农业面源污染防治功能区划编制工作，参与农业面源污染防治事故技术仲裁或县级以上人民政府交付的其他工作。

3. 强化基层组织建设，完善基层农业面源污染防治机构及职能

在乡镇级层面，通过设立县级派出机构，建立农业面源污染防治专职或兼职管理站、配备相关管理人员及设施等方式，完善乡、镇级农业面源污染管理机构。

➤ 协助县级人民政府完成与农业面源污染防治相关的信息统计及上报工作。

➤ 负责或协助实施农业面源污染防治工程选址、建设、运行维护工作。

➤ 协助县级农业面源污染防治管理机构完成相关工作，如开展监测取样工作；协助进行农业面源污染防治相关费用的收缴工作；协助进行农业面源污染防治相关补偿资金的发放工作；协助制定本辖区农业面源污染防治相关规划；协助进行农业面源污染防治稽查及宣传、教育工作；协助非政府组织参与农业面源污染防治工作等。

➤ 负责组织培训农民，以提高农民农业面源污染防治意识，自觉维护农村环境。

➤ 推荐农村环境综合整治、生态文明建设、优美乡村建设、生态农业建设、农业清洁生产等优秀村组织，团体及个人。

➤ 完成县级人民政府及相关部门交付的其他相关工作。

村委会层面，依法在上级主管部门监督下负责以下与农业面源污染防治相关的工作。

➤ 制定与农业面源污染防治相关的村规、民约。

➤ 依法负责组织实施本村农业面源污染防治工程。

➤ 负责收缴及发放与农业面源污染防治相关的工程建设费用或补偿费用。

➤ 引导本村村民自觉以个人身份或非政府织组形式参与农业面源污染防治工作。

➤ 负责张贴、发放、宣传与农业面源污染防治相关的宣传材料、画报及宣传册。

4. 加强非政府组织建设，完善非政府组织在农业面源污染防治中的职能

非政府组织是农业面源污染防治管理机构的有益补充。主要职责是积极发动组织或号召全县广大人民群众、事业团体、农村社区等开展农业农村环境保护活动；监督有关部门的环保行动。

5. 健全农业面源污染防治机制

（1）决策与协调

突出建设农业面源污染防治决策与协调机制，包括重大事项决策民主集中制、涉及多部门事务联席会议制、具体任务建立工作协调小组制等。

（2）执行与落实

重点提出建设河长制、目标责任制、年度任务合同押金制、工程延伸考核制、第三方评估机构参与制等机制。

（3）监督与提议

具体工作包括民主参与考核制、问责制、农业面源污染防治工程日常运行巡查制、举报制、奖罚制、公众参与机制等。

（七）农业面源污染防治科研能力建设

一是在已有农业面源污染防治技术目录的基础上，进一步加强示点示范工作，"十二五"主要围绕：洱海流域畜禽养殖污染综合防治技术、生猪健康养殖及污染治理关键技术、病虫害绿色防控技术、生态循环农业关键技术等进行深入研究，对主要技术及技术集成模式进行经济效益评价，发布《洱海流域农业面源污染防治推荐技术及技术集成模式目录》。

二是加强包括生态循环农业、低碳农业等现代农业发展模式的研究，形成具有洱海流域特色的农业发展模式。

三是研究洱海流域农业面源污染监测与预警技术，开发农业面源污染监测与预警平台。

四是加强规划研究，提出洱海流域高肥高排污种植模式"禁产区"，建立高排污、低承载力区域牲畜养殖"禁养区"。

五是农业面源污染防治生态补偿与激励机制研究。重点研究农户在生产过程中采用环境友好型技术的影响因素以及采用这些环境友好型生产技术的补偿方法、标准和激励政策、机制等。

六是食用菌产业配套技术与保障机制研究。重点研究食用菌基质生产原料（主要为规模化养殖场、养殖专业户、分散养殖户产生的畜禽粪便）的收、储、运模式，食用菌"企业＋农户"生产模式，食用菌基质发酵技术，食用菌基质菌种接种技术以及食用菌产业链完善保障机制等。

七是有机农业相关配套技术体系研究。重点研究有机种植体系下，有机肥养分矿化特性、底肥和追肥种类及施用量的确定、农产品质量、病虫害发生特性与防治技术，建立适合洱海流域的有机农业生产技术支撑体系，为有机农业发展提供技术保障。

第八章
苕溪流域农村水环境分区分类管理政策实例分析

第一节 苕溪流域概况

一、流域范围

苕溪流域位于浙江省北部，南连杭州湾，北入太湖，东倚杭嘉湖平原水网区，是我国东南沿海和太湖流域唯一没有独立出海口的南北向的天然河流。

苕溪流经杭州市所辖的临安市和余杭区、湖州市所辖的德清县、吴兴区、安吉县和长兴县。水系有东、西苕溪两大支流，主流长度 157.4 km，流域总面积 4 576.4 km²。东苕溪有南、中、北三个支流组成，南苕溪为正源，源于东天目山北部平顶山南麓，流经临安市、余杭区、德清县、湖州市吴兴区，汇流面积达 2 265 km²，干流长 151 km，多年平均径流量 15.1 亿 m³。东苕溪在余杭镇以上为山溪性河道，以下为平原型河道。西苕溪有南溪、西溪两源，西溪为正源，源于浙江安吉和安徽宁国两县交界的天目山北侧南北龙山之间的天锦堂，流经安吉县、长兴县、吴兴区，流域面积达 2 268 km²，干流长 139 km，多年平均径流量 14.7 亿 m³。西苕溪在安城镇以上为山溪性河道，以下为平原型河道。东、西苕溪在湖州合流后，向北 15 km，歧分为数十条港娄，分别经环城河、小梅港、新塘港、长兜港、大钱港、横港等诸道注入太湖。苕溪流域是太湖主要的本地水源，多年平均入湖水量达 27 亿 m³，占上游入湖水量的 60%，即使引江济太工程规模扩大到 30 亿 m³，苕溪也占总入湖水量的 35%。

二、自然地形

苕溪流域内主要山脉为天目山，地势自西南向东和东北逐步递减和倾斜，高度从 1 500 m 依次递减至 3～5 m（吴淞高程，下同），全流域山丘面积近 88%，平原占 12% 左右。上游为剥蚀低山丘陵区，山势相对峻峭；中下游为剥蚀—堆积丘陵平原。东西苕溪均属山溪性河流，上游源短流急，森林覆盖率达 90% 以上。流域地处中热带季风区北缘和北亚热带季风区南缘，气候温和湿润，水热同步，雨量充沛，四季分明，降水量等值线与山脉走向和地形等高线走向基本一致，并自东向西南随地势升高而递增，多年平均降雨量1 460 mm，年均气温 15.5～15.8℃，平均相对湿度 81%左右。区内生态环境和植被良好，旅游资源、非金属矿产资源和水力资源相对丰富并以竹文化、茶文化和诗画之乡闻名于世。

三、社会经济

苕溪流域产业带紧邻上海，地处长江三角洲经济圈，受长江三角洲辐射，是浙江省历史上的经济发达地区，人民生活水平比较高，素有"鱼米之乡、丝绸之府、花果之地、文化之邦"之称。特别是近几年来，城乡建设突飞猛进，城乡发展统筹推进，城乡一体化水平提高。2009 年流域境内总人口约为 192 万人，非农村人口 67.83 万人，占总人口的 35.3%，人口平均密度为 303 人/km^2，也是浙江省经济最发达的地区之一。

2009 年，流域所辖县市区耕地面积 243.55 万亩，国内生产总值 1 584.18 亿元，工业生产总值 2 950.85，占全省 7.2%，农业总产值 176.12，占全省 9.9%，淡水渔业总产值 28.27，占全省 6.9%。主要工业产品以建材、电缆、不锈钢、丝绸、家具、造纸、食品、精细化工等为主；主要粮食作物有稻谷、小麦、大麦、番薯和玉米等；主要经济作物有竹、笋、油料、蚕桑、茶叶、甘蔗、枇杷、药材等。

表 8-1 2009 年社会经济概况一览表

区域		人口/万人	土地/km^2	国内生产总值/亿元	农村人均纯收入/万元
杭州	余杭	84.29	1 222.0	527.33	1.40
	临安	52.62	3 126.8	235.03	1.07
	小计	136.91	4 348.8	762.36	2.47
湖州	吴兴	59.52	860	233.0	1.19
	德清	42.76	938	203.28	1.20
	长兴	62.05	1 430	937.91	1.18
	安吉	258.83	5 818	1 101.83	1.13
	小计	423.16	9 046	2 476.02	4.70
合计		560.07	13 394.8	3 238.38	7.17

四、环境状况

苕溪流域市控以上断面 38 个，其中杭州 7 个，湖州 31 个。2010 年，苕溪流域市控以上断面水质为Ⅰ～Ⅳ类，其中Ⅰ～Ⅲ类水质断面 36 个，占断面总数的 94.7%（Ⅰ类 2.6%，Ⅱ类 36.8%，Ⅲ类 55.3%）；Ⅳ类 2 个，占 5.3%；满足目标水质要求断面 35 个，占 92.1%；不满足功能要求断面 3 个（其中杭州 1 个，湖州 2 个），占 7.9%，超标指标主要为 TP 和汞，超标断面所占比例分别为 5.3%和 2.6%。

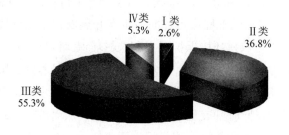

图 8-1　苕溪流域市控以上断面水质类别示意图

表 8-2　溪流域市控以上超标断面统计表

断面名称	所在地	河流名称	功能类别	水质类别	超标项目
城西大桥	湖州市	东苕溪	II	III	TP（III）
对河口	德清县	东苕溪	II	III	汞（III）
青山水库	临安市	南苕溪	III	IV	TP（IV）

　　湖州境内的 31 个监测断面水质类别为 II～IV 类，其中 II～III 类水质断面 30 个，占断面总数的 96.8%（II 类 38.7%，III 类 58.1%））；IV 类 1 个，占 3.2%。满足功能要求断面 29 个，占 93.5%；不满足功能要求断面 2 个，占 6.5%，超标断面分别为城西大桥和对河口断面。主要污染因子为氨氮、TP。

　　苕溪流域农村水环境污染主要来自流域内农村生活、农业面源和畜禽养殖三个方面。流域内包括了 6 县（区）的 64 个乡镇（街道），村庄较多，居住分散，农业人口多达 130.22 万人，部分农村还开设了农家乐，农村生活污水产生总量大，加上污水处理设施配套不够健全，农村生活污染对水体环境造成了一定的影响。农业面源中化肥的流失，畜禽养殖废水的排放，相应的防治政策和措施不成体系，农田氮、磷污染控制的效果不明显，流失量较大，畜禽养殖特别是农户分散养殖的畜禽粪尿流失量大，是造成农业面源污染严重的主要成因。

五、工作基础

　　苕溪是杭州、湖州两市的重要饮用水水源地。流域内共有饮用水水源地 22 个，总取水能力超过 80 万 m³/d，其中杭州市区 30 万 m³/d（占整个杭州市区的 16.6%），余杭区 20 万 m³/d，湖州市 30 万 m³/d，因此苕溪水质直接影响流域内居民的饮用水安全。"十一五"以来，流域所辖地区积极践行可持续发展治水思路，开展"千万农民饮用水工程"、"万里清水河道建设"、"河道清淤保洁"和"小流域综合治理"等工程。湖州市完成农村河道清淤 5 589 km，建立了河道长效保洁机制，全市有 4 000 km 河道全面落实了保洁。余杭完成河道综合整治 248 km、河道疏浚 800 km。继续深入实施"千村示范、万村整治"和"五整治一提高"，以农村生活污水治理工程增点扩面为重点开展农村生态环境建设。组织开展农村环境连片整治活动，深化农村环境保护试点和农村环保"以奖促治"工作，大力推广使用清洁能源。深化畜禽养殖业污染防治，流域所辖区完成了禁养区、限养区的划定和调整。加强水产养殖生态化建设，开展渔业增殖放流，以达到降低水体富营养化程度、控制水草泛滥、改善水质的目的，同时开展龟鳖养殖污水治理，从而进一步减少农业面源污染。大力开展化肥农药污染防治，全面推广测土配方施肥技术，深入实施"两减一控一提高"农药减量控害增效工程，不断提高化肥农药污染治理水平。积极开展生态环境功能区规划编制并实施，实行差别化的区域开发和环境管理政策，提高环境准入标准促进产业升级，改善农村环境质量。"十一五"期间苕溪流域开展一些重要的研究工作，如"太湖流域苕溪农业面源污染综合整治技术集成与示范工程"项目研究等。

六、趋势分析

（一）污染源结构和排放量现状

苕溪流域农村水环境污染物主要来源于种植业污染、畜禽养殖业污染和农村生活污染三大污染源。根据农业源污染普查数据和流域内县级统计数据年鉴，分析得出 2007—2009 年三年苕溪流域污染源结构和污染物排放量，其中 2009 年苕溪流域种植业氮肥、磷肥的使用量（折存）分别为 75 458.58 t 和 9 637.78 t，畜禽养殖业猪、牛、羊、家禽分别为 48.51 万头、7 455 头、14.54 万只、855.3 万羽，农业人口分别为 130.22 万人。

表 8-3　2007—2009 年苕溪流域污染源结构情况表

	种植业		畜禽养殖业				生活源
	氮肥折纯/ （t/a）	磷肥折纯/ （t/a）	猪/ 万头	牛/ 头	羊/ 万只	家禽/ 万只	农业人口/ 万人
2007 年	74 702.00	9 409.17	57.44	9 219.84	17.48	1 029.24	131.57
2008 年	74 716.16	9 454.48	50.30	8 527.38	14.50	952.93	130.90
2009 年	75 458.58	9 637.78	48.51	7 455.00	14.54	855.30	130.22

根据 2007—2009 年苕溪流域污染源结构数据，计算得出近三年的污染物排放量，其中 2009 年 COD、TN、TP 排放量分别为 24 095.02 t、4 363.89 t、625.50 t，由三年排放量来看，污染物都呈下降趋势。

表 8-4　2007—2009 年苕溪流域污染物排放情况表　　　　　单位：t

	COD 排放量	TN 排放量	TP 排放量
2007 年	26 995.58	4 842.60	708.67
2008 年	25 258.41	4 464.56	637.06
2009 年	24 095.02	4 363.89	625.50

（二）污染物机构和排放量趋势预测

以 2009 年为基准年，综合考虑各种相关因素，首先考虑 2007—2009 年的污染源结构年平均增比，其次考虑"十二五"期间苕溪流域加强农村水污染控制的各种措施带来的污染削减效应，主要考虑的因素有《浙江省发展生态循环农业行动方案》中氮肥使用量减少 8%和规模畜禽养殖场畜禽排泄物综合利用率由原来的 95%提高到 97%；《浙江省农村环境保护规划》提出农村生活污水处理率目标到 2015 年达到 40%，目前处理率为 10%，"十二五"期间处理率要提高 30%。经估算得到 2015 年苕溪流域污染源结构数据，经进一步计算得到 2015 年苕溪流域污染物排放量。估算结果表明，"十二五"期间苕溪流域畜禽养殖量下降幅度较大，种植氮肥及磷肥和生活源农业人口下降幅度相对较小，污染物排放量总体呈下降趋势。

表 8-5　2015 年苕溪流域污染源结构情况预测表

类别	种植业		畜禽养殖业				生活源
	氮肥折纯/ （t/a）	磷肥折纯/ （t/a）	猪/万头	牛/头	羊/万只	家禽/万只	农业人口/ 万人
2009 年	75 458.58	9 637.78	48.51	7 455.00	14.54	855.30	130.22
2015 年	71 821.3	9 568.6	29.43	3 951.34	8.59	491.17	126.29
2007—2009 年 平均增比/%	0.51	1.21	-7.99	-10.04	-8.39	-8.83	-0.51
"十二五"氮肥、 磷肥年平均折算 比例/%	-1.33	-1.33	—	—	—	—	—
合计/%	-0.82	-0.12	-7.99	-10.04	-8.39	-8.83	-0.51

表8-6 2015年苕溪流域污染物排放量预测表

类别		2015年污染源结构	"十二五"相关措施污染减排比例/%	COD排放量/t	TN排放量/t	TP排放量/t
种植业	氮肥折纯	71 821.3 t/a	—	—	624.85	—
	磷肥折纯	9 568.6 t/a	—	—	—	47.84
畜禽养殖业	猪	29.43万头	−2	3 677.1	754.8	49.48
	牛	3 951.34头	−2	222.28	74.02	4.61
	羊	8.59万只	−2	263.02	426.172	147.79
	家禽	491.17万只	−2	4 076	122.982	35.14
生活源	农业人口	126.29万人	−30	6 182.37	897.02	112.94
2015年污染物排放量		—	—	14 420.77	2 899.844	397.8

第二节　试点方案设计

一、总体思路

根据苕溪流域镇域尺度农村水污染源的结构组成、污染物的排放量和入湖负荷，结合苕溪流域的实际特点，按"苕溪流域整体把握—镇域尺度污染物排放量计算—分区分类—分区政策制定—政策在典型县域示范—流域推广应用"的总体思路，在苕溪流域开展区域化分区分类管理政策试点研究。

二、示范内容

① 以乡镇为单元，基于农业源污染普查数据或流域内县级统计年鉴，通过"等标污染负荷法"，将种植业、养殖业、生活源换算成等标污染指数。

② 根据等标污染指数计算结果，打破苕溪流域县（区）的界线，以乡镇为最小尺度，根据乡镇的等标污染负荷，进行综合控制分区，确定出乡镇级的优先控制区、重点控制区和一般控制区范围；按照种植业、养殖业、生活源三大重点污染源的等标污染指数，对乡镇的进行重点源类型的定位，进行重点源控制分区，明确出乡镇级的种植业、养殖业、生活源的优先控制区、重点控制区和一般控制区。

③ 按照分区的结果，开展农村水污染控制分区分类政策设计。针对苕溪流域养殖业对水体环境碳氮磷贡献率仍然突出的问题，重点开展畜禽养殖清洁生产、废水治理、资源综合利用和建立循环产业链等政策的研究；针对苕溪流域种植业面积大，氮磷利用率普遍偏低、养分流失严重的问题，重点开展现代化农业园区建设、农业生产清洁化、农田氮、磷

流失最佳管理措施示范和推广、配方施肥和高效环保型缓释肥研发等政策的研究；针对苕溪流域农村布局分散、总人口数多，生活污水排放量较大、处理率低的问题，重点开展农村生活污水处理适用技术及脱氮除磷工艺的技术规范、排放标准等政策的研究。

④ 利用安吉县行政区域资源整合和集中配置的综合优势，确定安吉县为苕溪流域农村水污染控制分区的示范县。

第三节　农村水污染控制分区方案

一、分区依据

（1）《浙江省生态功能区划》（2006）；
（2）《浙江省水功能区水环境功能区划分方案》（2006）；
（3）《湖州市第一次全国污染源普查技术报告》（2009）；
（4）《安吉县全国第一次污染源普查技术报告》（2009）；
（5）《余杭市全国第一次污染源普查技术报告》（2009）；
（6）《临安区全国第一次污染源普查技术报告》（2009）；
（7）《浙江省发展生态循环农业行动方案》（2010）；
（8）《浙江省农村环境保护规划》（2010）；
（9）《浙江省环境保护"十二五"规划》（2011）；
（10）《"811"生态文明建设推进行动方案》（2011）；
（11）《浙江省美丽乡村建设行动计划（2011—2015）》。

二、指标与方法

以乡镇为单元，基于农业源普查数据（或流域内县级统计年鉴），通过"等标污染负荷法"，将种植业、畜禽养殖业、农村生活源换算为标准污染指数。

三、分区方案

在以上数据的基础上，根据各乡镇种植业（畜禽养殖业、农村生活源）污染指数，运用系统聚类分析法，聚类距离采用欧氏距离，聚类方法用离差平方和法，利用 SPSS 分析软件计算出聚类分析结果。为了确保最后的分区类型能准确地反映农村水环境污染源的特征，在这里采用聚类分析和专家咨询相结合的方法，计算出种植业（畜禽养殖业、农村生活源）污染源分区的节点。然后进行污染排放源的控制分区划分，各乡镇分别对应有以下两种分区定位：

①污染控制分区有种植业的优先控制区、重点控制区和一般控制区；畜禽养殖业优先控制区、重点控制区和一般控制区；农村生活源的优先控制区、重点控制区和一般控制区。

②综合控制分区有优先控制区、重点控制区和一般控制区三类。经过计算分析和专家咨询，明确了污染源控制分区的种植业、养殖业、生活源优先控制区、重点控制区和一般控制区分布范围；明确了综合控制分区的优先控制区、重点控制区和一般控制区范围。

表8-7　种植业控制分区表（地图31）

地区	序号	乡镇名称	分区级别
安吉	1	递铺镇	I
	2	梅溪镇	I
	3	昆铜乡	I
	4	溪龙乡	I
	5	良朋镇	I
	6	鄣吴镇	I
	7	高禹镇	I
	8	杭垓镇	I
	9	孝丰镇	I
	10	报福镇	I
	11	章村镇	I
	12	皈山乡	I
	13	天荒坪镇	I
	14	上墅乡	I
	15	山川乡	II
	16	昌硕街道	II
德清	1	武康镇	III
	2	乾元镇	III
	3	莫干山镇	III
	4	筏头乡	III
	5	三合乡	III
长兴	1	洪桥	II
	2	李家巷	II
	3	雉城镇	II
	4	水口	II
	5	夹浦	II
	6	林城	II
	7	二界岭	II
	8	泗安	II
	9	虹星桥	II
	10	吕山	II

地区	序号	乡镇名称	分区级别
长兴	11	和平	II
	12	吴山	II
	13	小浦	II
	14	煤山	II
	15	白岘	II
	16	槐坎	II
	17	开发区	II
	18	龙山	II
	19	古城	II
余杭	1	余杭镇	II
	2	中泰乡	III
	3	瓶窑镇	III
	4	径山镇	II
	5	黄湖镇	II
	6	鸬鸟镇	II
	7	百丈镇	II
临安	1	锦城街道	I
	2	玲珑街道	I
	3	青山湖街道	I
	4	锦南街道	I
	5	横畈镇	I
	6	高虹镇	I
	7	太湖源镇	I
	8	板桥乡	I
吴兴	1	道场乡	III
	2	环渚乡	III
	3	埭溪镇	III
	4	妙西镇	III
	5	杨家埠镇	III
	6	月河街道	IV
	7	朝阳街道	IV
	8	爱山街道	IV
	9	飞英街道	IV
	10	龙泉街道	IV
	11	康山街道	I
	12	仁皇山街道	I
	13	滨湖街道	I
	14	凤凰街道	I

注：I 代表一般控制区；II 代表重点控制区；III 代表优先控制区；IV 其他。

表 8-8　养殖业控制分区表（地图 32）

地区	序号	乡镇名称	分区级别
安吉	1	递铺镇	I
	2	梅溪镇	I
	3	昆铜乡	I
	4	溪龙乡	I
	5	良朋镇	I
	6	鄣吴镇	I
	7	高禹镇	I
	8	杭垓镇	I
	9	孝丰镇	I
	10	报福镇	I
	11	章村镇	I
	12	皈山乡	I
	13	天荒坪镇	I
	14	上墅乡	I
	15	山川乡	III
	16	昌硕街道	III
德清	1	武康镇	III
	2	乾元镇	II
	3	莫干山镇	II
	4	筏头乡	III
	5	三合乡	III
长兴	1	洪桥	II
	2	李家巷	I
	3	雉城镇	I
	4	水口	I
	5	夹浦	I
	6	林城	I
	7	二界岭	II
	8	泗安	II
	9	虹星桥	I
	10	吕山	III
	11	和平	II
	12	吴山	II
	13	小浦	I
	14	煤山	II
	15	白岘	II
	16	槐坎	II
	17	开发区	I
	18	龙山	II
	19	古城	I

地区	序号	乡镇名称	分区级别
余杭	1	余杭镇	II
	2	中泰乡	II
	3	瓶窑镇	III
	4	径山镇	II
	5	黄湖镇	II
	6	鸬鸟镇	III
	7	百丈镇	II
临安	1	锦城街道	I
	2	玲珑街道	I
	3	青山湖街道	I
	4	锦南街道	I
	5	横畈镇	I
	6	高虹镇	I
	7	太湖源镇	I
	8	板桥乡	I
吴兴	1	道场乡	III
	2	环渚乡	II
	3	埭溪镇	II
	4	妙西镇	III
	5	杨家埠镇	II
	6	月河街道	IV
	7	朝阳街道	IV
	8	爱山街道	IV
	9	飞英街道	IV
	10	龙泉街道	IV
	11	康山街道	I
	12	仁皇山街道	I
	13	滨湖街道	I
	14	凤凰街道	I

注：Ⅰ代表一般控制区；Ⅱ代表重点控制区；Ⅲ代表优先控制区；Ⅳ其他。

表 8-9　农村生活源控制分区表（地图 33）

地区	序号	乡镇名称	分区级别
安吉	1	递铺镇	I
	2	梅溪镇	I
	3	昆铜乡	I
	4	溪龙乡	I
	5	良朋镇	I
	6	鄣吴镇	I
	7	高禹镇	I
	8	杭垓镇	I

地区	序号	乡镇名称	分区级别
安吉	9	孝丰镇	I
	10	报福镇	I
	11	章村镇	I
	12	皈山乡	I
	13	天荒坪镇	I
	14	上墅乡	I
	15	山川乡	II
	16	昌硕街道	I
德清	1	武康镇	II
	2	乾元镇	I
	3	莫干山镇	I
	4	筏头乡	II
	5	三合乡	II
长兴	1	洪桥	I
	2	李家巷	II
	3	雉城镇	II
	4	水口	I
	5	夹浦	II
	6	林城	I
	7	二界岭	I
	8	泗安	I
	9	虹星桥	I
	10	吕山	I
	11	和平	I
	12	吴山	I
	13	小浦	II
	14	煤山	III
	15	白岘	III
	16	槐坎	III
	17	开发区	III
	18	龙山	II
	19	古城	III
余杭	1	余杭镇	II
	2	中泰乡	II
	3	瓶窑镇	II
	4	径山镇	II
	5	黄湖镇	II
	6	鸬鸟镇	I
	7	百丈镇	III

地区	序号	乡镇名称	分区级别
临安	1	锦城街道	II
	2	玲珑街道	I
	3	青山湖街道	I
	4	锦南街道	I
	5	横畈镇	I
	6	高虹镇	I
	7	太湖源镇	I
	8	板桥乡	I
吴兴	1	道场乡	I
	2	环渚乡	I
	3	埭溪镇	I
	4	妙西镇	I
	5	杨家埠镇	I
	6	月河街道	IV
	7	朝阳街道	IV
	8	爱山街道	IV
	9	飞英街道	IV
	10	龙泉街道	IV
	11	康山街道	I
	12	仁皇山街道	I
	13	滨湖街道	I
	14	凤凰街道	I

注：I代表一般控制区；II代表重点控制区；III代表优先控制区；IV其他。

表 8-10　农村水环境污染综合分区表

地区	序号	乡镇名称	分区级别
安吉	1	递铺镇	I
	2	梅溪镇	I
	3	昆铜乡	I
	4	溪龙乡	I
	5	良朋镇	I
	6	鄣吴镇	I
	7	高禹镇	I
	8	杭垓镇	I
	9	孝丰镇	I
	10	报福镇	I
	11	章村镇	I
	12	皈山乡	I
	13	天荒坪镇	I
	14	上墅乡	I
	15	山川乡	I
	16	昌硕街道	I

地区	序号	乡镇名称	分区级别
德清	1	武康镇	III
	2	乾元镇	III
	3	莫干山镇	III
	4	筏头乡	III
	5	三合乡	III
长兴	1	洪桥	II
	2	李家巷	II
	3	雉城镇	II
	4	水口	II
	5	夹浦	II
	6	林城	II
	7	二界岭	II
	8	泗安	II
	9	虹星桥	II
	10	吕山	II
	11	和平	II
	12	吴山	II
	13	小浦	II
	14	煤山	II
	15	白岘	II
	16	槐坎	II
	17	开发区	II
	18	龙山	II
	19	古城	II
余杭	1	余杭镇	II
	2	中泰乡	II
	3	瓶窑镇	II
	4	径山镇	II
	5	黄湖镇	I
	6	鸬鸟镇	II
	7	百丈镇	II、III
临安	1	锦城街道	I
	2	玲珑街道	I
	3	青山湖街道	I
	4	锦南街道	I
	5	横畈镇	I
	6	高虹镇	I
	7	太湖源镇	I
	8	板桥乡	I

地区	序号	乡镇名称	分区级别
吴兴	1	道场乡	III
	2	环渚乡	III
	3	埭溪镇	III
	4	妙西镇	III
	5	杨家埠镇	III
	6	月河街道	IV
	7	朝阳街道	IV
	8	爱山街道	IV
	9	飞英街道	IV
	10	龙泉街道	IV
	11	康山街道	I
	12	仁皇山街道	I
	13	滨湖街道	I
	14	凤凰街道	I

注：Ⅰ代表一般控制区；Ⅱ代表重点控制区；Ⅲ代表优先控制区；Ⅳ其他。

第四节　农村水污染控制分区分类政策设计

一、分区政策

根据综合分区的结果，分别针对优先控制区、重点控制区和一般控制区提出政策取向。

（一）优先控制区

该区农业及生活污染源负荷极高，水环境污染物排放量很大，区域内水环境质量状况相对较差，基本不存在水环境容量，是水环境污染物排放优先控制区域。

该区以污染治理为主，以改善水环境质量和保障饮用水安全为根本目标，积极贯彻污染物总量控制和污染物减排政策，加快推进"农村连片整治"和"五整治一提高"等农村环境污染整治工程，全面完成农村环境基础设施建设。严格限制新的污染源产生，禁止新建高污染的养殖场。实施主要污染物（COD、氨氮、TP）排放总量控制，并逐年降低排放量。在污染物达标排放的前提下，进一步提高排放要求，相关指标应按照基本要求进一步提升执行。

（二）重点控制区

该区地表水污染物负荷相对较高，水环境质量基本达到水环境功能区要求，但水环境容量较低，需要进一步加强污染物控制。该区也包括水环境污染敏感区域。

该区以强化污染控制为主，重点实施环境污染整治工程和基础设施建设工程，确保污染物达标排放，并努力将污染物排放总量控制在一定范围内。严格控制养殖业的规模和数量，积极推广生态型农业。通过一系列的水污染防治措施，改善区域水环境。

（三）一般控制区

该区水污染负荷相对较低，水环境质量状况较好，有一定的水环境容量。

该区以达标治理为主，按照规划及相关要求进行基础设施建设，逐步开展生活污水治理和农业污染治理，各类指标达到全省环境保护的相关要求。

二、分类政策

根据污染源控制分区的结果，分别针对种植业、养殖业、生活源污染控制提出政策建议。

（一）优先控制区

以集中式生活污水处理设施为主，近期内加快完成区域内所有行政村生活污水处理设施及管网建设，实现达标排放。建有生活污水处理设施的行政村比例达到 100%，农村生活污水处理率达到 95% 以上。深入开展种植业污染控制，划分农业面源污染敏感区和化肥污染重点控制区，全面推广有机肥，限制化肥和农药使用量，逐年降低区域内化肥施用强度。开展各类农田最佳管理措施的运用，积极推进农田排水沟渠的生态化改造。大力开展养殖业污染整治，所有养殖场（户）污染物排放浓度均需达到排放要求。取缔或搬迁违法的、无法实现达标排放的以及污染物排放量大的养殖场，禁止新建扩建新增排污量的养殖场，逐步减少散养户和养殖总量，主要污染物排放总量逐年降低。

（二）重点控制区

加快完成生活污水处理设施建设，建有生活污水处理设施的行政村比例达到 90%，农村生活污水处理率达到 85% 以上。开展种植业污染治理，大力推行测土配方施肥和减量增效技术，农田化肥施用强度控制在 400 kg/hm^2 的范围内。强化养殖业污染整治，所有养殖户按照要求建设污染处理设施。新建养殖场需增加排污总量的，须在同区域替代削减 1 倍以上同类污染物的排放总量。控制养殖总量，确保区域内养殖总量控制在一定范围内。

（三）一般控制区

按照全省及地方农村环境保护规划的相关要求逐步开展农村生活污水治理，采用集中和分散相结合的方式，应用低成本、易管理的适宜技术进行治理。积极宣传，大力推广生态农业，改进耕作方式，推广有机肥和"三新"技术。化肥施用量控制在生态建设的要求范围内。开展养殖污染防治，按照全省相关要求开展整治，引导散户向养殖小区集中。继续加强畜禽养殖禁养区、限养区、适养区的管理。

参考文献

[1] 施稳萍，刘凌，王哲. 太湖苕溪流域河流生态修复体系研究[J]. 水生态学杂志，2010，1：121-124.

[2] 张忠明，周立军，宋明顺，等. 太湖苕溪流域农业面源污染评价及对策[J]. 环境污染与防治，2012，3：105-109.

[3] 冉芸. 基于水环境承载力的区域产业发展战略调控分析研究[D]. 北京：清华大学环境科学与工程系，2010：17-36.

[4] 郭雪，松邹，娟梁，等.苕溪流域典型村落水污染特征调查研究[C]. 北京：中国环境科学出版社，2011：3097-3101.

[5] 高尚宾，赵玉杰，师荣光，等.农村水污染控制的创新思路与关键对策研究[J]. 农村水污染控制机制与政策示范研究专刊，2011（6）：1-3.

[6] 李洪明.养殖业污染存在的问题及应采取的措施[J].畜牧业，2011（10）：41.

[7] 刘渝，杜江.国外循环农业发展模式及启示[J]. 环境保护，2010（8）：74-76.

[8] 陈德贵. 加快畜禽养殖业对水环境污染的治理促进经济社会可持续发展[J]. 福建畜牧兽医，2006（7）：16-17.

[9] 石山. 中国生态农业建设[M]. 北京：人民日报出版社，2002：226-227.

[10] 王兆军，张怀成，刘键，等. 规模化畜禽养殖污染有效防治途径探讨[J]. 中国人口·资源与环境，2001，51（11）：72-74.

[11] 刘红霞，陶建国，王建芳，等. 畜禽养殖业污染与循环经济[J].污染防治技术，2003，16（3）：14-15.

第九章

宁夏黄河段农业清洁生产和测土配方施肥实例分析

第一节　宁夏灵武市农业清洁生产案例分析

一、调查农户的基本特征

在宁夏回族自治区总共得到有效样本 42 个。所有样本中，40 个农户是男性，2 个是女性。农户年龄分布在 27~82 岁之间，平均年龄为 46.29 岁。样本中，83.33%的农户受过初中以上教育。农户家庭人口的分布区间为 2~6 人，农户家庭人数在 4 人以下的占到 63%。样本农户家庭的平均种植面积为 28.60 亩，其中种植面积在 30 亩以上的农户约占 23%，农户的家庭种植规模比较大。样本农户家庭种植业纯收入平均为 15 705.95 元，亩均种植业纯收入为 713.83 元。

二、农户种植业生产投入情况

根据调查结果，农户种植业的投入成本主要包括种子成本、化肥成本、地膜成本、农药成本、机械费用、灌溉费用等。各项投入成本情况如下：

样本农户家庭年均种植业种子投入成本为 927.72 元，每亩种子投入成本为 34.87 元；家庭年均种植业化肥投入成本为 4 447.32 元，每亩化肥投入成本为 174.91 元；家庭年均种植业地膜投入成本为 212.08 元，每亩农药投入成本为 12.13 元；家庭年均种植业农药投入成本为 697.21 元，每亩农药投入成本为 26.17 元；家庭年均种植业机械费用为 5 019.74 元，每亩机械费用为 187.33 元；家庭年均种植业机械费用为 189.86 元，每亩灌溉费用为 17.32 元。在所调查的农户家庭种植业投入中，机械费用和化肥成本所占比重较大，其总投入分别占农户家庭种植业总投入的 43.67%和 38.69%，其亩均投入分别占农户家庭亩均种植业投入的 41.38%和 38.63%。

表9-1　投入成本情况表

平均种植业总收入/投入/面积	样本数	最小值	最大值	平均值	标准差
每亩种植业收入/元	42	550	145 000	15 705.95	23 033.24
种子成本/元	42	59	18 750	927.72	2 958.95
化肥成本/元	42	238.13	24 620	4 447.32	4 827.83
地膜成本/元	42	0	2 400	212.08	419.83
农药成本/元	42	10	6 000	697.21	1 040.16
机械费用/元	42	40	34 500	5 019.74	5 998.53
灌溉费用/元	42	60	360	189.86	74.89
种植面积/亩	42	2	150	28.6	32.95
每亩种植收入及投入/（元/亩）	样本数	最小值	最大值	平均值	标准差
每亩种植业收入/（元/亩）	42	50	2 392.86	713.83	585.41
每亩种子成本/（元/亩）	42	1.33	200	34.87	43.35
每亩化肥成本/（元/亩）	42	39.04	476.25	174.91	107.03
每亩地膜成本/（元/亩）	42	0	171.43	12.13	29.17
每亩农药成本/（元/亩）	42	2.07	66	26.17	16.94
每亩机械费用/（元/亩）	42	20	390	187.33	77.24
每亩灌溉费用/（元/亩）	42	0.4	105	17.32	20.90

三、农户家庭特征和种植业投入对家庭纯收入影响分析

本研究选取农户家庭的每亩种植业纯收入为因变量，选择农户性别、农户年龄、农户受教育程度、农户家庭人口数、农户家庭种植面积、每亩种子成本、每亩化肥成本、每亩地膜成本、每亩农药成本、每亩机械费用、每亩灌溉费用为自变量，其中前5个变量为本研究的控制变量。本研究通过控制农户家庭基本特征变量，考察农户的生产成本投入对其家庭种植业纯收入的影响。

表9-2　模型变量设置与说明

代码	变量名称	变量定义	均值	标准差
	因变量			
Y	农户每亩种植业纯收入	实际每亩种植业收入/元	713.83	585.41
	自变量			
Z	每亩种子成本	实际每亩种苗费用/元	34.87	43.35
F1	每亩化肥成本	实际每亩化肥费用/元	174.91	107.03
D	每亩地膜成本	实际每亩地膜费用/元	12.13	29.17
P	每亩农药成本	实际每亩农药费用/元	26.17	16.94
M	每亩机械费用	实际每亩机械费用/元	187.33	77.24
I	每亩灌溉费用	实际每亩灌溉费用/元	17.32	20.90

代码	变量名称	变量定义	均值	标准差
x_1	农户性别	男性为1，女性为0	0.95	—
x_2	农户年龄	实际年龄/岁	46.29	13.46
x_3	农户受教育程度	小学=1；初中=2；高中=3；中专=4；大专及以上=5	2.90	0.79
x_4	农户家庭人数	农户家庭人数/人	4	1.22
A	农户家庭种植面积	农户家庭实际种植面积/亩	28.60	32.95

通过构建农户家庭种植业纯收入多元线性回归模型，进入模型的共有 10 个自变量。模型中，应变量和代表单位面积种植业生产成本投入的自变量采用对数形式，为的是除去不同变量间单位不一致的影响并减小模型的异方差。模型形式如下：

$$\ln(Y) = \alpha + \sum \beta_i x_i + r_1 \ln(Z) + r_2 \ln(F_1) + r_3 \ln(F_2) + r_4 \ln(D) + r_5 \ln(P) +$$

$$r_6 \ln(M) + r_7 \ln(I) + r_8 \ln(A) + \varepsilon$$

式中，Y 表示每亩种植业纯收入，x_i（$i=1$，2，3，4）分别表示农户性别、农户年龄、农户受教育程度、农户家庭人数，Z 表示每亩种子成本，F 表示每亩化肥成本，D 表示每亩地膜成本，P 表示每亩农药成本，M 表示每亩机械费用，I 表示每亩灌溉费用，A 表示农户家庭种植面积，α 是截距项，β_i（$i=1$，…，4）和 r_i（$i=1$，…，8）是方程待估计参数，ε 是随机扰动项。

采用 STATA 统计软件对模型参数进行估计，采用逐步回归法，逐步剔除对回归方程拟合优度贡献最小的自变量，最终模型确定 8 个自变量，表 9-3 列出了农户种植业每亩纯收入多元线性模型的回归结果。

表 9-3 模型回归结果

自变量	系数	t
每亩种子成本[$\ln(Z)$]	0.156 3	1.22
每亩化肥成本[$\ln(F)$]	0.321 1	1.16
每亩地膜成本[$\ln(D)$]	0.018 9	0.13
每亩农药费用[$\ln(P)$]	-0.312 2	-1.55
每亩机械费用[$\ln(M)$]	1.021 2**	2.20
农户年龄（X_2）	-0.044 6**	-2.76
农户受教育程度（X_3）	-0.757 5*	-2.08
农户家庭人数（X_4）	0.649 0***	3.56
常数项	1.569 5	0.63
样本量	42	
R^2	0.724	
调整 R^2	0.523 4	
F 值	3.61	

注：*、**、***分别表示该变量的系数在 0.1、0.05、0.01 的可信水平上显著。

从模型结果看，模型的 R^2 和调整 R^2 分别为 0.724 0 和 0.523 4，说明的模型对样本的拟合程度较好，F 值统计量为 3.61，在 5% 的可信水平上显著，说明模型总体显著性比较高。自变量每亩机械费用的系数在 5% 的可信水平上显著且为正值，表明每亩机械费用对每亩种植业纯收入有显著的正相关关系。从具体变量系数来看，每亩机械费用每增加 1%，带动农户种植收入增长约 1.02%。自变量农户年龄、农户受教育程度和农户家庭人数的系数分别在 5%、10% 和 1% 的可信水平上显著。结合宁夏回族自治区的情况来看，由于宁夏回族自治区农户家庭种植面积较大，需要的劳动力投入较大，因而作为人工劳动力替代品的农业机械的应用对于种植业收入有显著影响。而也是因为劳动力投入对种植业收入影响较大，所以家庭特征变量对种植业收入的影响显著。农户家庭劳动力越多、劳动力越是年轻力壮，种植业收入越高，所以自变量农户年龄、农户家庭人数的系数显著且为负值。模型中，自变量农户受教育程度显著为负，可能是因为受教育程度较高的农户外出务工的机会更多，因而减少家庭可从事种植业的劳动力人数，从而减少了种植业收入。

第二节　测土配方施肥技术推广评价

一、自治区农业基本情况

宁夏位于黄河上中游，除中卫甘塘一带为内流区外，其余地区皆属黄河流域，盐池县东部为流域内之必流区，是鄂尔多斯内流区一部分。宁夏具有灌溉条件的耕地面积为 744 万亩，占全区总耕地面积 44.4%。主要采用引黄灌溉和库井灌溉两种方式。其中：引黄灌溉面积为 691 万亩，占全区灌溉总面积的 93%；库井灌溉面积为 53 万亩，占全区灌溉总面积的 7%。引黄灌溉分为自流灌溉和扬黄灌溉，自流灌溉面积为 575 万亩，占全区引黄灌溉总面积的 83.2%，是我国四大自流灌区之一。扬黄灌溉面积 116 万亩，占全区引黄灌溉总面积的 16.8%。

自流灌区为古老灌区，分为青铜峡灌区和卫宁灌区。其中青铜峡灌区 460 万亩（含周边小扬水），主要涉及宁夏北部惠农区、大武口区、平罗县、贺兰县、西夏区、金凤区、兴庆区、永宁县、灵武市、吴忠市、青铜峡市 11 个县（市、区）；卫宁灌区 1 巧万亩（含南山台子扬水），主要涉及宁夏中北部中卫和中宁 2 县（市）。扬黄灌区有陶乐灌区、盐池灌区、红寺堡灌区和固海灌区，主要涉及平罗县河东地区、盐池县、红寺堡开发区、同心县、海原县和原州区。库井灌区主要涉及海原县、原州区、西吉县、彭阳县、隆德县和径源县。

自治区耕地总面积 1 674 万亩。其中粮食作物播种面积 1 290 万亩，占全区耕地总面积 77.1%；油料作物种植面积 140 万亩，占 8.4%；特色优势作物种植面积占 14.5%。全自治区马铃薯种植面积最大，达 365 万亩，占全区粮食作物种植总面积的 28.5%，平均亩产

650 kg，折粮 130 kg。其次为小麦 331.4 万亩（其中春小麦 210.6 万亩，冬小麦 120.8 万亩），占 25.6%，平均亩产 175.6 kg（其中引黄灌区平均亩产 297.7 kg，山区平均亩产 76.6 kg）。全自治区玉米种植面积 287.8 万亩，占 22.2%，平均亩产 470 kg（套种玉米栽培面积约占 1/3）。水稻种植面积较小，108 万亩，占 8.4%，平均亩产 550 kg。全自治区小杂粮种植面积 197.8 万亩，占 15.3%，平均亩产 22.5 kg。

二、测土配方施肥项目实施进展

2005 年农业部在全国范围启动测土配方施肥项目，宁夏永宁县被列为农业部首批测土配方施肥试点补贴项目县，自治区以永宁县为核心，在自流灌区各县市粮食作物上积极推广测土配方施肥技术。2006 年宁夏平罗县、灵武市、中宁县列为农业部测土配方施肥补贴项目县，全自治区以 4 个农业部测土配方施肥补贴项目县为示范样板，在引黄灌区开展测土配方施肥工作，自治区党委和政府将测土配方施肥列为为农民办理十件实事之一，自治区农牧厅也将测土配方施肥技术作为全自治区重大农业推广技术，自治区财政列专项支持非补贴项目县测土配方施肥工作。2006 年全区示范推广测土配方施肥技术 171 万亩，节本增收 5 028 万元。2007 年宁夏惠农区、贺兰县、吴忠市、青铜峡市、中卫市、海原县、原州区、西吉县、隆德县、农垦灵武农 10 个县（市、区、农牧场）列为农业部测土配方施肥补贴项目县，全自治区以 14 个农业部测土配方施肥补贴项目县为重点，在全区山区各县全面开展了测土配方施肥工作，自治区党委和政府将测土配方施肥列为全区群众办理的 30 件实事之一，自治区财政列专项支持自治区级农业科研院校、农技推广部门及非补贴项目县测土配方施肥工作。2007 年全自治区推广测土配方施肥技术 400 万亩，节本增收 1.38 亿元。2008 年宁夏彭阳县、兴庆区、同心县、盐池县 4 个县（市、区、农牧场）列为农业部测土配方施肥补贴项目县。至此，宁夏 18 个县市被列为农业部测土配方施肥补贴项目县，按照农业部项目县一定五年的原则，永宁县为巩固县，平罗县、灵武市、中宁县、惠农区、贺兰县、吴忠市、青铜峡市、中卫市、海原县、原州区、西吉县、隆德县、农垦灵武农场为续建项目县，彭阳县、兴庆区、同心县、盐池县为新建项目县。2008 年自治区以农业部 18 个项目县为依托，在全区各县市及农垦农场等各种作物上全面示范推广测土配方施肥技术，自治区党委和政府将测土配方施肥列为全区群众办理的 30 件实事之一，自治区财政列专项支持自治区级农业科研院校、农技推广部门及非补贴项目县测土配方施肥工作。2008 年全区推广测土配方施肥技术 650 万亩，节本增收 1.85 亿元。

宁夏自 2005 年实施测土配方施肥项目以来，补贴项目县范围逐年扩大，由 2005 年的 1 个扩大到 2008 年的 18 个；项目示范推广力度逐渐加大，3 年（2006—2008 年）累计示范推广面积 1 221 万亩；财政投入逐年增加，2005 年至 2008 年各级财政专项投入 3 340 万元，其中，中央财政资金 2 730 万元，自治区财政配套资金 610 万元（含农发资金 330 万元）；项目成效显著，3 年（2006—2008 年）全区总节本增收 3.73 亿元；基本摸清了全区耕地养分家底；初步建立了全区主要粮食作物及露地优势特色作物施肥技术指标体系；初步开发了自治区测土配方施肥专家推荐施肥系统；初步研发了 11 种作物 61 种专用配方肥；初步形成了企业参与测土配方施肥的运行机制；初步构建了以"政府主导、推广指导、科研支撑、企业参与、农民应用"的"五位一体"科学施肥体系。2007 年、2008 年测土配方施肥项目连续 2 年被自治区党委政府列为为全区群众办理的 30 件实事之一。测土配方施肥在全自治区形成了领导重视、社会关注、企业参与、农民欢迎的社会氛围。实践证明，测土配方施肥是一项投资少、见效快；农业需要、农民欢迎；多方协作、共同受益；部门主抓、社会认同的技术措施和惠农政策。

三、政策措施

（一）构建了多种新的推荐施肥方式

自治区在推荐施肥方面采用建立示范区和项目区相结合的方式。为充分发挥示范区推荐施肥技术的效益，示范区建设突出"三个结合"。一是与高产创建示范活动相结合，合理施肥是促进粮食高产的关键措施之一，在粮食高产创建示范区应用测土配方施肥技术，农民在学习高产栽培技术的同时接受了高产配套的推荐施肥技术。二是与农民专业合作组织相结合。县农技部门统一取土测试，提供配方施肥建议卡，定点生产企业送肥上门，专业合作组织以较市场价便宜的价格用到配方肥，种植基地、合作社及种植大户通过全方位的服务，增强了科学施肥意识，逐步纠正了不良施肥习惯，走出传统的施肥误区，引导更多的合作社、更多的社员、更多的农民应用测土配方施肥技术。三是与科技示范户相结合。按照"专家进大户、大户带小户、农户帮农户"的示范推广思路，选择能接受新技术、能示范操作和能积极宣传的种田大户或种田能手，作为实施测土配方施肥项目的示范户，通过示范户带动当地农民接受应用测土配方施肥技术的自觉性。

在项目区推荐施肥方式上，创新了多种模式。一是配方卡指导模式。县农技中心统一取土化验，研制配方，印发配方卡，农户按卡购肥、配制、施用，是自治区测土配方施肥技术推广的主要模式。二是技企合作模式。各县农技中心取样化验、自治区专家组审定配方，定点生产企业加工配肥，销售网络定点供肥，农民按卡施用配方肥，县农技人员全程指导，实现"测、配、产、供、施"一体化服务，技术到位率高，增产增收效果好，是自治区测土配方施肥技术主推模式之一。三是产业化订单模式。针对酿酒葡萄、脱水蔬菜、水果、枸杞、粮食等特色种植业加工型的企业，探索应用了公司＋基地＋农户的农化服务模式。惠农、平罗、中宁等县市农技中心与自治区配方肥定点生产企业、农业产业化龙头企业、种植大户联动，县农技中心开展测土配方，经自治区专家审定，定点生产企业生产配方肥，种植大户按农业产业化龙头企业订单生产，在种植大户的生产基地，实行统一供种、统一测土、统一配方、统一供肥、统一供药、统一栽培管理、统一收购等"七统一"，延伸服务链，巩固利益链，形成产业链，有力地促进了测土配方施肥技术推广应用。四是物化补贴模式。自治区大部分项目县在项目启动当年，建立了"以物化补贴配方肥，促测土施肥技术推广"的有效模式，免费送配方肥进村，对购买配方肥的农户给予适当的补贴，做到技术的实用化、简单化，实现技术物化服务，从而扎实有效地推进技术入户、保证测土配方施肥技术的入户率和到田率。五是智能服务模式。各地广泛应用自治区测土配方施肥专家推荐施肥系统，使测土配方施肥工作进入专家化、信息化层面。即时、高效地为农民进行不同区域和地块土壤养分现状查询和施肥技术指导服务，根据农民提供的产量目标现场打印施肥建议卡，变"专家配方"为"农民配方"，实现"电脑专家开处方，土地吃营养套餐"。各项目县还因地制宜创新了种植大户带动模式，整村推进模式，农民专业合作社参与模式，农技部门与肥料生产企业、龙头产品企业、种植大户互动模式，农民"点菜"模式和一次购肥模式等多种推荐施肥模式。

（二）创新了技术推广服务模式

配方肥是测土配方施肥技术的物化载体，是自治区测土配方施肥技术阶段性成果转化的实体，是提高测土配方施肥技术到位率的有效途径。为有效解决农业技术推广"最后一公里"的问题，提高测土配方施肥技术的覆盖率。自治区在配方肥的示范推广方面，一是提高配方肥标志性示范区建设标准。在全区各县市分地域、分作物建立配方肥标志性示范区，同时，采用定片区、定人员、定任务、定指导农户的"四定"技术承包责任制，确保配方肥到田、技术人员指导到田的技物双结合到位，真实展示配方肥的示范效果。二是制定配方肥施肥建议卡。各项目县发送给农民的施肥建议卡上，既有单质肥料配方施肥建议，又有配方肥施肥建议。2008年自治区配方肥定点生产企业—宁夏中农金合肥料公司印制了各种作物配方肥施肥建议卡10万份，由各县配送中心或农家店在农民购买配方肥的同时，发送到农民手中。

在配方肥推广方面采取多种方法齐头并进。一是宣传培训方法。全自治区各级农业部门广泛宣传发动，大张旗鼓地宣传引导农民应用配方肥，多形式多层次开展技术培训。各县市充分利用广播、电视、互联网、电话等多种传播媒体以及现场会、技术讲座、墙体广告、科技赶集、科技入户、农民座谈、发施肥建议卡等多种形式，全方位、多角度、深层次开展配方肥的宣传推广。自治区连续2年在宁夏电视台公共频道宁夏新闻后黄金时段推出测土配方施肥公益广告，在农民购肥用肥时期连续滚动播出。自治区配方肥定点生产营销企业中农金合公司在各县市电视台推出了"配方肥"的宣传广告。各县农技人员积极配合自治区配方肥定点生产企业，加大对肥料营销员的宣传与培训，通过面对面技术指导，营销员、农民参与测土和田间试验示范等形式，为配方肥的推广应用创造良好的社会氛围。二是示范引导方法。通过建立配方肥标志性示范区和配方肥示范大户，用看得见、摸得着的示范方式，引导农民应用配方肥。三年来，全自治区各项目县通过建立遍及全县辖区的乡级千亩配方肥标志性示范区、村级百亩配方肥标志性示范区及配方肥试验田三个层次的配方肥试验示范区，极大地促进了配方肥的推广应用。三是物化补贴方式。自治区各项目县在立项当年，县农技人员与示范村村长、农技人员在联合举办示范区农民测土配方施肥技术培训班基础上，采用配方肥物化补贴方式建立配方肥标志性示范区，引导农民施用配方肥，示范区农民凭购买配方肥发票，享受每亩补贴 5～20 元的配方肥补贴。通过亲自施用配方肥，示范区农民尝到配方肥带来的节本增收效益，第二年自己主动购买配方肥，由"被动补贴买配方肥"转为"主动购买配方肥"，有力地推动了配方肥示范推广的进程。四是后续影响方法，是示范引导方法的延续。在配方肥标志性示范区的引导带动下，亲身感受了配方肥"节本增收、省工省事、质量优良、服务到位"的优势，示范区农民认准了配方肥，不仅是配方肥的长期用户，还是配方肥的宣传推广者。

在配方肥推广模式方面，基于配方肥定点生产企业自产自销、定购直销、定向供肥、送货上门四种模式的基础上，主推网络配送模式，依托自治区供销社控股的宁夏农资行业龙头企业、自治区配方肥定点生产企业—宁夏中农金合农业生产资料公司，充分利用其覆盖全区各县市乡镇村的 44 个配送中心 1 345 家农家店的农资连锁配送网络体系，建立"统一测配、定点生产、连锁供应、指导服务"的运行机制，实现技企结合和技物双结合，创新了配方肥推广应用的新机制，2008 年上半年通过网络配送推广自治区开发研制的配方肥 3.86 万多 t，创建了自治区配方肥年度销售的最高纪录。

（三）发放了施肥建议卡与宣传培训

施肥建议卡是推广测土配方施肥技术的主要载体。按照科学、易懂、简单的原则，全自治区施肥建议卡分为无测土结果的区域施肥建议卡和有测土结果的田块配肥施肥建议卡。自 2005 年实施测土配方施肥项目以来，共发放区域施肥建议卡 184.2 万份，田块配肥施肥建议卡 2.6 万份，实现"一户一卡"或"一户多卡"。其中，2006 年发放区域施肥建议卡 28.37 万份；2007 年发放区域施肥建议卡 62.83 万份；2008 年发放区域施肥建议卡 93 万份，田块配肥施肥建议卡 2.6 万份。项目县因地制宜采用培训带施肥建议卡，县、乡、村干部逐级发放，测土田块直接发放到农户，张贴施肥建议卡，发送施肥建议卡贺年卡，肥料营销店发放等多种送卡入户形式。2007 年全自治区现场检查验收随机调查访问农户，项目推广区施肥建议卡入户率一般为 85% 以上。

测土配方施肥是一项技术性很强的基础性工作，又是一项实用性很强的普及工作，宣传培训是提高测土配方施肥技术到位率的重要措施。自 2005 年以来，全自治区各级农业技术推广部门共举办自治区、县、乡；镇及村级测土配方施肥技术培训班 6 001 期，培训技术骨干 1.64 万人（次），培训农民 111.79 万人（次），培训营销人员 7 525 人（次），印制发放培训资料 149.34 万份。印制发放施肥建议卡 184.20 万份，广播电视宣传报道 605 次，报刊简报 425 次，刷写墙体标语 6 575 条，网络宣传报道 180 次，科技赶集宣传 895 次，召开各种现场观摩会 329 次。其中：2005 年举办自治区、县、乡镇及村级测土配方施肥技术培训班 10 期，培训技术骨干 130 人（次），培训农民 1 万人（次），培训营销人员

200 人（次），印制发放培训资料 4 万份，印制发放施肥建议卡 4 万份，广播电视宣传报道 8 次，报刊简报 6 次，刷写墙体标语 6 575 条，网络宣传报道 3 次，科技赶集宣传 6 次，召开各种现场观摩会 2 次。2006 年举办自治区、县、乡镇及村级测土配方施肥技术培训班 1932 期（次），培训技术骨干 7 075 人（次），培训农民 17.90 万人（次），培训营销人员 700 人（次），印制发放培训资料 19.26 万份。印制发放施肥建议卡 24.37 万份，广播电视宣传报道 60 次，报刊简报 106 次，刷写墙体标语 1 085 条，网络宣传报道 47 次，科技赶集宣传 87 次，召开各种现场观摩会 50 次。2007 年举办自治区、县、乡镇及村级测土配方施肥技术培训班 1892 期（次），培训技术骨干 4 414 人（次），培训农民 28.89 万人（次），培训营销人员 2 055 人（次），印制发放培训资料 511 300 份。印制发放施肥建议卡 62.83 万份，广播电视宣传报道 188 次，报刊简报 178 次，刷写墙体标语 2 460 条，网络宣传报道 50 次，科技赶集宣传 386 次，召开各种现场观摩会 121 次。2008 年举办自治区、县、乡镇及村级测土配方施肥技术培训班 2167 期（次），培训技术骨干 4 805 人（次），培训农民 64 万人（次），培训营销人员 4 570 人（次），印制发放培训资料 74.95 万份。印制发放施肥建议卡 93 万份，广播电视宣传报道 349 次，报刊简报 135 次，刷写墙体标语 2 790 条，网络宣传报道 80 次，科技赶集宣传 416 次，召开各种现场观摩会 156 次。使测土配方施肥项目在电视上有影像、广播中有声音、报刊上有文章，网页上有消息、墙壁上有标语、田间地头有现场会，营造了政府重视、企业参与、农民欢迎的良好氛围。

四、政策效果

（一）示范推广情况

三年来，全自治区共建立配方肥标志性示范区 134.8 万亩。其中：2006 年 8 万亩，2007 年 46.8 万亩，2008 年 80 万亩。配方肥标志性示范区配方肥施用面积占 95% 以上，配方施肥建议卡入户率 95% 以上，农技人员技术指导到位率 95% 以上，95% 以上的农户按照施肥建议卡进行施肥、灌溉等田间管理作业，每个示范方都有配方肥校正试验和标识展示牌，有技术指导承包技术人员和农户培训记录。配方肥标志性示范区遍及项目县所有乡镇，实现了乡（镇）有"千亩展示区"，村有"百亩样板区"，示范区以校正试验的真实对比、配方肥节本增产增收效应，使示范区农民真切地感受到测土配方施肥带来的效益。按方施肥、主动购买配方肥已成为示范区农民的自觉行动。

自 2005 年实施测土配方项目以来，全自治区累计推广测土配方施肥技术 1 221 万亩。其中 2006 年 171 万亩，2007 年 400 万亩，2008 年 650 万亩。项目区配方施肥建议卡入户率 80% 以上，农技人员技术指导到位率 80% 以上，70% 以上的农户按照施肥建议卡进行施肥、灌溉等田间管理作业。通过应用测土配方施肥技术，项目区农民亲身经历或亲眼目睹了"按方施肥"或"施用配方肥"所带来的"吃饱了不浪费"的节本增产增收的效果。项目区农民读懂施肥建议卡，弄懂测土配方施肥技术的热情和积极性空前高涨，因土施肥、因作物施肥的观念逐渐深入人心。

宁夏自 2005 年示范推广测土配方施肥技术以来，配方肥总用量明显增加，根据宁夏统计年鉴资料，各种肥料用量相比较，以配方肥为代表的复混肥增幅较大，2006 年全自治区化肥用量比 2004 年增加 6.43 万 t，其中：以复混肥增加量最高，净增 3.66 万 t；磷肥次之，净增 1.82 万 t；钾肥净增 0.67 万 t，氮肥增加量最低，仅为 0.28 万 t。不同施肥区域肥料施用结构趋于合理，中部干旱带增氮增磷增钾，化肥总用量明显增加，净增 2.42 万 t，亩均化肥用量由 2004 年的 8.3 kg 增加到 31 kg，增加 3.8 倍。其中，氮、磷、钾肥及复混肥亩均用量分别由 2004 年的 4.6 kg、2.4 kg、0.04 kg、2.1 kg 增加到 15.4 kg、6.9 kg、0.5 kg、8.2 kg。自流灌区控氮减磷，亩均化肥用量由 2004 年的 153.2 kg 降低到 85.3 kg。其中，氮、磷、钾肥及复混肥亩均用量分别由 2004 年的 81.2 kg、21.1 kg、29.5 kg、21.4 kg 降低到 52.1 kg、14.3 kg、2.7 kg、16.2 kg。

表 9-4　自流灌区各种作物推荐施肥指标　　　　　　单位：kg/亩

作物	目标产量	N	P_2O_5	K_2O
春小麦	300	12.1	3.0	0
	350	14.2	3.5	0
	400	16.4	4.1	0
	450	18.5	4.7	0
冬小麦	450	18.5	4.7	0
	500	20.7	5.3	2.2
	550	22.9	5.9	3.1
	600	25.1	6.5	4.5
玉米	600	13.9	13.9	0
	700	16.5	16.5	0
	800	19.5	19.3	0
	900	22.1	22.1	2.0
	1 000	25.0	25.0	3.6
水稻	600	14.5	4.4	0
	700	17.2	5.3	2.0
	800	20.1	6.4	3.6
马铃薯	1 500	9.2	3.1	0
	2 000	12.4	4.2	2.1
	2 500	15.6	5.3	3.7

表 9-5　自治区主要作物常规施肥与习惯施肥情况统计

	项目	水稻	小麦	玉米	马铃薯
常规施肥区	面积/万亩	32.43	28.82	67.48	128.7
	亩产/（kg/亩）	590.24	317.944	502.48	1 331.2
	单价/（元/kg）	1.86	1.76	1.3	0.6
	有机肥平均用量/（kg/亩）	2 119.5	1 441.92	980.8	1 567.7
	化肥平均用量/（kg/亩）	17.83	15.82	54.95	128.7
	氮肥平均用量/（g/亩）	19.49	17.75	20.99	5.52
	磷肥平均用量/（kg/亩）	9.15	9.69	10.89	3.21
	钾肥平均用量/（kg/亩）	2.39	1	2.76	
测土配方施肥区	面积/万亩	66.94	104.1	132.22	51.7
	亩产/（kg/亩）	604.24	321.61	560.81	1 360.7
	单价/（元/kg）	1.86	1.76	1.3	0.6
	有机肥平均用量/（kg/亩）	2 057.9	1 763.74	1 622.26	1 500
	化肥平均用量/（kg/亩）	29.09	29.94	31.75	13.82
	氮肥平均用量/（g/亩）	18.1	16.19	23.83	10.44
	磷肥平均用量/（kg/亩）	5.867	6.00	5.32	5.38
	钾肥平均用量/（kg/亩）	2.281	1.6	1.59	0

（二）实施效果评估

1. 环境效应

氮磷径流损失量与土壤氮磷含量、降雨量以及灌溉量等因素密切相关。在其他条件相同的情况下，土壤氮磷含量与施肥量、作物吸收量和环境损失量有关，因此本研究采用土壤氮磷盈余量来表征土壤氮磷流失风险。常规施肥区与测土配方施肥区作物氮素盈余量的比较结果表明，自治区水稻、小麦测土配方施肥有效降低了土壤氮磷径流失风险，但玉米和马铃薯的土壤氮素盈余量却有所上升，尤其是马铃薯，增加了环境风险。

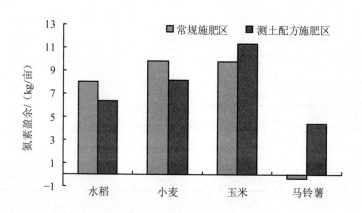

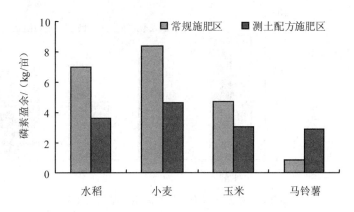

图 9-1　测土配方施肥与常规施肥氮磷盈余对表图

2. 经济效应

图 9-2 是常规施肥区与测土配方施肥区几种主要农作物单产、化肥用量和有机肥用量的比较。单产比较结果表明，测土配方施肥具有一定的增产效果，但增幅不大，因此增收效益不显著，但测土配方施肥大幅减少了化肥用量，而替代以有机肥，这有利于降低作物生产成本，因此节本效益较为显著。

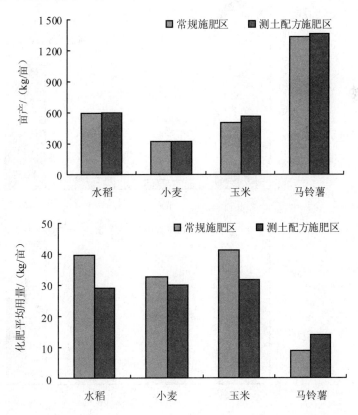

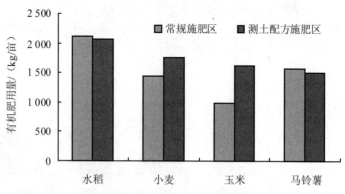

图 9-2　测土配方施肥与常规施肥肥料用量对比图

3. 资源效应

本研究采用肥料生产率来表征施肥的资源效应。宁夏回族自治区几种种植面积较大的主要农作物的肥料生产率见下图，从图中可以看出，水稻、小麦和玉米测土配方施肥技术的氮肥生产率比常规施肥有一定的增加，但马铃薯氮素生产率则有显著的降低，这是由于马铃薯测土配方施肥显著增加了施用量，由于边际效应的存在，使得氮素生产率显著降低。水稻、小麦和玉米测土配方施肥技术的磷肥生产率比起常规施肥有着极为显著的上升，而马铃薯氮素生产率同样有显著的下降趋势。

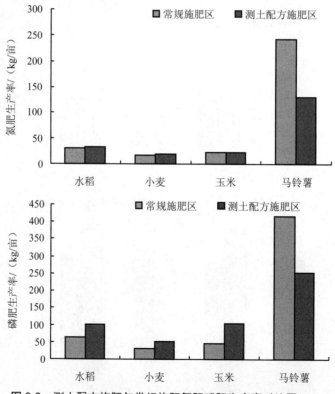

图 9-3　测土配方施肥与常规施肥氮肥磷肥生产率对比图

（三）政策贡献评估

1. 资源效应

从宁夏回族自治区开始实施测土配方施肥项目以来，水稻、小麦和玉米测土配方施肥的氮素生产率呈现出较大的年际间波动性，但总体上呈上升趋势，表明测土配方施肥项目的实施有助于提高氮素生产率。

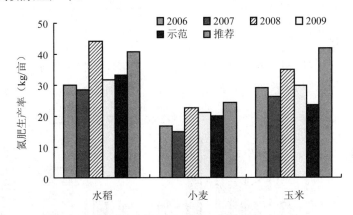

图 9-4　测土配方施肥示范区氮肥生产率年变化趋势

2. 环境效应

从氮素盈余量来看，测土配方施肥项目实施以来，水稻、小麦和玉米的氮素流失风险存在较大的年际波动性，其中水稻和小麦氮素流失风险呈现下降趋势，但玉米氮素流失风险则有着显著的上升趋势。对于磷素，则三种农作物的磷素流失风险均呈现出下降趋势，表明测土配方施肥项目总体上对于区域农田氮磷流失有着重要的削减作用。

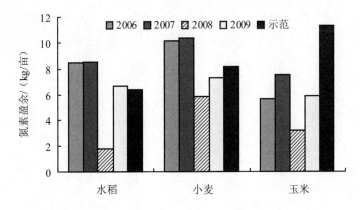

图 9-5　测土配方施肥示范区氮素盈余变化趋势

表 9-6　磷素盈余　　　　　　　　　　单位：kg/亩

年份	水稻	小麦	玉米
2006	1.65	2.33	−2.91
2007	0.92	1.28	−3.35
2008	−1.04	0.58	−4.80
2009	0.39	1.10	−4.19
示范	3.63	4.67	3.02

3. 经济效应

从单产来看，水稻和小麦的测土配方施肥比之常规施肥没有显著的变化，玉米的单产则有着显著的上升趋势，表明测土配方施肥对于玉米有着重要的增产作用。

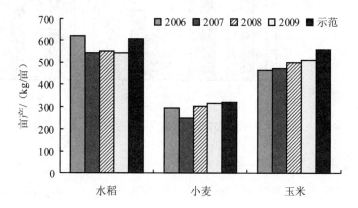

图 9-6　测土配方施肥示范区农作物产量变化

《农村水污染控制机制与政策研究》

编写委员会成员名单

主　　编：高尚宾　周其文　王夏晖　罗良国

副 主 编：赵玉杰　张铁亮　师荣光　王　伟　李志涛

参编人员：（按姓氏笔画排序）

　　　　　王　伟　王夏晖　吕文魁　师荣光　张铁亮

　　　　　李志涛　周其文　罗良国　赵玉杰　顾峰雪

　　　　　高尚宾　黄宏坤

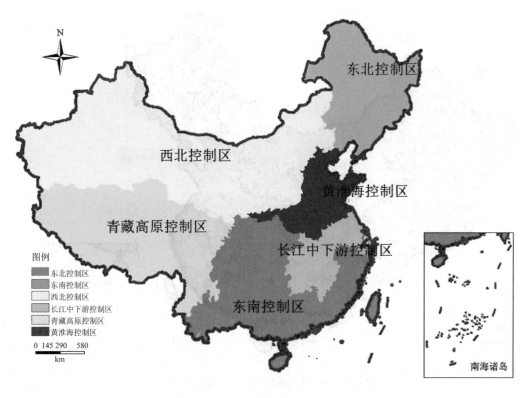

地图 1　农村水环境污染源一级区划分

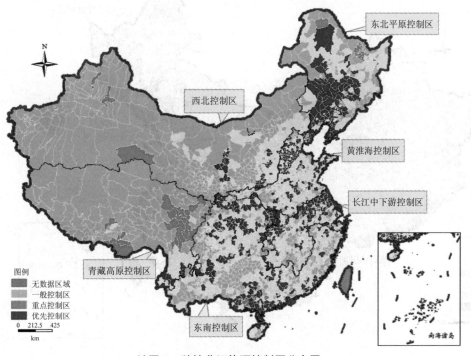

地图 2　种植业污染源控制区分布图

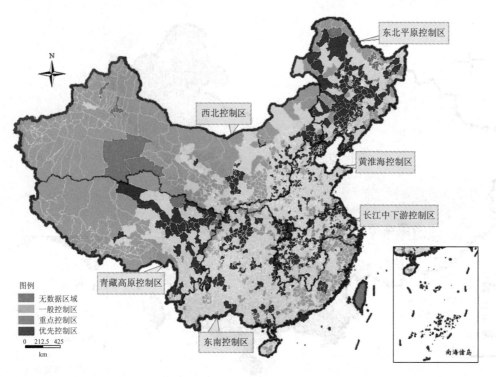

地图3　养殖业污染控制区分布图

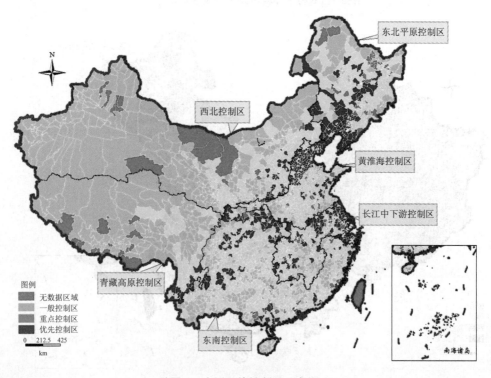

地图4　生活污染控制区分布图

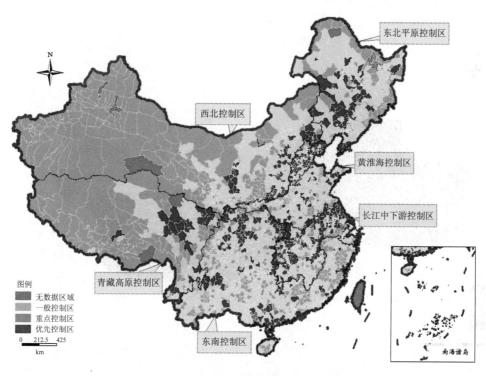

地图 5　农村水环境综合污染控制区分布图

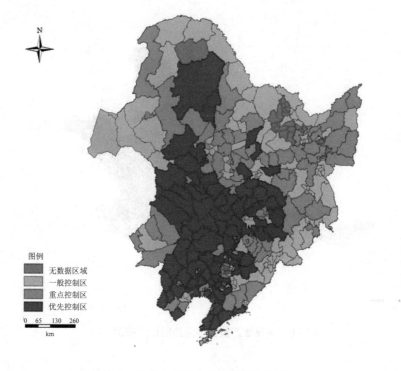

地图 6　种植业污染东北控制区分布图

3

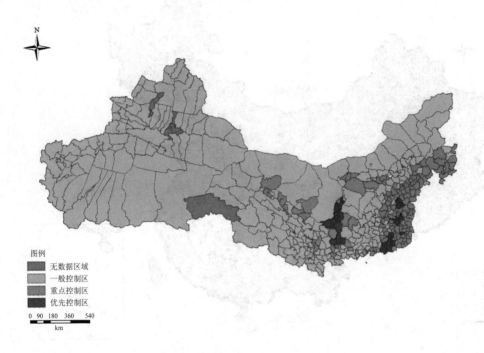

图例
■ 无数据区域
　一般控制区
　重点控制区
■ 优先控制区
0　90　180　360　540
　　　　　　km

地图 7　种植业污染西北控制区分布图

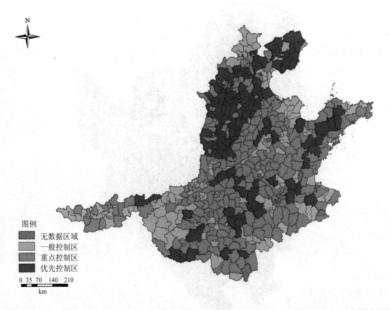

图例
■ 无数据区域
　一般控制区
　重点控制区
■ 优先控制区
0　35　70　140　210
　　　　　km

地图 8　种植业污染黄淮海控制区分布图

4

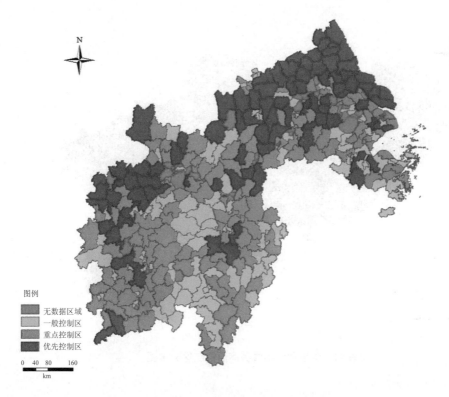

图例
无数据区域
一般控制区
重点控制区
优先控制区

0 40 80 160
km

地图 9 种植业长江中下游污染控制区分布图

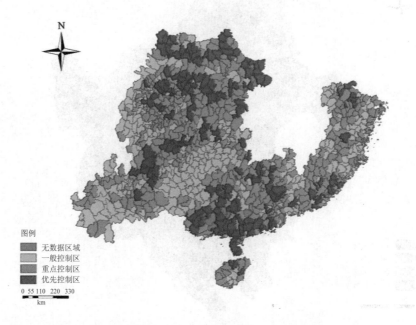

图例
无数据区域
一般控制区
重点控制区
优先控制区

0 55 110 220 330
km

地图 10 种植业污染东南控制区分布图

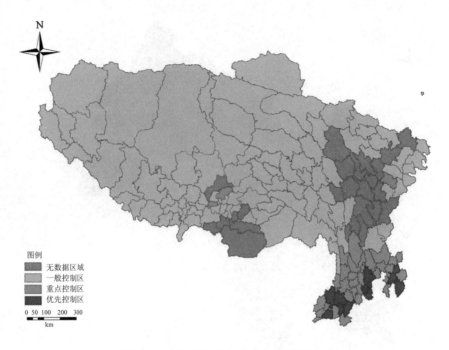

地图 11　种植业污染青藏高原控制区分布图

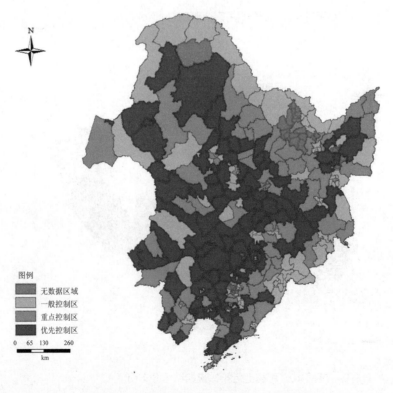

地图 12　养殖业污染东北控制区分布图

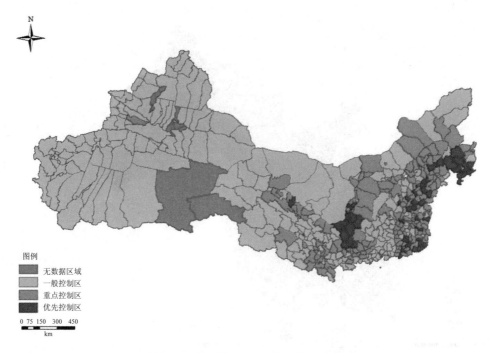

图例
无数据区域
一般控制区
重点控制区
优先控制区

0 75 150 300 450
km

地图 13　养殖业污染西北控制区分布图

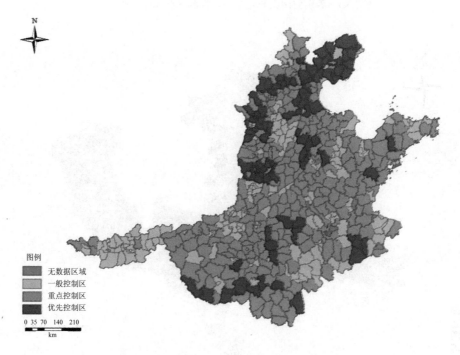

图例
无数据区域
一般控制区
重点控制区
优先控制区

0 35 70 140 210
km

地图 14　养殖业污染黄淮海控制区分布图

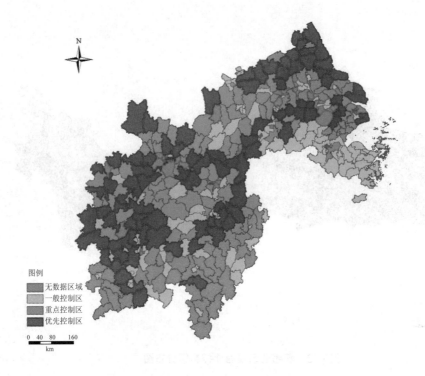

图例
■ 无数据区域
■ 一般控制区
■ 重点控制区
■ 优先控制区

0 40 80   160
　　　km

地图 15　养殖业污染长江中下游控制区分布图

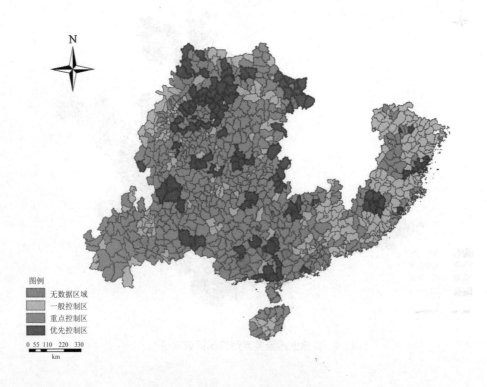

图例
■ 无数据区域
■ 一般控制区
■ 重点控制区
■ 优先控制区

0 55 110 220 330
　　　km

地图 16　养殖业污染东南控制区分布图

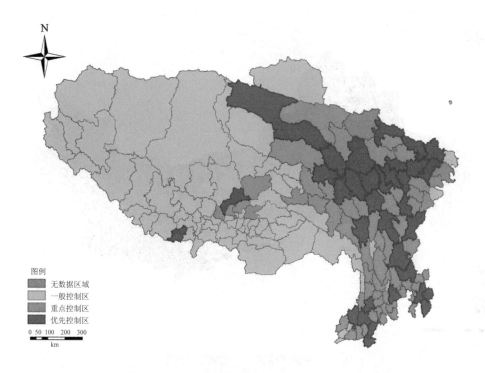

图例
- 无数据区域
- 一般控制区
- 重点控制区
- 优先控制区

0 50 100 200 300
km

地图 17　养殖业污染青藏高原控制区分布图

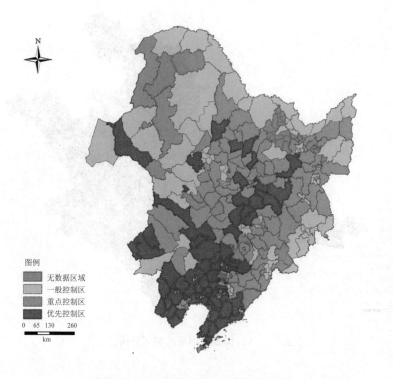

图例
- 无数据区域
- 一般控制区
- 重点控制区
- 优先控制区

0 65 130 260
km

地图 18　生活污染源东北控制区分布图

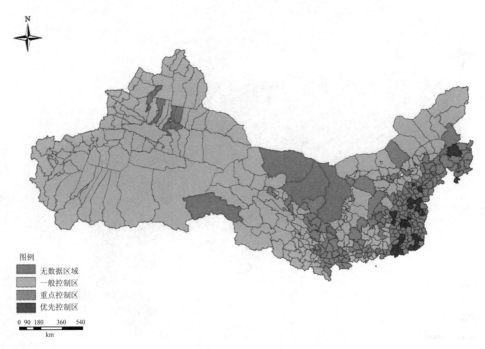

图例
无数据区域
一般控制区
重点控制区
优先控制区

0 90 180   360   540
km

地图 19   生活污染源西北控制区分布图

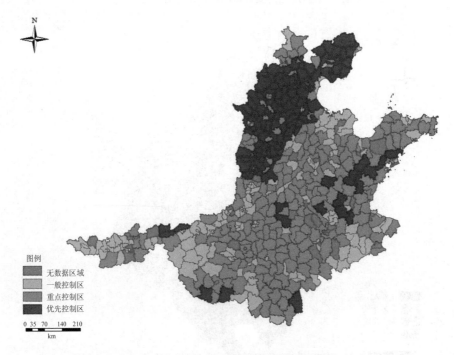

图例
无数据区域
一般控制区
重点控制区
优先控制区

0 35 70   140   210
km

地图 20   生活污染源黄淮海控制区分布图

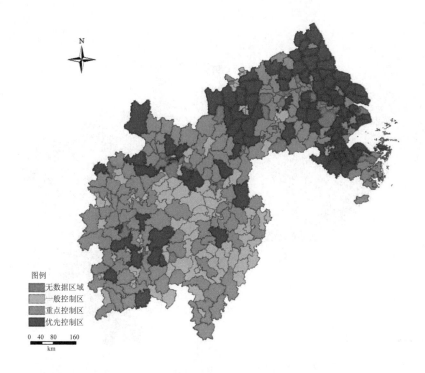

图例
无数据区域
一般控制区
重点控制区
优先控制区

0 40 80 160
km

地图 21　生活污染源长江中下游控制区分布图

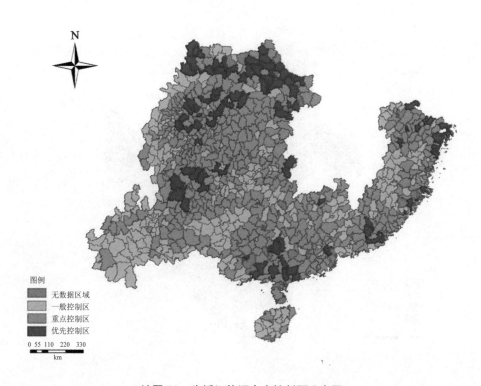

图例
无数据区域
一般控制区
重点控制区
优先控制区

0 55 110 220 330
km

地图 22　生活污染源东南控制区分布图

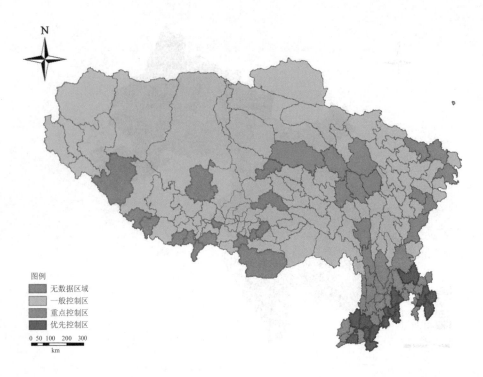

0 50 100 200 300
km

地图 23　生活污染源青藏高原控制区分布图

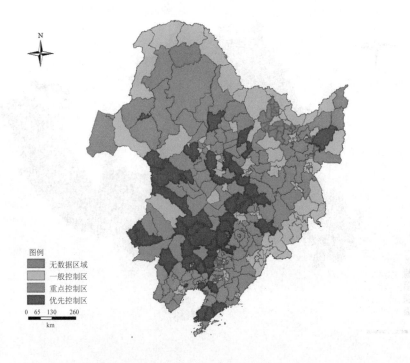

0　65　130　260
km

地图 24　综合污染源东北控制区分布图

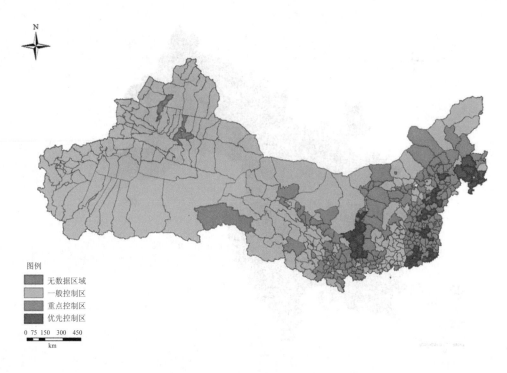

地图 25 综合污染源西北控制区分布图

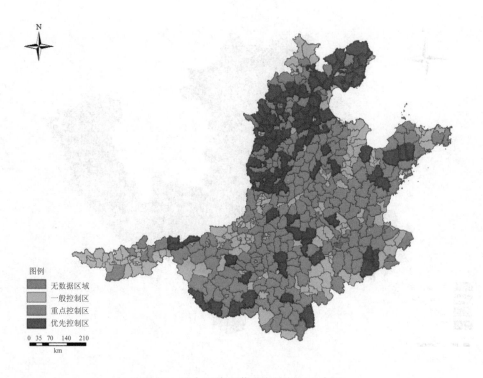

地图 26 综合污染源黄淮海控制区分布图

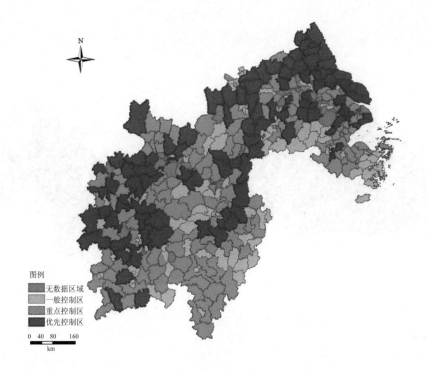

地图 27 综合污染源长江中下游控制区分布图

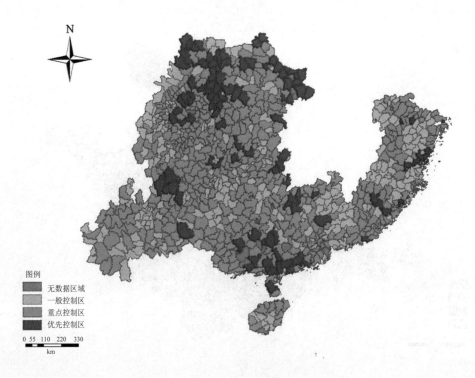

地图 28 综合污染源东南控制区分布图

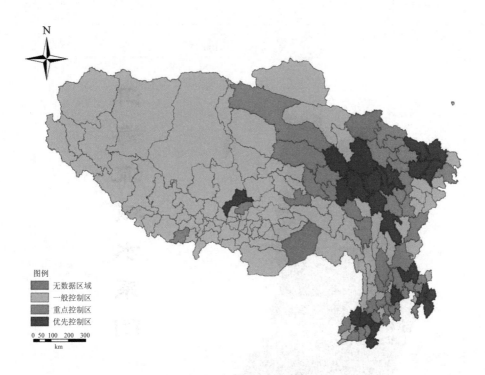

图例
无数据区域
一般控制区
重点控制区
优先控制区

0 50 100 200 300
km

地图 29　综合污染源青藏高原控制区分布图

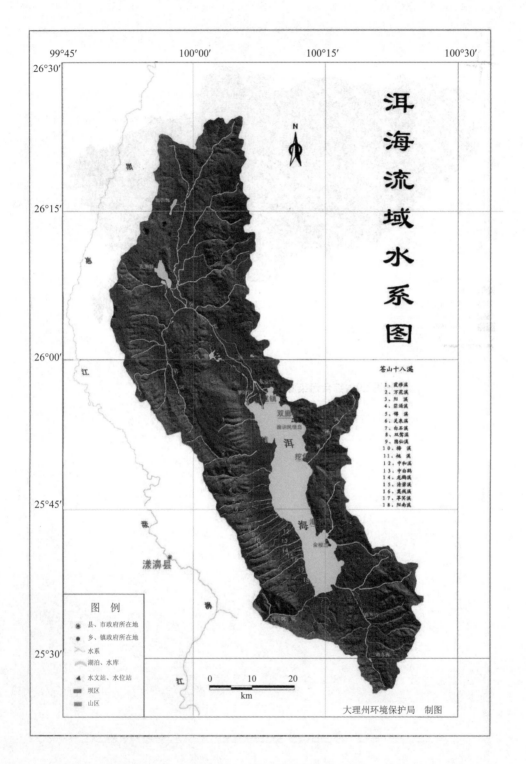

地图30　洱海流域水系图

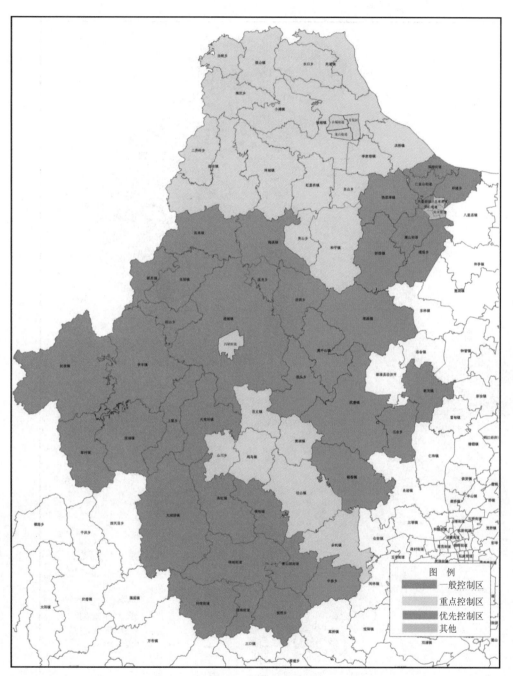

地图 31　浙江省苕溪流域种植业控制分区图

图　例

- 一般控制区
- 重点控制区
- 优先控制区
- 其他

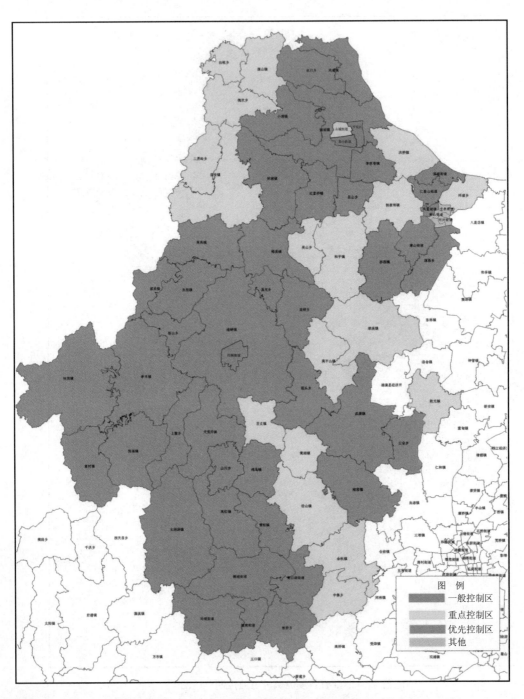

地图 32　浙江省苕溪流域畜禽养殖业控制分区图

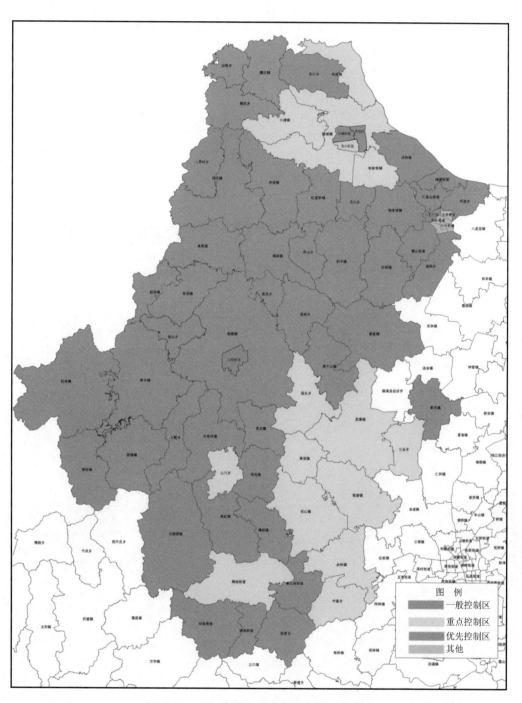

图例
一般控制区
重点控制区
优先控制区
其他

地图 33　浙江省苕溪流域农村生活源分区图